高等院校计算机专业人才能力培养规划教材(应用型)

综合布线技术与工程实训教程

黎连业 叶万峰 黎照 李淑春 编著

机械工业出版社
China Machine Press

本书从综合布线工程实用理论和测试实训技术的角度出发，以通俗易懂的语言讲述综合布线技术与工程实训所需要的知识，并且以58个实训项目为依据，系统、全面地对综合布线技术与工程实训理论和实训技术所需要的知识进行介绍。本书由9章内容组成：综合布线系统概述；综合布线系统的传输和连接介质；线槽规格和品种；布线系统标准的有关要求与系统设计技术；网络工程方案的写作样例；网络工程施工实用技术；布线端接操作技术；测试和测试实训；综合布线系统工程的验收实训。第1章到第3章的实训项目（15个）的主要任务是使学生熟悉、认识、了解、掌握布线工程常用的产品和布线基础，对产品和布线基础有一个清晰的认识，为布线方案和布线施工打下基础。第4章讨论的是布线系统标准和布线系统设计技术，重点介绍每个子系统详细的步骤和方法。第5章到第9章的实训项目（43个），要求学生掌握重点实训项目的操作方法，为今后从事布线系统方面的工作打下良好的基础。对58个实训项目的掌握，将为学生成为一名合格的布线工程师打下坚实的基础。

本书适用于计算机类、通信工程类相关的计算机通信、通信技术、网络工程、计算机科学与技术（本科）等专业，以及计算机网络技术高职专科的学生。本书可作为企业培训机构网络综合布线系统教学实训教材，也可作为网络综合布线行业、智能建筑行业、安全防范行业设计、施工和管理等专业技术人员的参考书。

图书在版编目（CIP）数据

综合布线技术与工程实训教程／黎连业等编著. —北京：机械工业出版社，2012.5
（高等院校计算机专业人才能力培养规划教材·应用型）

ISBN 978-7-111-37898-3

Ⅰ. 综…　Ⅱ. 黎…　Ⅲ. 智能化建筑－布线－高等学校－教材　Ⅳ. TU855

中国版本图书馆CIP数据核字（2012）第058550号

机械工业出版社（北京市西城区百万庄大街22号　邮政编码　100037）
责任编辑：朱秀英
北京京北印刷有限公司印刷
2012年6月第1版第1次印刷
185mm×260mm·22.5印张
标准书号：ISBN 978-7-111-37898-3
定价：39.00元

凡购本书，如有缺页、倒页、脱页，由本社发行部调换
客服热线：（010）88378991；88361066
购书热线：（010）68326294；88379649；68995259
投稿热线：（010）88379604
读者信箱：hzjsj@hzbook.com

出版者的话

机械工业出版社华章公司多年来以“全球采集内容，服务中国教育”为己任，致力于引进国际知名大学广泛采用的计算机、电子工程和数学方面的经典教材，出版了一大批在计算机科学界享誉盛名的专家名著与名校教材，其中包括 Donald E. Knuth、Alfred V. Aho、Jim Gray、Jeffery D. Ullman 等名家的一批经典作品。这些作品为我国计算机教育及科研事业的发展起到了积极的推动作用。

近年来，我们一直关注国内计算机专业教育的发展和改革并大力支持、参与相关的教学研究活动。2006 年，教育部高等学校计算机科学与技术专业教学指导分委员会在对我国计算机专业教育现状和社会对人才的需求进行研究的基础上，发布了《高等学校计算机科学与技术专业发展战略研究报告暨专业规范（试行)》（以下简称《规范》)。为配合《规范》的实施和推广，我们出版了“面向计算机科学与技术专业规范系列教材”。这套教材的推出，对宣传《规范》提出的“按培养规格分类”的理念、推进高校学科建设起到了一定的促进作用。

2007 年，教育部下发了《关于进一步深化本科教学改革全面提高教学质量的若干意见》，强调高等教育以育人为本，以学生为主体，坚持以培养创新人才为重点，下大力气深化教育教学改革。在“质量工程”的思想指导下，各高校纷纷开展了相关的学科改革和教学研究活动。高等学校计算机科学与技术专业的教育开始从过去单纯注重知识的传授向注重学科能力的培养转型。2008 年年底，教育部高等学校计算机科学与技术专业教学指导分委员会成立了“高等学校计算机科学与技术专业人才专业能力构成与培养”项目研究小组，研究小组由蒋宗礼教授（组长)、王志英教授、岳丽华教授、陈明教授和张钢教授组成，研究计算机专业人才基本能力的构成和在计算机专业的主干课程中如何培养这些专业能力。

为配合“高等学校计算机科学与技术专业人才专业能力构成与培养”专项研究成果的推广，满足高校从知识传授向能力培养转型的需求，在教育部高等学校计算机科学与技术专业教学指导分委员会专家及国内众多知名高校专家的指导下，我们策划了这套“高等院校计算机专业人才能力培养规划教材”。这套教材以专项研究的成果为核心，围绕计算机专业本科生应具有的能力组织教材体系。本套教材的作者长期从事教学和科研工作，他们将自己在本科生能力培养方面的经验和心得融入教材的编写中，力图通过理论教学及实践训练，达到提升本科生专业能力的目标。希望这些有益的尝试能对推动国内计算机专业学生的能力培养起到积极的促进作用。

华章作为专业的出版团队，长久以来遵循着“分享、专业、创新”的价值观，实践着“国际视野、专业出版、教育为本、科学管理”的出版方针。这套教材的出版，是我们以教学研究指导出版的成功范例，我们将以严谨的治学态度以及全面服务的专业出版精神，与高等院校的老师们携手，为中国的高等教育事业走向国际化而努力。

丛书序言

我国高等学校计算机专业建立于20世纪50年代。经过近60年的迅速发展，经历了从精英化教育到大众化教育的发展阶段，目前在校生多达40余万人，已成为我国规模最大的理工科专业，为国家建设培养了大批信息技术人才。2006年，教育部计算机科学与技术专业教学指导委员会发布了《高等学校计算机科学与技术专业发展战略研究报告暨专业规范（试行）》（以下简称《规范》），提出了以“按培养规格分类”为核心思想的专业发展建议，把计算机专业人才划分为研究型、工程型、应用型三种不同类型。在《规范》的方针指导下，培养合格的计算机本科人才。

教育包括知识、能力、素质三个方面。知识是基础、载体和表现形式，能力是技能化的知识及其综合体现，素质是知识和能力的升华。专业教育不仅要重视知识的传授，更应突出专业能力的培养，实施能力导向的教育。如何以知识为载体实现能力的培养和素质的提高，特别是实现专业能力和素质的提高是非常重要的。对计算机专业本科教育而言，要想实现能力导向的教育，首先要分析专业能力的构成并考虑如何将其培养落实到教学实践中。为此，教育部高等学校计算机科学与技术专业教学指导委会开展了计算机科学与技术专业人才专业能力（简称为计算机专业能力）的培养研究。该项研究明确计算机专业本科人才应具有的四大基本能力——计算思维能力、算法设计与分析能力、程序设计与实现能力、系统能力，并将这四大基本能力分解为82个能力点，探讨如何面对不同类型学生的教育需求，在教学活动中进行落实。

针对计算机应用型人才的培养，由于其培养数量巨大、社会需求广泛和多样化，所以培养应用型人才的专业能力在具体教学实践上有其自身的特点。计算机应用型人才的培养目标是为国家、企事业信息系统的建设与运行培养信息化技术型人才。本类型人才应能承担信息化建设的核心任务，掌握各种计算机软、硬件系统的性能，善于进行系统的集成和配置，有能力管理和维护复杂信息系统的运行，研究如何实现服务及方便有效地利用系统进行计算等。计算机应用型人才的培养凸显了职业特征，使企业与学校的合作更加紧密，部分课程设置凸显能力培养特征，教学模式也呈现了职业化趋势。

为体现研究成果在教学活动中的实现，我们根据《高等学校计算机科学与技术专业人才专业能力构成与培养》和计算机应用型人才培养的特点和社会需求出版了这套教材。本套教材面向高等院校计算机应用型人才培养从知识传授向能力培养转型的需求，在内容的选择、体系安排和教学方法按照专业能力培养和职业特征的需要进行了探索和诠释。

本套教材在体系结构上，遵从公共基础课程平台、专业核心课程平台、专业选修课程平台、方向课程平台和基本素质课程平台的体系。专业核心课程主要有程序设计基础、离散数学、数据结构、计算机组成原理、操作系统原理、计算机网络原理、数据库系统原理、编译原理等课程。方向课程分为计算机网络、软件工程、信息系统、程序设计、电子商务、嵌入式系统、多媒体技术和计算机硬件等方向。在教材编写上，汇集作者才智，重点突出对计算机应用能力和应用技术的培养。

本套丛书的出版是在配合计算机应用型人才专业能力的培养和落实方面的初步尝试，在教材组织和编写上还会有许多不足和缺陷，需要进一步完善，我们衷心希望本套教材的出版能起到抛砖引玉的作用，也希望广大教育工作者加入到计算机应用型人才能力培养的研究和实践中来，并对相关的教材建设提出自己的宝贵意见。

丛书主编

陳明

丛书编委会

前　言

综合布线课程是一门实践性和应用性很强的课程，也是高校、高职计算机类以及通信工程类相关专业必修的基础课程。综合布线课程的主要任务是使学生掌握综合布线的施工技术，能够完成工程的综合布线，使学生具备综合布线工程设计、施工的能力，为他们成为合格的布线工程师打下坚实的基础。

综合布线实训，“实”讨论的是布线行业的实际和实践能力；“训”讨论的是在布线行业正确指导学生动手，让学生熟练掌握综合布线设计与施工技能，积累必备的工程实施经验，使学生对中小型网络综合布线工程的设计和施工能力达到布线工程师的水平。

本书以最新的国家标准（《综合布线系统工程设计规范》（GB 50311—2007）和《综合布线系统工程验收规范》（GB 50312—2007））为依据，较为全面地介绍了综合布线工程所涉及的基本概念、主要部件的基本常识，以及综合布线系统的设计标准和设计原则；并通过设计案例分析，突出施工工艺和技能培训，使学生了解工程现场测试方法和验收知识。

本书配备的实训内容是工程中涉及的、必需的，也是目前国内综合布线技术工程实训教材中实训项目最全面的。所列举的实训内容使用率最高，能跟上技术发展的步伐，且表述通俗易懂，便于自学。作者认为，对于进行综合布线学习的学生来说，本书是一本非常好的实训教程。

本书围绕着“规范性、真实性、完整性、实施性、可操作性”展开，从综合布线系统概述到综合布线系统工程的验收均进行了详细的讨论，使学生不但能掌握综合布线的基础知识，而且知道怎样去做方案、怎样去施工、怎样去测试、怎样去组织验收。书中给出的58个实训项目都是工程中实用的。

本书把作者多年布线工程积累的实践经验带到课堂上，以期为高校、高职院校综合布线课程的实践教学提供更多的参考与借鉴。本实训教程本着“知识点到为止，理论够用为宜”，强调“技能实用”的可掌握性和可考核性，注意体现素质教育创新能力和实践能力的培养，为学生知识、能力、素质协调发展创造条件。本书扬长避短、突出特色、反映当代科学技术先进水平、理论与实践紧密结合，“教、学、做”一体化，真正做到了从实际出发，强化实际应用，突出施工技能培训，将理论教学与实训、实践相统一（讲完理论就做实训），通过布线工程理论学习和实训操作（讲的是布线理论，实训的就是布线）提高学生对布线工程技术的兴趣，并让学生在实训操作过程中具有成就感，帮助学生积累项目经验，使学生毕业后可直接上岗，从而真正体现“零”距离就业。

本书从布线工程的实际需要出发，介绍综合布线所涉及的内容和实训项目。作为一线的布线工程师，必须掌握综合布线系统的基础知识、综合布线的工具、综合布线系统的传输介质、连接介质、线槽规格品种、布线系统标准、系统设计技术、网络工程方案的写作、网络工程施工实用技术、布线端接操作技术、测试技术、验收技术。本书的教学内容与步骤适应专业课程需要。

对于在实训操作过程中，学生可能感觉有难度的实训项目，本书作了实训讲解指导。本书的课件（PPT）等资料请登录华章网站 www. hzbook. com 下载。

参加本书写作的人员有黎连业、叶万峰、黎照、李淑春。由于作者水平有限，错误之处在所难免，敬请广大读者批评斧正。

作者

2012 年 3 月

教学建议

教学章节	教学要求	课时
第 1 章 综合布线系统概述	课堂理论教学要求： • 了解综合布线系统的基本概念。 • 了解综合布线系统的优点。 • 掌握综合布线系统的标准。 • 掌握综合布线系统的设计等级。 • 了解综合布线系统的布线构成。 • 掌握综合布线系统线缆系统的分级与类别。 • 掌握缆线长度划分。 • 了解综合布线系统的发展趋势。 要求学生掌握综合布线系统的概念、组成、优点、标准、设计等级、7 个子系统的要点。	理论教学 （课时：2）
	实训要求： 实训项目 1：参观校园网（或参观综合布线实训室、智能化大厦） 要求学生交实训报告（总结参观的体会） 报告的内容： • 综合布线系统结构：工作区子系统、配线子系统、电信间子系统、干线子系统、建筑群子系统、进线间子系统、设备间子系统。 • 了解综合布线 7 个子系统的结构、功能和应用，以及“管理”在综合布线系统结构中的作用。 • 理解工作区、配线子系统、干线子系统、建筑群子系统、设备间、进线间、电信间所涵盖的范围。 • 了解综合布线系统的设备和材料。 • 概述综合布线系统 7 个子系统所含设备（或缆线）及其位置。	实训 （课时：1）
第 2 章 综合布线系统的 传输和连接介质	课堂理论教学要求： • 了解、掌握双绞线电缆。 • 了解、掌握大对数双绞线。 • 了解、掌握同轴电缆。 • 了解、掌握光缆的品种与性能。 • 了解、掌握 RJ45 连接器和 RJ11 连接器。 • 了解、掌握信息模块、面板和底盒。 • 了解、掌握配线架。 • 了解、掌握机柜。	理论教学 （课时：4）
	实训要求： 实训 11 个项目 1. 实训项目 2：参观综合布线实训室——综合布线工程实训展示装置 • 熟悉、认识和参观综合布线实训室展示装置。 • 熟悉和认识综合布线系统结构工作区、配线子系统、干线子系统、设备间和管理。	实训 （课时：4）

（续）

教学章节	教学要求	课时
第2章 综合布线系统的 传输和连接介质	要求学生交实训报告（总结参观的体会） 报告的内容： • 概述综合布线实训室——综合布线工程实训展示装置。 • 总结综合布线实训室——综合布线工程实训展示装置各子系统结构、功能和应用。 2. 实训项目3：认识、了解综合布线工具箱 • 认识、了解常用的工具：双用压线钳；剥线钳；调力型110打线钳；五对打线钳；简易线序测试仪；斜口钳；尖嘴钳；数字测电笔；一字起子；十字起子；活动扳手；钢卷尺；美工刀。 3. 实训项目4：认识、了解双绞线电缆 • 认识、了解3类、5类、超5类线、6类非屏蔽双绞线。 • 熟悉3类、5类、超5类线、6类非屏蔽和屏蔽双绞线、7类屏蔽双绞线的规格和用途，为布线施工和布线总体方案中正确选购双绞线电缆打下基础。 4. 实训项目5：认识、了解大对数线 • 认识、了解大对数线。 • 熟悉大对数线的规格和用途，为布线施工和布线总体方案中正确选购大对数线线缆打下基础。 5. 实训项目6：认识、了解室内多模光缆和光纤以及室外单模光缆和光纤 • 认识、了解室内多模光缆和光纤、室外单模光缆和光纤。 • 熟悉室内多模光缆和光纤、室外单模光缆和光纤的规格和用途，为布线施工和布线总体方案中正确选购光缆打下基础。 6. 实训项目7：认识、了解双绞线连接器 • 认识、了解双绞线的连接器。 • 熟悉双绞线连接器的规格和用途，为布线施工和布线总体方案中正确选购双绞线连接器打下基础。 7. 实训项目8：认识、了解信息模块、面板和底盒 • 认识、了解信息模块、面板和底盒。 • 熟悉信息模块、面板和底盒的用途，为布线施工和布线总体方案中正确选购模块、面板和底盒打下基础。 8. 实训项目9：认识、了解网络配线架和110配线架 • 认识、了解网络配线架和电话通信110配线架。 • 熟悉网络配线架和电话通信110配线架的规格和用途，为布线施工和布线总体方案中正确选购网络配线架和110配线架打下基础。 9. 实训项目10：认识、了解光纤连接器件 • 认识、了解光纤连接器件。 • 熟悉光纤连接器件的规格和用途，为布线施工和布线总体方案中选购光纤连接器件打下基础。 10. 实训项目11：认识、了解光纤接线箱 • 认识、了解光纤接线箱。 • 熟悉光纤接线箱的规格和用途，为布线施工和布线总体方案中选购光纤接线箱打下基础。 11. 实训项目12：认识、了解机柜和其他小件材料 • 认识、了解机柜、膨胀栓、标记笔、捆扎带、螺钉、木螺钉、膨胀胶等在工程中的使用。	
第3章 线槽规格和品种	课堂理论教学要求： • 了解、掌握金属槽和金属桥架。 • 了解、掌握塑料槽。 • 了解、掌握金属管和金属软管。 • 了解、掌握塑料管和塑料软管。 • 了解、掌握线缆的槽、管铺设方法。 • 了解、掌握槽管可放线缆的条数。	理论教学 （课时：1）

（续）

教学章节	教学要求	课时
第 3 章 线槽规格和品种	实训要求： 实训 3 个项目 1. 实训项目 13：认识、了解金属槽、金属管和金属软管 ● 认识、了解金属槽、金属管和金属软管。 ● 熟悉金属槽、金属管和金属软管的规格和用途，为布线施工和布线总体方案中正确选购金属槽、金属管和金属软管打下基础。 2. 实训项目 14：认识、了解金属桥架 ● 认识、了解金属桥架的分类，以及普通桥架的主要配件。 ● 熟悉金属桥架的规格和用途，以及综合布线系统中主要使用的桥架，为布线施工和布线总体方案中正确选购桥架打下基础。 3. 实训项目 15：认识、了解塑料管和塑料软管 ● 认识、了解塑料管、塑料软管、塑料管的主要配件。 ● 熟悉塑料管、塑料软管、塑料管主要配件的规格和用途，为布线施工和布线总体方案中正确选购塑料管、塑料软管、塑料管主要配件打下基础。	实训 （课时：0.5）
第 4 章 布线系统标准的有关要求与系统设计技术	课堂理论教学要求： ● 了解、掌握布线系统标准的有关要求。 ● 了解、掌握布线系统设计。 ● 了解、掌握工作区子系统设计。 ● 了解、掌握配线（水平）子系统设计。 ● 了解、掌握干线（垂直干线）子系统设计。 ● 了解、掌握设备间子系统设计。 ● 了解、掌握技术管理。 ● 了解、掌握建筑群子系统设计。 ● 了解、掌握进线间设计。 ● 了解、掌握光缆传输系统。 ● 了解、掌握电信间设计。 ● 了解、掌握电源、防护和接地设计。 ● 了解、掌握环境保护设计。 ● 了解、掌握屏蔽布线系统设计。 布线系统的设计很重要，综合布线工程师要具备独立设计综合布线系统工程方案的能力，学生要掌握综合布线各子系统的设计技术。	理论教学 （课时：7）
第 5 章 网络工程 设计方案写作基础 和方案写作样例	课堂理论教学要求： ● 了解、掌握方案设计基础：一个完整的设计方案结构。 ● 了解、掌握方案设计基础：网络布线方案设计的内容。 ● 了解、掌握方案设计基础：网络工程行业和建筑行业的设计方案取费的主要内容。 ● 了解、掌握综合布线系统取费。 ● 了解、掌握综合布线方案设计模板。 ● 了解、掌握网络工程设计方案实例：中国××信息系统网络工程设计方案。	理论教学 （课时：4）
	实训要求： 实训 3 个项目 1. 实训项目 16：图纸绘制 布线工程图纸在布线工程中是必备的，布线工程要求图纸简单、清晰、直观地反映网络和布线系统的结构、管线路由和信息点分布等情况。 综合布线工程图一般包括以下 5 类图纸： ● 网络拓扑结构图。 ● 综合布线系统结构图。 ● 综合布线管线路由图。	实训 （课时：6）

（续）

<table>
<tr><th>教学章节</th><th>教学要求</th><th>课时</th></tr>
<tr><td>第5章
网络工程
设计方案写作基础
和方案写作样例</td><td>● 楼层信息点平面分布图。
● 机柜配线架信息点布局图。
要求每个学生独立完成此项实训。
（1）画出布线系统平面设计图，包括：
● 信息点分布。
● 水平干线路由图。
（2）画出干线设计图，包括：干线设计路由图。
（3）画出系统逻辑图，要求反映出主机房、楼层电信间、工作区的位置和逻辑连接。
（4）设计出配线架端口地址分配表。
（5）画出机柜连线图。
（6）使用 Microsoft Word 或 Microsoft Excel 完成项目材料的整理。
2. 实训项目 17：按网络工程行业流行的设计方案写作网络工程方案
（1）通过综合布线方案设计模板，制作网络工程行业流行的设计方案，掌握综合布线工程设计技术。
（2）掌握网络工程行业各种项目费用的取费基数。
（3）熟悉综合布线使用的材料的种类、规格。
（4）熟悉设计方案的制作、分项工程所需器材清单和报价。
（5）学生通过自己动手设计一个小型局域网布线工程实例，达到充实、提高和检验自己独立设计结构化布线工程的能力。
要求每个学生独立完成此项设计，设计过程中不互相讨论。
3. 实训项目 18：按建筑行业取费设计方案写作一个网络工程方案
作为课后作业，将教学班进行分组，每组选出一个负责人，每组独立完成此项设计，设计过程中可分工，可讨论，让学生对建筑行业取费设计方案有一个清晰明了的认识，这样有助于其后续的学习和工作。
要求：
（1）通过本章综合布线系统取费的内容，按照建筑行业取费制作一个网络工程方案。
（2）掌握综合布线系统工程的用料预算方法。
（3）掌握各项目定额标准。</td><td></td></tr>
<tr><td rowspan="2">第6章
网络工程施工实用技术</td><td>课堂理论教学要求：
● 了解、掌握网络工程布线施工技术要点。
● 了解、掌握网络布线路由选择技术。
● 了解、掌握网络布线线槽铺设技术。
● 了解、掌握双绞线布线技术。
● 了解、掌握长距离光缆布线技术。
● 了解、掌握吹光纤布线技术。</td><td>理论教学
（课时：4）</td></tr>
<tr><td>实训要求：
实训 13 个项目
1. 实训项目 19：常用电动工具的使用
要求了解、掌握常用电动工具的操作和使用。
2. 实训项目 20：金属桥架路由铺设操作
要求了解、掌握金属桥架路由铺设操作。
3. 实训项目 21：金属管明铺操作实训
要求了解、掌握明铺金属管的铺设操作。
4. 实训项目 22：不用托架时，明塑料（PVC）槽的铺设操作实训
要求了解、掌握不用托架时，明塑料（PVC）槽的铺设操作。
5. 实训项目 23：参观架空布线的铺设（课后作业）</td><td>实训
（课时：13）</td></tr>
</table>

（续）

教学章节	教学要求	课时
第 6 章 网络工程施工实用技术	6. 实训项目 24：参观直埋布线的铺设（课后作业） 7. 实训项目 25：传输信号线垂直交叉电源线布线实训 要求了解、掌握传输信号线垂直交叉电源线布线。 8. 实训项目 26：双绞线布线实训指导 要求了解、掌握双绞线布线。 9. 实训项目 27：落地、壁挂式机柜安装实训 要求了解、掌握落地、壁挂式机柜安装。 10. 实训项目 28：网络数据配线架安装 要求了解、掌握网络数据配线架安装。 11. 实训项目 29：干线电缆铺设实训 要求了解、掌握干线电缆铺设。 12. 实训项目 30：暗道开槽布管实训 要求了解、掌握暗道开槽布管。 13. 实训项目 31：屏蔽双绞线布线指导 要求了解、掌握屏蔽双绞线布线。 掌握本章的内容和 13 个实训项目的操作方法，有助于学生今后的学习和工作。	
第 7 章 布线端接操作技术	课堂理论教学要求： ● 了解、掌握布线压接技术。 ● 了解、掌握光缆光纤连接技术。 ● 了解、掌握数据点与语音点互换技术。 ● 了解、掌握综合布线系统的标识管理。	理论教学 （课时：8）
	实训要求： 实训 17 个项目 1. 实训项目 32：110 配线架安装、语音大对数电缆端接实训 要求： （1）掌握机柜内 110 配线架的安装方法和使用功能。 （2）熟练掌握大对数电缆打线技能。 （3）掌握大对数电缆与 110 配线架的端接方式，并识记语音大对数电缆端接顺序。 （4）掌握网络综合布线常用工具和操作技巧。 2. 实训项目 33：信息插座安装实训 要求： （1）认识 RJ45 信息模块、信息面板、信息插座底盒；学会按照 568A 与 568B 的色标排线序。 （2）认识学习单对打线工具的使用方法和安全注意事项，掌握双绞线与 RJ45 信息模块的压接方法，培养正确进行 RJ45 模块压接的能力。 （3）掌握信息插座明装、暗装、地插安装的方法。 3. 实训项目 34：用户信息跳线制作实训 要求掌握双绞线跳线制作过程。 4. 实训项目 35：网络配线架双绞线打线实训 要求掌握网络配线架双绞线打线。 5. 实训项目 36：电信间（设备间）电话跳线打线实训 要求掌握电信间（设备间）电话跳线打线。 6. 实训项目 37：网络交换机安装与跳线连接 要求掌握网络交换机安装与跳线连接。 7. 实训项目 38：光纤配线架安装 要求掌握光纤配线架安装。	实训 （课时：14）

（续）

教学章节	教学要求	课时
第7章 布线端接操作技术	8. 实训项目39：光纤连接器端接磨光技术实训 要求掌握光纤连接器端接磨光技术。 9. 实训项目40：光纤连接器端接压接技术实训 要求掌握光纤连接器端接压接技术。 10. 实训项目41：光纤连接熔接技术实训 要求掌握光纤连接熔接技术。 11. 实训项目42：ST连接器互连实训 要求掌握ST连接器互连技术。 12. 实训项目43：数据点与语音点互换实训 要求掌握数据点与语音点互换技术。 13. 实训项目44：线缆连接实训 要求掌握线缆连接技术。 14. 实训项目45：有线电视同轴电缆的连接实训 要求掌握有线电视同轴电缆的连接技术。 15. 实训项目46：千兆跳线制作实训 要求掌握千兆跳线制作技术。 16. 实训项目47：屏蔽双绞线端接到屏蔽信息模块实训 要求掌握屏蔽双绞线端接到屏蔽信息模块技术。 17. 实训项目48：屏蔽S/FTP RJ45的端接实训指导 要求掌握屏蔽S/FTP RJ45的端接技术。	
第8章 测试和测试实训	课堂理论教学要求： • 了解布线工程测试概述。 • 了解电缆的两种测试。 • 了解网络听证与故障诊断。 • 了解、掌握用Fluke DTX电缆分析仪认证测试一条电缆（UTP）。 • 了解、掌握一条电缆（UTP）的认证测试报告。 • 了解、掌握双绞线测试错误的解决方法。 • 了解、掌握大对数电缆测试。 • 了解、掌握光缆测试技术。	理论教学 （课时：2）
	实训要求： 实训8个项目 1. 实训项目49：永久链路超5类双绞线认证测试实训 要求掌握永久链路超5类双绞线认证测试技术。 2. 实训项目50：信道链路超5类双绞线认证测试实训 要求掌握信道链路超5类双绞线认证测试技术。 3. 实训项目51：永久链路6类双绞线认证测试实训 要求掌握永久链路6类双绞线认证测试技术。 4. 实训项目52：信道链路6类双绞线认证测试实训 要求掌握信道链路6类双绞线认证测试技术。 5. 实训项目53：性能故障诊断实训 要求掌握性能故障诊断技术。 6. 实训项目54：大对数电缆布线测试实训 要求掌握大对数电缆布线测试技术。 7. 实训项目55：光纤测试实训 要求掌握光纤测试技术。 8. 实训项目56：屏蔽双绞线布线系统测试实训指导 要求掌握屏蔽双绞线布线系统测试技术。	实训 （课时：4.5）

（续）

教学章节	教学要求	课时
第9章 综合布线系统 工程的验收实训	课堂理论教学要求： • 了解、掌握综合布线系统验收要点。 • 了解、掌握现场（物理）验收。 • 了解、掌握文档与系统测试验收。 • 了解网络综合布线系统工程验收使用的主要表据。 • 了解、掌握乙方要为鉴定会准备的材料。 • 了解、掌握鉴定会材料样例。 • 了解、掌握鉴定会后资料归档。	理论教学 （课时：2）
	实训要求： 实训2个项目 1. 实训项目57：综合布线系统现场验收的实训 要求了解、掌握综合布线系统现场验收。 2. 实训项目58：综合布线系统文档的实训 要求了解、掌握综合布线系统的文档。	实训 （课时：2）
理论考核讨论	课堂理论教学要求： 讲解理论考核的内容	考核讨论 （课时：1）
考核	考核	课时：2

说明：1）建议课堂教学全部在教室内完成，实训在实训室内完成。

2）建议教学分为基础知识部分（第1章～第4章的内容）和施工技能部分（第5章～第9章的内容），其中理论教学课时（含考核）为37学时，实训课时为45学时。

3）不同学校可以根据各自的教学要求和计划学时数对教学内容进行取舍。

本书部分章最后附有习题，这些习题比较基础，要求学生自己完成。部分章实训的内容多，实践性、应用性很强，要求学生通过实训加深理解，验证、巩固课堂理论教学的内容，使学生具备综合布线工程设计、施工的能力，为将来成为一名合格的布线工程师打下坚实的基础。部分学校可安排96学时（理论教学课时为43学时，实训课时为53学时）。

目 录

第1章　综合布线系统概述

建筑物布线系统PDS（Premises Distribution System）的兴起与发展，是基于计算机和通信技术的发展，为了适应社会信息化和经济国际化的需要而发展起来的，也是办公自动化进一步发展的结果。建筑物综合布线技术也是建筑技术与信息技术相结合的产物，是计算机网络工程的基础。

1.1　综合布线系统的基本概念

在信息社会中，一个现代化的大楼内，除了具有电话、传真、空调、消防、动力电线、照明电线外，计算机网络线路也是不可缺少的。布线系统的对象是建筑物或楼宇内的传输网络，布线的作用是使话音和数据通信设备、交换设备和其他信息管理系统彼此相连，并使这些设备与外部通信网络连接。它包含着建筑物内部和外部线路（网络线路、电话局线路）间的民用电缆及相关的设备连接措施。布线系统是由许多部件组成的，主要有传输介质、线路管理硬件、连接器、插座、插头、适配器、传输电子线路、电气保护设施等，并由这些部件来构造各种子系统。

综合布线系统应该说是跨学科、跨行业的系统工程，作为信息产业体现在以下几个方面：

1）楼宇自动化系统（Building Automation System，BAS）。

2）通信自动化系统（Communication Automation System，CAS）。

3）办公自动化系统（Office Automation System，OAS）。

4）计算机网络系统（Computer Network System，CNS）。

作为布线系统，国际标准将其划分为建筑群主干布线子系统、建筑物主干布线子系统和水平布线子系统3个部分；美国标准将其划分为建筑群子系统、垂直干线子系统、水平干线子系统、设备间子系统、管理间子系统和工作区子系统6个独立的子系统；我国国家标准（GB 50311—2007）将其划分为工作区子系统、配线子系统、干线子系统、建筑群子系统、设备间子系统、进线间子系统、电信间子系统、管理8个部分。

大楼的综合布线系统是将各种不同组成部分构成一个有机的整体，而不是像传统的布线那样自成体系，互不相干。美国标准综合布线系统结构如图1-1a所示，我国国家标准（GB 50311—2007）综合布线系统结构如图1-1b所示。

综合布线系统是弱电系统的核心工程，适用场合如商务贸易中心、银行、保险公司、宾馆饭店、股票证券市场、商城大厦、政府机关、群众团体、公司办公大厦、航空港、火车站、长途汽车客运枢纽站、港区、城市公共交通指挥中心、出租车调度中心、邮政枢纽楼、广播电台、电视台、新闻通讯社、医院、急救中心、气象中心、科研机构、高等院校等。为适应新的需要，自2007年10月1日起我国开始实施《综合布线系统工程设计规范》（GB 50311—2007），原《建筑与建筑群综合布线系统工程设计规范》（GB/T 50311—2000）同时废止。为了方便工程设计、施工安装，本书在《综合布线系统工程设计规范》（GB 50311—2007）的基础上编写综合布线系统的设计与施工技术。

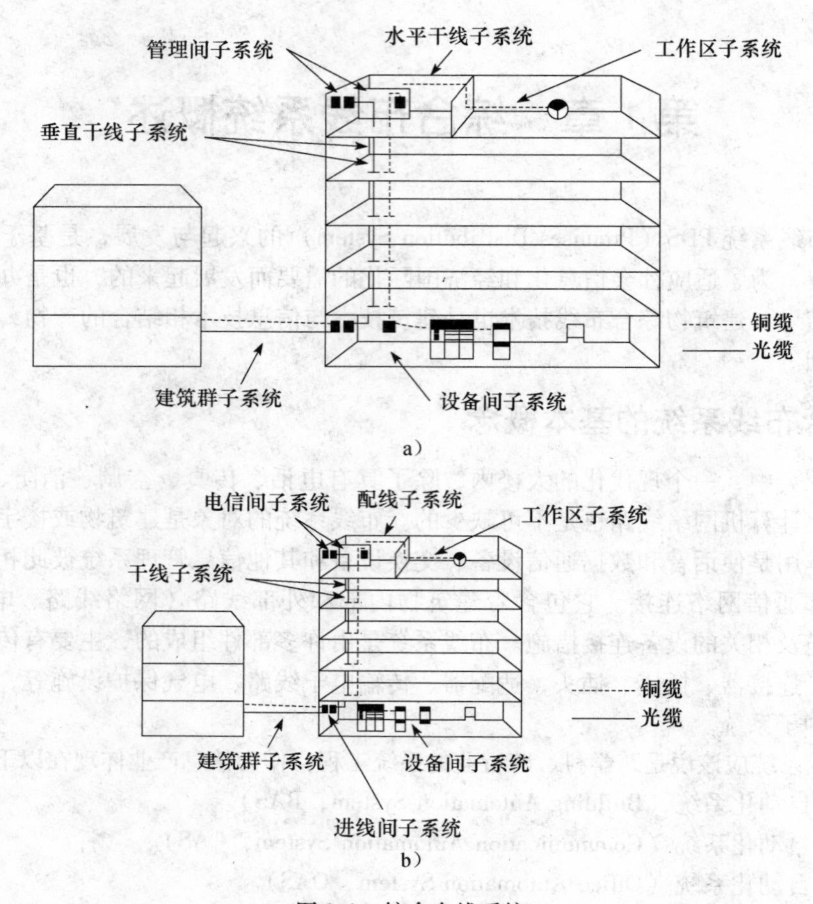

图1-1 综合布线系统

1.1.1 综合布线系统特性

综合布线系统具有以下特性：

1. 可靠性、实用性

布线系统要能够充分适应现代和未来的技术发展，实现话音、高速数据通信、高显像度图片传输，支持各种网络设备、通信协议和包括管理信息系统、商务处理活动、多媒体系统在内的广泛应用。布线系统还要能够支持其他一些非数据的通信应用，如电话系统等。

2. 先进性

布线系统作为整个建筑的基础设施，要采用先进的科学技术，要着眼于未来，保证系统具有一定的超前性，使布线系统能够支持未来的网络技术和应用。

3. 灵活性

布线系统对其服务的设备有一定的独立性，能够满足多种应用的要求，每个信息点可以连接不同的设备，如数据终端、模拟或数字式电话机、程控电话或分机、个人计算机、工作站、打印机、多媒体计算机和主机等。布线系统要可以连接成包括星形、环形、总线形等各种不同的逻辑结构。

4. 模块化

布线系统中除去固定于建筑物内的水平线缆外，其余所有的设备都应当是可任意更换、插拔的标准组件，以方便使用、管理和扩充。

5. 扩充性

布线系统应当是可扩充的，以便在系统需要发展时，可以有充分的余地将设备扩展进去。

6. 标准化

布线系统要采用和支持各种相关技术的国际标准、国家标准及行业标准，这样可以使得作为基础设施的布线系统不仅能支持现在的各种应用，还能适应未来的技术发展。

1.1.2 综合布线系统分类

前面已介绍过，国家标准（GB 50311—2007）将布线系统划分为8个部分（7个布线系统部分，1个技术管理部分）。下面分别进行详细介绍。

1. 工作区子系统

工作区子系统（Work Area Subsystem）又称为服务区（Coveragearea）子系统，它由RJ45跳线、信息插座（Telecommunications Outlet，TO）模块与所连接的终端设备（Terminal Equipment，TE）组成。信息插座有墙上型、地面型等多种。

在进行设备连接时，可能需要某种传输电子装置，但这种装置并不是工作区子系统的一部分。例如，调制解调器，它能为终端与其他设备之间的兼容性传输距离的延长提供所需的转换信号，但不能说是工作区子系统的一部分。

工作区子系统中所使用的连接器必须具备国际ISDN标准规定的8位接口，这种接口能接受楼宇自动化系统所有低压信号以及高速数据网络信息和数码声频信号。

2. 配线子系统

配线子系统应由工作区的信息插座模块、信息插座模块至电信间的配线设备（FD）的配线电缆和光缆、电信间的配线设备及设备缆线和跳线等组成。

配线子系统又称为水平干线子系统、水平子系统（Horizontal Subsystem）。配线子系统是整个布线系统的一部分，它是从工作区的信息插座开始，到电信间的配线设备及设备缆线和跳线。结构一般为星形结构，它与干线子系统的区别在于：配线子系统总是在一个楼层上，仅仅是信息插座与电信间连接。在综合布线系统中，配线子系统由4对UTP（Unshielded Twisted Paired，非屏蔽双绞线）组成，能支持大多数现代化通信设备。当有磁场干扰或信息保留时，可以采用屏蔽双绞线。当需要高宽带应用时，可以采用光缆。

对于配线子系统的设计，必须具有全面介质设施方面的知识。

3. 干线子系统

干线子系统（Riser Backbone Subsystem）也称垂直干线子系统和骨干子系统，它是整个建筑物综合布线系统的一部分。干线子系统应由设备间至电信间的干线电缆和光缆，安装在设备间的建筑物配线设备（BD）及设备缆线和跳线组成。负责连接电信间到设备间的子系统，一般使用光缆或选用非屏蔽双绞线。

干线提供了建筑物干线电缆的路由。通常是在电信间、设备间两个单元之间，该子系统由所有的布线电缆组成，或由导线和光缆以及将此光缆连到其他地方的相关支撑硬件组合而成。

干线子系统还包括：

1）干线或远程通信（卫星）接线间、设备间之间的竖向或横向的电缆走向用的通道。

2）设备间和网络接口之间的连接电缆或设备与建筑群子系统各设施间的电缆。

3）干线接线间与各远程通信（卫星）接线间之间的连接电缆。

4）主设备间和计算机主机房之间的干线电缆。

4. 建筑群子系统

建筑群子系统应由连接多个建筑物之间的主干电缆和光缆、建筑群配线设备（CD）及设备缆线和跳线组成。

建筑群子系统也称楼宇（建筑群）子系统、校园子系统。它是将一个建筑物中的电缆延伸到另一个建筑物的通信设备和装置，通常是由光缆和相应设备组成。建筑群子系统是综合布线系统的一部分，它支持楼宇之间通信所需的硬件，其中包括导线电缆、光缆以及防止电缆上的脉冲电压进入建筑物的电气保护装置。

在建筑群子系统中，会遇到室外铺设电缆问题，一般有三种情况：架空电缆、直埋电缆、地下管道电缆，或者是这三种的任意组合，具体情况应根据现场的环境来决定。

5. 设备间子系统

设备间是在每幢建筑物的适当地点进行网络管理和信息交换的场地。对于综合布线系统工程设计，设备间主要安装建筑物配线设备。电话交换机、计算机主机设备及入口设施也可与配线设备安装在一起。

设备间也称设备间子系统、设备子系统（Equipment Subsystem）。设备间由电缆、连接器和相关设备组成。它把各种公共系统设备的多种不同设备互连起来，其中包括邮电部门的光缆、同轴电缆、程控交换机等。

6. 电信间子系统

电信间子系统也可称为管理间子系统，它由交连、互连和I/O组成。管理间为连接其他子系统提供手段，它是连接干线子系统和配线子系统的子系统，其主要设备是配线架、HUB、交换机和机柜、电源。

交连和互连允许将通信线路定位或重定位在建筑物的不同部分，以便能更容易地管理通信线路。I/O位于用户工作区和其他房间或办公室，以便在移动终端设备时能够方便地进行插拔。

在使用跨接线或插入线时，交连允许将端接在单元一端的电缆上的通信线路连接到端接在单元另一端的电缆上的线路上。跨接线是一根很短的单根导线，可将交叉连接处的两根导线端点连接起来；插入线包含几根导线，而且每根导线末端均有一个连接器。插入线为重新安排线路提供了一种简易的方法。在远程通信（卫星）接线区，如安装在墙上的布线区，交连可以不要插入线，因为线路经常是通过跨接线连接到I/O上的。

互连与交连的目的相同，但不使用跨接线或插入线，只使用带插头的导线、插座、适配器。互连和交连也适用于光纤。

7. 进线间子系统

进线间也称进线间子系统。进线间是建筑物外部通信和信息管线的入口部位，并可作为入口设施和建筑群配线设备的安装场地。

8. 管理

管理应对工作区、电信间、设备间、进线间的配线设备、缆线、信息插座模块等设施按一定的模式进行标识和记录。综合布线系统应有良好的标记系统，如建筑物名称、建筑物位置、区号、起始点和功能等标记。综合布线系统使用了三种标记：电缆标记、场标记和插入标记，其中插入标记最常用。这些标记通常是硬纸片或其他方式，由安装人员在需要时取下来使用。交接间及二级交接间的布线设备宜采用色标区别各类用途的配线区。

对于上述 8 个部分的详细设计，将在本书后面的章节中介绍。

1.2 综合布线系统的优点

综合布线系统主要有以下优点：

1）结构清晰，便于管理维护。传统的布线方法是，对各种不同的设施的布线分别进行设计和施工，如电话系统、消防系统、安全报警系统、能源管理系统等的设计和施工都是独立进行的。一个自动化程度较高的大楼内，各种线路如麻，拉线时又免不了在墙上打洞，在室外挖沟，造成一种“填填挖挖挖挖填，修修补补补补修”的难堪局面，而且还造成难以管理、布线成本高、功能不足和不适应形势发展的问题。综合布线就是针对这些缺点而采取的标准化的统一材料、统一设计、统一布线、统一安装施工，做到结构清晰，便于集中管理和维护。

2）材料统一先进，适应今后的发展需要。综合布线系统采用了先进的材料，如五类非屏蔽双绞线，传输的速率在 100 Mb/s 以上，完全能够满足未来 5～10 年的发展需要。

3）灵活性强，适应各种不同的需求。综合布线系统使用起来非常灵活。一个标准的插座，既可接入电话，又可以用来连接计算机终端，实现语音/数据点互换，也适用于各种不同拓扑结构的局域网。

4）便于扩充，节约费用又提高了系统的可靠性。综合布线系统采用冗余布线和星形结构的布线方式，既提高了设备的工作能力又便于用户扩充。虽然传统布线所用线材比综合布线的线材要便宜，但在统一布线的情况下，统一安排线路走向，统一施工，这样可减少用料和施工费用，也减少使用大楼的空间，而且使用的线材是较高质量的材料。

1.3 综合布线系统标准

目前，综合布线系统标准一般为 GB 50311—2007 和美国电子工业协会、美国电信工业协会的 EIA/TIA 为综合布线系统制定的一系列标准。这些标准主要有下列几种：

1）EIA/TIA—568　民用建筑线缆标准。

2）EIA/TIA—569　民用建筑通信通道和空间标准。

3）EIA/TIA—607　民用建筑中有关通信接地标准。

4）EIA/TIA—606　民用建筑通信管理标准。

5）TSB-67　非屏蔽双绞线布线系统传输性能现场测试标准。

6）TSB-95　已安装的五类非屏蔽双绞线布线系统支持千兆应用传输性能指标标准。

这些标准支持下列计算机网络标准：

1）IEE802.3　总线局域网络标准。

2）IEE802.5　环形局域网络标准。

3）FDDI　光纤分布数据接口高速网络标准。

4）CDDI　铜线分布数据接口高速网络标准。

5）ATM　异步传输模式。

1.4 综合布线系统的设计等级

对于建筑物的综合布线系统，一般分为三种，包括基本型综合布线系统、增强型综合布线系统和综合型综合布线系统。

1. 基本型综合布线系统

基本型综合布线系统方案是一个经济的、有效的布线方案。它支持语音或综合型语音/数据产品，并能够全面过渡到数据的异步传输或综合型综合布线系统。它的基本配置如下：

1）每一个工作区为8～10 m^2。

2）每一个工作区有一个信息插座。

3）每一个工作区有一个语音插座。

4）每一个工作区有一条水平布线4对UTP系统。

它的特点为：

1）能够支持所有语音和数据传输应用。

2）便于维护人员维护、管理。

3）能够支持众多厂家的产品设备和特殊信息的传输。

2. 增强型综合布线系统

增强型综合布线系统不仅支持语音和数据的应用，还支持图像、影像、影视、视频会议等。它能为增加功能提供发展的余地，并能够利用接线板进行管理。它的基本配置如下：

1）每一个工作区为8～10 m^2。

2）每一个工作区有一个信息插座。

3）每一个工作区有一个语音插座。

4）每一个工作区有2条水平布线4对UTP系统，提供语音和高速数据传输。

它的特点为：

1）每一个工作区有2个信息插座，不仅灵活方便而且功能齐全。

2）任何一个插座都可以提供语音和高速数据传输。

3）便于管理与维护。

4）能够为众多厂商提供服务环境的布线方案。

3. 综合型综合布线系统

综合型布线系统是将双绞线和光缆纳入建筑物布线的系统。它的基本配置如下：

1）每一个工作区为8～10 m^2。

2）在建筑物、建筑群的干线或水平布线子系统中配置62.5 μm的光缆。

3）在每个工作区的电缆内配有2条以上的4对双绞线。

它的特点为：

1）每一个工作区有2个以上的信息插座，不仅灵活方便而且功能齐全。

2）任何一个信息插座都可以提供语音和高速数据传输。

1.5 综合布线系统的布线构成

综合布线系统的布线构成可分为基本构成、布线子系统和布线系统入口设施构成。

布线基本构成如图1-2所示。

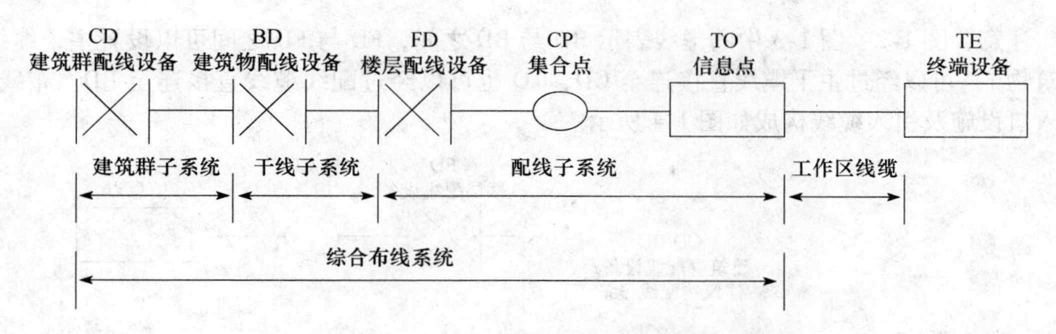

图 1-2　综合布线系统布线基本构成图

布线子系统的构成如图 1-3a 和图 1-3b 所示。

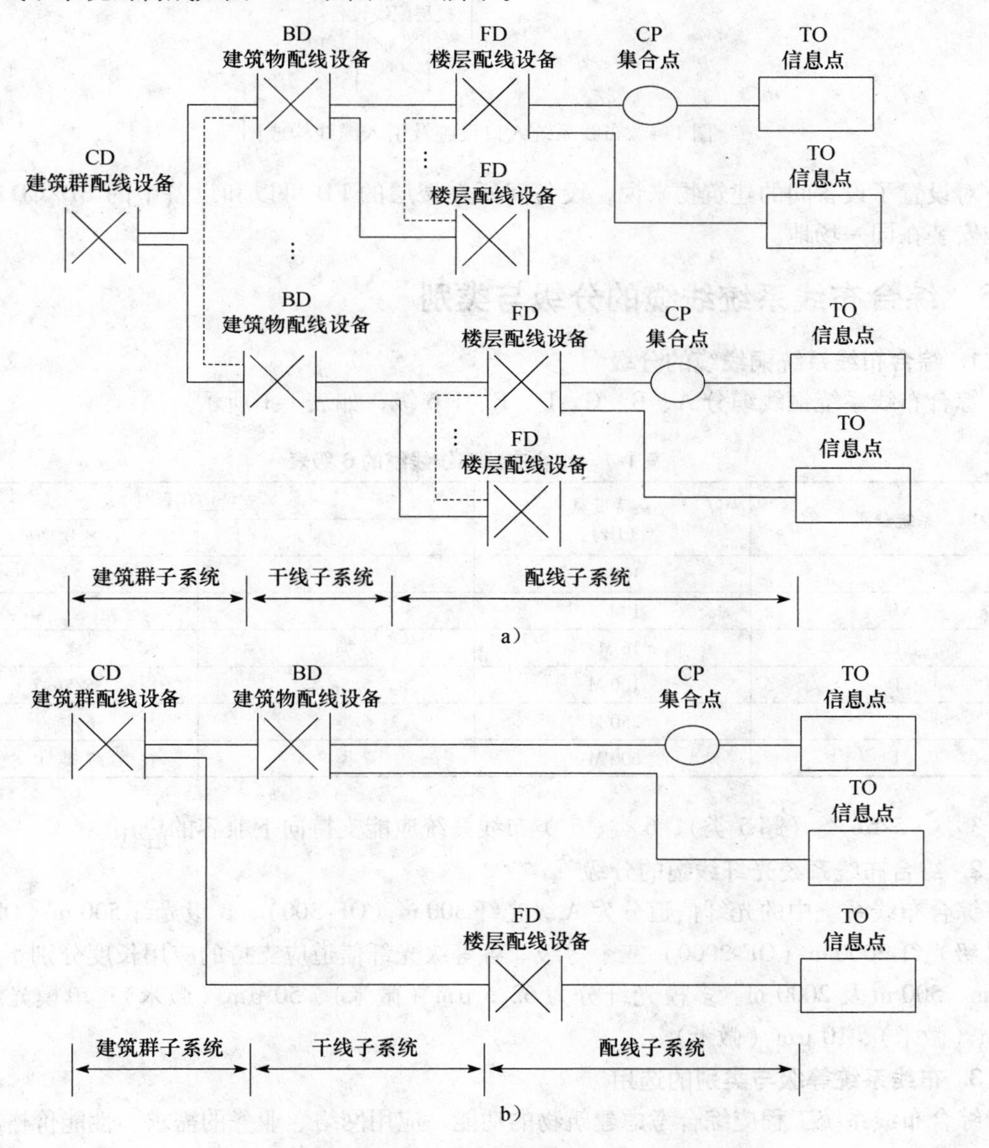

图 1-3　布线子系统构成图

注意，图1-2、图1-3中的虚线表示BD与BD之间，FD与FD之间可以设置主干缆线。建筑物FD可以经过主干缆线直接连至CD，TO也可以经过配线缆线直接连至BD。布线系统入口设施及引入缆线构成如图1-4所示。

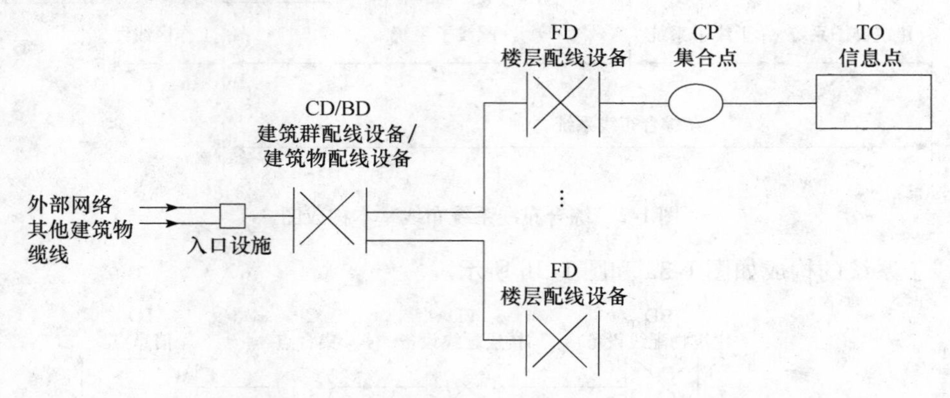

图1-4 布线系统入口设施及引入缆线构成图

对设置了设备间的建筑物来说，设备间所在楼层的FD可以和设备中的BD/CD及入口设施安装在同一场地。

1.6 综合布线系统线缆的分级与类别

1. 综合布线系统铜线缆的分级

综合布线系统铜线缆分A、B、C、D、E、F 6级，如表1-1所示。

表1-1 综合布线系统线缆的6级表

系统分级	支持带宽（Hz）	支持应用器件	
		电缆	连接硬件
A	100 k		
B	1 M		
C	16 M	3类	3类
D	100 M	5/5e类	5/5e类
E	250 M	6类	6类
F	600 M	7类	7类

3类、5/5e类（超5类）、6类、7类布线系统应能支持向下兼容的应用。

2. 综合布线系统光纤线缆的分级

综合布线系统中的光纤信道分为A级光纤300 m（OF-300）、B级光纤500 m（OF-500）和C级光纤2000 m（OF-2000）三个等级。各等级光纤信道应支持的应用长度分别不应小于300 m、500 m及2000 m。多模光纤分为62.5 μm（微米）、50 μm（微米）；单模光纤分为9 μm（微米）、10 μm（微米）。

3. 布线系统等级与类别的选用

综合布线系统工程应综合考虑建筑物的功能、应用网络、业务的需求、性能价格、现场安装条件等因素，选用布线系统等级与类别如表1-2所示。

表 1-2 布线系统等级与类别的选用

业务种类	配线子系统		干线子系统		建筑群子系统	
	等级	类别	等级	类别	等级	类别
语音	D/E	5e/6	C	3 类大对数线	C	3 类室外大对数线
数据	D/E/F	5e/6/7	D/E/F	5e/6/7		
	光纤	5e/6/7 或光纤	光纤	多模光纤或 9 μm、10 μm 单模光纤	光纤	62.5 μm、50μm 多模光纤或 9 μm、10 μm 单模光纤
其他应用	其他应用指数字监控摄像头、楼宇自控现场控制器（DDC）、门禁系统等采用网络端口传送数字信息时的应用。可采用 5e/6 类 4 对双绞线电缆和 62.5 μm、50 μm 多模光纤及 9 μm、10 μm 单模光纤					

综合布线系统应采用标称波长为 850 nm 和 1300 nm 的多模光纤及标称波长为 1310 nm 和 1550 nm 的单模光纤。

1.7 缆线长度划分

综合布线系统缆线长度划分的一般要求如下：

1）综合布线系统缆线长度划分为：配线（水平）缆线、建筑物主干缆线及建筑群主干缆线。它们所构成信道的总长度不应大于 2000 m。

2）建筑物或建筑群配线设备之间（FD 与 BD、FD 与 CD、BD 与 BD、BD 与 CD 之间）组成的信道出现 4 个连接器件时，主干缆线的长度不应小于 15 m。

3）配线子系统各缆线长度划分如图 1-5 所示。

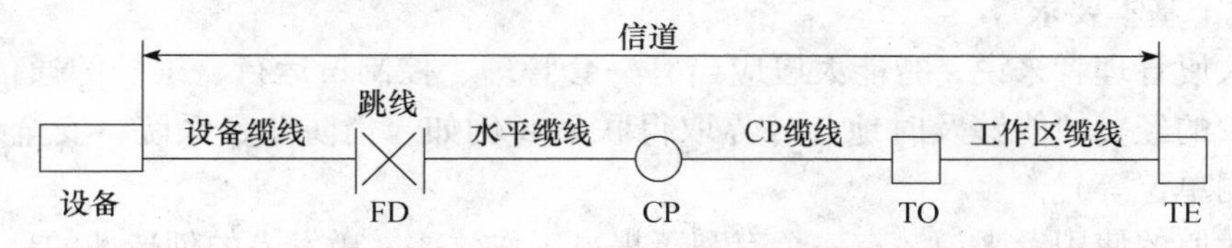

图 1-5 配线子系统各缆线长度划分图

4）配线子系统各缆线长度应符合下列要求：

- 配线子系统信道的最大长度不应大于 100 m。
- 工作区设备缆线、电信间配线设备的跳线和设备缆线之和不应大于 10 m，当大于 10 m时，配线缆线长度（90 m）应适当减少。
- 楼层配线设备（FD）跳线、设备缆线及工作区设备缆线各自的长度不应大于 5 m。

5）配线子系统各段缆线长度限值可按表 1-3 选用。

表 1-3 配线子系统各段缆线长度限值

电缆总长度（m）	水平布线电缆（m）	工作区电缆（m）	电信间跳线和设备电缆（m）
100	90	5	5
99	85	9	5
98	80	13	5
97	25	17	5
97	70	22	5

1.8 综合布线系统的发展趋势

随着计算机技术的迅速发展，综合布线系统也在发生变化，但总的发展趋势是两个方向：集成布线系统和智能大厦、智能小区布线系统。

1. 集成布线系统

集成布线系统是下一代的布线系统，它的基本思想是：

“现在的结构化布线系统对话音和数据系统的综合支持给我们带来一个启示，能否使用相同或类似的综合布线思想来解决楼房自控制系统的综合布线的问题，使各楼房控制系统都像电话/电脑一样，成为即插即用的系统呢?”带着这个问题，西蒙公司根据市场的需要，在1999年年初推出了TBIC（Total Building Integration Cabling）系统，即整体大厦集成布线系统。TBIC系统扩展了结构化布线系统的应用范围，以双绞线、光纤和同轴电缆为主要传输介质，支持话音、数据及所有楼宇自控系统弱电信号的远传的连接。为大厦铺设一条完全开放的、综合的信息高速公路。它的目的是为大厦提供一个集成布线平台，使大厦真正成为即插即用（Plug & play）大厦。

2. 智能大厦布线系统

智能大厦或智能建筑物（Intelligent Building）的组成通常有三大基本要素：楼宇自动化系统（BAS）、通信自动化系统（CAS）和办公自动化系统（OAS）。通常人们把它们称为3A，这三者是有机结合的。建筑环境是智能大厦基本组成要素的支持平台。

智能大厦有两个基本要求、四个目标、三项服务功能的要求。

（1）两个基本要求

- 对大厦管理者来说，智能大厦应当有一套管理、控制、运行、维护的通信设施，花较少的经费便能够及时地与外界取得联系（例如，消防队、医院、安全保卫机关、新闻单位等）。
- 对大厦的使用者来说，有一个有利于提高工作效率、激发人的创造性的环境。

（2）四个目标

- 能够提供高度共享的信息资源。
- 确保提高工作效率和提供舒适的工作环境。
- 节约管理费用，达到短期投资长期受益的目标。
- 适应管理工作的发展需要，做到具有可扩展性、可变性，适应环境的变化和工作性质的多样化。

（3）三项服务功能

1）安全服务功能：防盗报警；出入口控制；闭路电视监视；保安巡更管理；电梯安全与运控；周界防卫；火灾报警；消防；应急照明；应急呼叫。

2）舒适服务功能：空调通风；供热；给排水；电力供应；闭路电视；多媒体音响；智能卡；停车场管理；体育、娱乐管理。

3）便捷服务功能：办公自动化；通信自动化；计算机网络；结构化综合布线；商业服务；饮食业服务；酒店管理。

对于智能大厦系统的功能设计是一个系统集成设计，它需要设计者知识面宽、具有系统工程设计思想，而且要有较高的组织、协调能力。在建设上把大厦楼宇自动化系统、通信自动化系统、办公自动化系统和分离的设备、功能、信息等综合集成到一个相互关联、统一、协调的系统中，巧妙灵活地运用现有的先进技术，使其充分发挥作用和潜力；要能够把多学科的科技人员组织协调起来，使他们统一思想、统一步调，向着一个目标工作前进。

3. 智能小区布线系统

智能小区将成为今后一段时间内的布线系统的新热点。主要有两个原因，一是标准已经成熟。1998 年 9 月，TIA/EIA TR—41 委员会的 TR—41. 8. 2 工作组正式修订及更新了小区布线的标准，并重新命名为 EIA/TIA 570—A 小区电信布线标准。二是市场的推动，即有越来越多的人进行家庭办公或在家上网，并且多数家庭已不止一部电话和一台电视，他们对带宽的要求也越来越高，所以家庭也需要一套系统来对这些接线进行有效的管理。智能小区布线正是针对这样的一个市场提出来的。

智能小区布线除支持数据、语音、视媒体应用外，还可提供对家庭的保安管理和对家用电器的自动控制以及能源自控等。

1.9 实训

实训项目 1：参观校园网（或参观综合布线实训室、智能化大厦）

1. 参观的目的

- 熟悉和认识综合布线系统结构：工作区子系统、配线子系统、电信间子系统、干线子系统、建筑群子系统、进线间子系统、设备间子系统。
- 了解综合布线 7 个子系统的结构、功能和应用，及“管理”在综合布线系统结构中的作用。
- 理解工作区子系统、配线子系统、干线子系统、建筑群子系统、设备间子系统、进线间子系统、电信间子系统所涵盖的范围。
- 了解校园网络结构。
- 了解综合布线系统的设备和材料。

2. 实训报告

总结参观的体会：

- 概述综合布线系统 7 个子系统所含设备（或缆线）、位置。
- 总结综合布线系统各子系统的结构、功能和应用。

本章小结

本章阐述综合布线系统的基本概念；综合布线系统的优点；综合布线系统的标准；综合布线系统的设计等级；综合布线系统的布线构成；综合布线系统线缆的分级与类别；综合布线系统缆线的长度划分；综合布线系统的发展趋势。

要求学生掌握综合布线系统的概念、组成、优点、标准、设计等级、7 个子系统的要点。

习题

1. 综合布线系统兴起的原因是什么？

2. 综合布线系统是跨学科、跨行业的系统工程，作为信息产业体现在哪几个方面？
3. 理想的布线系统体现在哪几个方面？
4. 综合布线系统由哪7个子系统组成？
5. 什么是工作区子系统？
6. 什么是配线子系统（水平干线）子系统？
7. 什么是电信间（管理间）子系统？
8. 什么是干线（垂直干线）子系统？
9. 什么是建筑群（楼宇（建筑群））子系统？
10. 什么是进线间子系统？
11. 什么是设备间子系统？
12. 综合布线的主要优点是什么？
13. 综合布线系统标准有哪些？
14. 综合布线的设计等级有哪3个？
15. 什么是基本型综合布线系统？
16. 什么是增强型综合布线系统？
17. 什么是综合型综合布线系统？
18. 综合布线系统的发展趋势是什么？

第2章　综合布线系统的传输和连接介质

在布线系统中使用的线缆通常分为双绞线、同轴电缆、大对数线、光缆等。市场上供应的线缆的品种、型号很多，作为工程技术人员应根据实际的工程需求来选购。选购线缆需要考虑线缆的作用、型号、品种、主要性能。

2.1　双绞线电缆

双绞线（Twisted Pair，TP）是综合布线工程中最常用的一种传输介质。双绞线是由两根具有绝缘保护层的铜导线组成的。把两根绝缘的铜导线按一定密度互相绞在一起，可降低信号干扰的程度，一根导线在传输中辐射出来的电波会被另一根导线上发出的电波抵消。双绞线一般由两根22号、24号或26号绝缘铜导线相互缠绕而成。如果把一对或多对双绞线放在一个绝缘套管中便成了双绞线电缆。双绞线电缆（也称双扭线电缆）内，不同线对具有不同的扭绞长度。一般来说，扭绞长度为14 cm至38.1 cm，按逆时针方向扭绞。相邻线对的扭绞长度在12.7 cm以上，一般扭线越密其抗干扰能力就越强。与其他传输介质相比，双绞线在传输距离、信道宽度和数据传输速度等方面均受一定限制，但价格较为低廉。

目前，双绞线可分为非屏蔽双绞线（Unshielded Twisted Pair，UTP）和屏蔽双绞线（Shielded Twisted Pair，STP）。因为双绞线传输信息时要向周围辐射电波，很容易被窃听，所以要花费额外的代价加以屏蔽，以减小辐射（但不能完全消除）。这就是我们常说的屏蔽双绞线电缆。屏蔽双绞线电缆的外层由铝箔包裹着，相对来说价格贵一些，安装要比非屏蔽双绞线电缆难一些。

虽然双绞线主要是用来传输模拟声音信息的，但同样适用于数字信号的传输，特别适用于较短距离的信息传输。在传输期间，信号的衰减比较大，并且会使波形畸变。

采用双绞线的局域网络的带宽取决于所用导线的质量、长度及传输技术。

2.1.1　双绞线电缆的优点

双绞线电缆具有以下优点：

1）直径小，节省所占用的空间。

2）重量轻、易弯曲、易安装。

3）将串扰减至最小或加以消除。

4）具有阻燃性。

5）具有独立性和灵活性，适用于结构化综合布线。

2.1.2　双绞线的分类

1. 双绞线分为7类

1）1类线：不用于计算机网络数据通信，而用于电话语音通信。

2）2类线：该类电缆的传输频率为1 MHz，用于语音传输和最高传输速率为4 Mbps的数据传输，常见于使用4 Mbps规范令牌传递协议的旧的令牌网。

3）3类线：该类电缆的传输频率为16 MHz，用于语音传输及最高传输速率为10 Mbps的数据传输，主要用于10BASE-T。

4）4类线：该类电缆的传输频率为20 MHz，用于语音传输和最高传输速率为16 Mbps的数据传输，主要用于基于令牌的局域网和10BASE-T/100BASE-T。

5）5类线：该类电缆增加了绕线密度，外套一种高质量的绝缘材料，传输频率为100 MHz，用于语音传输和最高传输速率为100 Mbps的数据传输，主要用于100BASE-T和10BASE-T网络。这是最常用的以太网电缆。

6）超5类线：超5类线衰减小，串扰少，并且具有更高的衰减与串扰的比值（ACR）和结构回波损耗（Structural Return Loss）、更小的时延误差，性能得到很大提高。超5类线主要用于千兆位以太网（1000 Mbps）。

7）6类线：该类电缆的传输频率为1～250 MHz，6类布线系统在200 MHz时综合衰减串扰比（PS-ACR）应该有较大的余量，它提供的带宽是超5类的两倍。6类布线的传输性能远远高于超5类标准，最适用于传输速率高于1 Gbps的应用。6类布线与超5类布线的一个重要的不同点在于：6类布线改善了在串扰以及回波损耗方面的性能，对于新一代全双工的高速网络应用而言，优良的回波损耗性能是极为重要的。6类标准中取消了基本链路模型，布线标准采用星形拓扑结构，要求的布线距离为：永久链路的长度不能超过90 m，信道长度不能超过100 m。

8）7类线：7类线是ISO 7类/F级标准中最新的一种双绞线，它主要为了适应万兆位以太网技术的应用和发展而产生。但它不再是一种非屏蔽双绞线，而是一种屏蔽双绞线，所以它的传输频率至少可达600 MHz，是6类线和超6类线的2倍以上，传输速率可达10 Gbps。

2. 计算机综合布线使用的双绞线的种类

计算机综合布线使用的双绞线的种类如图2-1所示。

2.1.3 3类、5类、超5类线4对非屏蔽双绞线物理结构

3类、5类、超5类线4对非屏蔽双绞线物理结构如图2-2所示。

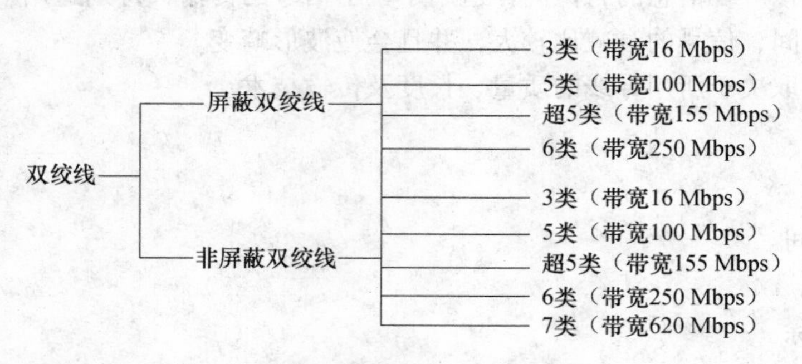

图2-1 计算机网络工程使用的双绞线种类

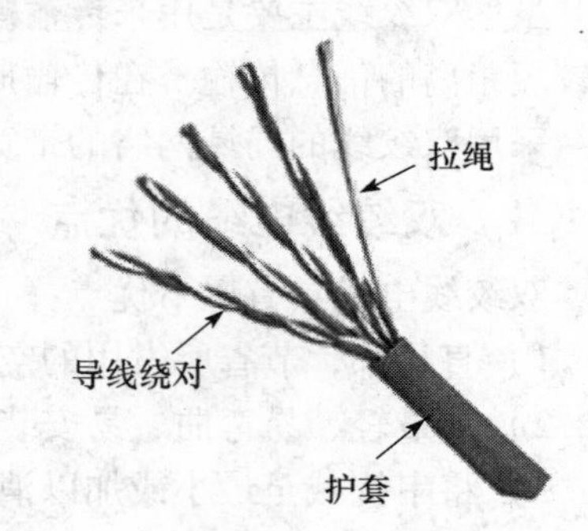

图2-2 3类、5类、超5类线4对非屏蔽双绞线物理结构

4对双绞线导线色彩组成如表2-1所示。

表2-1 4对双绞线导线色彩组成

线对	色彩码	线对	色彩码
1	白/蓝//蓝	3	白/绿//绿
2	白/橙//橙	4	白/棕//棕

2.1.4 双绞线的参数名词

对于双绞线（无论是3类、5类、超5类线（5e）、6类双绞线，还是屏蔽、非屏蔽双绞线），作为用户所关心的是衰减、近端串扰、特性阻抗、分布电容、直流电阻等。为了便于理解，我们首先解释几个名词。

1. 衰减

衰减（attenuation）是沿链路的信号损失度量。衰减随频率而变化，所以应测量在应用范围内的全部频率上的衰减。

2. 近端串扰

近端串扰损耗（Near-End Crosstalk Loss）是测量一条UTP链路中从一对线到另一对线的信号耦合。对于UTP链路来说这是一个关键的性能指标，也是最难精确测量的一个指标，尤其是随着信号频率的增加其测量难度就增大。

串扰分近端串扰（NEXT）和远端串扰（FEXT），测试仪主要是测量NEXT，由于线路损耗，FEXT的量值影响较小，在3类、5类系统中忽略不计。

NEXT并不表示在近端点所产生的串扰值，它只是表示在近端点所测量到的串扰值。这个量值会随电缆长度不同而变化，电缆越长串扰值越小，同时发送端的信号也会衰减，对其他线对的串扰也相对变小。实验证明，只有在40米内测量得到的NEXT值才较真实，如果另一端是远于40米的信息插座，它会产生一定程度的串扰，但测试仪可能无法测量到这个串扰值。基于这个理由，对NEXT最好在两个端点都进行测量。现在的测试仪都配有相应设备，使得在链路一端就能测量出两端的NEXT值。

衰减和NEXT测试值的参照表如表2-2和表2-3所示。

表2-2 各种连接为最大长度时各种频率下的衰减极限

频率（MHz）	最大衰减 20 ℃									
	信道（100 m）					链路（90 m）				
	3类	4类	5类	5e	6类	3类	4类	5类	5e	6类
1	4.2	2.6	2.5	2.5	2.1	3.2	2.2	2.1	2.1	1.9
4	7.3	4.8	4.5	4.5	4.0	6.1	4.3	4.0	4.0	3.5
8	10.2	6.7	6.3	6.3	5.7	8.8	6.0	5.7	5.7	5.0
10	11.5	7.5	7.0	7.0	6.3	10.0	6.8	6.3	6.3	5.6
16	14.9	9.9	9.2	9.2	8.0	13.2	8.8	8.2	8.2	7.1
20		11.0	10.3	10.3	9.0		9.9	9.2	9.2	7.9
25			11.4	11.4	10.1			10.3	10.3	8.9
31.25			12.8	12.8	11.4			11.5	11.5	10.0
62.5			18.5	18.5	16.5			16.7	16.7	14.4
100			24.0	24.0	21.3			21.6	21.6	18.5
200					31.5					27.1
250					36.0					30.7

表 2-3　特定频率下的 NEXT 测试极限

频率（MHz）	最小 NEXT/20 ℃									
	信道（100 m）					链路（90 m）				
	3 类	4 类	5 类	5e	6 类	3 类	4 类	5 类	5e	6 类
1	39.1	53.3	60.0	60.0	65.0	40.1	54.7	60.0	60.0	65.0
4	29.3	43.3	50.6	53.6	63	30.7	45.1	51.8	54.8	64.1
8	24.3	38.2	45.6	48.6	58.2	25.9	40.2	47.1	50.0	59.4
10	22.7	36.6	44.0	47.0	56.6	24.3	38.6	45.5	48.5	57.8
16	19.3	33.1	40.6	43.6	53.2	21.0	35.3	42.3	45.2	54.6
20		31.4	39.0	42.0	51.6		33.7	40.7	43.7	53.1
25.0			37.4	40.4	52.0			39.1	42.1	51.5
31.25			35.7	38.7	48.4			37.6	40.6	50.0
62.5			30.6	33.6	43.4			32.7	35.7	45.1
100.0			27.1	30.1	39.8			29.3	32.3	41.8
200					34.8					36.9
250					33.1					35.3

3. 直流环路电阻

直流环路电阻会消耗一部分信号并转变成热量，它是指一对导线电阻的和。ISO/IEC 11801 国际标准的规格要求直流环路电阻不得大于 19.2 Ω。每对间的差异不能太大（小于 0.1 Ω），否则表示接触不良，必须检查连接点。

4. 特性阻抗

与直流环路电阻不同，特性阻抗包括电阻及频率为 1 ~ 100 MHz 的电感抗及电容抗，它与一对电线之间的距离及绝缘的电气性能有关。各种电缆有不同的特性阻抗，对双绞线电缆而言，则有 100 Ω、120 Ω 及 150 Ω 三种（中国不使用，也不生产 120 Ω 电缆）。

5. 衰减串扰比（ACR）

在某些频率范围内，串扰与衰减量的比例关系是反映电缆性能的另一个重要参数。ACR 有时也以信噪比（Signal-Noise Ratio，SNR）表示，它由最差的衰减量与 NEXT 量值的差值计算。较大的 ACR 值表示对抗干扰的能力更强，系统要求 ACR 值至少应大于 10 dB。

6. 电缆特性

通信信道的品质是由它的电缆特性即 SNR 来描述的。SNR 是在考虑到干扰信号的情况下，对数据信号强度的一个度量。如果 SNR 过低，将导致数据信号在被接收时，接收器不能分辨数据信号和噪声信号，最终引起数据错误。因此，为了使数据错误限制在一定范围内，必须定义一个最小的可接收的 SNR。

7. 双绞线的绞距

在双绞线电缆内，不同线对具有不同的绞距长度，一般地说，4 对双绞线绞距周期在 38.1 mm 长度内，按逆时针方向扭绞，一对线对的扭绞长度在 12.7 mm 以内。

8. 双绞线的线芯

美国线规（American Wire Gauge，AWG）是用于测量铜导线直径及直流电阻的标准。线规号从 0000 到 28 号，其直径、直流电阻、重量的相互关系如表 2-4 所示。

为了保持与国际上的学术交流，中国线规（China Wire Gauge，CWG）在网络布线系统中同样采用了表 2-4 所示的线规号。

表 2-4 美国线规

线规号	直径		直流电阻（Ω/km）	重量（kg/km）	线规号	直径		直流电阻（Ω/km）	重量（kg/km）
	公制（mm）	英制（in）				公制（mm）	英制（in）		
28	0.320	0.0126	214	0.716	12	2.059	0.081	5.2	29.50
27	0.361	0.0142	169	0.908	11	2.313	0.091	4.2	37.10
26	0.404	0.0159	135	1.14	10	2.593	0.102	3.3	46.79
25	0.511	0.0179	106	1.44	9	2.898	0.114	2.6	59.0
24	0.574	0.0201	84.2	1.82	8	3.254	0.128	2.0	74.5
23	0.643	0.0226	66.6	2.32	7	3.660	0.144	1.6	93.87
22	0.724	0.0253	53.2	2.89	6	4.118	0.162	1.3	118.46
21	0.813	0.0285	41.9	3.66	5	4.626	0.182	1.0	49.00
20	0.912	0.0320	33.3	4.61	4	5.186	0.204	0.8	187.74
19	1.020	0.0359	26.4	5.80	3	5.821	0.229	0.7	236.91
18	1.020	0.0403	21.0	7.32	2	6.558	0.258	0.5	299.49
17	1.144	0.045	16.3	9.24	1	7.346	0.289	0.4	376.97
16	1.296	0.051	13.4	11.65	0	8.261	0.325	0.3	475.31
15	1.449	0.057	10.4	14.69	00	9.278	0.365	0.26	600.47
14	1.627	0.064	8.1	18.09	000	10.422	0.410	0.2	756.92
13	1.830	0.072	6.5	23.39	0000	11.693	0.460	0.16	955.09

9. 双绞线在外观上的文字

对于一条双绞线，在外观上需要注意的是：每隔两英尺有一段文字。以××××公司的线缆为例，该文字为：

“×××× SYSTEMS CABLE E138034 0100 24 AWG（UL）CMR/MPR OR C（UL）PCC FT4 VERIFIED ETL CAT5 O44766 FT 0708”

其中：

- ××××：代表公司名称。
- 0100：表示 100 Ω。
- 24：表示线芯是 24 号的（线芯有 22、24、26 三种规格）。
- AWG：表示美国线规标准。
- UL：是认证标记，表示通过认证。
- FT4：表示 4 对线。
- CAT5：表示 5 类线。
- 044766：表示线缆当前处在的英尺数。
- 0708：表示生产年月。

2.1.5 5 类、超 5 类屏蔽双绞线

5 类、超 5 类 4 对屏蔽双绞线线芯为 23 号、24 号的裸铜导体，以氟化乙烯做绝缘材料，内有一 24AWG TPG 漏电线，铝箔屏蔽，传输频率达 100 MHz，导线色彩组成如表 2-5 所示，物理结构如图 2-3 所示。

表2-5 5类4对屏蔽双绞线导线色彩组成

线对	色彩码	屏蔽
1	白/蓝//蓝	0.002［0.051］铝/聚酯带
2	白/橙//橙	内有一根24AWG TPG漏电线
3	白/绿//绿	
4	白/棕//棕	

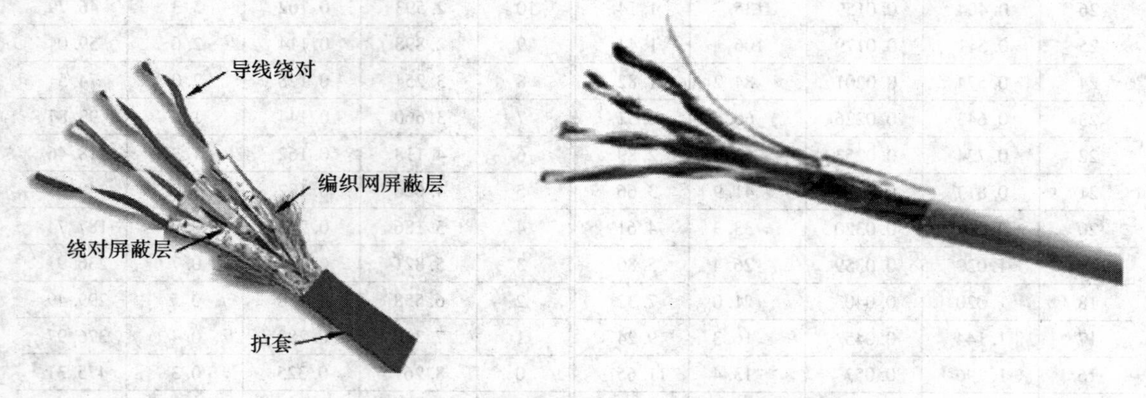

图2-3 5类和超5类4对24AWG 100 Ω 屏蔽双绞线

该双绞线的电气特性如表2-6所示。

表2-6 5类和超5类4对24AWG 100 Ω 屏蔽双绞线的电气特性

频率需求	阻抗（Ω）	最大衰减值（dB/100 m）	NEXT（dB）（最差对）	最大直流阻流（100 m/20 ℃）
256 kHz	—	1.1	—	9.38 Ω
512 kHz	—	1.5	—	
772 kHz	—	1.8	66	
1 MHz	85～115	2.1	64	
4 MHz		4.3	55	
10 MHz		6.6	49	
16 MHz		8.2	46	
20 MHz		9.2	44	
31.25 MHz		11.8	42	
62.50 MHz		17.1	37	
100 MHz		22.0	34	

2.1.6 6类双绞线

1. 6类布线标准简介

6类布线标准将是未来UTP布线的极限标准，为用户选择更高性能的产品提供依据，同时，它也应当满足网络应用标准组织的要求，主要用于大中型单位和公司的百兆、千兆、万兆、十万兆以太网络技术。6类布线标准中的规定涉及介质、布线距离、接口类型、拓扑结构、安装实践、信道性能及线缆和连接硬件性能等方面的要求。

6类布线标准规定了铜缆布线系统应当能提供的最高性能，规定允许使用的线缆及连接类型为 UTP 或 ScTP；整个系统，包括应用和接口类型，都要有向下兼容性，即新的 6 类布线系统上可以运行以前在 3 类或 5 类系统上运行的应用，用户接口应采用 8 位模块化插座。

同 5 类布线标准一样，6 类布线标准也采用星形拓扑结构，要求的布线距离为：基本链路（永久链路）的长度不能超过 90 米，信道长度不能超过 100 米。

6 类布线产品及系统的频率范围应当在 1 ~ 250 MHz 之间，对系统中的线缆、连接硬件、基本链路及信道在所有频点都需测试以下几种参数：

- 衰减（attenuation）
- 回损（Return Loss）
- 延迟/失真（delay/skew）
- 近端串扰（NEXT）
- 功率累加近端串扰（PowerSum NEXT）
- 等效远端串扰（ELFEXT）
- 功率累加等效远端串扰（PowerSum ELFEXT）
- 平衡（Balance：LCL，LCTL）
- 其他

另外，测试环境应当设置在最坏的情况下，对产品和系统都要进行测试，从而保证测试结果的可用性。所提供的测试结果也应当是最差值而非平均值。

同时 6 类布线标准是一个整体的规范，并能得到以下几方面的支持：

- 实验室测试程序。
- 现场测试要求。
- 安装实践。
- 其他灵活性、长久性等方面的考虑。

2. 6 类布线大势所趋

TIA 和 ISO/IEC 标准化委员会认为 6 类信道的性能指标在技术上已经稳定。6 类布线系统在 TIA TR41 的研发基础上形成。该标准的目的是实现复杂性更低的千兆位方案。千兆位方案最早是基于 5 类布线系统制订的，超 5 类布线系统可以满足千兆位方案的要求，但需要在网络设备（如网卡）的接口处增加 DSP（数字信号处理）芯片，这样用超 5 类实现千兆位方案就需要较高的成本。而采用 6 类会比超 5 类降低一半的成本，6 类参数值余量可以更好地满足千兆位方案的需求。

为了展示这种概念的可行性，贝尔实验室的微电子工作组已经开发出了一种“低成本”千兆芯片组，该芯片组在 PHY 芯片内部的晶体管数量大约减少了 50%。由于改进的 6 类布线性能简化了收发设备的设计，不必再使用回波抵消技术，并大大降低了消除 NEXT 的要求。

3. 6 类双绞线物理结构

6 类双绞线在外形上和结构上与 5 类或超 5 类双绞线都有一定的差别，物理结构有两种。

（1）绝缘的十字骨架 6 类双绞线

6 类双绞线物理结构不仅增加了绝缘的十字骨架，将双绞线的 4 对线分别置于十字骨架的 4 个凹槽内，而且电缆的直径也更粗。电缆中央的十字骨架随长度的变化而旋转角度，将

4 对双绞线卡在骨架的凹槽内，保持 4 对双绞线的相对位置，提高电缆的平衡特性和串扰衰减。

绝缘的十字骨架 6 类双绞线物理结构如图 2-4 所示。

（2）扁平 6 类双绞线

扁平 6 类双绞线物理结构如图 2-5 所示。

图 2-4 绝缘的十字骨架 6 类双绞线物理结构

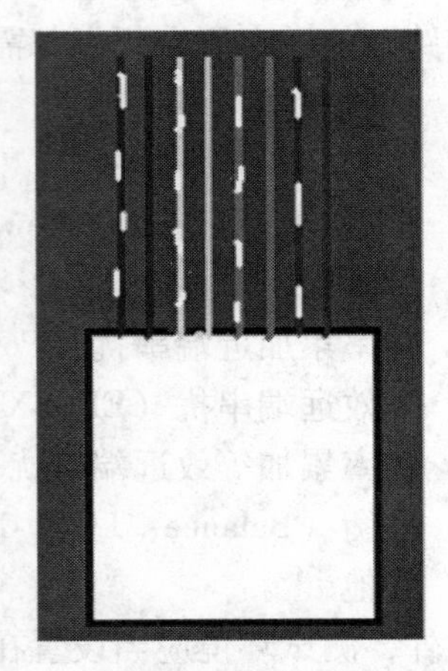

图 2-5 扁平 6 类双绞线物理结构

4. 6 类布线的性能指标

ISO/IEC 的 6 类线产品性能指标如表 2-7 所示。

表 2-7 ISO/IEC 的 6 类线产品性能指标

ISO/IEC JTC1 WG3 SC25 草案内容	6 类线性能								
	电缆			接插件			通道 4 接头模式		
带宽（MHz）	100	200	250	100	200	250	100	200	250
衰减（dB）	19.9	29.2	33.0	0.2	0.3	0.3	21.1	30.9	35.0
近端串扰（dB）	44.3	39.8	38.3	54.0	48.0	46.0	39.9	34.8	33.1
PSNEXT（dB）	42.3	37.8	36.3	50.0	44.0	42.0	37.1	31.9	30.2
ELFEXT（dB）	27.8	21.7	19.8	43.1	37.1	35.1	23.2	17.2	15.3
PSELFEXT（dB）	24.8	18.7	16.8	40.1	34.1	32.1	20.2	14.2	12.3
PSACE（dB）							16.0	1.0	4.8
回路损耗（dB）							12.0	9.0	8.0

5. 布线标准的几个关键问题

1）在 250 MHz 时 6 类通道必须提供正的（+ve）PS ACR 值（0.1 dB）。

2）6 类通道包括 2、3 或者 4 个接头连接链路。

3）6 类通道所定义的公式频率值而非现场频率值是 250 MHz。带宽提升至 250 MHz 是应 IEEE802 委员会定义新布线标准中满足零值 ACR 值而提升频率 25% 的要求来制定的。

4）电缆和元器件的性能参数需从通道系统中返回计算。

5）6 类元器件应具备相互兼容性——允许不同厂商产品混合使用。

6）6 类元器件应具备向下兼容 5 类和增强型 5 类的特性。

上述最后两点将给接插件厂带来更多的竞争。然而，6 类系统的回路损耗问题尚未完全解决，电缆和接插件的性能指标需要得到更多改进。回路损耗是一个非常重要的系统性能参数，EIA/TIA 子委员会在568A（5e）附录5中提议采用更为严格的接插件和电缆回路损耗级别，来确保达到系统所限定的级别要求，同样，在6类系统中要比5e类增加更多要求。

6. 天诚6类4对双绞线23AWG非屏蔽双绞线线缆的性能指标

天诚6类4对双绞线为23AWG的实心裸铜导体，以氟化乙丙烯做绝缘材料，传输频率达350 MHz。

天诚6类4对双绞线23AWG非屏蔽双绞线线缆的性能指标如表2-8所示。

表2-8 天诚6类4对双绞线23AWG非屏蔽双绞线线缆的性能指标

频率（MHz）	近端串扰（dB）	衰减（dB）	ACR（dB）	回波损耗（dB）	ELFEXT（dB）
1	84.0	1.6	82.4	24.5	77.7
4	70.8	3.3	67.3	25.5	65.1
8	65.8	4.2	61.6	25.9	58.9
10	63.7	5.3	61.4	26.1	57.3
16	61.5	6.7	53.8	26.2	53.7
20	58.5	7.5	51.0	28.2	52.2
25	58.0	8.6	49.4	29.0	50.2
31	56.0	9.7	46.3	27.9	49.1
63	52.8	14.3	38.5	25.9	48.3
100	51.2	18.5	32.7	23.7	40.3
155	47.5	22.9	24.6	21.2	39.4
200	49.5	26.7	22.6	20.1	36.5
250	44.8	29.7	15.1	19.1	33.0
300	42.8	32.6	10.2	18.2	30.7
350	40.4	35.8	7.6	17.2	23.6

2.1.7 7类双绞线

6类线标准已于2002年6月5日通过，现在许多厂家在积极地研制7类线。

7类线与5类、超5类和6类线相比，具有更高的传输带宽，至少为600 MHz。不仅如此，7类布线系统与以前的布线系统不同，采用的不再是廉价的非屏蔽双绞线，而是双屏蔽的双绞线（每对都有一个屏蔽层，然后8根芯外还有一个屏蔽层），接口与现在的RJ45不兼容。

对7类线的进展，主要表现为以下几点：

1）1999年6月29日，在德国柏林，ISO/IEC、JTCL/SC、25/WG3会议上与会的69名专家一致同意将耐克森公司提交的7类连接件解决方案GG45-GP45写入国际布线标准ISO/IEC 11801中。

2）2001年8月27日，在德国召开的ISO/IEC会议上，耐克森公司建议IEC60603-7-7最终确定为7类接口标准。

3）7类线一般采用皮—泡沫—皮单线结构。

4）7类线的铜导体外径选取在22AWG左右（有人主张是19AWG）。

5）7类线的带宽为600 MHz。

6）网络测试仪的测试频率范围为0.064～1000 MHz。

7）永久链路为90 m。

8）插入损耗约为 2 dB（水平电缆约减少 3 m，或连接跳线为 2 m）。

9）近端串扰损耗 5.1 ~7 dB。

10）ACR 为 -1.9 dB。

11）远端串扰为 45.3 dB。

12）回波损耗为 8.4 dB。

13）延迟为 45 ms。

14）延迟偏移为 44 ms。

15）DC 回路电阻为 34 Ω。

16）耦合衰减为 64.4 dB。

1. 接口

7 类双绞线在网络接口上也有较大变化，开始制定 7 类标准时，共有 8 种连接口被提议，其中两种为“RJ”形式，6 种为“非 RJ”形式。在 1999 年 1 月，ISO 技术委员会决定选择一种“RJ”和一种“非 RJ”型的接口做进一步的研究。在 2001 年 8 月的 ISO/IEC、JTCL/SC、25/WG3 工作组会议上，ISO 组织再次确认 7 类标准分为“RJ 型”接口及“非 RJ 型”接口两种模式。

2. 7 类双绞线电缆结构

7 类双绞线电缆结构如表 2-9 所示。

表 2-9 7 类双绞线电缆结构

名称	STP	SFTP
导体	22/23AWG 单股纯铜	22/23AWG 单股纯铜
绝缘	聚乙烯	聚乙烯
屏蔽	铝箔分屏蔽	铝箔分屏蔽 + 铜丝编织总屏蔽
漏电线	7/0.2 mm	无
护套	聚氯乙烯/低烟无卤	聚氯乙烯/低烟无卤

3. 7 类双绞线物理结构

7 类双绞线物理结构如图 2-6 所示。

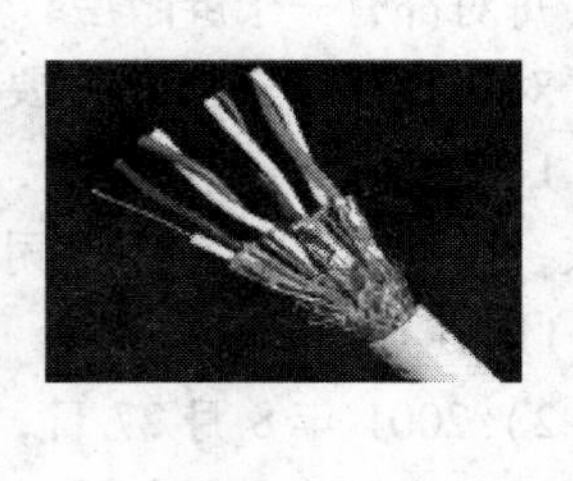

图 2-6 7 类双绞线物理结构

4. 7 类双绞线物理特性

工作频宽：1 ~600 MHz（通用标准）和 1 ~1000 MHz 两种。

- 传输速率（NVP）：79%。
- 最大相对电容：5.6 nF/100 m。
- 最大直流电阻不平衡：5%。
- 最大传播延迟差：30 ns/100 m。
- 最大传播延迟：536 ns/100 m@100 MHz。
- 额定电压：60 Vrms。
- 最大抗拉载荷：80 N。
- 工作温度：−20～+60 ℃。
- 储存温度：−5～+50 ℃。
- 阻燃程度：通过 IEC332-1（FRRVC&LSOH 护套）。

5. 7 类双绞线电气性能参数

7 类双绞线电气性能参数如表 2-10 所示。

表 2-10　7 类双绞线电气性能参数

频率（MHz）	近端串扰（dB/100 m）最差值/典型值/标准值 ≥	衰减（dB/100 m）≤	回波损耗（dB）最差值/典型值/标准值 ≥	信噪比（dB/100 m）最差值/典型值/标准值 ≥
1	90.0/100.0/80.0	2.0	20.0/23.0/20.0	88.0/98.0/80.0
4	90.0/100.0/80.0	3.6	23.0/26.0/23.0	86.4/96.0/76.4
10	90.0/100.0/80.0	5.7	25.0/28.0/25.0	84.3/94.0/74.3
16	90.0/100.0/80.0	7.2	25.0/28.0/25.0	83.3/92.0/72.8
20	90.0/100.0/80.0	8.1	25.0/28.0/25.0	82.5/91.0/71.9
31.25	90.0/100.0/80.0	10.1	23.6/26.0/23.6	80.0/90.0/69.9
62.5	90.0/100.0/75.5	14.5	21.5/24.0/21.5	76.0/85.0/61.0
100	90.0/100.0/72.4	18.5	20.1/23.0/20.1	72.5/75.0/53.9
200	90.0/100.0/67.9	26.8	18.0/23.0/18.0	65.0/70.0/41.1
250	95.0/90.0/66.5	30.2	17.3/23.0/17.3	50.0/58.0/36.3
300	95.0/90.0/65.3	33.3	17.3/23.0/17.3	59.0/55.0/32.0
600	80.0/90.0/60.8	48.9	17.3/20.0/17.3	32.0/50.0/11.9

频率（MHz）	PPELFEXT 等效远端串扰（dB/100 m）保证值/典型值/标准值 ≥	PSNEXT 近端串扰功率和（dB/100 m）最差值/典型值/标准值 ≥	PSACR 信噪比功率和（dB/100 m）最差值/典型值/标准值 ≥	PSELFEXT 等效远端串扰功率和（dB/100 m）最差值/典型值/标准值 ≥
1	85.0/90.0/80.0	87.0/97.0/77.0	85.0/95.0/75.0	82.0/87.0/77.0
4	85.0/90.0/80.0	87.0/97.0/77.0	83.4/93.0/73.4	82.0/87.0/77.0
10	79.0/90.0/74.0	87.0/97.0/77.0	81.3/91.0/71.3	76.0/87.0/71.0
16	74.9/90.0/69.9	87.0/97.0/77.0	80.3/89.0/69.8	71.9/87.0/66.9
20	73.0/90.0/68.0	87.0/97.0/77.0	79.5/88.0/68.9	70.0/87.0/65.0
31.25	69.1/90.0/64.1	87.0/97.0/77.0	77.0/87.0/66.9	66.1/87.0/61.1
62.5	63.1/85.0/58.1	80.0/97.0/72.5	73.0/82.0/58.0	60.1/82.0/55.1
100	59.0/80.0/54.0	87.0/97.0/69.4	69.5/72.0/50.9	56.0/77.0/51.0
200	53.0/75.0/78.0	87.0/97.0/64.9	62.0/67.0/38.1	50.0/72.0/45.0
250	51.0/70.0/46.0	92.0/87.0/63.5	47.0/55.0/33.3	48.0/67.0/43.0
300	49.5/66.0/44.5	92.0/87.0/63.3	56.0/52.0/29.0	46.5/63.0/41.5
600	43.4/60.0/38.4	77.0/87.0/57.8	29.0/47.0/8.9	40.4/57.0/35.4

2.1.8 屏蔽双绞线

屏蔽双绞线是在普通非屏蔽双绞线的外面加上金属屏蔽层，利用金属屏蔽层的反射、吸收及趋肤效应实现防止电磁干扰及电磁辐射的功能。屏蔽双绞线的优点主要体现在它具有很强的抵抗外界电磁干扰、射频干扰的能力；同时也能够防止内部传输信号向外界的能量辐射，具有很好的系统安全性。

1. 屏蔽双绞线命名方式

根据 ISO 11801—2002 布线标准，屏蔽双绞线命名方式为：

××/×××

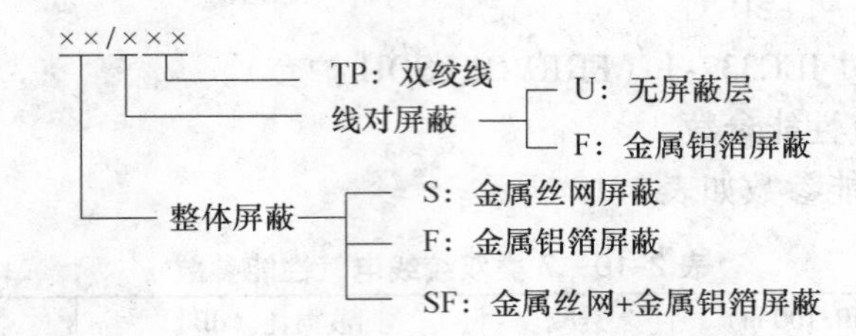

屏蔽双绞线分为两类，即 STP（Shielded Twisted-Pair）和 FTP（Foil Twisted-Pair）。

STP 是指每条线都有各自屏蔽层的屏蔽双绞线，而 FTP 则是采用整体屏蔽的屏蔽双绞线。屏蔽双绞线如图 2-7 所示。

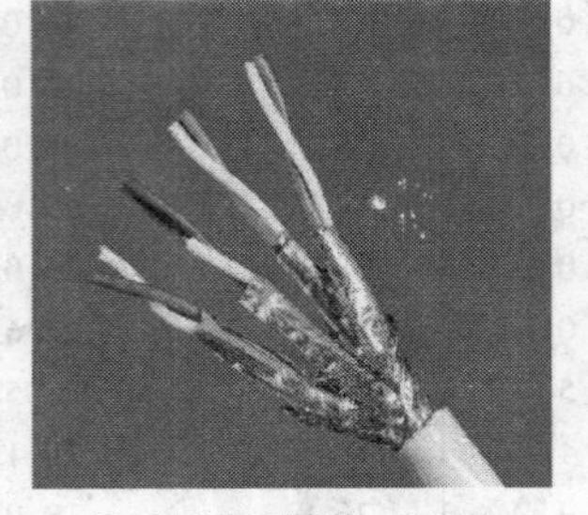

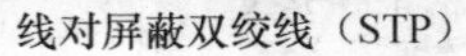
线对屏蔽双绞线（STP）

整体屏蔽的屏蔽双绞线（FTP）

图 2-7 屏蔽双绞线

根据屏蔽方式的不同，屏蔽双绞线分为：

- 线对屏蔽双绞线（U/FTP）。
- 总屏蔽层为铝箔 + 铜丝网 SF/UTP 屏蔽双绞线。
- 双重屏蔽双绞线 S/FTP 屏蔽双绞线。

没有列入国际布线标准（ISO 11801—2002）的屏蔽双绞线有：

- 丝网总屏蔽双绞线（STP）。
- 铝箔总屏蔽双绞线（F/UTP）。
- 双层铝箔双绞线（F2TP）。
- 双层铝箔线对屏蔽双绞线（F/FTP）。
- 双重总屏蔽 + 线对屏蔽双绞线（SF/FTP）等。

2. 屏蔽双绞线的组成及其特点

（1）线对屏蔽双绞线（U/FTP）

线对屏蔽双绞线（U/FTP）的屏蔽层同样由铝箔和接地导线组成，所不同的是：铝箔层分为 4 张，分别包裹 4 个线对，切断了每个线对之间的电磁干扰途径。因此它除了可以抵御外来的电磁干扰外，还可以对抗线对之间的电磁干扰（串扰）。

U/FTP 线对屏蔽双绞线来自 7 类双绞线，目前主要用于 6 类屏蔽双绞线，也可以用于超 5 类屏蔽双绞线。

U/FTP 线对屏蔽双绞线的特点：

- 双绞线外径大于同等级的非屏蔽双绞线。
- 铝箔的屏蔽层在双绞线对上。
- 屏蔽层应与双绞线对之间形成 360 度的全方位接触。
- 铝箔层在有缺口时容易撕裂。

（2）总屏蔽层为铝箔 + 铜丝网 SF/UTP 屏蔽双绞线

SF/UTP 屏蔽双绞线的总屏蔽层为铝箔 + 铜丝网，它不需要接地导线作为引流线。铜丝网具有很好的韧性，不易折断，因此它本身就可以作为铝箔层的引流线，万一铝箔层断裂，丝网将起到继续连接铝箔层的作用。

SF/UTP 双绞线在 4 个双绞线的线对上，没有各自的屏蔽层。因此它属于只有总屏蔽层的屏蔽双绞线。SF/UTP 双绞线主要用于 5 类、超 5 类屏蔽双绞线，在 6 类屏蔽双绞线中也有应用。

SF/UTP 屏蔽双绞线的特点：

- 双绞线外径大于同等级的 F/UTP 屏蔽双绞线。
- 铝箔两面并非都是导电层，通常只有一面（即与丝网接触的一面）为导电层。
- 丝网中的铜丝容易脱离丝网，引起信号线短路。
- 铝箔层在有缺口时容易撕裂。

（3）双重屏蔽双绞线 S/FTP 屏蔽双绞线

S/FTP 屏蔽双绞线用于 7 类屏蔽双绞线的线缆产品，也用于 6 类屏蔽双绞线。

S/FTP 屏蔽双绞线的特点：

- 双绞线外径大于同等级的 F/UTP 屏蔽双绞线。
- 铝箔两面并非都是导电层，通常只有一面（即与丝网接触的一面）为导电层。
- 丝网中的铜丝容易脱离丝网，引起信号线短路。
- 铝箔层在有缺口时容易撕裂。

（4）铝箔总屏蔽屏蔽双绞线（F/UTP）

铝箔总屏蔽屏蔽双绞线（F/UTP）是最传统的屏蔽双绞线，在 8 芯双绞线外层、护套内包裹了一层铝箔，在铝箔的导电面上铺设了一根接地导线。它主要用于将 8 芯双绞线与外部电磁场隔离，对线对之间电磁干扰没有作用。F/UTP 双绞线主要用于 5 类、超 5 类屏蔽双绞线。

F/UTP 屏蔽双绞线的特点：

- 双绞线外径大于同等级的非屏蔽双绞线。
- 铝箔两面并非都是导电层，通常只有一面（即与接地导线连接的一面）为导电层。
- 铝箔层在有缺口时容易撕裂。

2.2 大对数双绞线

1. 大对数双绞线的组成

大对数双绞线是由 25 对具有绝缘保护层的铜导线组成的。

它有 3 类 25 对大对数双绞线和 5 类 25 对大对数双绞线，为用户提供更多的可用线对，并被设计为在扩展的传输距离上实现高速数据通信应用，传输速度为 100 MHz，导线色彩由蓝、橙、绿、棕、灰、白、红、黑、黄、紫编码组成，如表2-11和表2-12所示。

表2-11 大对数双绞线导线色彩

	蓝	橙	绿	棕	灰
白					
红					
黑					
黄					
紫					

表2-12 大对数双绞线导线色彩编码

线对	色彩码	线对	色彩码
1	白/蓝//蓝/白	14	黑/棕//棕/黑
2	白/橙//橙/白	15	黑/灰//灰/黑
3	白/绿//绿/白	16	黄/蓝//蓝/黄
4	白/棕//棕/白	17	黄/棕//棕/黄
5	白/灰//灰/白	18	黄/绿//绿/黄
6	红/蓝//蓝/红	19	黄/棕//棕/黄
7	红/橙//橙/红	20	黄/灰//灰/黄
8	红/绿//绿/红	21	紫/蓝//蓝/紫
9	红/棕//棕/红	22	紫/橙//橙/紫
10	红/灰//灰/红	23	紫/绿//绿/紫
11	黑/蓝//蓝/黑	24	紫/棕//棕/紫
12	黑/橙//橙/黑	25	紫/灰//灰/紫
13	黑/绿//绿/黑		

2. 大对数双绞线物理结构

大对数双绞线物理结构如图2-8所示。

图2-8 大对数双绞线物理结构

3. 5类25对24AWG非屏蔽大对数线

5类25对24AWG非屏蔽大对数线由25对线组成，其电气特性如表2-13所示。

表 2-13　5 类 25 对 24AWG 非屏蔽大对数线的电气特性

频率需求	阻抗（Ω）	最大衰减值（dB/100 m）	NEXT（dB）（最差对）	最大直流阻流（100 m/20 ℃）
256 kHz	—	1.1	—	
512 kHz	—	1.5	—	
772 kHz	—	1.8	64	
1 MHz		2.1	62	
4 MHz		4.3	53	9.38 Ω
10 MHz		6.6	47	
16 MHz	85 ~ 115	8.2	44	
20 MHz		9.2	42	
31.25 MHz		11.8	40	
62.50 MHz		17.1	35	
100 MHz		22.0	32	

4. 3 类 25 对 24AWG 非屏蔽大对数线

这类电缆的最高传输速率为 16 MHz，一般为 10 MHz，它的导线色彩编码如表 2-1 所示。

5. 大对数线品种

大对数线分为屏蔽大对数线和非屏蔽大对数线。

天诚大对数线品种如表 2-14 所示。

表 2-14　天诚大对数线品种

类别	品种
非屏蔽大对数线	室内 3 类 25 对非屏蔽大对数线 室内 5 类 25 对非屏蔽大对数线 室内 3 类 50 对非屏蔽大对数线 室内 5 类 50 对非屏蔽大对数线 室内 3 类 100 对非屏蔽大对数线 室内 5 类 100 对非屏蔽大对数线 室外 3 类 25 对非屏蔽大对数线 室外 5 类 25 对非屏蔽大对数线 室外 3 类 50 对非屏蔽大对数线 室外 5 类 50 对非屏蔽大对数线 室外 3 类 100 对非屏蔽大对数线 室外 5 类 100 对非屏蔽大对数线
屏蔽大对数线	室外 5 类 25 对屏蔽大对数线 室外 5 类 50 对屏蔽大对数线 室内 5 类 25 对屏蔽大对数线 室内 5 类 50 对屏蔽大对数线

6. 大对数线的技术特性

大对数线的技术特性如表 2-15 所示。

表 2-15　大对数线的技术特性

电缆类别	线对	导体直径（mm）	绝缘厚度（mm）	绝缘直径（mm）	护套厚度（mm）	铝箔屏蔽	铜线编织密度	成品外径（mm）
5	25	0.512	0.21	0.93	1.0			12.9
5	25	0.512	0.21	0.93	1.0	纵包	50 ~ 60	13.5
5	50	0.512	0.21	0.93	1.2			18.6
5	50	0.512	0.21	0.93	1.2	纵包	60 ~ 70	19.3
5	100	0.512	0.21	0.93	1.5			26.3
5	100	0.512	0.21	0.93	1.5	纵包	60 ~ 70	27

2.3 同轴电缆

同轴电缆（coaxial cable）由一根空心的外圆柱导体及其所包围的单根内导线所组成。柱体同导线用绝缘材料隔开，其频率特性比双绞线好，能进行较高速率的传输。由于它的屏蔽性能好，抗干扰能力强，通常用于基带传输。

同轴电缆可分为两种基本类型，基带同轴电缆（粗同轴电缆）和宽带同轴电缆（细同轴电缆）。粗同轴电缆的屏蔽层是用铜做成的网状，特征阻抗为50 Ω，如RG-8、RG-58等；细同轴电缆的屏蔽层通常是用铝冲压成的，特征阻抗为75 Ω，如RG-59等。

1. 同轴电缆的物理结构

同轴电缆由中心导体、绝缘材料层、网状织物构成的屏蔽层以及外部隔离材料层组成，其结构如图2-9所示。

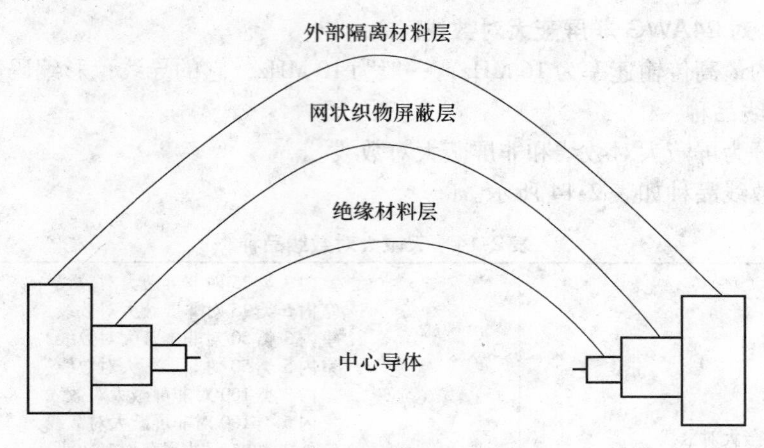

图2-9 同轴电缆结构示意图

2. 50 Ω同轴电缆的主要电气参数

（1）同轴电缆的特性阻抗

同轴电缆的平均特性阻抗为50 Ω ± 2 Ω，沿单根同轴电缆阻抗的周期性变化可达 ± 3 Ω的正弦波中心平均值，其长度小于2 m。

（2）同轴电缆的衰减

当用10 MHz的正弦波进行测量时，500 m长的电缆段的衰减值不超过8.5 dB（17 dB/km），而用5 MHz的正弦波进行测量时，其衰减值不超过6.0 dB（12 dB/km）。

（3）同轴电缆的传播速度

同轴电缆的最低传播速度为0.77c（c为光速）。

（4）同轴电缆直流回路电阻

电缆的中心导体的电阻加上屏蔽层的电阻总和不超过10 mΩ/m（在20 ℃测量）。

3. 50 Ω同轴电缆的物理参数

1）同轴电缆具有足够的可柔性。

2）能支持254 mm（10 in）的弯曲半径。

3）中心导体是直径为2.17 mm ± 0.013 mm的实心铜线。绝缘材料要求满足同轴电缆电气参数。

4）屏蔽层由满足传输阻抗和 ECM 规范说明的金属带或薄片组成，屏蔽层的内径为 6.15 mm，外径为 8.28 mm。外部隔离材料一般选用聚氯乙烯（如 PVC）或类似材料。

4. 细同轴电缆

细同轴电缆不可绞接，各部分是通过低损耗的 75 Ω 连接器来连接的。连接器在物理性能上与电缆相匹配。中间接头和耦合器用线管包住，以防不慎接地。若希望电缆埋在光照射不到的地方，最好把电缆埋在冰点以下的地层里。如果不想把电缆埋在地下，最好采用电杆来架设。同轴电缆每隔 100 米采用一个标记，以便于维修。必要时每隔 20 米要对电缆进行支撑。在建筑物内部安装时，要考虑便于维修和扩展，在必要的地方还要提供管道来保护电缆。

5. 通信、有线电视使用的电缆

通信、有线电视常用的电缆有系列物理发泡有线电视电缆、系列接入网用物理发泡同轴电缆、系列 50 欧姆物理发泡同轴电缆、系列物理发泡皱纹铜管同轴电缆、系列实心聚乙烯绝缘射频同轴电缆、系列漏电同轴电缆等。

2.4 光缆

2.4.1 光缆概述

光导纤维是一种传输光束的细而柔韧的媒质，简称光纤。光导纤维电缆由一捆纤维组成，简称为光缆。光缆是数据传输中最有效的一种传输介质。光纤通常由石英玻璃制成，形状为横截面积很小的双层同心圆柱体，也称为纤芯，它质地脆，易断裂，由于这一缺点，需要外加一保护层。

其结构如图 2-10 所示。

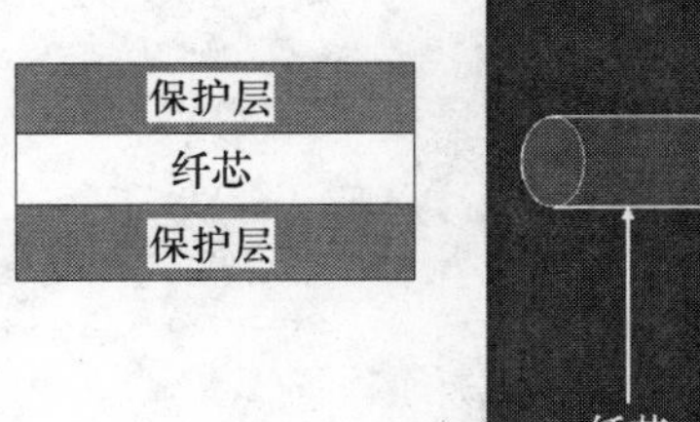

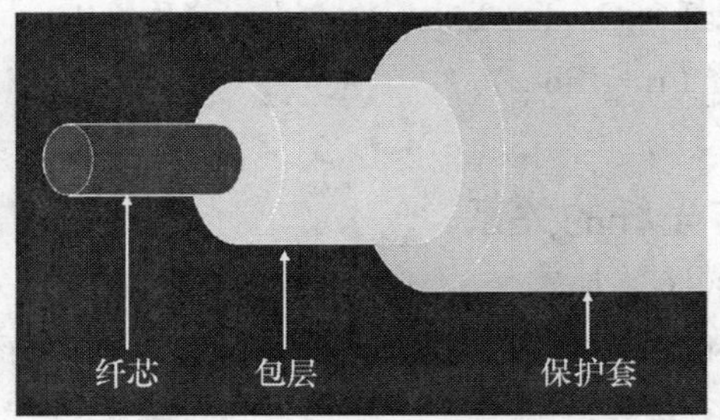

图 2-10 光纤结构示意图

光缆作为传输介质具有以下几个优点：

1）较宽的频带。

2）电磁绝缘性能好。光纤电缆中传输的是光束，而光束是不受外界电磁干扰影响的，而且本身也不向外辐射信号，因此它适用于长距离的信息传输以及要求高度安全的场合。当然，抽头困难是它固有的难题，因为割开光缆需要再生和重发信号。

3）衰减较小，可以说在较大范围内是一个常数。

4）中继器的间隔距离较大，因此整个通道中继器的数目可以减少，这样可降低成本。根据贝尔实验室的测试，当数据速率为 420 Mbps 且距离为 119 千米无中继器时，其误码率为 10^{-8}，可见其传输质量很好。而同轴电缆和双绞线在长距离使用中就需要接中继器。

2.4.2 光纤的种类

光纤主要有两大类，即单模光纤（Single Mode Fiber，SMF）和多模光纤（Multi Mode Fiber，MMF）。

1. 单模光纤

单模光纤的纤芯直径很小，在给定的工作波长上只能以单一模式传输，传输频带宽，传输容量大。光信号可以沿着光纤的轴向传播，因此光信号的损耗很小，离散也很小，传播的距离较远。单模光纤 PMD 规范建议芯径为8～10 μm，包括包层直径为125 μm，计算机网络用的单模光纤纤芯直径分为10 μm、9 μm，包层为125 μm，导入波长上分单模1310 nm、1550 nm。

2. 多模光纤

多模光纤是在给定的工作波长上能以多个模式同时传输的光纤。多模光纤的纤芯直径一般为50～200 μm，而包层直径的变化范围为125～230 μm，计算机网络用的多模光纤纤芯直径分为62.5 μm、50 μm，包层为125 μm，也就是通常所说的62.5 μm。导入波长上分850 nm、1300 nm。与单模光纤相比，多模光纤的传输性能较差。

3. 纤芯分类

（1）按照纤芯直径来划分

- 50/125（μm）缓变型多模光纤。
- 62.5/125（μm）缓变增强型多模光纤。
- 10/125（μm）缓变型单模光纤。

（2）按照纤芯的折射率分布来划分

- 阶跃型光纤（Step Index Fiber），简称 SIF。
- 梯度型光纤（Graded Index Fiber），简称 GIF。
- 环形光纤（ring fiber）。
- W 型光纤。

2.4.3 光缆与光纤的关系

光缆与光纤的关系如图2-11所示。

光缆有单模和多模之分，其特性比较如表2-16所示。

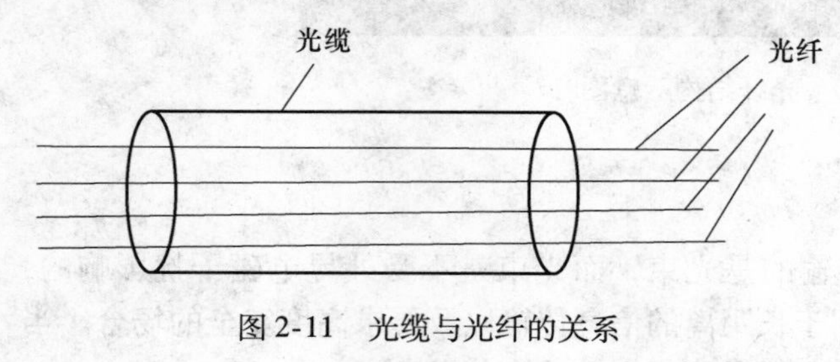

图2-11 光缆与光纤的关系

表2-16 单模和多模特性的比较

单模	多模
用于高速度、长距离	用于低速度、短距离
成本高	成本低
窄芯线，需要激光源	宽芯线，聚光好
耗散极小，高效	耗散大，低效

在使用光缆互连多个小型机的应用中，必须考虑光纤的单向特性，如果要进行双向通信，就应使用双股光纤。由于要对不同频率的光进行多路传输和多路选择，故在通信器件市场上又出现了光学多路转换器。

光纤的类型由材料（玻璃或塑料纤维）及芯和外层尺寸决定，芯的尺寸大小决定光的传输质量。常用的光纤有：

- 9 μm 芯/125 μm 外层　　　单模
- 10 μm 芯/125 μm 外层　　　单模
- 62.5 μm 芯/125 μm 外层　　　多模
- 50 μm 芯/125 μm 外层　　　多模

芯和外层尺寸如图 2-12 所示。

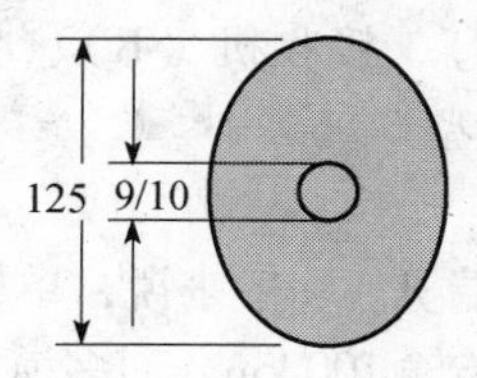

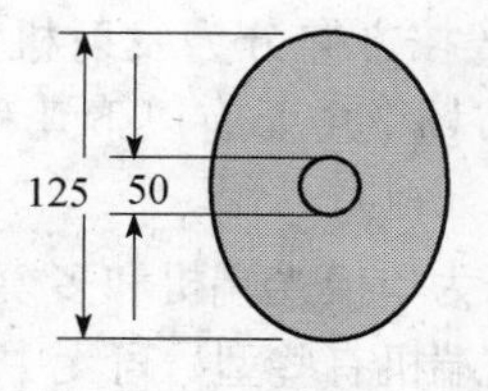

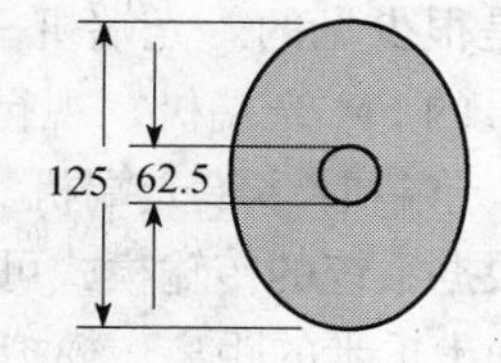

图 2-12　芯和外层尺寸图

目前，光通信使用的光波波长范围是在近红外区内，波长为 0.8 ~1.8 μm，可分为短波长段（0.85 μm）和长波长段（1.31 μm 和 1.55 μm）。光纤的损耗如下：

- 1310 nm：0.35 ~0.5 dB/km
- 1550 nm：0.2 ~0.3 dB/km
- 850 nm：2.3 ~3.4 dB/km
- 光纤熔接点损耗：0.2 dB/点

光在光纤中传输时的能量损耗（衰减）：

- 单模光纤

  1310 nm　0.4 ~0.6 dB/km

  1550 nm　0.2 ~0.3 dB/km

- 塑料多模光纤

  300 dB/km

光缆在普通计算机网络中的安装是从用户设备开始的。因为计算机网络中光缆只能单向传输，要实现双向通信，就必须成对出现，一个用于输入，一个用于输出。光缆两端接到光学接口器上。

安装光缆需小心谨慎。每条光缆的连接都要磨光端头，通过电烧烤工艺与光学接口连在一起。要确保光通道不被阻塞。光纤不能拉得太紧，也不能形成直角。

2.4.4　光纤通信系统简述

1. 光纤通信系统

光纤通信系统是以光波为载体、光导纤维为传输介质的通信方式，起主导作用的是光源、光纤、光发送机和光接收机。

1）光源是光波产生的根源。

2）光纤是传输光波的导体。

3）光发送机负责产生光束，将电信号转变成光信号，再把光信号导入光纤。

4）光接收机负责接收从光纤上传输过来的光信号，并将它转变成电信号，经解码后再作相应处理。

2. 光端机

光端机是光通信的一个主要设备，主要分为两大类：模拟信号光端机和数字信号光端机。

(1) 模拟信号光端机

模拟信号光端机主要分为调频式光端机和调幅式光端机。由于调频式光端机比调幅式光端机的灵敏度高约16 dB，所以市场上模拟信号光端机是以调频式FM光端机为主导的，调幅式光端机是很少见的。光端机一般按方向分为发射机（T）、接收机（R）、收发机（X）。作为模拟信号的FM光端机，现行市场上主要有以下几种类型。

1）单模光端机/多模光端机。

光端机根据系统的传输模式可分为单模光端机和多模光端机。一般来说，单模光端机光信号传输可达几十千米的距离，模拟光端机有些型号可无中继传输100 km。而多模光端机的光信号一般传输为2 ~5 km左右。这一点也可作为光纤系统中对一般光端机选择的参考标准。

2）数据/视频/音频光端机。

光端机根据传输信号又可分为数据（RS-232/RS-422/RS-485/曼彻斯特（Manchester）/TTL/常开触点/常闭触点）光端机、视频光端机、音频光端机、视频/数据光端机、视频/音频光端机、视频/数据/音频光端机以及多路复用光端机，并且可用作10 ~100 Mbps以太网（IP）数据传输。

3）独立式/插卡式/标准式光端机。

- 独立式光端机可独立使用，但需要外接电源。独立式光端机主要应用于系统远程设备比较分散的场合。
- 插卡式光端机中的模块可插入插卡式机箱中工作，每个插卡式机箱为19″机架，具有18个插槽。插卡式光端机主要应用在系统的控制中心，便于系统安装和维护。
- 标准式光端机可独立使用，标准19″IU机箱，标准式光端机可安装在系统远程设备及系统控制中心标准19″机柜中。

光纤通信系统的主要优点如下：

- 传输频带宽、通信容量大，短距离时传输速率达几千兆。
- 线路损耗低、传输距离远。
- 抗干扰能力强，应用范围广。
- 线径细、重量轻。
- 抗化学腐蚀能力强。
- 光纤制造资源丰富。

在网络工程中，一般是62.5 μm/125 μm规格的多模光纤，有时用50 μm/125 μm规格的多模光纤。户外布线大于2 km时可选用单模光纤。在进行综合布线时需要了解光纤的基本性能。

为了便于阅读，下面对直径、重量、拉力和弯曲半径解释如下：

- 直径单位用mm。
- 重量单位用kg。
- 拉力单位用N（牛顿），对拉力分两种情况说明，安装时最大为2700 N，约合609 lbf。

● 弯曲半径指光缆安装拐弯时的弯曲半径。

（2）数字信号光端机

数字技术与传统的模拟技术相比，在很多方面占有优势。

1）传输距离较长，可达80 km，甚至更远（120 km）。

2）支持视频无损再生中继，因此可以采用多级传输模式。

3）受环境干扰较小，传输质量高。

4）支持的信号容量可达16路，甚至更多（32路、64路、128路）。

目前，数字信号光端机主要有两种技术方式：一种是MPEG Ⅱ图像压缩数字光端机，另一种是全数字非压缩视频光端机。

图像压缩数字光端机一般采用MPEG Ⅱ图像压缩技术，它能将活动图像压缩成$N\times 2$ Mbps的数据流通过标准电信通信接口传输或者直接通过光纤传输。由于采用了图像压缩技术，它能大大降低信号传输带宽。

全数字非压缩视频光端机采用全数字无压缩技术，因此能支持任何高分辨率运动、静止图像无失真传输；克服了常规的模拟调频、调相、调幅光端机多路信号同时传输时交调干扰严重、容易受环境干扰影响、传输质量低劣、长期工作稳定性不高等缺点，并且支持音频双向、数据双向、开关量双向、以太网、电话等信号的并行传输，现场接线方便，即插即用。

2.4.5 光缆的种类和机械性能

1. 单芯互连光缆

单芯互连光缆的主要应用范围包括：

1）跳线。

2）内部设备连接。

3）通信柜配线面板。

4）墙上出口到工作站的连接。

5）水平拉线，直接端接。

单芯互连光缆的主要性能及优点如下：

1）高性能的单模和多模光纤符合所有的工业标准。

2）900 μm紧密缓冲外衣易于连接与剥除。

3）Aramid抗拉线增强组织提高对光纤的保护。

4）验证符合IEC793-1/792-1标准性能要求。

2. 双芯互连光缆

双芯互连光缆的主要应用范围包括：

1）交连跳线。

2）水平走线，直接端接。

3）光纤到桌。

4）通信柜配线面板。

5）墙上出口到工作站的连接。

双芯互连光缆除具备单芯互连光缆所具有的主要性能优点之外，还具有光纤之间易于区分的优点。

3. 室外光缆4～12芯铠装型与全绝缘型

室外光缆4～12芯铠装型与全绝缘型的主要应用范围包括：

1）园区中楼宇之间的连接。

2）长距离网络。

3）主干线系统。

4）本地环路和支路网络。

5）严重潮湿、温度变化大的环境。

6）架空连接（和悬缆线一起使用）、地下管道或直埋、悬吊缆。

室外光缆4～12芯铠装型与全绝缘型的主要性能优点如下：

1）高性能的单模和多模光纤符合所有的工业标准。

2）900 μm紧密缓冲外衣易于连接与剥除。

3）套管内具有独立的彩色编码的光纤。

4）轻质的单通道结构节省了管内空间，管内灌注防水凝胶，以防止水渗入。

5）设计和测试均根据Bellcore GR-20-CORE标准。

6）扩展级别62.5/125符合ISO/IEC 11801标准。

7）抗拉线增强组织提高对光纤的保护。

8）聚乙烯外衣在紫外线或恶劣的室外环境下起保护作用。

9）低摩擦的外皮使之可轻松穿过管道，采用完全绝缘或铠装结构，撕剥绳使剥离外表更方便。

室外光缆有4芯、6芯、8芯、12芯，又分为铠装型和全绝缘型。

4. 室内/室外光缆（单管全绝缘型）

室内/室外光缆（单管全绝缘型）的主要应用范围包括：

1）在不需任何互连的情况下，由户外延伸入户内，线缆具有阻燃特性。

2）园区中楼宇之间的连接。

3）本地线路和支路网络。

4）严重潮湿、温度变化大的环境。

5）架空连接（和悬缆线一起使用）时。

6）地下管道或直埋。

7）悬吊缆/服务缆。

室内/室外光缆（单管全绝缘型）的主要性能优点如下：

1）高性能的单模和多模光纤符合所有的工业标准。

2）设计符合低毒、无烟的要求。

3）套管内具有独立的彩色编码的光纤。

4）轻质的单通道结构节省了管内空间，管内灌注防水凝胶，以防止水渗入，注胶芯完全由聚酯带包裹。

5）符合ISO/IEC 11801—1995标准。

6）Aramid抗拉线增强组织提高对光纤的保护。

7）聚乙烯外衣在紫外线或恶劣的室外环境中起保护作用。

8）低摩擦的外皮使之可轻松穿过管道，采用完全绝缘或铠装结构，撕剥绳使剥离外表更方便。室内/室外光缆有4芯、6芯、8芯、12芯等，如图2-13所示。

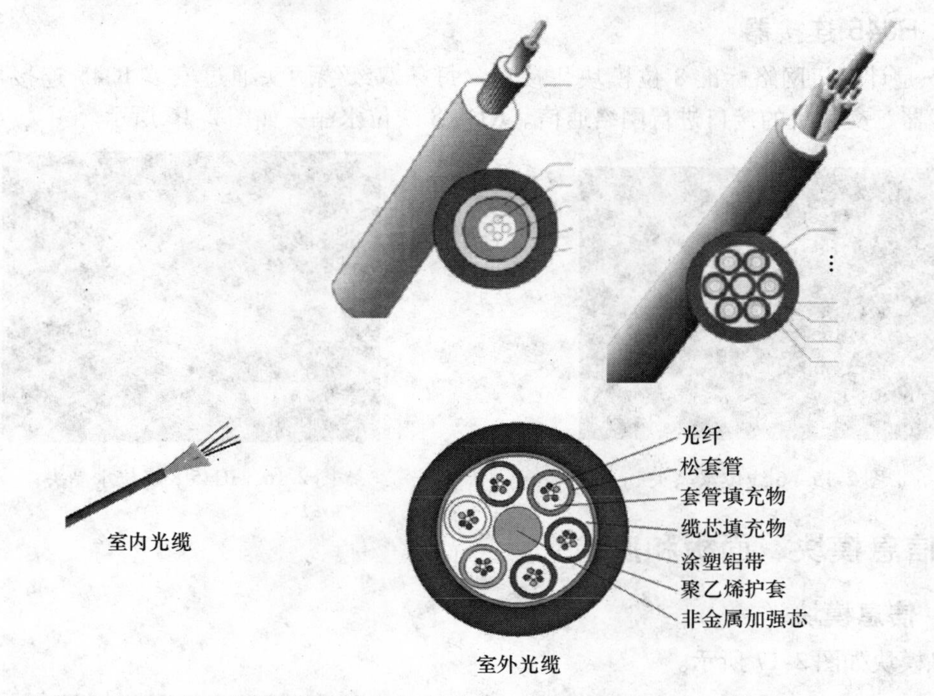

图2-13 室内/室外光缆

2.5 RJ11 连接器和 RJ45 连接器

2.5.1 RJ 系列连接器简介

RJ是Registered Jack的缩写，意思为已注册的插孔。在FCC（美国联邦通信委员会标准和规章）中RJ是描述公用电信网络的接口。RJ系列连接器用于UTP双绞线的连接，在语音和数据通信中有4种不同类型的结构，分别是2线位结构、4线位结构、6线位结构和8线位结构。

双绞线连接器有RJ11和RJ45（俗称水晶头）两种。

RJ11与RJ45连接器的尺寸不同，RJ11比RJ45插孔小，RJ45插头不能插入RJ11插孔，但反过来RJ11插头可插入RJ45插孔。在实际应用中不建议将RJ11插头用于RJ45插孔，这是因为RJ11不是国际标准接口，其尺寸、插入力度、插入角度以及线序等没有依照国际标准接插件设计要求设计，因此不能确保两类接口之间的互操作性。此外，RJ11插头比RJ45插孔小，RJ11插头两边的塑料部分将会损坏RJ45插孔的金属针。

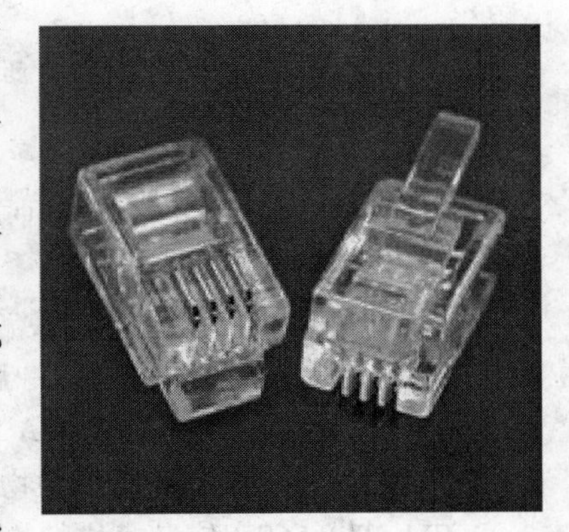

图2-14 4线位水晶头

2.5.2 RJ11 连接器

RJ11结构采用4线位或6线位，常用于语音通信（电话）和低速率数据传输（modem）。4线位水晶头如图2-14

所示，6 线位水晶头如图 2-15 所示。

2.5.3 RJ45 连接器

RJ45 是计算机网络标准 8 位模块化接口。每条双绞线两头通过安装 RJ45 连接器与网卡、集线器、交换机的接口进行网络通信。RJ45 8 线位水晶头如图 2-16 所示。

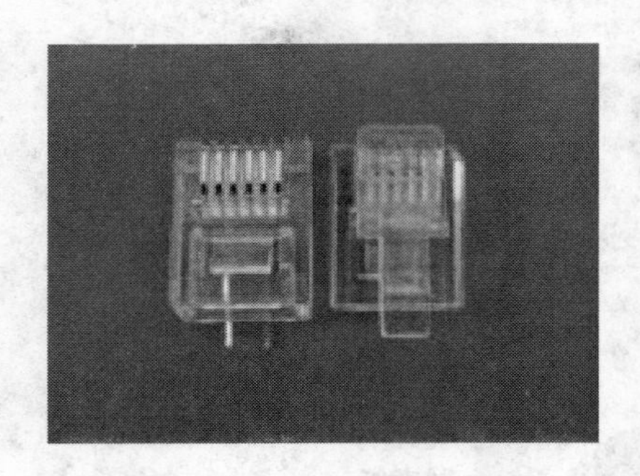

图 2-15 6 线位水晶头

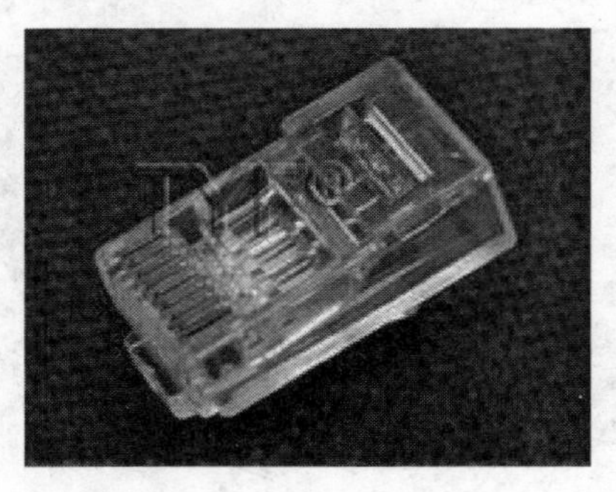

图 2-16 RJ45 8 线位水晶头

2.6 信息模块、面板和底盒

2.6.1 信息模块

信息模块如图 2-17 所示。

5类、超5类模块

6类模块

超5类屏蔽模块

6类屏蔽模块

7类模块

图 2-17 信息模块

信息模块压接时一般有 2 种方式：

1）用打线工具压接。

2）不用打线工具直接压接。

根据工程中的经验体会，一般采用打线工具进行压接模块。

信息模块的压接分 EIA/TIA 568A 和 EIA/TIA 568B 两种方式。

EIA/TIA 568A 信息模块的物理线路分布如图 2-18 所示。

EIA/TIA 568B 信息模块的物理线路分布如图 2-19 所示。

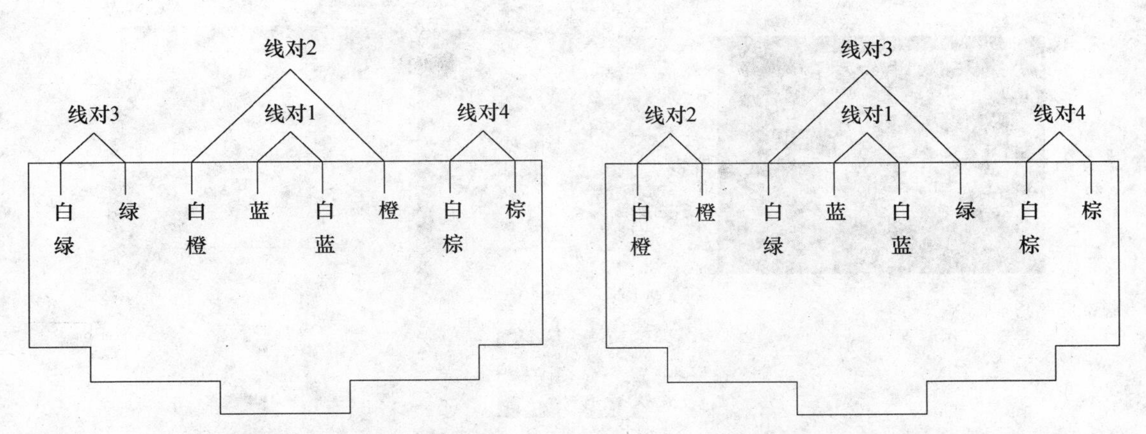

图 2-18　EIA/TIA 568A 信息模块的物理线路分布　　图 2-19　EIA/TIA 568B 信息模块的物理线路分布

无论是采用568A还是采用568B，均在一个模块中实现，但它们的线对分布不一样，减少了产生的串扰对。在一个系统中只能选择一种，即要么是568A，要么是568B，不可混用。

568A 第 2 对线（568B 第 3 对线）把 3 和 6 颠倒，可改变导线中信号流通的方向排列，使相邻的线路变成同方向的信号，减少串扰对，如图 2-20 所示。

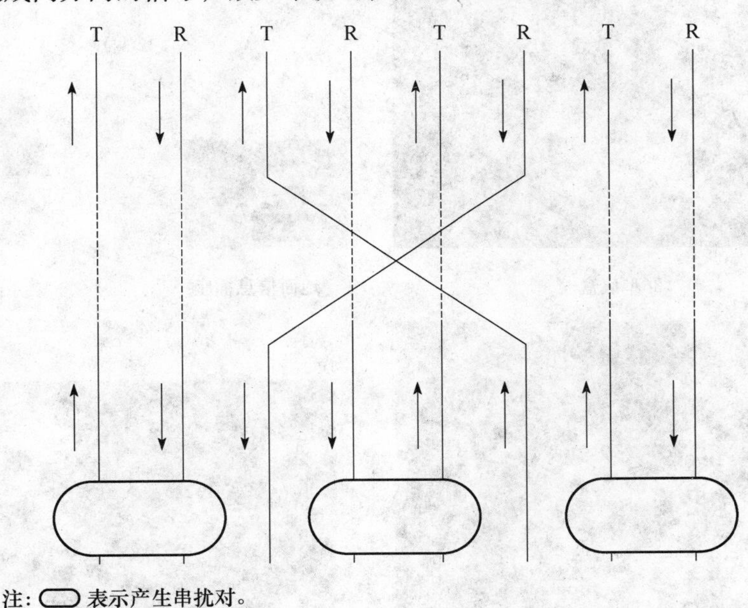

图 2-20　568 接线排列串扰对

目前，信息模块的供应商有 IBM、西蒙等国外商家，国内有上海天诚、南京普天等公司，产品的结构都类似，只是排列位置有所不同。有的面板注有双绞线颜色标号，在双绞线压接时，注意颜色标号配对就能够正确地压接。

2.6.2　面板和底盒

1. 面板

信息底盒的面板如图 2-21 所示。

图 2-21 信息底盒的面板

2. 底盒

底盒如图 2-22 所示。

86型底盒

地面信息插座

超高底盒

墙体底盒

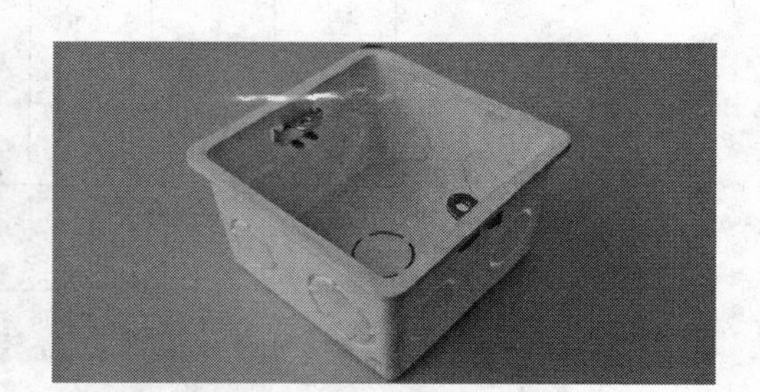

墙体开关插座底盒

图 2-22 底盒

2.7 配线架

2.7.1 网络配线架

网络配线架是一种机架固定的配线架（通常为 19 英寸宽），用于 4 对双绞线与设备之间的接插连接。网络配线架如图 2-23 所示。

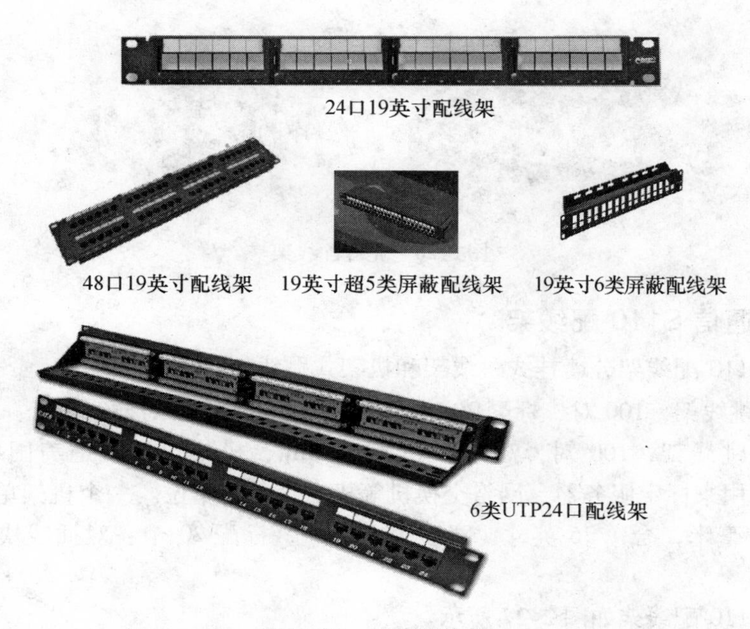

图 2-23　网络配线架

2.7.2　程控机房内电话系统配线架

程控机房内电话系统配线架如图 2-24 所示。

2.7.3　网络理线架

网络理线架如图 2-25 所示。

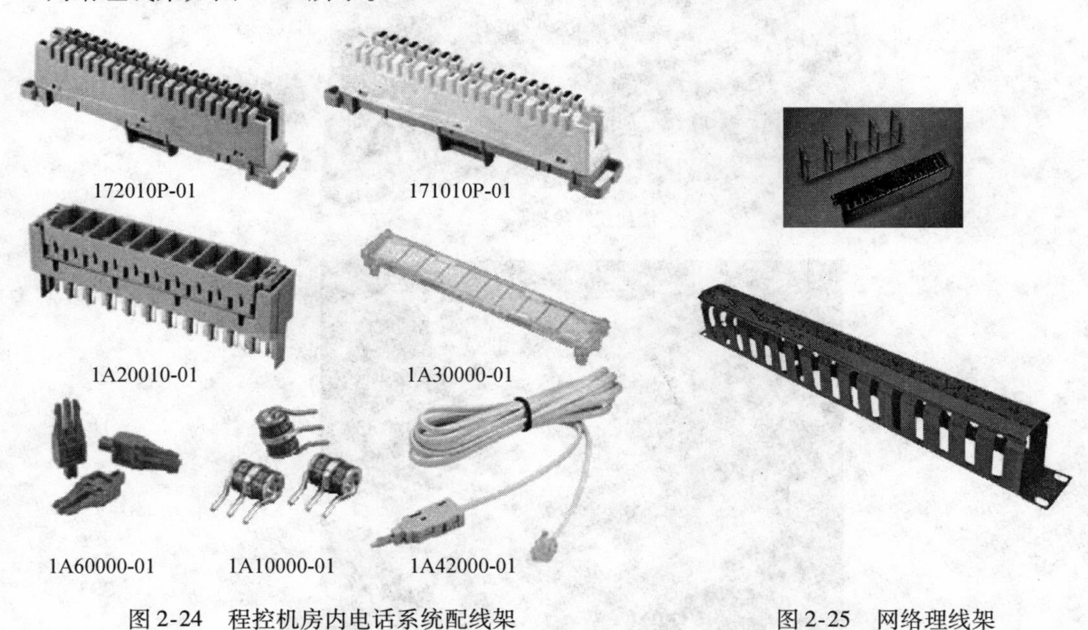

图 2-24　程控机房内电话系统配线架

图 2-25　网络理线架

2.7.4　光纤配线架

光纤配线架如图 2-26 所示。

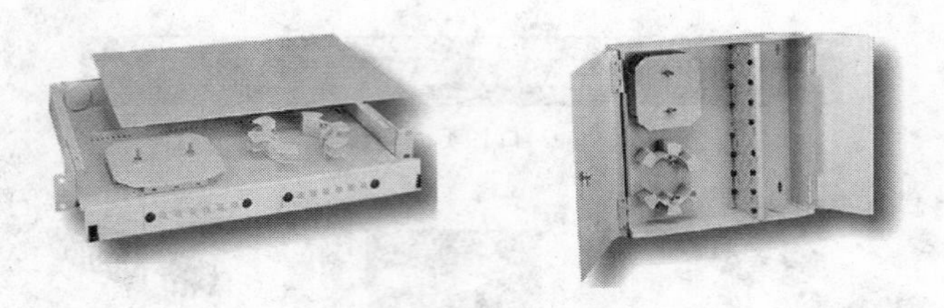

图 2-26　光纤配线架

2.7.5　电话通信 S110 配线架

电话通信 S110 配线架分墙挂式跳线架和机架式跳线架。

- 墙挂式跳线架，100 对，标配 20 个 4 对插线块和 4 个 5 对插线块。
- 机架式跳线架，100 对，高度 1 U（U：Unit，机架单位，是美国电子工业联盟（EIA）用来标定服务器、网络交换机等机房设备的单位。一个机架单位实际上为高度 44.5 毫米，合 1.75 英寸，宽度 19 英寸），标配 20 个 4 对插线块和 4 个 5 对插线块。

电话通信 S110 配线架如图 2-27 所示。

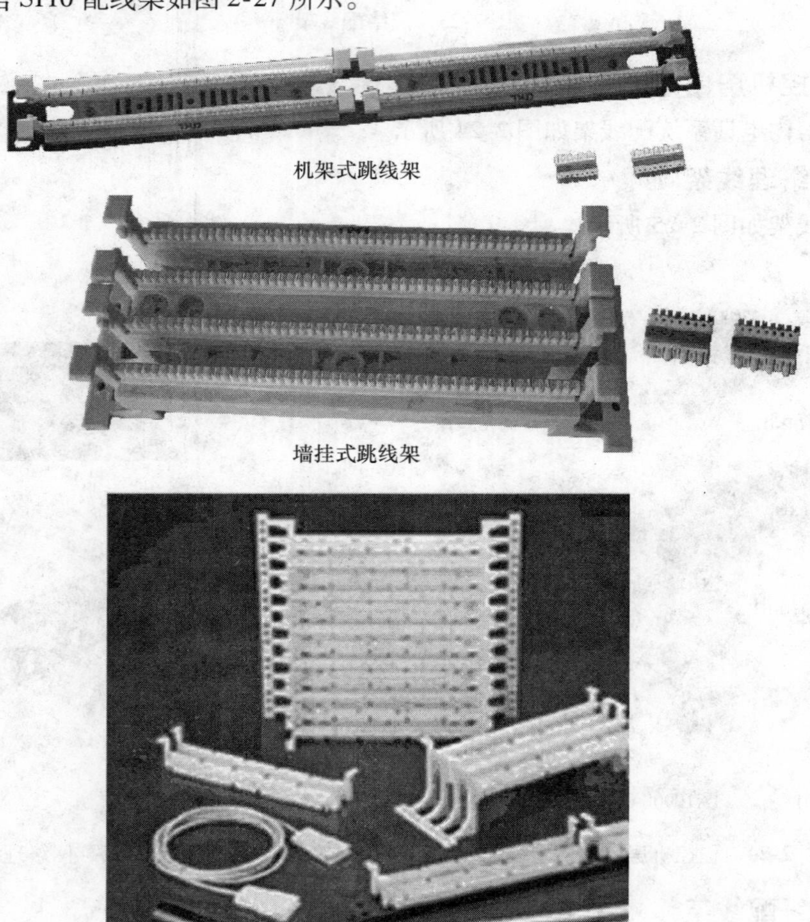

图 2-27　S110 配线架

2.7.6 鸭嘴跳线

鸭嘴跳线插拔方便，用于语音配线架之间的连接。

鸭嘴跳线如图 2-28 所示。

2.7.7 RJ45 型跳线

RJ45 型跳线如图 2-29 所示。

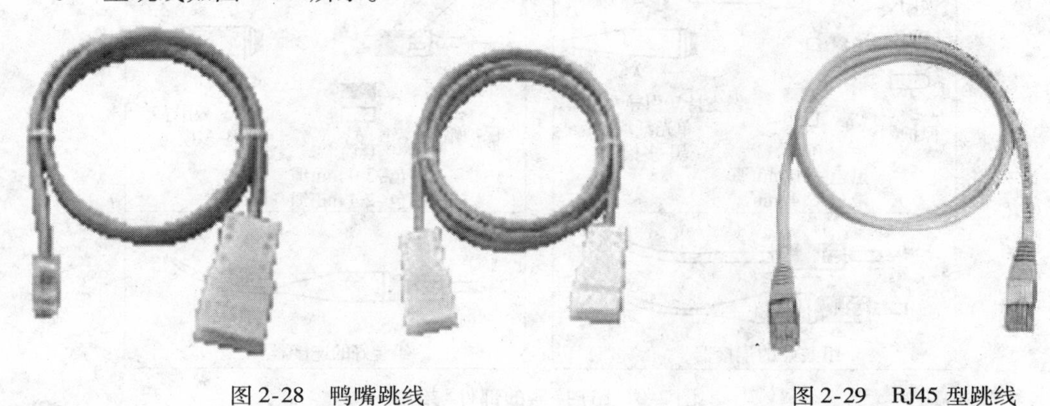

图 2-28 鸭嘴跳线　　图 2-29 RJ45 型跳线

2.8 光纤连接器件

1. 光纤连接器

光纤均使用光纤连接器连接。单光纤连接线和光纤连接器如图 2-30 所示。

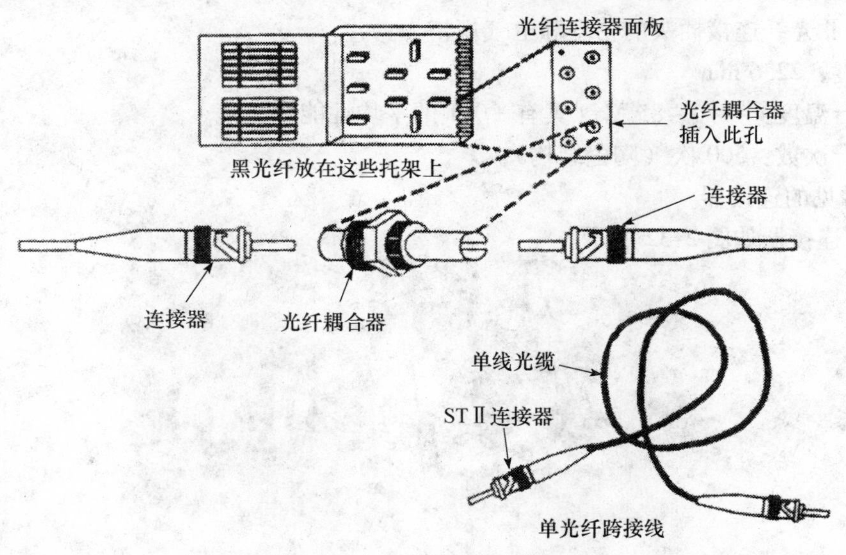

图 2-30 单光纤连接

连接器的部件有：

- 连接器体。
- 用于 2.4 mm 和 3.0 mm 直径的单光纤缆的套管。
- 缓冲器光纤缆支撑器（引导）。

- 带螺纹帽的扩展器。
- 保护帽。

连接器的部件和组装如图 2-31 所示。

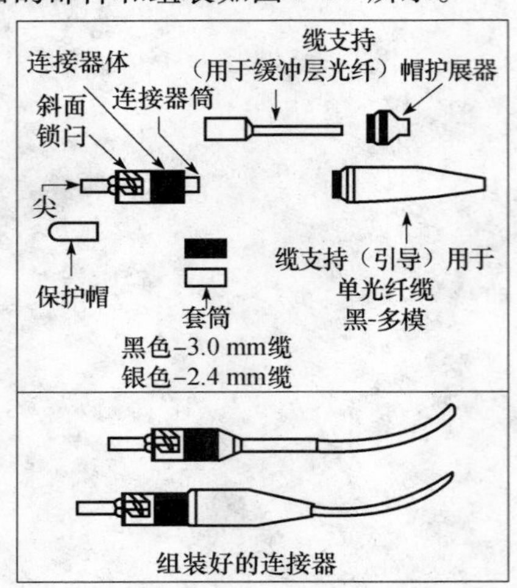

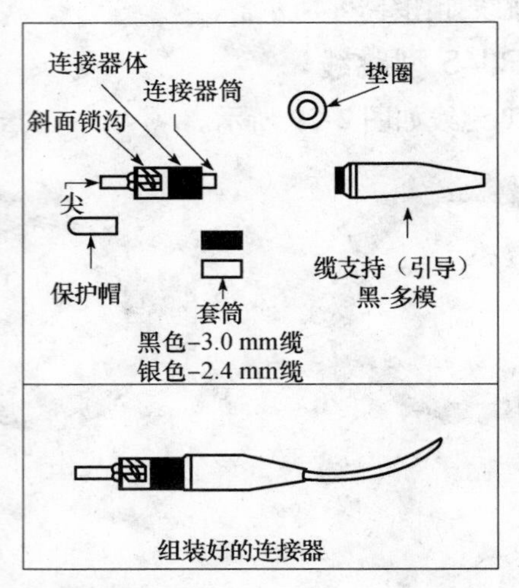

图 2-31 连接器的部件与组装

（1）连接器插头的结构和规格

1）ST Ⅱ光纤连接器的结构有：

- 陶瓷结构。
- 塑料结构。

2）ST Ⅱ光纤连接插头的物理和电气规格为：

- 长度：22. 6 mm。
- 运行温度：–40 ~ 85 ℃（具有 ±0. 1 的平均性能变化）。
- 耦合次数：500 次（陶瓷结构）。

（2）常见的连接器

常见的连接器如图 2-32 所示。

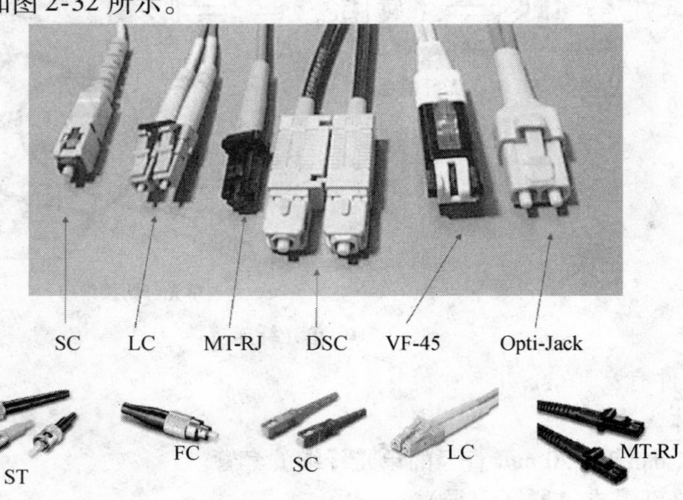

图 2-32 常见的连接器

2. 光纤耦合器

耦合器起对准套管的作用。另外，耦合器多配有金属或非金属法兰，以便于连接器的安装固定。常见的连接器如图 2-33 所示。

图 2-33　常见的连接器

3. 光纤接线箱

光纤接线箱如图 2-34 所示。

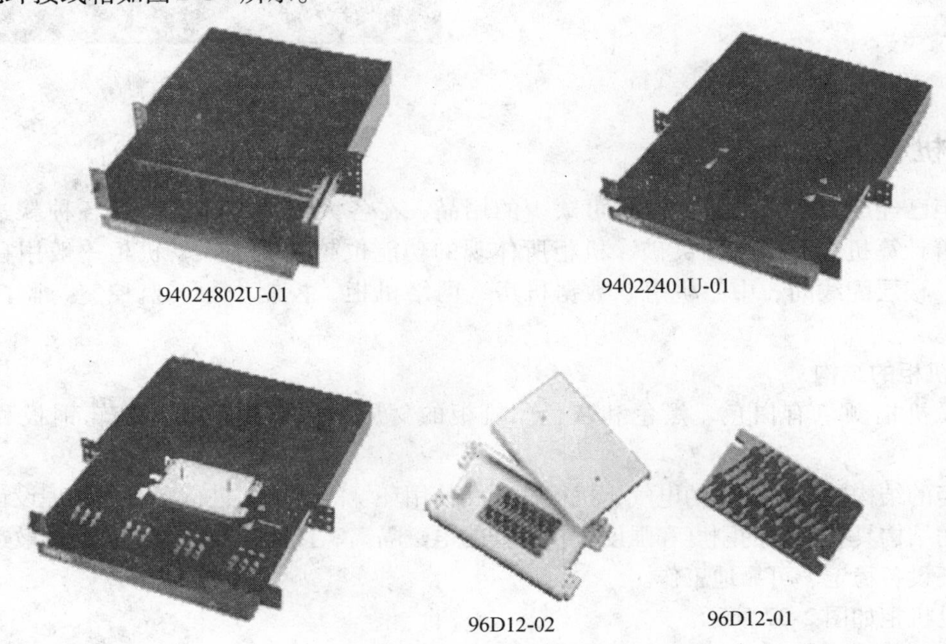

图 2-34　光纤接线箱

4. 壁挂式光纤接线箱

壁挂式光纤接线箱如图2-35所示。

5. 光纤接续盒

光纤接续盒用于（户外）光缆（单纤和带状）的架空、管道、地埋和人井铺设的直通和分歧连接，并对光纤接头起保护作用。

6. 光纤配线架

光纤配线架用于（机房）光纤通信系统中局端主干光缆的终端和分配，可以方便地实现光纤线路的连接、分配与调节，是光缆和光通信设备的配线连接设备。

7. 光纤跳线

光纤跳线如图2-36所示。

图2-35 壁挂式光纤接线箱

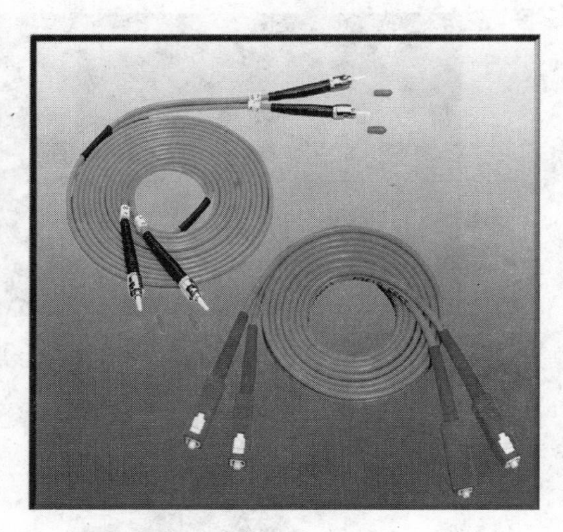

图2-36 光纤跳线

2.9 机柜

机柜已经成为计算机行业中不可缺少的用品，在各大机房中都能看到各种款式的机柜。随着计算机产业的不断突破，机柜所体现的功能也越来越强大。机柜一般用在网络布线间、楼层配线间、中心机房、数据机房、网络机柜、控制中心、监控室、监控中心等地方。

1. 机柜的结构

常见机柜颜色有白色、黑色和灰色。机柜的材质一般有铝型材、冷轧钢板和热轧钢板。

机柜的结构应根据设备的电气、机械性能和使用环境的要求，进行必要的物理设计，保证机柜的结构具有良好的刚度和强度以及良好的电磁隔离、接地、噪声隔离、通风散热等性能，保证设备稳定、可靠地工作。

常见机柜如图2-37所示。

2. 机柜的产品规格

机柜分为落地柜和墙挂柜两种。机柜以U为单位。

图 2-37　常见机柜

（1）落地柜的产品规格

落地柜的产品规格如表 2-17 所示。

表 2-17　落地柜的产品规格

规格	高度（m）	规格	高度（m）
47U	2.2	27U	1.4
42U	2.0	22U	1.2
37U	1.8	17U	1.0
32U	1.6		

（2）墙挂柜的产品规格

墙挂柜的产品规格如表 2-18 所示。

表 2-18　墙挂柜的产品规格

规格	高度（m）	规格	高度（m）
12U	0.8	7U	0.6

3. 机柜选择方法

（1）物理要求

列出所有装在机柜内的设备和它的完整丈量数据：高、长、宽、重量。这些设备的总高度将最终决定可以把多少设备装进机柜。显然，高的机柜能装进更多的设备，而且更省地方。机柜应有可调节的位置。计算完机柜空间（以 U 或 1.75 英寸为单位 ）之后，还要考虑房间的大小。

（2）温度控制

机柜内部有良好的温度控制系统，可避免机柜内产品过热或过冷，以确保设备的高效运作。机柜可选择全通风系列，可配备风扇（风扇有寿命保证），在炎热的环境下可安装独立空调系统，在严寒环境下可安装独立加热保温系统。

（3）抗干扰及其他

一款功能齐备的机柜应提供各类门锁及其他功能，例如防尘、防水或电子屏蔽等高度抗扰性能；同时应提供适合的附件及安装配件支持，让布线更为方便，同时易于管理，省时省力。

2.10 实训

本章实训是实物演示和实地参观，在“华育®”综合布线实训室内进行。通过实物演示和实地参观，认识综合布线工程中常用布线材料的品种与规格，并在工程中正确选购使用。

实训项目2：参观综合布线实训室——综合布线工程实训展示装置

1. 参观综合布线实训室的目的

- 熟悉和认识综合布线实训室——综合布线工程实训展示装置。
- 熟悉和认识综合布线系统结构工作区、配线子系统、干线子系统、设备间和管理。

2. 实训报告

总结参观的体会：

- 概述综合布线实训室——综合布线工程实训展示装置。
- 总结综合布线实训室——综合布线工程实训展示装置各子系统结构、功能和应用。

实训项目3：认识、了解综合布线工具箱

认识、了解常用的工具：双用压线钳；剥线钳；调力型110打线钳；五对打线钳；简易线序测试仪；斜口钳；尖嘴钳；数字测电笔；一字起子；十字起子；活动扳手；钢卷尺；美工刀。

实训项目4：认识、了解双绞线电缆

实训目的：

1. 认识、了解3类、5类、超5类线、6类非屏蔽双绞线。

2. 熟悉3类、5类、超5类线、6类非屏蔽和屏蔽双绞线、7类屏蔽双绞线的规格和用途，为布线施工和布线总体方案中正确选购双绞线电缆打下基础。

实训项目5：认识、了解大对数线

实训目的：

1. 认识、了解大对数线。

2. 熟悉大对数线的规格和用途，为布线施工和布线总体方案中正确选购大对数线线缆打下基础。

实训项目6：认识、了解室内多模光缆和光纤以及室外单模光缆和光纤

实训目的：

1. 认识、了解室内多模光缆和光纤、室外单模光缆和光纤。

2. 熟悉室内多模光缆和光纤、室外单模光缆和光纤的规格及用途，为布线施工和布线总体方案中正确选购光缆打下基础。

实训项目 7：认识、了解双绞线连接器

实训目的：

1. 认识、了解双绞线连接器。

2. 熟悉双绞线连接器的规格及用途，为布线施工和布线总体方案中正确选购双绞线连接器打下基础。

实训项目 8：认识、了解信息模块、面板和底盒

实训目的：

1. 认识、了解信息模块、面板和底盒。

2. 熟悉信息模块、面板和底盒的用途，为布线施工和布线总体方案中正确选购信息模块、面板和底盒打下基础。

实训项目 9：认识、了解网络配线架和 110 配线架

实训目的：

1. 认识、了解网络配线架和电话通信 110 配线架。

2. 熟悉网络配线架和电话通信 110 配线架的规格和用途，为布线施工和布线总体方案中正确选购网络配线架和电话通信 110 配线架打下基础。

实训项目 10：认识、了解光纤连接器件

实训目的：

1. 认识、了解光纤连接器件。

2. 熟悉光纤连接器件的规格和用途，为布线施工和布线总体方案中正确选购光纤连接器件打下基础。

实训项目 11：认识、了解光纤接线箱

实训目的：

1. 认识、了解光纤接线箱。

2. 熟悉光纤接线箱的规格和用途，为布线施工和布线总体方案中正确选购光纤接线箱打下基础。

实训项目 12：认识、了解机柜和其他小件材料

实训目的：

认识、了解机柜、膨胀栓、标记笔、捆扎带、螺钉、木螺钉等，认识以上材料在工程中的使用。

本章小结

本章阐述了双绞线电缆；大对数线；同轴电缆；光缆；RJ45 连接器与 RJ11 连接器；信息模块、面板和底盒；配线架；光纤连接器件；机柜。要求学生掌握双绞线；大对数线；同轴电缆；光缆；RJ45 连接器与 RJ11 连接器；信息模块、面板和底盒；配线架；光纤连接器件；机柜的要点，对上述传输和连接介质有一个清晰的认识，为布线施工和布线总体方案的实施打下基础。

第3章　线槽规格和品种

布线系统中除了线缆外，槽管是一个重要的组成部分，可以说，金属槽、PVC 槽、金属管、PVC 管是综合布线系统的基础性材料。一名合格的布线工程师要熟悉和掌握线槽规格和品种。

3.1　金属槽和金属桥架

3.1.1　金属槽

金属槽由槽底和槽盖组成，每根槽一般长度为 2 m，槽与槽连接时使用相应尺寸的铁板和螺钉固定。槽的外形如图 3-1 所示。

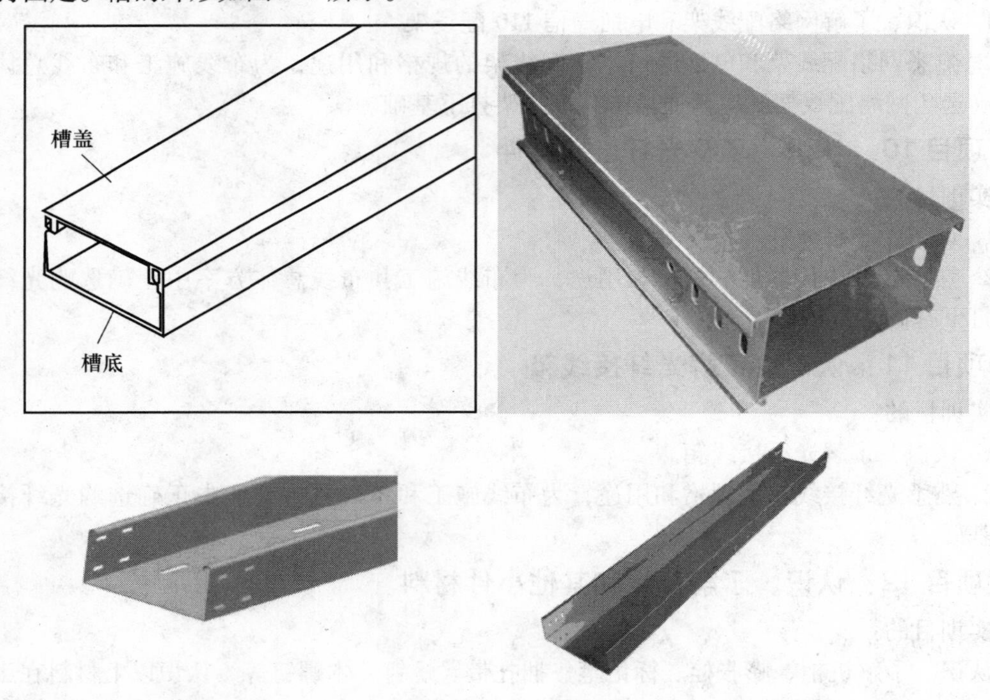

图 3-1　槽的外形

在综合布线系统中一般使用的金属槽的规格有 50 × 100 mm、100 × 100 mm、100 × 200 mm、100 × 300 mm、200 × 400 mm 等。

金属槽主要品种有镀锌金属槽、防火金属槽、铝合金金属槽、不锈钢金属槽、静电喷塑金属槽等。

3.1.2　金属槽的各种附件

金属槽的附件如图 3-2 所示。

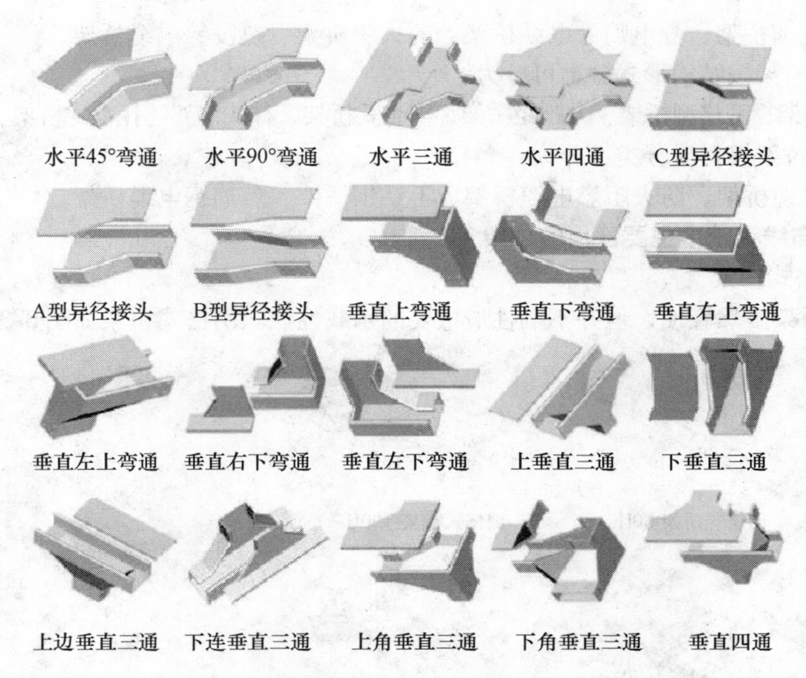

图 3-2 金属槽的各种附件

3.1.3 金属桥架

桥架是布线行业的一个术语，是一个支撑和放电缆的支架，是建筑物内布线不可缺少的一个部分。

桥架分为普通型桥架、重型桥架、槽式桥架。在普通桥架中还可分为普通型桥架、直边普通型桥架。

在普通桥架中，有以下主要配件供组合：

梯架、弯通、三通、四通、多节二通、凸弯通、凹弯通、调高板、端向联接板、调宽板、垂直转角联接件、联接板、小平转角联接板、隔离板等。

在直通普通型桥架中有以下主要配件供组合：

梯架、弯通、三通、四通、多节二通、凸弯通、凹弯通、盖板、弯通盖板、三通盖板、四通盖、凸弯通盖板、凹弯通盖板、花孔托盘、花孔弯通、花孔四通托盘、联接板垂直转角联接板、小平转角联接板、端向联接板护扳、隔离板、调宽板、端头挡板等。

重型桥架，槽式桥架在网络布线中很少使用，故不再赘述。

在布线工程中，由于线缆桥架具有结构简单，造价低，施工方便，配线灵活，安全可靠，安装标准，整齐美观，防尘防火，能延长线缆使用寿命，方便扩充、维护、检修等特点，所以广泛应用于建筑物内主干管线的安装施工。

1. 电缆桥架分类

1）电缆桥架按功能分类可分为：

多孔 U 型钢走线架、汇线桥架、铝合金走线架、机房走线架、电缆竖井桥架、电缆沟桥架、扁钢走线架。

2）电缆桥架按外表处理分类可分为：

热浸塑电缆桥架、静电喷涂电缆桥架、防火漆桥架、热浸锌电缆桥架。

3）电缆桥架按结构形式分类可分为：

钢网式桥架、网格型桥架、大跨距桥架、组合式桥架、梯式桥架、托盘式桥架、槽式桥架。

4）电缆桥架按材质分类可分为：

铝合金电缆桥架、防火阻燃电缆桥架、不锈钢桥架、玻璃钢电缆桥架。

2. 综合布线系统中主要使用的桥架

（1）网格式桥架

网格式桥架虽然轻便，但并不牺牲最重要的承载性能。网格式桥架如图3-3所示。

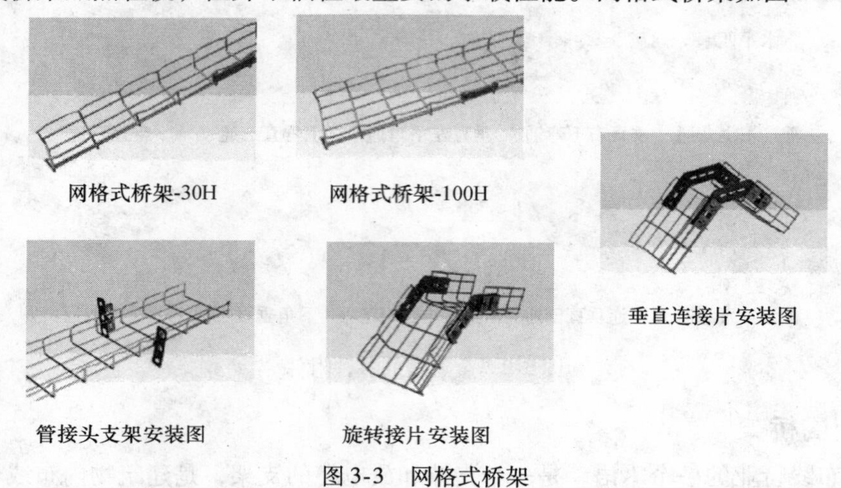

图3-3 网格式桥架

（2）梯式电缆桥架

梯式电缆桥架适用于变电站、户外等大型电缆的铺设，散热性好，承载力高。梯式电缆桥架如图3-4所示。

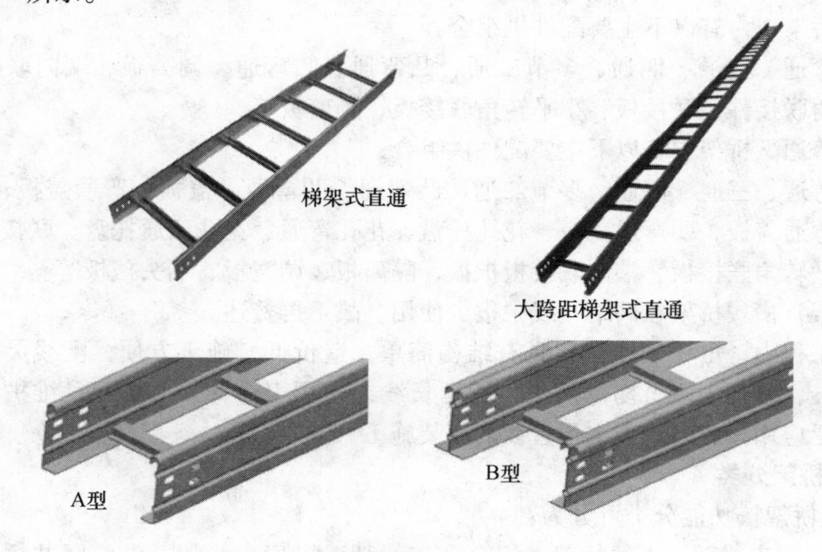

图3-4 梯式电缆桥架

梯式电缆桥架各种弯通形状及名称如图3-5所示。

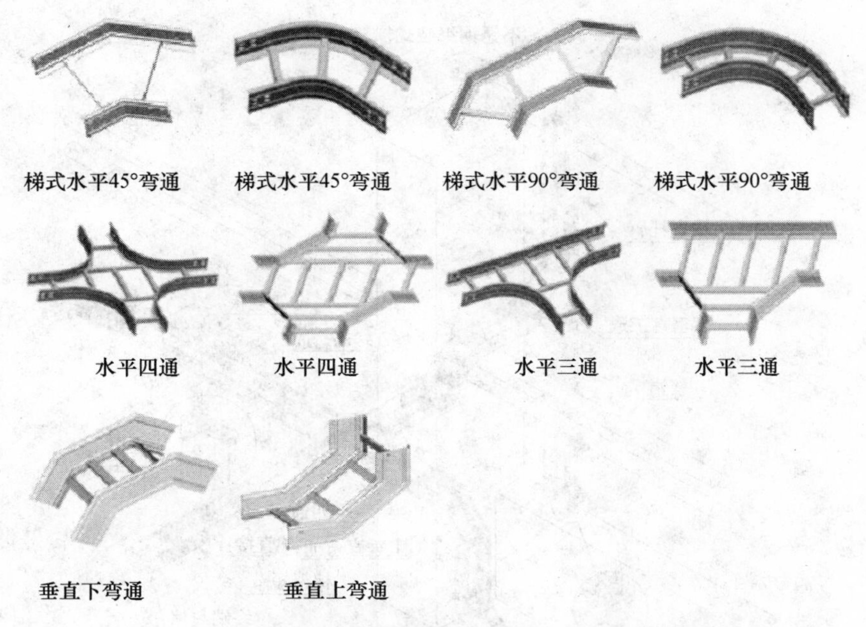

图 3-5　梯式电缆桥架各种弯通形状及名称

（3）玻璃钢桥架

玻璃钢桥架采用不饱和聚酯树脂和中碱无捻粗纱，通过加热的模具拉制成型，如图 3-6 所示。

图 3-6　玻璃钢桥架

（4）不锈钢系列桥架

不锈钢系列桥架应用于冶金、石油、化工、车辆船舶、液压机械等设备制造业及装备自动化生产线工业的电缆桥架。不锈钢系列桥架如图 3-7 所示。

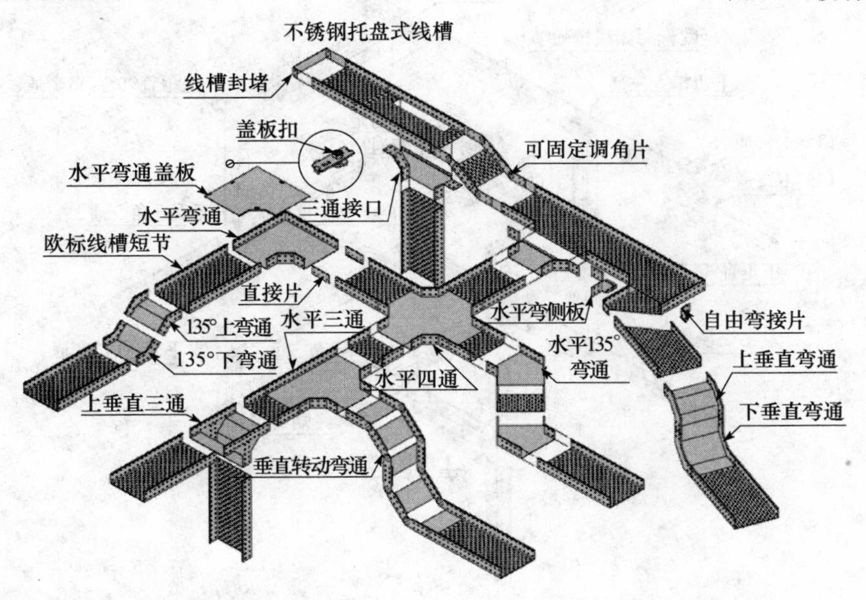

图 3-7　不锈钢系列桥架

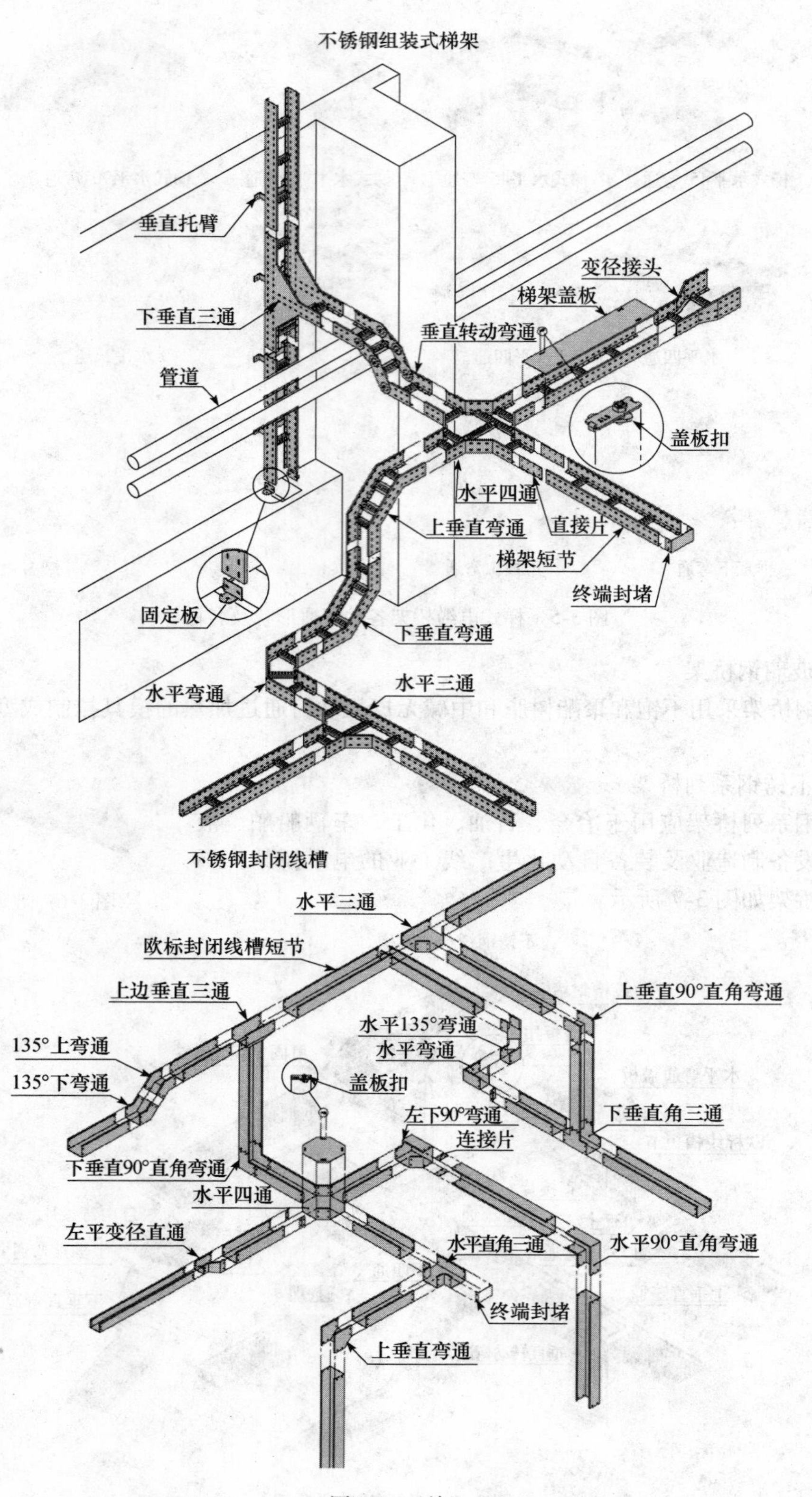

不锈钢组装式梯架
垂直托臂
变径接头
梯架盖板
下垂直三通
垂直转动弯通
管道
盖板扣
水平四通
直接片
上垂直弯通
梯架短节
终端封堵
固定板
下垂直弯通
水平弯通
水平三通
不锈钢封闭线槽
水平三通
欧标封闭线槽短节
上边垂直三通
上垂直90°直角弯通
水平135°弯通
水平弯通
135°上弯通
135°下弯通
盖板扣
下垂直角三通
左下90°弯通
连接片
下垂直90°直角弯通
水平四通
左平变径直通
水平直角三通
水平90°直角弯通
终端封堵
上垂直弯通

图3-7 （续）

3.1.4 托臂支架

电缆桥架安装时的支托，是通过立柱和托臂来完成的。立柱是支撑电缆桥架的主要部件，而桥架的荷重是通过托臂传递给立柱的。因此立柱和托臂是电缆桥架安装的两个主要部件。托臂支架如图 3-8 所示。

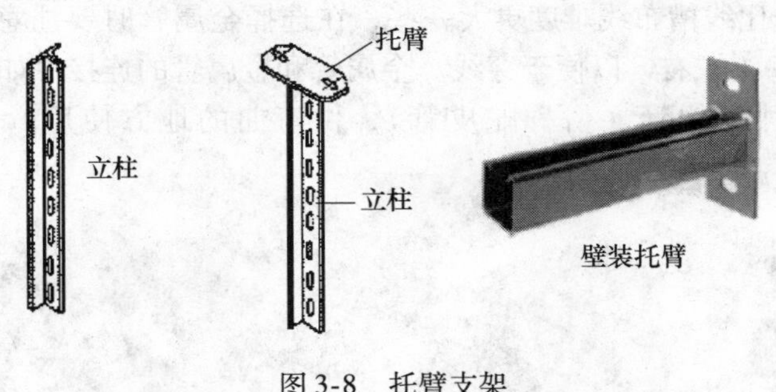

图 3-8　托臂支架

3.2 塑料槽

PVC 塑料线槽是综合布线工程明敷管路广泛使用的一种材料，它是一种带盖板的线槽，盖板和槽体通过卡槽合紧。塑料槽的外形与图 3-1 类似，但它的品种规格更多，从型号上讲有 PVC-20 系列、PVC-25 系列、PVC-25F 系列、PVC-30 系列、PVC-40 系列、PVC-50 系列、PVC-100 系列、PVC-200 系列、PVC-400 系列等。从规格上讲有 20×12、25×12.5、25×25、30×15、40×20 等。

与 PVC 槽配套的附件有阳角、阴角、直转角、平三通、左三通、右三通、连接头、终端头、接线盒（暗盒、明盒）等。其外形如图 3-9 所示。

图 3-9　各种 PVC 槽配套的附件

3.3 金属管和金属软管

金属管是用于分支结构或暗埋的线路，它的规格也有多种，以外径 mm 为单位。工程施工中常用的金属管有 D16、D20、D25、D32、D40、D50、D63、D25、D110 等规格。

在金属管内穿线比线槽布线难度更大一些，在选择金属管时要注意管径选择大一点儿，一般管内填充物占 30% 左右，以便于穿线。金属管和金属管的连接件如图 3-10 所示。

金属管还有一种是软管（俗称蛇皮管），供弯曲的地方使用。金属软管如图 3-11 所示。

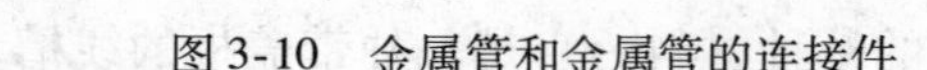
图 3-10 金属管和金属管的连接件

图 3-11 金属软管

3.4 塑料管和塑料软管

在非金属管路中，应用最广泛的是塑料管。塑料管产品分为两大类，即 PE 阻燃导管和 PVC 阻燃导管。

PE 阻燃导管是一种塑制半硬导管，按外径有 D16、D20、D25、D32 这 4 种规格。外观为白色，具有强度高、耐腐蚀、挠性好、内壁光滑等优点，明、暗装穿线兼用，它还以盘为单位，每盘重为 25 kg。

PVC 阻燃导管是以聚氯乙烯树脂为主要原料，加入适量的助剂，经加工设备挤压成型的刚性导管，小管径 PVC 阻燃导管可在常温下进行弯曲。便于用户使用，按外径有 D16、D20、D25、D32、D40、D45、D63、D25、D110 等规格，如图 3-12 所示。

与 PVC 管安装配套的附件有接头、螺圈、弯头、弯管弹簧；一通接线盒、二通接线盒、三通接线盒、四通接线盒、开口管卡、专用截管器、PVC 黏合剂等，如图 3-13 所示。

图 3-12 PVC（塑料）管

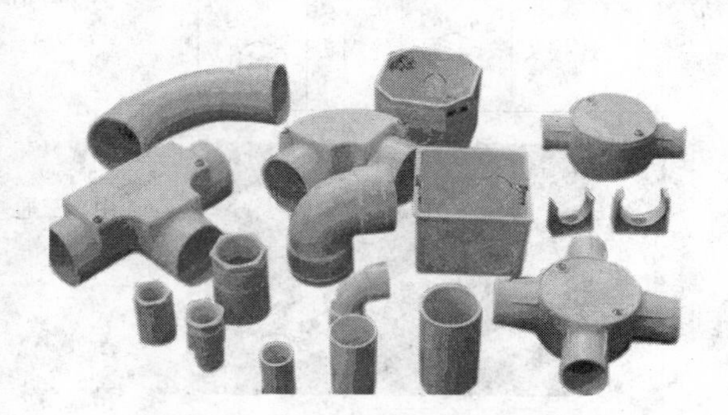
图 3-13 与 PVC 管安装配套的附件

塑料管还有一种是塑料软管，供弯曲的地方使用。

3.5 线缆的槽、管铺设方法

线缆槽的铺设一般有4种方法。

1. 采用电缆桥架或线槽和预埋钢管结合的方式

1）电缆桥架宜高出地面2.2 m以上，桥架顶部距顶棚或其他障碍物不应小于0.3 m，桥架宽度不宜小于0.1 m，桥架内横断面的填充率不应超过50%。

2）在电缆桥架内缆线垂直铺设时，在缆线的上端应每间隔1.5 m左右固定在桥架的支架上；水平铺设时，在缆线的首、尾、拐弯处每间隔2~3 m处进行固定。

3）电缆线槽宜高出地面2.2 m。在吊顶内设置时，槽盖开启面应保持80 mm的垂直净空，线槽截面利用率不应超过50%。

4）水平布线时，布放在线槽内的缆线可以不绑扎，槽内缆线应顺直，尽量不交叉，缆线不应溢出线槽，在缆线进出线槽部位，拐弯处应绑扎固定。垂直线槽布放缆线应每间隔1.5 m固定在缆线支架上。

5）在水平、垂直桥架和垂直线槽中铺设缆线时，应对缆线进行绑扎。绑扎间距不宜大于1.5 m，且间距应均匀，松紧适度。

预埋钢管如图3-14所示，它结合布放线槽的位置进行。

设置缆线桥架和缆线槽支撑保护要求：

1）桥架水平铺设时，支撑间距一般为1~1.5 m，垂直铺设时固定在建筑物体上的间距宜小于1.5 m。

2）金属线槽铺设时，在下列情况下设置支架或吊架：线槽接头处，间距1~1.5 m，离开线槽两端口0.5 m处，拐弯转角处。

3）塑料线槽槽底固定点间距一般为0.8~1 m。

2. 预埋金属线槽支撑保护方式

1）在建筑物中预埋线槽可视不同尺寸，按一层或两层设置，应至少预埋两根以上，线槽截面高度不宜超过25 mm。

2）线槽直埋长度超过6 m或在线槽路由交叉、转变时宜设置拉线盒，以便于布放缆线和维修。

3）拉线盒盖应能开启，并与地面齐平，盒盖处应采取防水措施。

4）线槽宜采用金属管引入分线盒内。

5）预埋金属线槽方式如图3-15所示。

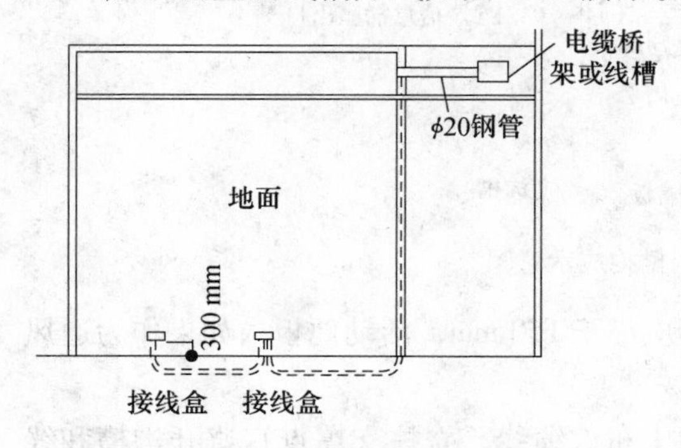

图3-14 预埋钢管的方式

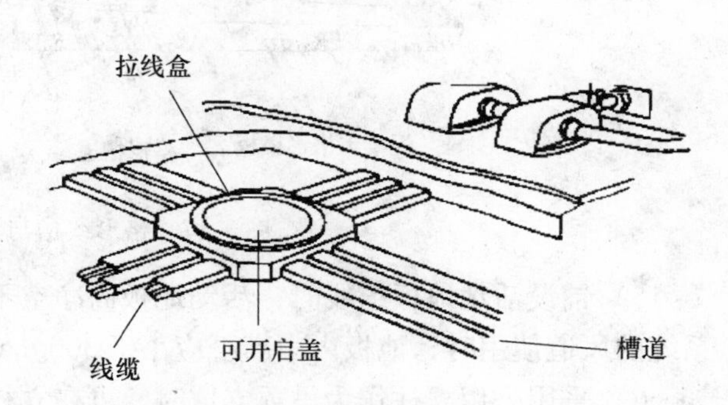

图3-15 预埋金属线槽方式

3. 预埋暗管支撑保护方式

1）暗管宜采用金属管，预埋在墙体中间的暗管内径不宜超过 50 mm；楼板中的暗管内径宜为 15 ~ 25 mm。在直线布管 30 m 处应设置暗箱等装置。

2）暗管的转弯角度应大于 90°，在路径上每根暗管的转弯点不得多于两个，并不应有 S 和 Z 弯出现。在弯曲布管时，在每间隔 15 m 处应设置暗线箱等装置。

3）暗管转变的曲率半径不应小于该管外径的 6 倍，如暗管外径大于 50 mm 时，不应小于 10 倍。

4）暗管管口应光滑，并加有绝缘套管，管口伸出部位应为 25 ~ 50 mm。管口伸出部位要求如图 3-16 所示。

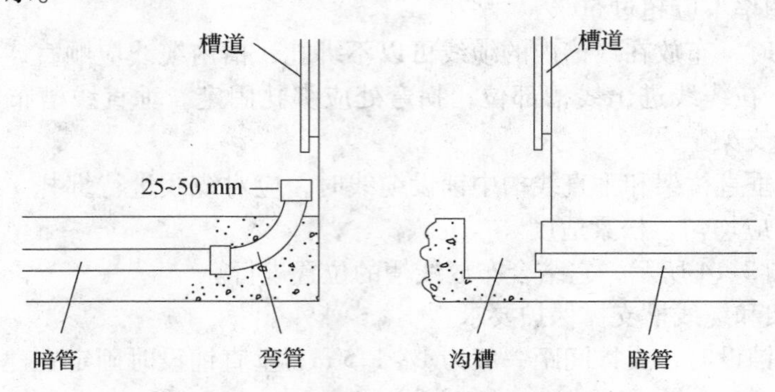

图 3-16 暗管出口部位安装示意图

4. 格形线槽和沟槽结合的保护方式

1）沟槽和格形线槽必须沟通。

2）沟槽盖板可开启，并与地面齐平，盖板和插座出口处应采取防水措施。

3）沟槽的宽度宜小于 600 mm。

4）格形线槽与沟槽的构成如图 3-17 所示。

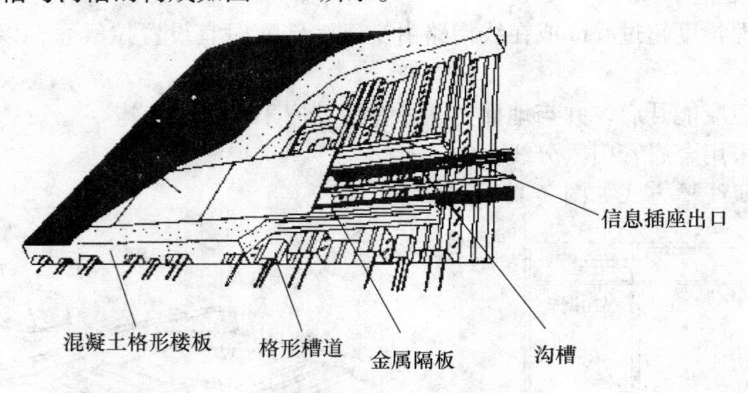

图 3-17 格形线槽与沟槽构成示意图

5）铺设活动地板缆线时，活动地板内净空不应小于 150 mm，活动地板内如果作为通风系统的风道使用时，地板内净高不应小于 300 mm。

6）采用公用立柱作为吊顶支撑时，可在立柱中布放缆线，立柱支撑点宜避开沟槽和线槽位置，支撑应牢固。公用立柱布线方式如图 3-18 所示。

7）不同种类的缆线布线在金属槽内时，应同槽分隔（用金属板隔开）布放。金属线槽接地应符合设计要求。

干线子系统缆线铺设支撑保护应符合下列要求：

- 缆线不得布放在电梯或管道竖井中。
- 干线通道间应沟通。
- 竖井中缆线穿过每层楼板孔洞宜为矩形或圆形。矩形孔洞尺寸不宜小于 300 × 100 mm。圆形孔洞处应至少安装三根圆形钢管，管径不宜小于 100 mm。

8）在工作区的信息点位置和缆线铺设方式未定的情况下，或在工作区采用地毯下布放缆线时，在工作区宜设置交接箱，每个交接箱的服务面积约为 80 cm^2。

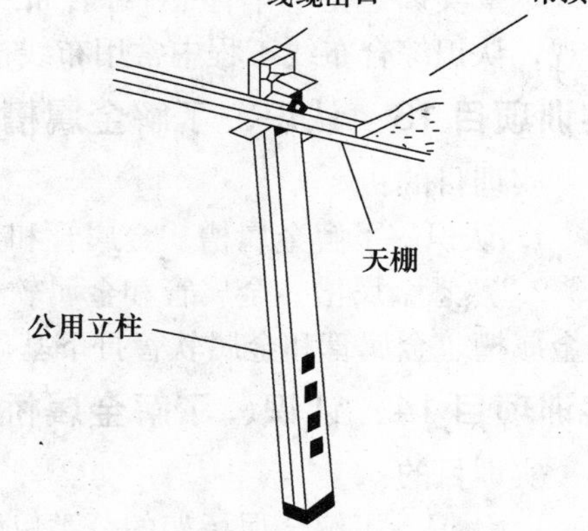

图 3-18 公用立柱布线方式示意图

3.6 槽管可放线缆的条数

在工作区、水平干线、垂直干线铺设槽（管）时，怎样选择、选择什么规格的槽（管）？本书第 4.3.2 节中将给出一种简易算法。

计算一般来说较浪费时间，为了较快速选择槽（管）型号，我们提供表 3-1、表 3-2 供工程技术人员选择、参考。

表 3-1 槽规格型号与容纳 3 类、5 类、超 5 类线 4 对非屏蔽双绞线的条数

槽类型	槽规格（mm）	容纳双绞线条数	槽类型	槽规格（mm）	容纳双绞线条数
PVC	20 × 12	2	金属、PVC	100 × 80	80
PVC	25 × 12.5	4	金属、PVC	200 × 100	150
PVC	30 × 16	7	金属、PVC	250 × 125	230
金属、PVC	50 × 25	18	金属、PVC	300 × 100	280
金属、PVC	60 × 30	23	金属、PVC	300 × 150	330
金属、PVC	75 × 50	40	金属、PVC	400 × 100	380
金属、PVC	80 × 50	50	金属、PVC	150 × 75	100
金属、PVC	100 × 50	60			

表 3-2 管规格型号与容纳 3 类、5 类、超 5 类线 4 对非屏蔽双绞线的条数

管类型	管规格（mm）	容纳双绞线条数	管类型	管规格（mm）	容纳双绞线条数
PVC、金属	16	2	PVC、金属	50	15
PVC	20	3	PVC、金属	63	23
PVC、金属	25	5	PVC	80	30
PVC、金属	32	7	PVC	100	50
PVC	40	11			

选用槽时，作者建议宽高之比为 2:1，这样布出的线槽较为美观、大方。

3.7 实训

本章实训是在"华育®"综合布线实训室内实物演示和实地参观。通过实物演示和实地参观，认识综合布线工程中常用布线槽、管的品种与规格，并在工程中正确选购使用。

实训项目13：认识、了解金属槽、金属管和金属软管

实训目的：

1. 认识、了解金属槽、金属管和金属软管。

2. 熟悉金属槽、金属管和金属软管的规格和用途，为布线施工和布线总体方案正确选购金属槽、金属管和金属软管打下基础。

实训项目14：认识、了解金属桥架

实训目的：

1. 认识、了解金属桥架的分类以及普通桥架的主要配件。

2. 熟悉金属桥架的规格和用途以及综合布线系统中主要使用的桥架，为布线施工和布线总体方案正确选购桥架打下基础。

实训项目15：认识、了解塑料管和塑料软管

实训目的：

1. 认识、了解塑料管、塑料软管、塑料管的主要配件。

2. 熟悉塑料管、塑料软管、塑料管主要配件的规格和用途，为布线施工和布线总体方案正确选购塑料管、塑料软管、塑料管主要配件打下基础。

本章小结

本章阐述金属槽和金属桥架；塑料槽；金属管和金属软管；塑料管和塑料软管；线缆的槽、管铺设方法。要求读者掌握金属槽和金属桥架、塑料槽、金属管和金属软管、塑料管和塑料软管的规格和用途；掌握线缆的槽、管铺设方法。读者要对本章的内容有一个清晰的认识，为布线施工和布线总体方案的实施打下基础。

习题

1. 在综合布线系统中使用线槽主要有哪几种情况？
2. 在综合布线系统中普通桥架的主要配件有哪几种？
3. 在综合布线系统中直通普通型桥架的主要配件有哪几种？
4. 在综合布线系统中与 PVC 槽配套的附件有哪几种？
5. 在综合布线系统中线缆槽的铺设主要有哪几种？

第4章　布线系统标准的有关要求与系统设计技术

布线系统的设计很重要，综合布线工程师要具备独立设计综合布线系统工程方案的能力。为了使读者在设计工程方案过程中把握尺度，现介绍《综合布线系统工程设计规范》（GB 50311—2007）标准中的主要内容。

4.1　布线系统标准的有关要求

1）综合布线系统应是开放式结构，应能支持电话及多种计算机数据系统，还应能支持会议电视、弱电系统等系统的需要。

设计综合布线系统应采用星形拓扑结构，该结构下的每个分支子系统都是相对独立的单元，对每个分支单元系统的改动都不影响其他子系统。

2）参考 GB 50311—2007 版标准的规定，将建筑物综合布线系统分为工作区子系统、配线（水平干线）子系统、干线（垂直干线）子系统、建筑群子系统（楼宇（建筑群）子系统）、设备间（设备间子系统）、电信间（管理间子系统）、进线间7个子系统和技术管理。

工作区子系统由终端设备连接到信息插座的连线（跳线）组成，它包括装配软线、连接器和连接所需的扩展软线，并在终端设备和输入/输出（I/O）之间搭接，相当于电话配线系统中连接话机的用户线及话机终端部分。在智能楼布线系统中工作区用术语服务区（coveragearea）替代，通常服务区大于工作区。

配线子系统将干线子系统线路延伸到用户工作区，相当于电话配线系统中配线电缆或连接到用户出线盒的用户线部分。

干线子系统提供建筑物的干线电缆的路由。该子系统由布线电缆组成，或者由电缆和光缆以及将此干线连接到相关的支撑硬件组合而成，相当于电话配线系统中的干线电缆。

电信间子系统把中继线交叉连接处和布线交叉连接处连接到公用系统设备上。它由设备间中的电缆、连接器和相关支撑硬件组成，把公用系统设备的各种不同设备互连起来，相当于电话配线系统中的站内配线设备及电缆、导线连接部分。

管理间子系统由交叉连接、互连和输入/输出（I/O）组成，为连接其他子系统提供连接手段，相当于电话配线系统中每层配线箱或电话分线盒部分。

建筑群子系统由一个建筑物中的电缆延伸到建筑群中的另外一些建设物中的通信设备和装置上，它提供楼群之间通信设施所需的硬件。其中有电缆、光缆和防止电缆的浪涌电压进入建筑物的电气保护设备，相当于电话配线中的电缆保护箱及各建筑物之间的干线电缆。

进线间是建筑物外部通信和信息管线的入口部位，建筑群主干电缆和光缆、公用网和专用网电缆、天线馈线等室外缆线进入建筑物时，应在进线间转换成室内电缆、光缆。进线间转换的缆线类型与容量应与配线设备相一致。

技术管理可参照EIA/TIA-606执行。综合布线系统技术管理的主要内容有：

- 信息端口、配线架、双绞线电缆交接处必须有清晰、永久的编号。信息端口与它在相应楼层配线架内交接处的编号必须一致，应给定唯一的标识符。
- 对设备间、电信间、进线间和工作区的配线设备、缆线、信息点等设施应按一定的模式进行标识和文档记录，并予以保存。
- 简单且规模较小的综合布线系统工程可按图纸资料等纸质文档进行管理，并做到记录准确、更新及时、便于查阅。
- 综合布线系统的文档包括系统图、信息端口分布图、各配线架布局图、路由图以及传输性能自测报告等。
- 综合布线系统图反映整个布线系统的基本情况，如光缆的数量、类别、路由，每根光缆的芯数，垂直双绞线电缆的数量、类别、路由，每楼层水平双绞线电缆的数量、类别、信息端口数，各配线架在建筑中的楼层位置，连接硬件的数量、类别，系统的接地位置和每楼层配线间的接地位置。
- 自测报告应反映每个信息端口的水平布线电缆（信息点）、垂直电缆的每一对以及光缆布线的每芯光纤测试通过与否的情况。
- 综合布线系统的文档资料必须按有关技术档案管理规定进行管理。

3）智能建筑与智能建筑园区的工程设计，应根据实际需要，选择适当型级的综合布线系统，应符合下列要求：

- 基本型，适用于综合布线系统中配置标准较低的场合，用铜芯对绞电缆组网。
- 增强型，适用于综合布线系统中中等配置标准的场合，用铜芯对绞电缆组网。
- 综合型，适用于综合布线系统中配置标准较高的场合，用光缆和铜芯对绞电缆混合组网。综合型综合布线系统配置应在基本型和增强型综合布线的基础上增设光缆系统。

所有基本型、增强型、综合型综合布线系统都能支持话音/数据等系统，能随工程的需要转向更高功能的布线系统。它们之间的主要区别在于：

- 支持话音和数据服务所采用的方式。
- 在移动和重新布局时实施线路管理的灵活性。

基本型综合布线系统大多能支持话音/数据，其特点为：

- 是一种富有价格竞争力的综合布线方案，能支持所有话音和数据的应用。
- 应用于语音、话音/数据或高速数据。
- 便于技术人员管理。
- 能支持多种计算机系统数据的传输。

增强型综合布线系统不仅具有增强功能，而且还可提供发展余地。它支持话音和数据应用，并可按需要利用端子板进行管理。

增强型综合布线系统的特点如下：

- 每个工作区有两个信息插座，不仅机动灵活，而且功能齐全。
- 任何一个信息插座都可提供话音和高速数据应用。
- 可统一色标，按需要可利用端子板进行管理。
- 是一个能为多个数据设备创造部门环境服务的经济、有效的综合布线方案。

综合型综合布线系统的主要特点是引入光缆，可适用于规模较大的智能大楼，其他特点与基本型和增强型相同。

条文中对绞电缆系列指具有特殊交叉方式及材料结构能够传输高速率信号的电缆，非一般市话电缆。

条文中夹接式交接硬件系统是指夹接、绕接固定连接的交接设备。插接式交接硬件系统是指用插头、插座连接的交接设备。

4）综合布线系统应能满足所支持的数据系统的传输速率要求，并选用相应等级的缆线和传输设备。

计算机系统传输速率要求如表 4-1 所示。

表 4-1　传输速率要求

规程	传输速率要求（bit/s）
RS-232	≤20 K
DCP	100 K
Star LAN1	1 M
IBM3270	1 ~ 10 M
4 M Token Ring	4 M
10BASE-T	10 M
16 M Token Ring	16 M
TP-PMD/CDDI	100 M
100BASE-T	100 M
ATM	155 M/622 M

5）综合布线系统应能满足所支持的电话、数据、电视系统的传输标准要求。

6）综合布线系统的分级和传输距离限值应符合表 4-2 所列的规定。

表 4-2　系统分级和传输距离限值表

系统分级	最高传输频率	对绞电缆传输距离（m）				光缆传输距离（m）		应用举例
		100 Ω 3 类	100 Ω 4 类	100 Ω 5 类	150 Ω	多模	单模	
A	100 MHz	2000	3000②	3000②				PBX X. 21/V. 11
B	1 MHz	200	260	260	400			N-ISDN CSDA/CD1BASE5
C	16 MHz	100①	150③	160③	250③			CSMA/CD1BASE-T Token Ring 4 Mbit/s Token Ring 16 Mbit/s
D	100 MHz			100①	150③			Token Ring 16 Mbit/s B-ISDN（ATM） TP-PMD
光缆	100 MHz					2000	3000③	CAMA/CD/FOIRL CSMA/CD 10BASE-F Token Ring FDDI LCF FDDI HIPPI ATM PC

注：① 100 m 距离包括连接软线/跳线、工作区和设备区接线在内的 10 m 允许总长度，链路的技术条件按 90 m 水平电缆、7.5 m 长的连接电缆及同类的 3 个连接器来考虑，如果采用综合性的工作区和设备区电缆附加总长度不大于 7.5 m，则此类用途是有效的。

② 3000 m 是国际标准范围规定的极限，不是介质极限。

③ 关于距离大于水平电缆子系统中的长度为 100 m 的对绞电缆，应协商可行的应用标准。

4.2　布线系统的设计

综合布线应优先考虑保护人和设备不受电击和火灾之虑，严格按照规范设计照明电线、动力电线、通信线路、暖气管道、冷热空气管道、电梯之间的距离、绝缘线、裸线以及接地与焊接，其次才能考虑线路的走向和美观程度。下面将工程设计中的有关问题分计算机网络综合布线的工程设计、设备间设计、水平干线设计、垂直干线设计、管理间子系统设计、工作区子系统设计、建筑群（楼宇）管理子系统设计、网络工程的总体方案设计进行讨论。

4.2.1 综合布线系统设计的步骤

对于一个实施的综合布线系统工程，用户单位总是要有自己的使用目的和需求，但用户单位不设计、不施工，因此设计人员要认真、详细地了解工程项目的实施目标和要求。应根据建筑工程项目范围来设计，设计的建议做法如下：

- 用户需求分析。
- 了解地理布局。
- 尽可能全面地获取工程相关的资料。
- 系统结构设计。
- 布线路由设计。
- 安装设计。
- 工程经费投资。
- 可行性论证。
- 绘制综合布线施工图。
- 施工的材料设备清单。
- 施工和验收。

1. 用户需求分析

一个单位或一个部门要建设计算机网络，总是要有自己的目的，也就是说要解决什么样的问题。用户的问题往往是实际存在的问题或是某种要求，那么专业技术人员应根据用户的要求用网络工程的语言描述出来，使用户能理解你所做的工程。要使用户理解你所做的工程，建议做法如下：

1）确定工程实施的范围，主要包括：

- 实施综合布线工程的建筑物的数量。
- 各建筑物的各类信息点数量及分布情况。
- 各建筑物配线间和设备间的位置。
- 整个建筑群的中心机房的位置。

2）确定系统的类型：确定本工程是否包括计算机网络通信、电话语音通信、有线电视系统、闭路视频监控等系统，并要求统计各类系统信息点的分布及数量。

3）确定系统各类信息点接入要求，主要包括：

- 信息点接入设备类型。
- 未来预计需要扩展的设备数量。
- 信息点接入的服务要求。

4）确定系统业务范围，包括：

- 确定用户需要一个多大容量的服务器，并估算该部门的信息量，从而确定服务器。
- 确定网络操作系统。
- 确定网络服务软件，如 E-mail 等。

2. 了解地理布局

对于地理位置布局，工程施工人员必须要到现场察看，其中要注意的要点有：

- 用户数量及其位置。
- 任何两个用户之间的最大距离。
- 在同一栋楼内，用户之间的从属关系。
- 楼与楼之间的布线走向，楼层内的布线走向。
- 用户信息点数量和安装的位置。
- 建筑物预埋的管槽分布情况。
- 建筑物垂直干线布线的走向。
- 配线（水平干线）布线的走向。
- 有什么特殊要求或限制。
- 与外部互连的需求。
- 设备间所在位置。
- 设备间供电问题与解决方式。
- 电信间所在位置。
- 电信间供电问题与解决方式。
- 进线间所在位置。
- 交换机或集线器供电问题与解决方式。
- 对工程施工的材料要有所要求。

3. 尽可能全面地获取工程相关的资料

1）了解用户设备类型：要确定用户有多少人，目前个人计算机有多少台，将来最终配置多少台个人计算机，需要配些什么设备及数量等问题。

2）了解网络服务范围，包括：

- 数据库、应用程序共享程度。
- 文件的传送和存取。
- 用户设备之间的逻辑连接。
- 网络互连（Internet）。
- 电子邮件。
- 多媒体服务要求程度。

3）通信类型，包括：

- 数字信号。
- 视频信号。
- 语音信号（电话信号）。
- 通信是否是 X. 25 分组交换网。
- 通信是否是数字数据网（DDN）。
- 通信是否是综合业务数字网（ISDN）。
- 通信是否是帧中继网。
- 是否包括多服务访问技术虚拟专用网（VPN）。

4）网络拓扑结构：选用星形结构、总线结构或其他结构。

5）网络工程经费投资，包括：

- 设备投资（软件、硬件）。

- 网络工程材料费用投资。
- 网络工程施工费用投资。
- 安装、测试费用投资。
- 培训与运行费用投资。
- 维护费用投资。

4. 网络工程的分析与设计

在了解网络工程后，应对网络工程进行分析和设计。此时一般应注意以下几点：

1）选用成熟的产品，其优点有：

- 减少开发时间。
- 用户能够得到长期的支持。
- 价格便宜。
- 有完备的技术资料。

2）选择厂家与施工单位，包括：

- 制定出功能需求说明书（供厂家、施工单位用）。
- 厂家、施工单位投标竞选。
- 评议标书（投标单位进行答辩）。
- 签订合同。
- 保证售后和施工后的服务支持。

3）网络工程工作清单，包括：

- 微机、服务器、UPS 清单。
- 网络设备材料清单。
- 施工工程材料费清单。
- 网络工程施工费用清单。
- 网络工程施工进度表。

建立一个网络工程不是一件简单的事。事实上，你必须具备网络的基本知识，知道网络的构成部件，以及建网时可能遇到的问题。

5. 建网时需要解决的问题

建网时需要解决的问题包括：

1）网络规划，包括：

- 网络系统使用什么样的软件？
- 网络使用的重点是什么（办公自动化、文件传输、电子邮件等）？
- 与 Internet 有什么联系？

要根据业务需求来选择一个能够符合业务需求的软件和网络体系，做好网络规划。

2）网络的用户个数。用户分布状态如何？各业务部门与网络之间的关系要如何规划？

3）设备需求分析，包括：

- 选择什么样的网络产品？
- 原有设备需做何种改变？
- 需要新购什么样的设备？
- 网上需要多少网络共享资源？服务器的选择和分布位置如何？

- 局域网与远程网或其他网络怎样连接？它们又需要购买什么样的设备？
- 网络布线计划。布线配置必须有详细的网络结点图，说明设备安装地点。
- 经费预算。
- 今后扩展计划。

4）信息安全性考虑，信息的备份系统，信息保密系统，计算机病毒的防范。

5）网络管理：网络管理分为人工管理和智能型网络管理。人工管理需要一个网络管理者，专门负责整个网络的运行、维护、规划以及不同网络的协调。智能型网络管理需要购买网管软件。

6）网络系统设备选型，原则上要考虑四点：

- 适用性与先进性相结合。千兆交换机价格较高，但不同品牌的产品差异极大，功能也不一样，因此选择时不能只看品牌或追求高价，也不能只看价钱低的，应该根据应用的实际情况，选择性能价格比高的，既能满足目前需要又能适应未来几年网络发展需要的交换机，以求避免重复投资或超前投资。
- 选择市场主流产品的原则。选择千兆交换机时，应选择在国内市场上有相当的份额，具有高性能、高可靠性、高安全性、可扩展性、可维护性的产品，高端产品如思科、3Com、华为等公司的产品，中低端产品如锐捷（实达）、华为、联想等公司的产品。
- 安全可靠的原则。交换机的安全决定了网络系统的安全，选择交换机时这一点是非常重要的。交换机的安全主要表现在 VLAN 的划分、交换机的过滤技术上。
- 产品与服务相结合的原则。选择交换机时，既要看产品的品牌，又要看生产厂商和销售商是否有强大的技术支持、良好的售后服务，否则当买回的交换机出现故障时，既没有技术支持又没有产品服务，会使企业蒙受损失。

7）安装设计：在完成规划工作后，要考虑安装设计。综合使用网络用户的业务和环境位置，进行初步的布线结构设计。

8）招标、施工和验收：在网络工程招标时，应慎重选择经验丰富、售后服务良好的厂家。现在各种各样的公司很多，选择厂家时主要看：

- 它的技术力量如何？它有什么背景（指技术支持）？
- 做过什么工程？有必要进行实地考察。
- 服务质量如何（包括维护服务）？
- 价格问题。（价格问题不是决定一切的因素。主要取决于价格质量比。一个高素质的厂家当然要比名声小的厂家要价高，应允许高出 10% ~15%）。
- 厂家在理论研究和应用方面具有什么样的特色？

9）网络的使用和教育培训：网络系统建立后，首要任务是使用。一个网络系统建设成功与否，主要看用户的使用情况。使用的前提是教育培训，培训一般分为四种情况：

- 管理阶层的培训（领导层）。
- 管理人员的培训。
- 网络软件开发人员的培训。
- 一般用户的培训。

10）网络接口板的选择。在组网拓扑结构确定以后，选择网络接口板将是一个很重要的问题。这是因为不同的网络接口板支持不同的网络拓扑结构，其网络性能也不完全相同（对下是兼容的）。

对于总线形拓扑结构，使用Novell网络接口板可选用支持主机16位ISA总线的NE-2000或支持32位EISA总线的NE-3200。市场上流行多种接口板，选择时注意你的工作站机器是16位还是32位的。

市场上流行的网卡有诸多厂家，大多是兼容的。如果设计的是高速光纤系统，那么必须使用同一厂商的网卡。

11）配套产品的订购：配套产品主要包括集线器、机柜、线缆、线槽、使用工具的订购等，均需与有关供货商确定供货品种、数量、日期和支付方式。

6. 网络传输介质的选择

传输介质的选择和介质访问控制方法有极其密切的关系。传输介质决定了网络的传输速率、网络段的最大长度、传输可靠性（抗电磁干扰能力）、网络接口板的复杂程度等，对网络成本也有巨大影响。随着多媒体技术的广泛应用，宽带局域网络支持数据、图像和声音在同一传输介质中传输是今后局域网络的应用发展方向。

网络传输介质的选择，就是根据性能价格比要求，在非屏蔽、屏蔽双绞线电缆，基带同轴电缆以及光缆之间进行选择，以确定采用何种传输介质，使用何种介质访问方法更合适。

（1）双绞线

双绞线的传输速率比较高，能支持各种不同类型的网络拓扑结构，控制共模干扰能力强，可靠性高。双绞线有屏蔽和非屏蔽两类。目前，一般用户都喜欢选用4对线的双绞线（每对双绞线在每英寸中互绞的次数不同，互绞可以消除来自相邻双绞线和外界电子设备的电子噪声）。

使用双绞线作为基带数字信号的传输介质成本较低，是一种廉价的选择。但双绞线受网段最大长度的限制，只能适应小范围的网络。一般双绞线的最大长度为100 m，双绞线的每端需要一个RJ45接头。

（2）同轴电缆

同轴电缆抗干扰能力优于双绞线。在同轴电缆中有粗同轴电缆（直径为10 mm，阻抗为50 Ω）和细同轴电缆（信号衰减较大，抗干扰能力低）。IEEE 802.3物理层对粗细电缆网络的技术参数标准如表4-3所示。

表4-3 IEEE 802.3物理层对粗细电缆网络的技术参数

技术参数	10BASE2（细电缆）	10BASE5（粗电缆）
传输媒体	同轴电缆（50 Ω）	同轴电缆（50 Ω）
信号技术	基带（曼彻斯特码）	基带（曼彻斯特码）
数据速率（Mbps）	10	10
最大段长（m）	185	500
网络跨度（m）	925	2500
每段结点数	100	30
结点间距（m）	2.5	0.5
电缆直径（mm）	10	5
Slottime（bit）	512	512
帧间间隙（ms）	9.6	9.6
重传尝试次数极限	16	16
避极限	10	10
JAM信号长度（bit）	32	32
最大帧长（八位组）	1518	1518
最小帧长（八位组）	64	64

使用细以太网电缆时应注意下列规则：

- 最大段数（由中继器连接的物理网络数）为5。
- 段的最大长度为185 m（607英尺）。
- 电缆的最大长度（即所有段的总长度）为950 m（3035英尺）。
- 连接的站点的最大数目为每段30个或总共82个（对于中继器连着的两个段来说，中继器都算一个站点）。
- T型连接器之间的最短距离为0.5 m（1.6英尺）。
- 段的两端必须加终结器，一个端点还必须接地。

使用粗以太网电缆时应注意以下规则：

- 最大段数（由中继器连接的物理网络数）为5。
- 段的最大长度为500 m（1640英尺）。
- 电缆最大总长度（即所有段的总长度）为2500 m（8200英尺）。
- 连接的最大站数为每段100个或总共492个（对于中继器连着的两个段来说，中继器都算一个站）。
- 收发器间的最短距离为2.5 m（8英尺）。
- 段的两端必须用终结器，一端还必须接地。
- 收发器电缆不可超过50 m（165英尺）长。

在网络设计过程中，选择传输介质时，还要考虑设定的站点总数的因素。

（3）光缆

光缆是利用全内反射光束传输编码信息。它的特点是频带宽，衰减小，传输速率高，传输距离远，不受外界电磁干扰。目前，千兆、万兆以太网的应用采用光缆方案。

上述三种材料各有特点，从应用的发展趋势来看，小范围的局域网选择双绞线较好，大范围的选择光缆较好。

7. 系统结构设计

系统结构设计要重点注意7点内容，下面分别介绍。

（1）工作区配置设计

在综合布线系统中，一个独立的需要安装终端设备的区域称为一个工作区，工作区由终端设备、与水平子系统相连的信息插座以及连接终端设备的软跳线构成。工作区配置设计应注意如下内容：

1）工作区适配器的选用规定，包括：

- 设备的连接插座应与连接电缆的插头匹配，不同的插座与插头之间应加装适配器。
- 在连接使用信号的数模转换，光、电转换，数据传输速率转换等相应的装置时，采用适配器。
- 对于网络规程的兼容，采用协议转换适配器。
- 各种不同的终端设备或适配器均安装在工作区的适当位置，并应考虑现场的电源与接地。

2）每个工作区的服务面积应按不同的应用功能确定。

（2）配线子系统配置设计

配线子系统配置设计应注意如下内容：

1）根据工程提出的近期和远期终端设备的设置要求，用户性质、网络构成及实际需要确定建筑物各层需要安装信息插座模块的数量及其位置，配线应留有扩展余地。

2）配线子系统缆线应采用非屏蔽或屏蔽4对对绞电缆，在需要时也可采用室内多模或单模光缆。

3）电信间与电话交换配线及计算机网络设备之间的连接方式要求包括：

- 电话交换配线的连接方式应符合电话交换配线的要求。
- 计算机网络设备连接方式应符合电话交换配线的要求。

4）每一个工作区信息插座模块（电、光）数量不宜少于2个，并满足各种业务的需求。

5）底盒数量应以插座盒面板设置的开口数确定，每一个底盒支持安装的信息点数量不宜大于2个。

6）光纤信息插座模块安装的底盒大小应充分考虑到水平光缆（2芯或4芯）终接处的光缆盘留空间，并满足光缆对弯曲半径的要求。

7）工作区的信息插座模块应支持不同的终端设备接入，每一个8位模块通用插座应连接一根4对对绞电缆；对每一个双工或2个单工光纤连接器件及适配器连接一根2芯光缆。

8）从电信间至每一个工作区水平光缆宜按2芯光缆配置。光纤至工作区域满足用户群或大客户使用时，光纤芯数至少应有2芯备份，按4芯水平光缆配置。

9）连接至电信间的每一根水平电缆/光缆应终接于相应的配线模块，配线模块与缆线容量相适应。

10）电信间FD主干侧各类配线模块应按电话交换机、计算机网络的构成及主干电缆/光缆所需的容量要求及选用的模块类型和规格进行配置。

11）电信间FD采用的设备缆线和各类跳线宜按计算机网络设备的使用端口容量和电话交换机的实装容量、业务的实际需求或信息点总数的比例进行配置，比例范围为25%～50%。

（3）干线子系统配置设计

干线子系统配置设计应注意如下内容：

1）干线子系统所需要的电缆总对数和光纤总芯数应满足工程的实际需求，并留有适当的备份容量。主干缆线宜设置电缆与光缆，并互相作为备份路由。

2）干线子系统主干缆线应选择较短的安全的路由。主干电缆宜采用点对点终接，也可采用分支递减终接。

3）如果电话交换机和计算机主机设置在建筑物内不同的设备间，宜采用不同的主干缆线来分别满足语音和数据的需要。

4）在同一层若干电信间之间宜设置干线路由。

5）主干电缆和光缆所需的容量要求及配置应符合以下规定：

- 对语音业务，大对数主干电缆的对数应按每个电话8位模块通用插座配置1对线，并在总需求线对的基础上至少预留约10%的备用线对。
- 对于数据业务应以集线器（HUB）或交换机（SW）群（按4个HUB或SW组成1群），或者以每个HUB或SW设备设置1个主干端口配置。每1群网络设备或每4个网络设备应考虑1个备份端口。主干端口为电端口时，应按4对线容量，为光端口时，则按2芯光纤容量配置。

- 当工作区至电信间的水平光缆延伸至设备间的光配线设备（BD/CD）时，主干光缆的容量应包括所延伸的水平光缆光纤的容量在内。
- 建筑物与建筑群配线设备处各类设备缆线和跳线的配备按计算机网络设备的使用端口容量和电话交换机的实装容量、业务的实际需求或信息点总数的比例进行配置，比例范围为25%～50%。

（4）建筑群子系统配置设计

建筑群子系统配置设计应注意如下内容：

1）CD宜安装在进线间或设备间，并可与入口设施或BD合用场地。

2）CD配线设备内、外侧的容量应与建筑物内连接BD配线设备的建筑群主干缆线容量及建筑物外部引入的建筑群主干缆线容量相一致。

（5）设备间配置设计

设备间配置设计应注意如下内容：

1）在设备间内安装的BD配线设备干线侧容量应与主干缆线的容量相一致。设备侧的容量应与设备端口容量相一致或与干线侧配线设备容量相同。

2）BD配线设备与电话交换机及计算机网络设备的连接方式应符合电信间与电话交换配线及计算机网络设备之间的连接方式要求。

（6）进线间配置设计

进线间配置设计应注意如下内容：

1）建筑群主干电缆和光缆、公用网和专用网电缆、光缆及天线馈线等室外缆线进入建筑物时，应在进线间成端转换成室内电缆、光缆，并且在缆线的终端处可由多家电信业务经营者设置入口设施，入口设施中的配线设备应按引入的电、光缆容量配置。

2）电信业务经营者在进线间设置安装的入口配线设备应与BD或CD之间铺设相应的连接电缆和光缆实现路由互通。缆线类型与容量应与配线设备相一致，满足接入业务及多家电信业务经营者缆线接入的需求，并应留有2～4孔的余量。

（7）电信间配置设计

电信间配置设计应注意如下内容：

1）电信间的数量应按所服务的楼层范围及工作区面积来确定。如果该层信息点数量不大于400个，水平缆线长度在90 m范围以内，宜设置一个电信间；当超出这一范围时，宜设置两个或多个电信间；在每层的信息点数量较少，且水平缆线长度不大于90 m的情况下，宜几个楼层合设一个电信间。

2）电信间应与强电间分开设置，电信间内或其紧邻处应设置缆线竖井。

3）电信间的使用面积不应小于5 m^2，也可根据工程中配线设备和网络设备的容量进行调整。

4）电信间的设备安装和电源要求应符合本规范的规定。

5）电信间应采用外开丙级防火门，门宽大于0.7 m。电信间内温度应为10～35 ℃，相对湿度宜为20%～80%。安装信息网络设备时，应符合相应的设计要求。

（8）技术管理

技术管理应注意如下内容：

1）对设备间、电信间、进线间和工作区的配线设备、缆线、信息点等设施应按一定的模式进行标识和记录，并符合下列规定：

- 综合布线系统工程宜采用计算机进行文档记录与保存，简单且规模较小的综合布线系统工程可按图纸资料等纸质文档进行管理，并做到记录准确、更新及时、便于查阅；文档资料应实现汉化。
- 综合布线的每个电缆、光缆、配线设备、端接点、接地装置、铺设管线等组成部分均应给定唯一的标识符，并设置标签。标识符应采用相同数量的字母和数字等标明。
- 电缆和光缆的两端均应标明相同的标识符。
- 设备间、电信间、进线间的配线设备宜采用统一的色标区别各类业务与用途的配线区。

2）所有标签应保持清晰、完整，并满足使用环境要求。

3）对于规模较大的布线系统工程，为提高布线工程维护水平与网络安全性，宜采用电子配线设备对信息点或配线设备进行管理，以显示与记录配线设备的连接、使用及变更状况。

4）综合布线系统相关设施的工作状态信息应包括：设备和缆线的用途、使用部门、组成局域网的拓扑结构、传输信息速率、终端设备配置状况、占用器件编号、色标、链路与信道的功能和各项主要指标参数及完好状况、故障记录等，还应包括设备位置和缆线走向等内容。

4.2.2 布线系统的信道

1. 综合布线系统铜线缆的信道

综合布线系统铜线缆的信道最长为100 m，配线（水平）缆线最长为90 m，跳线最长为10 m。布线连接方式分为信道和永久链路。信道和永久链路划分如图4-1 所示。

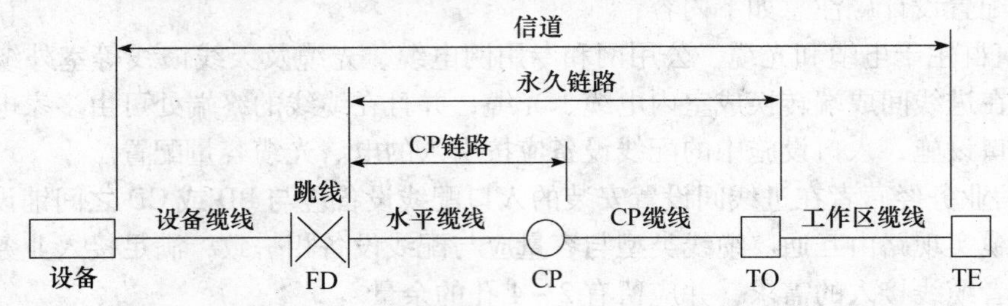

图4-1 综合布线系统铜线缆的信道和永久链路划分图

2. 光纤信道和连接

光纤信道和连接应符合以下要求：

1）配线（水平）光缆和主干光缆至楼层电信间的光纤配线设备应经光纤跳线连接。光纤跳线连接如图4-2 所示。

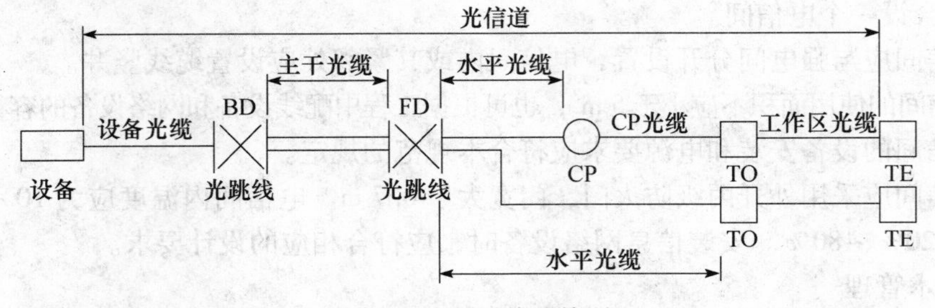

图4-2 光纤跳线连接图

2）水平光缆和主干光缆应在楼层电信间端接。光缆在电信间端接如图4-3 所示。

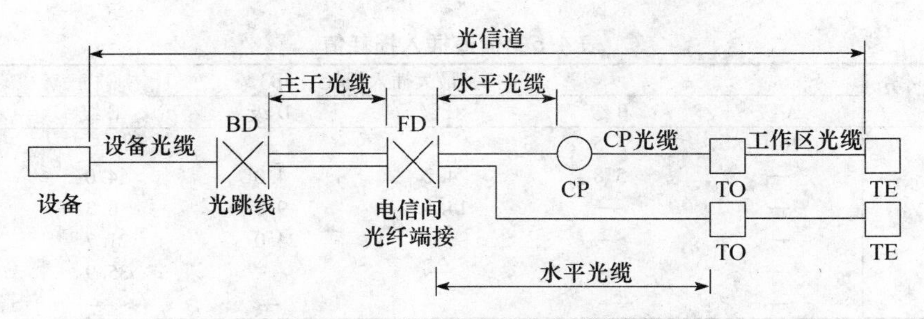

图 4-3　光缆在电信间端接图

3）水平光缆经过电信间直接连接大楼设备间。水平光缆直接连接设备间端接如图 4-4 所示。

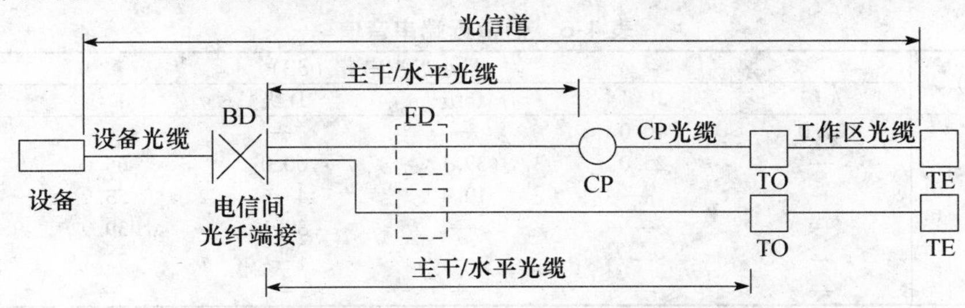

图 4-4　水平光缆直接连接设备间端接图

4.2.3　布线系统设计的系统指标

综合布线系统设计的系统指标包括如下 13 点内容：

1）综合布线系统产品技术指标要考虑机械性能指标（如缆线结构、直径、材料、承受拉力、弯曲半径等）。

2）相应等级的布线系统信道和永久链路、CP 链路的具体指标项目，应包括下列内容：

- 3 类、5 类布线系统应考虑指标项目为衰减、近端串音（NEXT）。
- 5e 类、6 类、7 类布线系统，应考虑指标项目为插入损耗（IL）、近端串音、衰减串音比（ACR）、等电平远端串音（ELFEXT）、近端串音功率和（PS NEXT）、衰减串音比功率和（PS ACR）、等电平远端串音功率和（PS ELEFXT）、回波损耗（RL）、传播时延、时延偏差等。
- 屏蔽的布线系统还应考虑非平衡衰减、传输阻抗、耦合衰减及屏蔽衰减。

3）综合布线系统工程设计中，信道要重点注意 12 项指标值，内容如下：

- 回波损耗（RL）。布线系统信道的最小回波损耗值应符合表 4-4 的要求。

表 4-4　信道回波损耗值

频率（MHz）	最小回波损耗（dB）			
	C 级	D 级	E 级	F 级
1	15.0	17.0	19.0	19.0
16	15.0	17.0	18.0	18.0
100	—	10.0	12.0	12.0
250	—	—	8.0	8.0
600	—	—	—	8.0

- 信道的插入损耗（IL）。信道的插入损耗（IL）值应符合表 4-5 的规定。

表4-5 信道插入损耗值

频率（MHz）	最大插入损耗（dB）					
	A级	B级	C级	D级	E级	F级
0.1	16.0	5.5	—	—	—	—
1	—	5.8	4.2	4.0	4.0	4.0
16	—	—	14.4	9.1	8.3	8.1
100	—	—	—	24.0	21.7	20.8
250	—	—	—	—	35.9	33.8
600	—	—	—	—	—	54.6

- 近端串音（NEXT）。线对与线对之间的近端串音（NEXT）值应符合表4-6的规定。

表4-6 信道近端串音值

频率（MHz）	最小近端串音（dB）					
	A级	B级	C级	D级	E级	F级
0.1	27.0	40.0	—	—	—	—
1	—	25.0	39.1	60.0	65.0	65.0
16	—	—	19.4	43.6	53.2	65.0
100	—	—	—	30.1	39.9	62.9
250	—	—	—	—	33.1	56.9
600	—	—	—	—	—	51.2

- 近端串音功率和（PS NEXT）。近端串音功率和只应用于布线系统的D、E、F级。D、E、F级布线系统信道的PS NEXT值应符合表4-7的规定。
- 衰减串音比（ACR）

线对与线对之间的衰减串音比（ACR）只应用于布线系统的D、E、F级。D、E、F级布线系统信道的ACR值应符合表4-8的规定。

表4-7 信道近端串音功率和值

频率（MHz）	最小近端串音功率和（dB）		
	D级	E级	F级
1	57.0	62.0	62.0
16	40.6	50.6	62.0
100	27.1	37.1	59.9
250	—	30.2	53.9
600	—	—	48.2

表4-8 信道衰减串音比值

频率（MHz）	最小衰减串音比（dB）		
	D级	E级	F级
1	56.0	61.0	61.0
16	34.5	44.9	56.9
100	6.1	18.2	42.1
250	—	-2.8	23.1
600	—	—	-3.4

- 衰减串音比功率和（PS ACR）。衰减串音比功率和只应用于布线系统的D、E、F级。D、E、F级布线系统信道的ACR功率和值应符合表4-9的规定。
- 等电平远端串音（ELFEXT）。线对与线对之间等电平远端串音只应用于布线系统的D、E、F级。D、E、F级等电平远端串音值应符合表4-10的规定。

表4-9 信道ACR功率和值

频率（MHz）	最小ACR功率和（dB）		
	D级	E级	F级
1	53.0	58.0	58.0
16	31.5	42.3	53.9
100	3.1	15.4	39.1
250	—	-5.8	20.1
600	—	—	-6.4

表4-10 信道等电平远端串音值

频率（MHz）	最小等电平远端串音（dB）		
	D级	E级	F级
1	57.4	63.3	65.0
16	33.3	39.2	57.5
100	17.4	23.3	44.4
250	—	15.3	37.8
600	—	—	31.3

- 永久链路的最小 PS ELFEXT 值。布线系统永久链路的最小 PS ELFEXT 值只应用于布线系统的 D、E、F 级。D、E、F 级最小 PS ELFEXT 值应符合表 4-11 的规定。

表 4-11 永久链路的最小 PS ELFEXT 值

频率（MHz）	最小等电平远端串音（dB）			频率（MHz）	最小等电平远端串音（dB）		
	D 级	E 级	F 级		D 级	E 级	F 级
1	55.6	61.2	62.0	250	—	13.2	36.2
16	31.5	37.2	56.3	600	—	—	29.6
100	15.6	21.2	43.0				

- 直流环路电阻（d.c.）。布线系统信道的直流环路电阻（d.c.）应符合表 4-12 的规定。

表 4-12 信道直流环路电阻

最大直流环路电阻（Ω）					
A 级	B 级	C 级	D 级	E 级	F 级
560	170	40	25	25	25

- 传播时延。布线系统信道的传播时延应符合表 4-13 的规定。

表 4-13 信道传播时延

频率（MHz）	最大传播时延（μs）					
	A 级	B 级	C 级	D 级	E 级	F 级
0.1	20.000	5.000	—	—	—	—
1	—	5.000	0.580	0.580	0.580	0.580
16	—	—	0.553	0.553	0.553	0.553
100	—	—	—	0.548	0.548	0.548
250	—	—	—	—	0.546	0.546
600	—	—	—	—	—	0.545

- 传播时延偏差。布线系统信道的传播时延偏差应符合表 4-14 的规定。

表 4-14 信道传播时延偏差

等级	频率（MHz）	最大时延偏差（μs）	等级	频率（MHz）	最大时延偏差（μs）
A	$f=0.1$	—	D	$1\leqslant f\leqslant 100$	0.050①
B	$0.1\leqslant f\leqslant 1$	—	E	$14\leqslant f\leqslant 250$	0.050①
C	$1\leqslant f\leqslant 16$	0.050①	F	$14\leqslant f<600$	0.030②

注：① 0.050 为 0.045 +4 ×0.00125 的计算结果。
② 0.030 为 0.025 +4 ×0.00125 的计算结果。

- 最大不平衡衰减。一个信道的最大不平衡衰减应符合表 4-15 的规定。

表 4-15 信道不平衡衰减

等级	频率（MHz）	最大不平衡衰减（dB）
A	$f=0.1$	30
B	$f=0.1$ 和 1	在 0.1 MHz 时为 45；1 MHz 时为 20
C	$1\leqslant f<16$	30 ~ 5 lg（f）
D	$1\leqslant f\leqslant 100$	40 ~ 10 lg（f）
E	$1\leqslant f\leqslant 250$	40 ~ 10 lg（f）
F	$1\leqslant f\leqslant 600$	40 ~ 10 lg（f）

4）对于信道的电缆导体的指标要求应符合以下规定：

- 在信道每一线对中两个导体之间的不平衡直流电阻对各等级布线系统不应超过 3%。

- 在各种温度条件下，布线系统 D、E、F 级信道线对每一导体最小的传送直流电流应为0.175 A。
- 在各种温度条件下，布线系统 D、E、F 级信道的任何导体之间应支持 72 V 直流工作电压，每一线对的输入功率应为 10 W。

5）永久链路的各项指标的规定。永久链路要重点注意 11 项指标值，内容如下：

- 永久链路的最小回波损耗值。布线系统永久链路的最小回波损耗值应符合表 4-16 的规定。

表 4-16 永久链路最小回波损耗值

频率（MHz）	最小回波损耗（dB）			
	C 级	D 级	E 级	F 级
1	15.0	19.0	21.0	21.0
16	15.0	19.0	20.0	20.0
100	—	12.0	14.0	14.0
250	—	—	10.0	10.0
600	—	—	—	10.0

- 永久链路的最大插入损耗值。布线系统永久链路的最大插入损耗值应符合表 4-17 的规定。

表 4-17 永久链路最大插入损耗值

频率（MHz）	最大插入损耗（dB）					
	A 级	B 级	C 级	D 级	E 级	F 级
0.1	16.0	5.5	—	—	—	—
1	—	5.8	4.0	4.0	4.0	4.0
16	—	—	12.2	7.7	7.1	6.9
100	—	—	—	20.4	18.5	17.7
250	—	—	—	—	30.7	28.8
600	—	—	—	—	—	46.6

- 永久链路的最小近端串音值。布线系统永久链路的最小近端串音值应符合表 4-18 的规定。

表 4-18 永久链路最小近端串音值

频率（MHz）	最小 NEXT（dB）					
	A 级	B 级	C 级	D 级	E 级	F 级
0.1	27.0	40.0	—	—	—	—
1	—	25.0	40.1	60.0	65.0	65.0
16	—	—	21.1	45.2	54.6	65.0
100	—	—	—	32.3	41.8	65.0
250	—	—	—	—	35.3	60.4
600	—	—	—	—	—	54.7

- 最小近端串音功率和。布线系统永久链路的最小近端串音功率和值应符合表 4-19 的规定。
- 永久链路的最小 ACR 值。布线系统永久链路的最小 ACR 值应符合表 4-20 的规定。

表 4-19 永久链路最小近端串音功率和值

频率（MHz）	最小 PS NEXT（dB）		
	D 级	E 级	F 级
1	57.0	62.0	62.0
16	42.2	52.2	62.0
100	29.3	39.3	62.0
250	—	32.7	57.4
600	—	—	51.7

表 4-20 永久链路最小 ACR 值

频率（MHz）	最小 ACR（dB）		
	D 级	E 级	F 级
1	56.0	61.0	61.0
16	37.5	47.5	58.1
100	11.9	23.3	47.3
250	—	4.7	31.6
600	—	—	8.1

- 永久链路的最小 PS ACR 值。布线系统永久链路的最小 PS ACR 值应符合表 4-21 的规定。

- 永久链路的最小等电平远端串音值。布线系统永久链路的最小等电平远端串音值应符合表4-22的规定。

表4-21 永久链路最小 PS ACR 值

频率（MHz）	最小 PS ACR（dB）		
	D级	E级	F级
1	53.0	58.0	58.0
16	34.5	45.1	55.1
100	8.9	20.8	44.3
250	—	2.0	28.6
600	—	—	5.1

表4-22 永久链路最小等电平远端串音值

频率（MHz）	最小 ELFEXT（dB）		
	D级	E级	F级
1	58.6	64.2	65.0
16	34.5	40.1	59.3
100	18.6	24.2	46.0
250	—	16.2	39.2
600	—	—	32.6

- 永久链路的最小 PS ELFEXT 值。布线系统永久链路的最小 PS ELFEXT 值应符合表4-23的规定。

表4-23 永久链路最小 PS ELFEXT 值

频率（MHz）	最小 PS ELFEXT（dB）			频率（MHz）	最小 PS ELFEXT（dB）		
	D级	E级	F级		D级	E级	F级
1	55.6	61.2	62.0	250	—	13.2	36.2
16	31.5	37.1	56.3	600	—	—	29.6
100	15.6	21.2	43.0				

- 永久链路的最大直流环路电阻。布线系统永久链路的最大直流环路电阻应符合表4-24的规定。

表4-24 永久链路最大直流环路电阻（Ω）

A级	B级	C级	D级	E级	F级
530	140	34	21	21	21

- 永久链路的最大传播时延。布线系统永久链路的最大传播时延应符合表4-25的规定。

表4-25 永久链路最大传播时延值

频率（MHz）	最大传播时延（μs）					
	A级	B级	C级	D级	E级	F级
0.1	19.400	4.400	—	—	—	—
1	—	4.400	0.521	0.521	0.521	0.521
16	—	—	0.496	0.496	0.496	0.496
100	—	—	—	0.491	0.491	0.491
250	—	—	—	—	0.490	0.490
600	—	—	—	—	—	0.489

- 永久链路的最大传播时延偏差。布线系统永久链路的最大传播时延偏差应符合表4-26的规定。

表4-26 永久链路传播时延偏差

等级	频率（MHz）	最大时延偏差（μs）	等级	频率（MHz）	最大时延偏差（μs）
A	$f=0.1$	—	D	$1\leqslant f\leqslant 100$	0.044①
B	$0.1\leqslant f\leqslant 1$	—	E	$1\leqslant f\leqslant 250$	0.044①
C	$1\leqslant f\leqslant 16$	0.044①	F	$1\leqslant f\leqslant 600$	0.026②

注：① 0.044 为 0.9×0.045+3×0.001 25 的计算结果。
② 0.026 为 0.9×0.025+3×0.001 25 的计算结果。

6）各等级的光纤信道衰减值应符合表4-27的规定。

表4-27 信道衰减值（dB）

信道	多模		单模	
	850 nm	1300 nm	1310 nm	1550 nm
OF-300	2.55	1.95	1.80	1.80
OF-500	3.25	2.25	2.00	2.00
OF-2000	8.50	4.50	3.50	3.50

7）光缆波长每千米最大衰减值。应符合表4-28的规定。

表4-28 最大光缆衰减值（dB/km）

项目	OM1、OM2及OM3多模		OS1单模	
波长	850 nm	1300 nm	1310 nm	1550 nm
衰减	3.5	1.5	1.0	1.0

8）多模光纤的最小模式带宽。应符合表4-29的规定。

表4-29 多模光纤模式带宽

光纤类型	光纤直径（μm）	最小模式带宽（MHz·km）		
		过量发射带宽	有效光发射带宽	
		波长		
		850 nm	1300 nm	850 nm
OM1	50或62.5	200	500	—
OM2	50或62.5	500	500	—
OM3	50	1500	500	2000

9）综合布线系统光缆波长窗口的各项参数应符合表4-30的规定。

表4-30 光缆波长窗口参数

光纤模式，标称波长（nm）	下限（nm）	上限（nm）	基准试验波长（nm）	谱线最大宽度FWHM（nm）
多模850	790	910	850	50
多模1300	685	1330	1300	150
单模1310	688	1339	1310	10
单模1550	1525	1575	1550	10

注：1. 多模光纤：
- 芯线标称直径为62.5/125 μm或50/125 μm。
- 芯线应为符合《通信用多模光纤系列》GB/T 6357规定的A1b或A1a光纤。
- 850 nm波长时最大衰减为3.5 dB/km（20 ℃）。
- 最小模式带宽为200 MHz·km（20 ℃）。
- 1300 nm波长时最大衰减为1 dB/km（20 ℃）。
- 最小模式带宽为500 MHz·km（20 ℃）。

2. 单模光纤：
- 芯线应为符合《通信用单模光纤系列》GB/T 9771标准的B1.1类光纤。
- 1310 nm和1550 nm波长时最大衰减为1 dB/km，截止波长应小于680 nm。
- 1310 nm时色散应小于等于6 PS/km·nm，1550 nm时色散应小于等于20 PS/km·nm。

3. 光纤连接硬件：
- 最大衰减为0.5 dB。
- 最小回波损耗：多模20 dB，单模26 dB。

10）综合布线系统的光缆布线链路在规定各项参数的条件下的衰减限值应符合表4-31的规定。

表4-31 光缆布线链路的最大衰减限值

光缆应用类别	链路长度（m）	多模衰减值（dB）		单模衰减值（dB）	
		850（nm）	1300（nm）	1310（nm）	1550（nm）
配线（水平）子系统	100	2.5	2.2	2.2	2.2
干线（垂直）子系统	500	3.9	2.6	2.7	2.7
建筑群子系统	1500	7.4	3.6	3.6	3.6

11）综合布线系统多模光纤链路的最小光学模式带宽应符合表4-32的规定。

表4-32 多模光缆布线链路的最小模式带宽

标称波长（nm）	最小模式带宽（MHz）	标称波长（nm）	最小模式带宽（MHz）
850	100	1300	250

12）综合布线系统光缆布线链路任一接口的光回波损耗限值应符合表4-33的规定。

表4-33 最小的光回波损耗限值

光纤模式，标称波长（nm）	最小的光回波损耗限值（dB）	光纤模式，标称波长（nm）	最小的光回波损耗限值（dB）
多模850	20	单模1310	26
多模1300	20	单模1550	26

13）综合布线系统的缆线与设备之间的相互连接应注意阻抗匹配和平衡与不平衡的转换适配。特性阻抗应符合100 Ω标准，在频率大于1 MHz时偏差值应在±15 Ω范围内。

4.3 工作区子系统设计

4.3.1 工作区子系统设计概述

工作区子系统包括办公室、写字间、作业间、技术室等需要电话、计算机终端、电视机等设施的区域和相应设备的统称。

一个独立需要设置终端设备的区域宜划分为一个工作区，工作区子系统由计算机设备、语音点、数据点、信息插座、底盒、模块、面板和连接到信息插座的跳线组成。一个工作区的服务面积可按8～10m^{2}估算，每个工作区设置电话机或计算机终端设备，或按用户要求设置。工作区应安装足够的信息插座，以满足计算机、电话机、传真机、电视机等终端设备的安装使用。

一个独立的工作区通常是一部电话机和一台计算机终端设备。设计的等级为基本型、增强型、综合型。目前普遍取用增强型设计等级为语音点与数据点互换奠定了基础。

工作区适配器的选用宜符合下列要求：

1）在设备连接器处采用不同信息插座的连接器时，可以用专用电缆或适配器。

2）当在单一信息插座上开通ISDN业务时，宜用网络终端适配器。

3）在配线（水平）子系统中选用的电缆类别（介质）不同于设备所需的电缆类别（介质）时，宜采用适配器。

4）在连接使用不同信号的数模转换或数据速率转换等相应的装置时，宜采用适配器。

5）对于网络规程的兼容性，可用适配器。

6）根据工作区内不同的电信终端设备，可配备相应的终端适配器。

4.3.2 工作区设计要点

工作区设计要考虑以下要点：

1）工作区内信息插座要与建筑物内的装修相匹配，工作区内线槽要布置得合理、美观。

2）工作区的信息插座分为暗埋式和明装式两种方式。暗埋方式的插座底盒嵌入墙面，明装方式的插座底盒直接在墙面上安装。用户可根据实际需要选用不同的安装方式以满足不同的需要。通常情况下，新建建筑物采用暗埋方式安装信息插座；已有的建筑物增设综合布线系统则采用明装方式安装信息插座。安装信息插座时应符合以下安装要求：

- 安装在地面上的信息插座应采用防水和抗压的接线盒。
- 安装在墙面或柱子上的信息插座底部离地面的高度宜为 30 cm 以上。
- 每个工作区至少应配置 1 个 220 V 交流电源插座。
- 工作区的电源插座应选用带保护接地的单相电源插座，保护接地与零线应严格分开。
- 信息插座附近有电源插座的，信息插座应距离电源插座 30 cm 以上。

3）信息插座要设置在距离地面 30 cm 以上。

4）信息插座与计算机设备的距离保持在 5 m 范围内。

5）购买的网卡类型接口要与线缆类型接口保持一致。

6）所有工作区所需的信息模块、信息插座、面板的数量。

RJ45 头的需求量一般为：

$$m = n \times 4 + n \times 4 \times 15\%$$

- m：表示 RJ45 的总需求量。
- n：表示信息点的总量。
- $n \times 4 \times 15\%$：表示留有的富余量。

信息模块的需求量一般为：

$$m = n + n \times 3\%$$

- m：表示信息模块的总需求量。
- n：表示信息点的总量。
- $n \times 3\%$：表示富余量。

面板有一口、二口、四口之分，根据需求决定购买量。信息插座的需求量一般按实际需要计算，信息插座可容纳一、二或四个点，依照统计需求量来确定。

工作区使用的槽通常采用 25×12.5 规格的较为美观，槽的使用量一般按如下方式计算：

- 1 个信息点状态：槽的使用量为 1×10（米）。
- 2 个信息点状态：槽的使用量为 2×8（米）。
- 3~4 个信息点状态：槽的使用量为（3~4）×6（米）。

4.3.3 信息插座连接技术要求

每个工作区至少要配置一个插座盒。对于难以再增加插座盒的工作区，要至少安装两个分离的插座盒。

信息插座是终端（工作站）与水平子系统连接的接口。

每个对线电缆都必须终接在工作区的一个8脚（针）的模块化插座（插头）上。

综合布线系统可采用不同厂家的信息插座和信息插头。这些信息插座和信息插头基本上都是一样的。在终端（工作站）一端，将带有8针的RJ45插头跳线插入网卡；在信息插座一端，将跳线的RJ45头连接到插座上。

8针模块化信息输入/输出（I/O）插座是为所有的综合布线系统推荐的标准I/O插座。它的8针结构为单一I/O配置提供了支持数据、语音、图像或三者的组合所需的灵活性。

RJ45头与信息模块压线时有两种方式：

（1）按照T568B标准布线的8针模块化I/O引线与线对的分配（如图4-5所示）

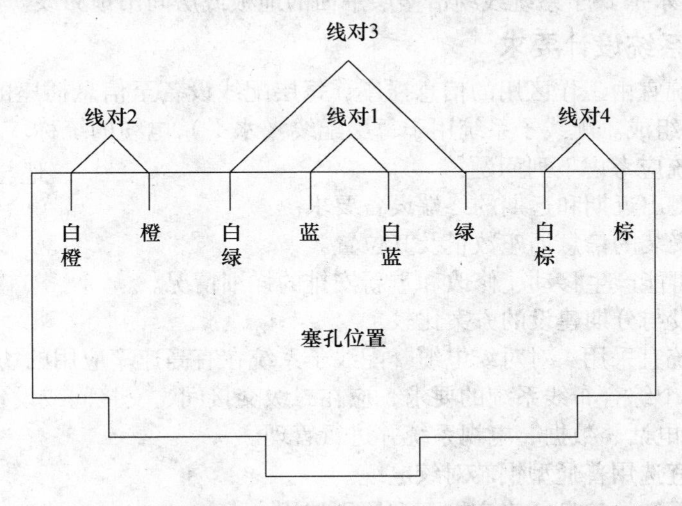

图4-5　按照T568B标准信息插座8针引线/线对安排正视图

（2）按照T568A（ISDN）标准布线的8针模块化引针与线对的分配（如图4-6所示）

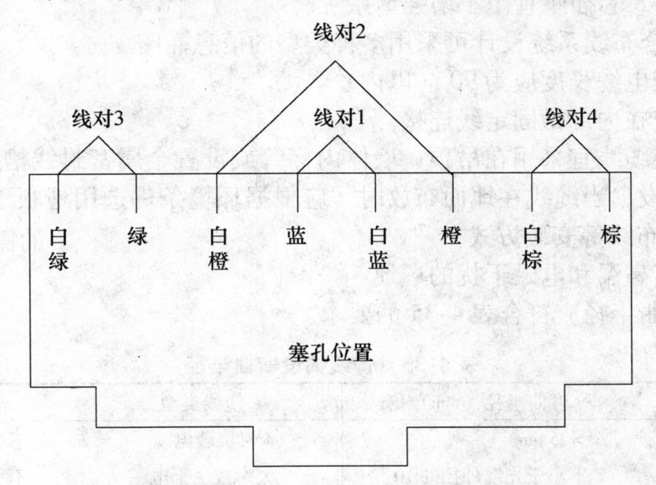

图4-6　按照T568A标准信息插座8针引线/线对安排

T568A和T568B线对颜色标准如表4-34所示。

表 4-34 颜色标准

导线种类	颜色	缩写	导线种类	颜色	缩写
线对 1	白色-蓝色*蓝色	W-BLBL	线对 3	白色-绿色*绿色	W-GG
线对 2	白色-橙色*橙色	W-OO	线对 4	白色-棕色*棕色	W-BRBR

注：线的绝缘层是白色的，以示与其他的颜色的区分。对于密封的双绞线对电缆（4对双绞线的绕距周期小于38.1 mm），与白色导体搭配的导体是作为它的标记。

4.4 配线（水平）子系统设计

配线（水平）子系统是综合布线系统的一部分，从工作区的信息插座延伸到楼层配线间管理子系统。配线（水平）子系统由与工作区信息插座相连的水平布线双绞线电缆或光缆等组成，配线（水平）子系统线缆沿楼层平面的地板或房间吊顶布线。

4.4.1 配线子系统设计要求

1）配线子系统宜由工作区用的信息插座，每层配线设备至信息插座的配线电缆、楼层配线设备和跳线等组成。配线子系统用于每层配线（水平）电缆的统称。

2）配线子系统应考虑下列问题：

- 根据工程提出近期和远期的终端设备要求。
- 每层需要安装的信息插座数量及其位置。
- 终端将来可能产生移动、修改和重新安排的详细情况。
- 一次性建设与分期建设的方案比较。

3）配线子系统宜采用4对对绞电缆。配线子系统在有高速率应用的场合，宜采用光缆。配线子系统根据整个综合布线系统的要求，应在二级交接间、交接间或设备间的配线设备上进行连接，以构成电话、数据、电视系统并进行管理。

4）配线系统宜选用普通型铜芯对绞电缆。

5）综合布线系统的信息插座宜按下列原则选用：

- 单个连接的8芯插座宜用于基本型系统。
- 双个连接的8芯插座宜用于增强型系统。

一个给定的综合布线系统设计可采用多种类型的信息插座。

6）配线子系统电缆长度应为90 m以内。

7）信息插座应在内部做固定线连接。

8）配线子系统缆线宜采用在吊顶、墙体内穿管或设置金属密封线槽及开放式（电缆桥架、吊挂环等）铺设，当缆线在地面布放时，应根据环境条件选用地板下线槽、网络地板、高架（活动）地板布线等安装方式。

9）缆线应远离高温和电磁干扰的场地。

10）管线的弯曲半径应符合表4-35的要求。

表 4-35 管线铺设弯曲半径

缆线类型	弯曲半径（mm）/倍	缆线类型	弯曲半径（mm）/倍
2芯或4芯水平光缆	>25 mm	4对屏蔽电缆	不小于电缆外径的8倍
其他芯数和主干光缆	不小于光缆外径的10倍	大对数主干电缆	不小于电缆外径的10倍
4对非屏蔽电缆	不小于电缆外径的6倍	室外光缆、电缆	不小于缆线外径的10倍

注：当缆线采用电缆桥架布放时，桥架内侧的弯曲半径不应小于300 mm。

11）缆线布放在管与线槽内的管径与截面利用率，应根据不同类型的缆线做不同的选择。管内穿放大对数电缆或4芯以上光缆时，直线管路的管径利用率应为50%～60%，弯管路的管径利用率应为40%～50%。管内穿放4对双绞线电缆或4芯光缆时，截面利用率应为25%～30%。布放缆线在线槽内的截面利用率应为30%～50%。

4.4.2 配线子系统设计概述

配线子系统设计涉及配线子系统设计的传输介质和部件集成，主要有7点：

1）确定线路走向。

2）确定线缆、槽、管的数量和类型。

3）确定电缆的类型和长度。

4）订购电缆和线槽。

5）如果打吊杆走线槽，则需要用多少根吊杆。

6）如果不用吊杆走线槽，则需要用多少根托架。

7）语音点、数据点互换时，应考虑语音点的水平干线线缆同数据点线缆类型。

确定线路走向一般要由用户、设计人员、施工人员到现场根据建筑物的物理位置和施工难易度来确立。

信息插座的数量和类型、电缆的类型和长度一般在总体设计时便已确立，但考虑到产品质量和施工人员的误操作等因素，在订购时要留有余地。

订购电缆时，必须考虑：

1）确定介质布线方法和电缆走向。

2）确认到管理间的接线距离。

3）留有端接容差。

电缆的计算公式有3种，现将3种方法提供给读者参考：

1）订货总量（总长度 m）= 所需总长 + 所需总长 × 10% + $n \times 6$。

其中：所需总长指 n 条布线电缆所需的理论长度；所需总长 × 10% 为备用部分；$n \times 6$ 为端接容差。

2）整幢楼的用线量 = $\sum NC$。

N——楼层数。

C——每层楼用线量，$C = [0.55 \times (L + S) + 6] \times n$。

L——本楼层离水平间最远的信息点距离。

S——本楼层离水平间最近的信息点距离。

n——本楼层的信息插座总数。

0.55——备用系数。

6——端接容差。

3）总长度 $= (A + B)/2 \times n + (A + B)/2 \times n \times 10\%$

A——最短信息点长度。

B——最长信息点长度。

n——楼内需要安装的信息点数。

$(A + B)/2 \times n \times 10\%$——余量参数（富余量）。

用线箱数 = 总长度（m）/305 +1

双绞线一般以箱为单位订购，每箱双绞线长度为305 m。

设计人员可用这3种算法之一来确定所需线缆长度。

在水平布线通道内，关于电信电缆与分支电源电缆要说明以下几点：

1）屏蔽的电源导体（电缆）与电信电缆并线时不需要分隔。

2）可以用电源管道障碍（金属或非金属）来分隔电信电缆与电源电缆。

3）对非屏蔽的电源电缆，最小的距离为10 cm。

4）在工作站的信息口或间隔点，电信电缆与电源电缆的距离最小应为6 cm。

5）确定配线与干线接合配线管理设备。

6）打吊杆走线槽时吊杆需求量计算。打吊杆走线槽时，一般是间距1 m左右打一对吊杆。吊杆的总量应为水平干线的长度（m）×2（根）。

7）托架需求量计算。使用托架走线槽时，一般是1~1.5 m安装一个托架，托架的需求量应根据水平干线的实际长度去计算。

托架应根据线槽走向的实际情况来选定。一般有两种情况：

1）水平线槽不贴墙，则需要定购托架。

2）水平线贴墙走，则可购买角钢的自做托架。

4.4.3 水平干线子系统布线线缆种类

在水平干线布线系统中常用的线缆有4种：

1）100 Ω 非屏蔽双绞线（UTP）电缆。

2）100 Ω 屏蔽双绞线（STP）电缆。

3）50 Ω 同轴电缆。

4）62.5/125 μm 光纤电缆。

4.4.4 配线子系统布线方案

配线子系统布线，是将电缆线从管理间子系统的配线间接到每一楼层的工作区的信息输入/输出（I/O）插座上。设计者要根据建筑物的结构特点，从路由（线）最短、造价最低、施工方便、布线规范等几个方面考虑。但由于建筑物中的管线比较多，往往要遇到一些矛盾，所以，设计水平子系统时必须折中考虑，优选最佳的水平布线方案。一般可采用3种类型：

1）直接埋管式。

2）先走吊顶内线槽，再走支管到信息出口的方式。

3）适合大开间及后打隔断的地面线槽方式。

其余都是这3种方式的改良型和综合型。现对上述方式进行讨论。

1. 直接埋管线槽方式

直接埋管布线方式如图4-7所示。它是由一系列密封在现浇混凝土里的金属布线管道或金属馈线走线槽组成的。这些金

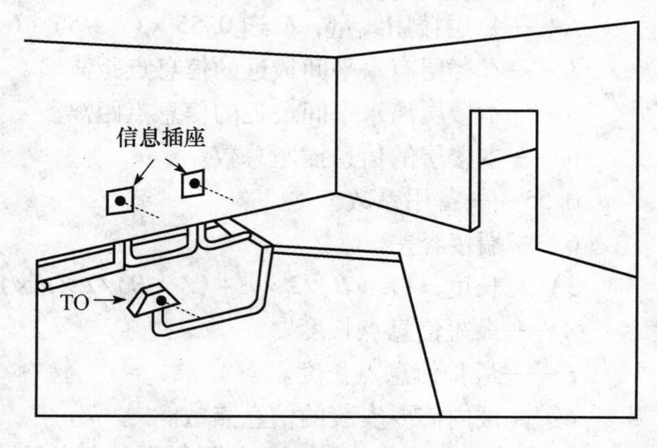

图4-7 直接埋管布线方式

属管道或金属线槽从水平间向信息插座的位置辐射。根据通信和电源布线的要求、地板厚度和占用的地板空间等条件，直接埋管布线方式可能要采用厚壁镀锌管或薄型电线管。这种方式在老式的设计中非常普遍。

现代楼宇不仅有较多的电话语音点和计算机数据点，而且语音点与数据点可能还要求互换，以增加综合布线系统使用的灵活性。因此综合布线的水平线缆比较粗，如 3 类 4 对非屏蔽双绞线外径为 1.7 mm，截面积 17.34 mm^2，5 类 4 对非屏蔽双绞线外径 5.6 mm，截面积 24.65 mm^2，对于目前使用较多的 SC 镀锌钢管及阻燃高强度 PVC 管，建议容量为 60%。

对于新建的办公楼宇，要求面积为 8 ~ 10 m^2 便拥有一对语音、数据点，要求稍差的是 10 ~ 12 m^2 便拥有一对语音、数据点。设计布线时，要充分考虑到这一点。

2. 先走线槽再走支管方式

线槽由金属或阻燃高强度 PVC 材料制成，有单件扣合方式和合式两种类型。

线槽通常悬挂在天花板上方的区域，用在大型建筑物或布线系统比较复杂而需要有额外支持物的场合。用横梁式线槽将电缆引向所要布线的区域。由弱电井出来的缆线先走吊顶内的线槽，到各房间后，经分支线槽从横梁式电缆管道分叉后将电缆穿过一段支管引向墙柱或墙壁，贴墙而下到本层的信息出口（或贴墙而上，在上一层楼板钻一个孔，将电缆引到上一层的信息出口）；最后端接在用户的插座上，如图 4-8 所示。

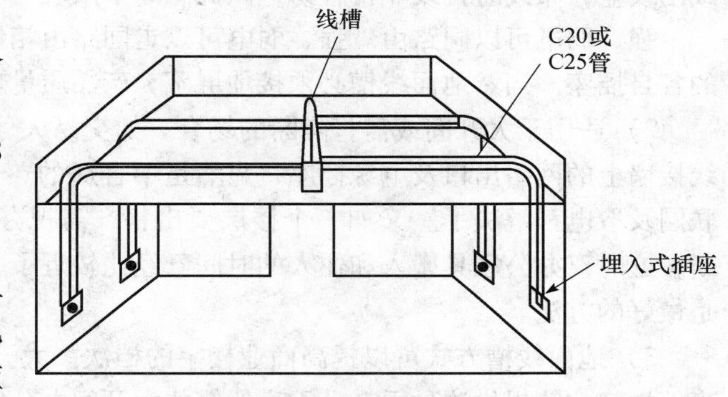

图 4-8　先走线槽后分支管布线方式

在设计、安装线槽时应多方考虑，尽量将线槽放在走廊的吊顶内，并且去各房间的支管应适当集中至检修孔附近，便于维护。如果是新楼宇，应赶在走廊吊顶前施工，这样不仅减少布线工时，还利于已穿线缆的保护，不影响房内装修；一般走廊处于中间位置，布线的平均距离最短，节约线缆费用，提高综合布线系统的性能（线越短传输的质量越高），尽量避免线槽进入房间，否则不仅费钱，而且影响房间装修，不利于以后的维护。

弱电线槽能走综合布线系统、公用天线系统、闭路电视系统（24 V 以内）及楼宇自控系统信号线等弱电线缆。这可降低工程造价。同时由于支管经房间内吊顶贴墙而下至信息出口，在吊顶与其他的系统管线交叉施工，减少了工程协调量。

3. 地面线槽方式

地面线槽方式就是弱电井出来的线走地面线槽到地面出线盒或由分线盒出来的支管到墙上的信息出口。由于地面出线盒或分线盒或柱体直接走地面垫层，因此这种方式适用于大开间或需要打隔断的场合。地面线槽方式如图 4-9 所示。

地面线槽方式就是将长方形的线槽打在地面垫层中，每隔 4 ~ 8 m 拉一个过线盒或出线盒（在支路上出线盒起分线盒的作用），直到信息出口的出线盒。线槽有两种规格：70 型外形尺寸 70 mm × 25 mm，有效截面 1470，占空比取 30%，可穿 24 根线（3、5 类混用）；50 型外形尺寸 50 mm × 25 mm，有效截面积 960，可穿插 15 根线。分线盒与过线盒均由两槽或三槽分线盒拼接。

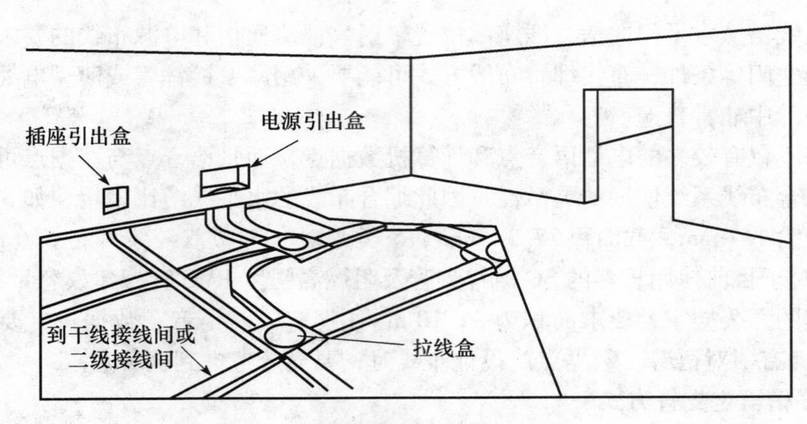

图4-9 地面线槽方式

地面线槽方式有如下优点：

1）用地面线槽方式，信息出口离弱电井的距离不限。地面线槽每4～8 m接一个分线盒或出线盒，布线时拉线非常容易，因此距离不限。

强、弱电可以同路由。强、弱电可以走同路由相邻的地面线槽，而且可接到同一线盒内的各自插座。当然地面线槽必须接地屏蔽，产品质量也要过关。

2）适用于大开间或需打隔断的场合。如交易大厅面积大，计算机离墙较远，用较长的线接墙上的网络出口及电源插座，显然是不合适的。这时在地面线槽的附近留一个出线盒，联网及取电都解决了。又如一个楼层要出售，需视办公家具确定房间的大小与位置来打隔断，这时离办公家具搬入和住人的时间已经比较近了，为了不影响工期，使用地面线槽方式是最好的方法。

3）地面线槽方式可以提高商业楼宇的档次。大开间办公是现代流行的管理模式，只有高档楼宇才能提供这种无杂乱无序线缆的大开间办公室。

地面线槽方式的缺点也是明显的，主要体现在如下几个方面：

1）地面线槽做在地面垫层中，需要至少6.5 cm以上的垫层厚度，这对于尽量减少挡板及垫层厚度是不利的。

2）地面线槽由于做在地面垫层中，如果楼板较薄，有可能在装潢吊顶过程中被吊杆打中，影响使用。

3）不适合楼层中信息点特别多的场合。如果一个楼层中有500个信息点，按70号线槽穿25根线算，需20根70号线槽，线槽之间有一定空隙，每根线槽大约占100 mm的宽度，20根线槽就要占2.0 m的宽度，除门可走6～10根线槽外，还需开1.0～1.4 m的洞，但弱电井的墙一般是承重墙，开这样大的洞是不允许的。另外地面线槽多了，被吊杆打中的机会相应增大。因此我们建议超过300个信息点，应同时用地面线槽与吊顶内线槽两种方式，以减轻地面线槽的压力。

4）不适合石质地面。地面出线盒宛如大理石地面长出了几只不合时宜的眼睛，地面线槽的路径应避免经过石质地面或不在其上放出线盒与分线盒。

5）造价昂贵。如地面出线盒为了美观，盒盖是铜的，一个出线槽盒的售价为300～400元。这是墙上出线盒所不能比拟的。总体而言，地面线槽方式的造价是吊顶内线槽方式的

3~5倍。目前地面线槽方式大多数用在资金充裕的金融业楼宇中。

在选型与设计中还应注意以下几点：

1）选型时，应选择那些在有工程经验的厂家，其产品要通过国家电气屏蔽检验，避免强、弱电同路对数据产生影响；铺设地面线槽时，厂家应派技术人员现场指导，避免打上垫层后再发现问题而影响工期。

2）应尽量根据甲方提供的办公家具布置图进行设计，避免地面线槽出口被办公家具挡住，无办公家具图时，地面线槽应均匀地布放在地面出口；对有防静电地板的房间，只需布放一个分线盒即可，出线走铺设的防静电地板下。

3）地面线槽的主干部分尽量打在走廊的垫层中。楼层信息点较多，应同时采用地面管道与吊顶内线槽相结合的方式。

4.5 干线（垂直干线）子系统设计

干线子系统用于楼层之间垂直干线电缆的统称。

4.5.1 干线子系统设计要求

干线子系统设计要求如下：

1）干线子系统应由设备间的配线设备和跳线以及设备间至各楼层配线间的连接电缆组成。

2）在确定干线子系统所需要的电缆总对数之前，必须确定电缆中话音和数据信号的共享原则。对于基本型每个工作区可选定2对；对于增强每个工作区可选定3对对绞线。对于综合型每个工作区可在基本型或增强型的基础上增设光缆系统。

3）应选择干线电缆最短、最安全和最经济的路由。宜选择带门的封闭型通道铺设干线电缆。

建筑物有两大类型的通道，封闭型和开放型。封闭型通道是指一连串上下对齐的交接间，每层楼都一间，利用电缆竖井、电缆孔、管道电缆、电缆桥架等穿过这些房间的地板层。每个交接间通常还有一些便于固定电缆的设施和消防装置。开放型通道是指从建筑物的地下室到楼顶的一个开放空间，中间没有任何楼板隔开，例如：通风通道或电梯通道，不能铺设干线子系统电缆。

4）干线电缆可采用点对点端接，也可采用分支递减端接以及电缆直接连接方法。

点对点端接是最简单、最直接的接合方法，干线子系统每根干线电缆直接延伸到指定的楼层和交接间。

分支递减端接是用1根大容量干线电缆足以支持若干个交接间或若干楼层的通信容量，经过电缆接头保护箱分出若干根小电缆，它们分别延伸到每个交接间或每个楼层，并端接于目的地的连接硬件。

而电缆直接连接方法是特殊情况使用的技术。一种情况是一个楼层的所有水平端接都集中在干线交接间，另一种情况是二级交接间太小，在干线交接间完成端接。

5）如果设备间与计算机机房处于不同的地点，而且需要把话音电缆连至设备间，把数据电缆连至计算机房，则宜在设计中选取不同的干线电缆或干线电缆的不同部分来分别满足不同路由话音和数据的需要。当需要时，也可采用光缆系统予以满足。

6）确定干线线缆类型及线对。

干线线缆主要有铜缆和光缆两种类型，具体选择要根据布线环境的限制和用户对综合布线系统设计等级的考虑来决定。计算机网络系统的主干线缆可以选用4对双绞线电缆或光缆，电话语音系统的主干电缆可以选用3类大对数双绞线电缆，有线电视系统的主干电缆一般采用75 Ω同轴电缆。主干电缆的线对要根据水平布线线缆对数以及应用系统类型来确定。

7）干线线缆的交接。

为了便于综合布线的路由管理，干线电缆、干线光缆布线的交接不应多于两次。从楼层配线架到建筑群配线架之间只应通过一个配线架，即建筑物配线架（在设备间、电信间内）。当综合布线只用一级干线布线进行配线时，放置干线配线架的二级交接间可以并入楼层配线间。

8）干线线缆的端接。

干线电缆可采用点对点端接，也可采用分支递减端接以及电缆直接连接。点对点端接是最简单、最直接的接合方法。干线子系统每根干线电缆直接延伸到指定的楼层配线间或二级交接间。分支递减端接是用一根足以支持若干个楼层配线间或若干个二级交接间的通信容量的大容量干线电缆，经过电缆接头保护箱分出若干根小电缆，再分别延伸到每个二级交接间或每个楼层配线间，最后端接到目的地的连接硬件上。

4.5.2 垂直干线子系统设计简述

垂直干线子系统的任务是通过建筑物内部的传输电缆，把各个服务接线间的信号传送到设备间，直到传送到最终接口，再通往外部网络。它必须满足当前的需要，又要适应今后的发展。干线子系统包括：

1）供各条干线接线间之间的电缆走线用的竖向或横向通道。

2）主设备间与计算机中心间的电缆。

设计时要考虑以下几点：

1）确定每层楼的干线要求。

2）确定整座楼的干线要求。

3）确定从楼层到设备间的干线电缆路由。

4）确定干线接线间的接合方法。

5）选定干线电缆的长度。

6）确定铺设附加横向电缆时的支撑结构。

在铺设电缆时，对不同的介质电缆要区别对待。

1. 光纤电缆

1）光纤电缆铺设时不应该绞结。

2）光纤电缆在室内布线时要走线槽。

3）光纤电缆在地下管道中穿过时要用PVC管。

4）光纤电缆需要拐弯时，其曲率半径不能小于30 cm。

5）光纤电缆的室外裸露部分要加铁管保护，铁管要固定牢固。

6）光纤电缆不要拉得太紧或太松，并要有一定的膨胀收缩余量。

7）光纤电缆埋地时，要加铁管保护。

2. 同轴粗电缆

1）同轴粗电缆铺设时不应扭曲，要保持自然平直。

2）粗缆在拐弯时，其弯角曲率半径不应小于 30 cm。

3）粗缆接头安装要牢靠。

4）粗缆布线时必须走线槽。

5）粗缆的两端必须加终接器，其中一端应接地。

6）粗缆上连接的用户间隔必须在 2.5 m 以上。

7）粗缆室外部分的安装与光纤电缆室外部分的安装相同。

3. 双绞线

1）双绞线铺设时线要平直，走线槽，不要扭曲。

2）双绞线的两端点要标号。

3）双绞线的室外部分要加套管，严禁搭接在树干上。

4）双绞线不要拐硬弯。

4. 同轴细电缆

同轴细缆的铺设与同轴粗缆有以下几点不同：

① 细缆弯曲半径不应小于 20 cm。

② 细缆上各站点距离不小于 0.5 m。

③ 一般细缆长度为 183 m，粗缆为 500 m。

4.5.3 垂直干线子系统的结构

垂直干线子系统的结构是一个星形结构，如图 4-10 所示。

垂直干线子系统负责把各个管理间的干线连接到设备间。

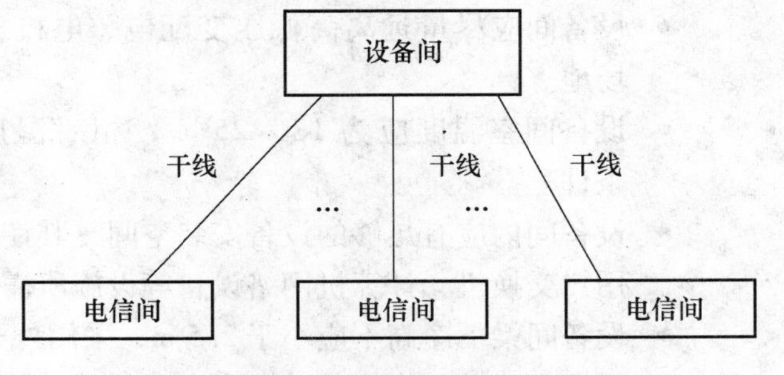

图 4-10 干线子系统星形结构

4.5.4 垂直干线子系统设计方法

确定从管理间到设备间的干线路由，应选择干线段最短、最安全和最经济的路由，在大楼内通常有如下两种方法：

1. 电缆孔方法

干线通道中所用的电缆孔是很短的管道，通常用直径为 10 cm 的钢性金属管做成。它们嵌在混凝土地板中，这是在浇注混凝土地板时嵌入的，比地板表面高出 2.5 ~ 10 cm。电缆往往捆在钢绳上，而钢绳又固定到墙上已铆好的金属条上。当配线间上下都对齐时，一般采用电缆孔方法。

2. 电缆井方法

电缆井方法常用于干线通道。电缆井是指在每层楼板上开出一些方孔，使电缆可以穿过这些电缆井从某层楼伸到相邻的楼层。电缆井的大小依所用电缆的数量而定。与电缆孔方法一样，电缆也是捆在或箍在支撑用的钢绳上，钢绳靠墙上金属条或地板三脚架固定住。在离电缆井很近的墙上，立式金属架可以支撑很多电缆。电缆井的选择性非常灵活，可以让粗细不同的各种电缆以任何组合方式通过。电缆井方法虽然比电缆孔方法灵活，但在原有建筑物中开电缆井安装电缆造价较高，并且它使用的电缆井很难防火。如果在安装过程中没有采取措施去防止损坏楼板支撑件，则楼板的结构完整性将受到破坏。

在多层楼房中，经常需要使用干线电缆的横向通道才能从设备间连接到干线通道，以及在各个楼层上从二级交接间连接到任何一个配线间。请记住，横向走线需要寻找一个易于安装的方便通道，因而两个端点之间很少是一条直线。在水平干线、垂直干线子系统布线时，应考虑数据线、语音线以及其他弱电系统共槽问题。

4.6 设备间子系统设计

设备间是建筑物综合布线系统的线路汇聚中心，各房间内信息插座经水平线缆连接，再经干线线缆最终汇聚连接至设备间。设备间还安装了各应用系统相关的管理设备，为建筑物各信息点用户提供各类服务，并管理各类服务的运行状况。

4.6.1 设备间设计要求

设备间设计要求如下：

1）设备间位置应根据设备的数量、规模、网络构成等因素，综合考虑确定。

2）如果电话交换机与计算机网络设备分别安装在不同的场地或考虑到安全需要，也可设置两个或两个以上设备间，以满足不同业务的设备安装需要。

3）建筑物综合布线系统与外部配线网连接时，应遵循相应的接口标准要求。

4）设备间的设计应符合下列规定。

- 设备间宜处于干线子系统的中间位置，并考虑主干缆线的传输距离与数量。
- 设备间宜尽可能靠近建筑物线缆竖井位置，有利于主干缆线的引入。
- 设备间的位置宜便于设备接地。
- 设备间应尽量远离高低压变配电、电机、X射线、无线电发射等有干扰源存在的场地。
- 设备间室温度应为18～25℃，相对湿度应为20%～80%，并应有良好的通风条件。
- 设备间内应有足够的设备安装空间，其使用面积不应小于10 m^2，该面积不包括程控用户交换机、计算机网络设备等设施所需的面积。
- 设备间梁下净高不应小于2.5 m，采用外开双扇门，门宽不应小于1.5 m。

5）设备间应防止有害气体（如氯、碳水化合物、硫化氢、氮氧化物、二氧化碳等）侵入，并应有良好的防尘措施，尘埃含量限值宜符合表4-36的规定。

表4-36 尘埃限值

尘埃颗粒的最大直径（μm）	0.5	1	3	5
灰尘颗粒的最大浓度（粒子数/m^3）	1.4×10^7	7×10^5	2.4×10^5	1.3×10^5

注：灰尘粒子应是不导电、非铁磁性和非腐蚀性的。

6）在地震区的区域内，设备安装应按规定进行抗震加固。

7）设备安装宜符合下列规定：

- 机架或机柜前面的净空不应小于800 mm，后面的净空不应小于600 mm。
- 壁挂式配线设备底部离地面的高度不宜小于300 mm。

8）设备间应提供不少于两个220 V带保护接地的单相电源插座，但不作为设备供电电源。

9）设备间如果安装电信设备或其他信息网络设备时，设备供电应符合相应的设计要求。

4.6.2 设备间子系统设计要点

1. 设备间子系统的考虑

设备间有服务器、交换机、路由器、稳压电源等设备。在高层建筑内，设备间可设置在 2～$(n-1)$ 层。在设计设备间时应注意：

1）设备间应设在位于干线综合体的中间位置。

2）设备间应尽可能靠近建筑物电缆引入区和网络接口。

3）设备间应在服务电梯附近，便于装运笨重设备。

4）设备间内要注意。

- 室内无尘土，通风良好，要有较好的照明亮度。
- 要安装符合机房规范的消防系统。
- 使用防火门，墙壁使用阻燃漆。
- 提供合适的门锁，至少要有一个安全通道。

5）防止可能的水害（如暴雨成灾、自来水管爆裂等）带来的灾害。

6）防止易燃易爆物的接近和电磁场的干扰。

7）设备间空间（从地面到天花板）应保持 2.5 m 高度的无障碍空间，门高为 2.1 m，宽为 1.5 m，地板承重压力不能低于 500 kg/m^2。

因此，设备间设计时，必须把握下述要素：

- 最低高度。
- 房间大小。
- 照明设施。
- 地板负重。
- 电气插座。
- 配电中心。
- 管道位置。
- 楼内气温控制。
- 门的大小、方向与位置。
- 端接空间。
- 接地要求。
- 备用电源。
- 保护设施。
- 消防设施。
- 防雷击，设备间不宜放置在楼宇的四个边角上。

2. 设备间使用面积

设备间的主要设备有数字交换机、程控交换机、计算机等，对于它的使用面积，必须有一个通盘的考虑。目前，对设备间的使用面积有两种方法来确定。

方法一：面积 $S=K\sum S_i, i=1,2,\cdots,n$

S——设备间使用的总面积，单位为 m^2。

K——系数，每一个设备预占的面积，一般 K 选择为5、6或7这三个数之一（根据设备大小来选择）。

$\sum$——求和。

S_i——代表设备件。

i——变量 $i=1, 2, \cdots, n$，n 代表设备间内共有设备总数。

方法二：面积 $S=KA$

S——设备间使用的总面积，单位为 m^2。

K——系数，同方法一。

A——设备间所有设备的总数。

3. 设备间子系统设计的环境考虑

设备间子系统设计时要对环境问题进行认真考虑。

（1）温度和湿度

网络设备间对温度和湿度是有要求的，一般将温度和湿度分为A、B、C三级，设备间可按某一级执行，也可按某几级综合执行。具体指标见表4-37。

表4-37 设备间温度和湿度指标

指标＼级别 项目	A级		B级	C级
	夏季	冬季		
温度（℃） 相对湿度（%）	22±4 40~65	18±4 35~70	12~30 30~80	8~35
温度变化率（℃/h）	<5 要不凝露		>5 要不凝露	<15 要不凝露

（2）尘埃

设备对设备间内的尘埃量是有要求的，一般可分为A、B两级。具体指标见表4-38。

表4-38 尘埃量度表

指标＼级别 项目	A级	B级
粒度（℃） 个数（粒/dm^3）	>0.5 <10 000	>0.5 <18 000

注：A级相当于30万粒/dm^3，B级相当于50万粒/dm^3。

设备间的温度、湿度和尘埃对微电子设备的正常运行及使用寿命都有很大的影响，过高的室温会使元件失效率急剧增加，使用寿命下降；过低的室温又会使磁介等发脆，容易断裂。温度的波动会产生“电噪声”，使微电子设备不能正常运行。相对湿度过低，容易产生静电，对微电子设备造成干扰；相对湿度过高会使微电子设备内部焊点和插座的接触电阻增大。尘埃或纤维性颗粒积聚时，微生物的作用还会使导线被腐蚀断掉。所以在设计设备间时，除了按GB 2998—89《计算站场地技术条件》执行外，还应根据具体情况选择合适的空调系统。

（3）热量

热量主要由如下几个方面所产生的：

1）设备发热量。

2）设备间外围结构发热量。

3）室内工作人员发热量。

4）照明灯具发热量。

5）室外补充新鲜空气带入的热量。

计算出上列总发热量再乘以系数1.1，就可以作为空调负荷，据此选择空调设备。

（4）照明

设备间内在距地面0.8 m处，照度不应低于200 lx。还应设事故照明，在距地面0.8 m处，照度不应低于5 lx。

（5）噪声

设备间的噪声应小于70 dB。如果长时间在70～80 dB噪声的环境下工作，不但影响人的身心健康和工作效率，还可能造成人为的噪声事故。

（6）电磁场干扰

设备间无线电干扰场强在频率为0.15～1000 MHz范围内不大于120 dB。设备间内磁场干扰场强不大于800 A/m（相当于10 Ω）。

（7）供电

设备间供电电源应满足下列要求：

- 频率：50 Hz。
- 电压：380 V/220 V。
- 相数：3相5线制或3相4线制/单相3线制。

依据设备的性能允许以上参数的变动范围见表4-39。

表4-39　设备的性能允许电源变动范围

指标＼级别 项目	A级	B级	C级
电压变动（%）	−5～+5	−10～+7	−15～+10
频率变化（Hz）	−0.2～+0.2	−0.5～+0.5	−1～+1
波形失真率（%）	< ±5	< ±5	< ±10

设备间内供电容量：将设备间内存放的每台设备用电量的标称值相加后，再乘以系数。从电源室（房）到设备间使用的电缆，除应符合GBJ 232—82《电气装置安装工程规范》中配线工程规定外，载流量应减少50%。设备间内设备用的配电柜应设置在设备间内，并应采取防触电措施。

设备间内的各种电力电缆应为耐燃铜芯屏蔽的电缆。各电力缆如空调设备、电源设备等，供电电缆不得与双绞线走向平行，交叉时，应尽量以接近于垂直的角度交叉，并采取防延燃措施。各设备应选用铜芯电缆，严禁铜、铝混用。

（8）安全

设备间的安全可分为三个基本类别：

1）对设备间的安全有严格的要求，有完善的设备间安全措施。

2）对设备间的安全有较严格的要求，有较完善的设备间安全措施。

3）对设备间有基本的要求，有基本的设备间安全措施。

设备间的安全要求详见表4-40。

表4-40 设备间的安全要求

项目 \ 指标 \ 级别	C级	B级	A级
场地选择	无要求	有要求或增加要求	有要求或增加要求
防火	有要求或增加要求	有要求或增加要求	有要求或增加要求
内部装修	无要求	有要求或增加要求	要求
供配电系统	有要求或增加要求	有要求或增加要求	要求
空调系统	有要求或增加要求	有要求或增加要求	要求
火灾报警及消防设施	有要求或增加要求	有要求或增加要求	要求
防水	无要求	有要求或增加要求	要求
防静电	无要求	有要求或增加要求	要求
防雷电	无要求	有要求或增加要求	要求
防鼠害	无要求	有要求或增加要求	要求
电磁波的防护	无要求	有要求或增加要求	要求

根据设备间的要求，设备间的安全可按其一类执行，也可按某些类综合执行。

(9）建筑物防火与内部装修

A类，其建筑物的耐火等级必须符合GBJ 45中规定的一级耐火等级。

B类，其建筑物的耐火等级必须符合BGJ 45—82《高层民用建筑设计防火规范》中规定的二级耐火等级。

与A、B类安全设备间相关的工作房间及辅助房间，其建筑物的耐火等级不应低于TJ 16中规定的二级耐火等级。

C类，其建筑物的耐火等级应符合TJ 16—74《建筑设计防火规范》中规定的二级耐火等级。

与C类设备间相关的其余基本工作房间及辅助房间，其建筑物的耐火等级不应低于TJ 16中规定的三级耐火等级。

内部装修：根据A、B、C三类等级要求，设备间进行装修时，装饰材料应符合TH 16—74《建筑设计防火规范》中规定的难燃材料或非燃材料，应能防潮、吸噪、不起尘、抗静电等。

(10）地面

为了方便表面铺设电缆线和电源线，设备间地面最好采用抗静电活动地板，其系统电阻应在1～10 Ω之间。具体要求应符合GR 6650—86《计算机房用地板技术条件》标准。

带有走线口的活动地板称为异形地板。其走线应做到光滑，防止损伤电线、电缆。设备间地面所需异形地板的块数可根据设备间所需引线的数量来确定。

设备间地面切忌铺地毯。其原因为：一是容易产生静电，二是容易积灰。

放置活动地板的设备间的建筑地面应平整、光洁、防潮、防尘。

（11）墙面

墙面应选择不易产生尘埃，也不易吸附尘埃的材料。目前大多数是在平滑的墙壁涂阻燃漆，或在平滑的墙壁覆盖耐火的胶合板。

（12）顶棚

为了吸噪及布置照明灯具，设备顶棚一般在建筑物梁下加一层吊顶。吊顶材料应满足防火要求。目前，我国大多数采用铝合金或轻钢作龙骨，安装吸声铝合金板、难燃铝塑板、喷塑石英板等。

（13）隔断

根据设备间放置的设备及工作需要，可用玻璃将设备间隔成若干个房间。隔断可以选用防火的铝合金或轻钢作龙骨，安装 10 mm 厚的玻璃，或从地板面至距地板面 1.2 m 处安装难燃双塑板，距地板面 1.2 m 以上安装 10 mm 厚的玻璃。

（14）火灾报警及灭火设施

A、B 类设备间应设置火灾报警装置。在机房内、基本工作房间内、活动地板下、吊顶地板下、吊顶上方、主要空调管道中及易燃物附近部位应设置烟感和温感探测器。

- A 类设备间内设置卤代烷 1211、1301 自动消防系统，并备有手提式卤代烷 1211、1301 灭火器。
- B 类设备间在条件许可的情况下，应设置卤代烷 1211、1301 自动消防系统，并备有卤代烷 1211、1301 灭火器。
- C 类设备间应备置手提式卤代烷 1211 或 1301 灭火器。
- A、B、C 类设备间除纸介质等易燃物质外，禁止使用水、干粉或泡沫等易产生二次破坏的灭火剂。

4.7 技术管理

1. GB 50311—2007 综合布线系统工程设计规范对技术管理的规定

对设备间、电信间、进线间和工作区的配线设备、缆线、信息点等设施应按一定的模式进行标识和记录，并应符合下列规定：

1）综合布线系统工程的技术管理涉及综合布线系统的工作区、电信间、设备间、进线间、入口设施、缆线管道与传输介质、配线连接器件及接地等各方面，根据布线系统的复杂程度分为以下 4 级：

- 一级管理：针对单一电信间或设备间的系统。
- 二级管理：针对同一建筑物内多个电信间或设备间的系统。
- 三级管理：针对同一建筑群内多幢建筑物的系统，包括建筑物内部及外部系统。
- 四级管理：针对多个建筑群的系统。

2）管理系统的设计应使系统可在无需改变已有标识符和标签的情况下升级和扩充。

3）综合布线系统工程宜采用计算机进行文档记录与保存，简单且规模较小的综合布线系统工程可按图纸资料等纸质文档进行管理，并做到记录准确、更新及时、便于查阅，文档资料应实现汉化。

4）综合布线的每一个电缆、光缆、配线设备、端接点、接地装置、敷设管线等组成部分均应给定唯一的标识符，并设置标签。标识符应采用相同数量的字母和数字等标明。

5）电缆和光缆的两端均应标明相同的标识符。

6）设备间、电信间、进线间的配线设备宜采用统一的色标区别各类业务与用途的配线区。

7）所有标签应保持清晰、完整，并满足使用环境要求。

8）对于规模较大的布线系统工程，为提高布线工程维护水平与网络安全，宜采用电子配线设备对信息点或配线设备进行管理，以显示与记录配线设备的连接、使用及变更状况。

9）综合布线系统相关设施的工作状态信息应包括：设备和缆线的用途、使用部门、组成局域网的拓扑结构、传输信息速率、终端设备配置状况、占用器件编号、色标、链路与信道的功能和各项主要指标参数及完好状况、故障记录等，还应包括设备位置和缆线走向等内容。

2. 综合布线系统的标识

在综合布线系统设计规范中强调了管理，要求对设备间、管理间和工作区的配线设备、线缆、信息插座等设施按照一定的模式进行标识和记录。电缆和光缆的两端应采用不易脱落和磨损的不干胶条标明相同的编号。TIA/EIA—606 标准对布线系统各个组成部分的标识管理做了具体的要求。综合布线系统使用三种标识：电缆标识、场标识和插入标识。

（1）电缆标识

电缆标识主要用来标明电缆来源和去处，在电缆连接设备前电缆的起始端和终端都应做好电缆标识。电缆标识由背面为不干胶的白色材料制成，可以直接贴到各种电缆表面上，其规格尺寸和形状根据需要而定。

（2）场标识

场标识又称为区域标识，一般用于设备间、配线间和二级交接间的管理器件之上，以区别管理器件连接线缆的区域范围。它也是由背面为不干胶的材料制成的，可贴在设备醒目的平整表面上。

（3）插入标识

插入标识一般用于管理器件上，如 110 配线架、BIX 安装架等。插入标识是硬纸片，可以插在 1.27 cm×20.32 cm 的透明塑料夹里，这些塑料夹可安装在两个 110 接线块或两根 BIX 条之间。每个插入标识都用色标来指明所连接电缆的源发地，这些电缆端接于设备间和配线间的管理场。对于插入标识的色标，不同颜色的配线设备之间应采用相应的跳线进行连接，色标的规定及应用场合应符合下列要求：

- 橙色——用于分界点，连接入口设施与外部网络的配线设备。
- 绿色——用于建筑物分界点，连接入口设施与建筑群的配线设备。
- 紫色——用于与信息通信设施 PBX、计算机网络、传输等设备连接的配线设备。
- 白色——用于连接建筑物内主干缆线的配线设备（一级主干）。
- 灰色——用于连接建筑物内主干缆线的配线设备（二级主干）。
- 棕色——用于连接建筑群主干缆线的配线设备。
- 蓝色——用于连接水平缆线的配线设备。
- 黄色——用于报警、安全等其他线路。
- 红色——预留备用。

综合布线系统使用的区分不同服务的标识的色标如表 4-41。

表 4-41 综合布线系统标识的色标

色别	设备间	配线间	二级交接间
蓝	设备间至工作区或用户终端线路	连接配线间与工作区的线路	自交换间连接工作区线路
橙	网络接口、多路复用器引来的线路	来自配线间多路复用器的输出线路	来自配线间多路复用器的输出线路
绿	来自电信局的输入中继线或网络接口的设备侧		
黄	交换机的用户引出线或辅助装置的连接线路		
灰		至二级交接间的连接电缆	来自配线间的连接电缆端接
紫	来自系统公用设备（如程控交换机或网络设备）连接线路	来自系统公用设备（如程控交换机或网络设备）连接线路	来自系统公用设备（如程控交换机或网络设备）连接线路
白	干线电缆和建筑群间连接电缆	来自设备间干线电缆的端接点	来自设备间干线电缆的点到点端接
红	预留备用		

通过不同色标可以很好地区别各个区域的电缆，方便管理子系统的线路管理工作。

3. 综合布线系统的标识管理

综合布线系统应在需要管理的各个部位设置标签，分配由不同长度的编码和数字组成的标识符，以表示相关的管理信息。

1）标识符可由数字、英文字母、汉语拼音或其他字符组成，布线系统内各同类型的器件与缆线的标识符应具有同样特征（相同数量的字母和数字等）。

2）标签的选用应符合以下要求：

- 选用粘贴型标签时，缆线应采用环套型标签，标签在缆线上至少应缠绕一圈或一圈半，配线设备和其他设施应采用扁平型标签。
- 标签衬底应耐用，可适应各种恶劣环境；不可将民用标签应用于综合布线工程；插入型标签应设置在明显位置、固定牢固。

综合布线系统的管理使用色标来区分配线设备的性质，标识按性质排列的接线模块，标明端接区域、物理位置、编号、容量、规格等，以便维护人员在现场一目了然地加以识别。

布线系统中有五个部分需要标识：线缆（电信介质）、通道（走线槽/管）、空间（设备间）、端接硬件（电信介质终端）和接地。五者的标识相互联系，互为补充，而每种标识的方法及使用的材料又各有各的特点。像线缆的标识，要求在线缆的两端都进行标识，严格来说，每隔一段距离都要进行标识，而且要在维修口、接合处、牵引盒处的电缆位置进行标识。空间的标识和接地的标识要求清晰、醒目，让人一眼就能注意到。配线架和面板的标识除应清晰、简洁易懂外，还要美观。从材料上和应用的角度讲，线缆的标识，尤其是跳线的标识要求使用带有透明保护膜（带白色打印区域和透明尾部）的耐磨损、抗拉的标签材料，乙烯基是最好的材料。这样线缆弯曲变形以及经常磨损也不会使标签脱落和字迹模糊不清。另外，套管和热缩套管也是线缆标签的很好选择。面板和配线架的标签要使用连续的标签，材料以聚酯的为好，可以满足外露的要求。

管理标识的编制、使用应按下列原则进行：

1）规模较大的综合布线系统应采用计算机进行标识管理，简单的综合布线系统应按图纸资料进行管理，并应做到记录准确、更新及时、便于查阅。

2）系统中所使用的区分不同服务的色标应保持一致，对于不同性能缆线级别所连接的配线设备，可用加强颜色或适当的标记加以区分。

3）综合布线系统的每条电缆、光缆、配线设备、端接点、安装通道和安装空间均应给定唯一的标志。标志中可包括名称、颜色、编号、字符串或其他组合。

4）记录信息包括所需信息和任选信息，各部位相互间接口信息应统一。

- 管线记录包括管道的标识符、类型、填充率、接地等内容。
- 缆线记录包括缆线标识符、缆线类型、连接状态、线对连接位置、缆线占用管道类型、缆线长度、接地等内容。
- 连接器件及连接位置记录包括相应标识符、安装场地、连接器件类型、连接器件位置、连接方式、接地等内容。
- 接地记录包括接地体与接地导线标识符、接地电阻值、接地导线类型、接地体安装位置、接地体与接地导线连接状态、导线长度、接地体测量日期等内容。

5）配线设备、线缆、信息插座等硬件均应设置不易脱落和磨损的标识，并应有详细的书面记录和图纸资料。

6）设备间、电信间的配线设备宜采用统一的色标区别各类用途的配线区。

7）由于各厂家的配线规格不同，所留标识的宽度也不同，所以选择标签时，对宽度和高度都要多加注意。

8）在做标识管理时要注意，电缆和光缆的两端均应标明相同的编号。

9）报告可由一组记录或多组连续信息组成，以不同格式介绍记录中的信息。报告应包括相应记录、补充信息和其他信息等内容。

10）综合布线系统工程竣工图纸应包括说明及设计系统图，反映各部分设备安装情况的施工图。竣工图纸应表示以下内容：

- 安装场地和布线管道的位置、尺寸、标识符等。
- 设备间、电信间、进线间等安装场地的平面图或剖面图及信息插座模块安装位置。
- 缆线布放路径、弯曲半径、孔洞、连接方法及尺寸等。

4.8 建筑群子系统设计

建筑群子系统也称楼宇管理子系统。一个企业或某政府机关可能分散在几幢相邻建筑物或不相邻建筑物内办公，但彼此之间的语音、数据、图像和监控等系统可用传输介质和各种支持设备（硬件）连接在一起。连接各建筑物之间的传输介质和各种支持设备（硬件）组成一个建筑群综合布线系统。连接各建筑物之间的缆线组成建筑群子系统。

4.8.1 建筑群子系统设计要求

建筑群子系统的设计要求如下：

1）建筑群子系统由两个及以上建筑物的电话、数据、电视系统组成一个建筑群综合布线系统，其连接各建筑物之间的缆线和配线设备（CD）组成建筑群子系统。

2）建筑群子系统宜采用地下管道铺设方式。管道内铺设的铜缆或光缆应遵循电话管道和人孔的各项设计规定。此外安装时至少应预留1~2个备用管孔，以供扩充之用。

3）建筑群子系统采用直埋沟内铺设时，如果在同一沟内埋入了其他的图像、监控电缆，应设立明显的共用标志。

4）电话局来的电缆应进入一个阻燃接头箱，再接至保护装置。

4.8.2 AT&T 推荐的建筑群子系统的设计步骤

建筑群子系统布线时，AT&T 推荐的设计步骤分为 9 步，下面分别介绍。

（1）确定铺设现场的特点

- 确定整个工地的大小。
- 确定工地的地界。
- 确定共有多少座建筑物。

（2）确定电缆系统的一般参数

- 确认起点位置。
- 确认端接点位置。
- 确认涉及的建筑物和每座建筑物的层数。
- 确定每个端接点所需的双绞线对数。
- 确定有多个端接点的每座建筑物所需的线缆总对数。

（3）确定建筑物的电缆入口

1）对于现有建筑物，要确定各个入口管道的位置；每座建筑物有多少入口管道可供使用；入口管道数目是否满足系统的需要。

2）如果入口管道不够用，则要确定在移走或重新布置某些电缆时是否能腾出某些入口管道；在不够用的情况下应另装多少入口管道。

3）如果建筑物尚未建起来，则要根据选定的电缆路由完善电缆系统设计，并标出入口管道的位置；选定入口管理的规格、长度和材料；在建筑物施工过程中安装好入口管道。

（4）确定明显障碍物的位置

1）确定土壤类型：沙质土、黏土、砾土等。

2）确定电缆的布线方法。

3）确定地下公用设施的位置。

4）查清拟定的电缆路由中沿线各个障碍物位置或地理条件：

- 铺路区。
- 桥梁。
- 铁路。
- 树林。
- 池塘。
- 河流。
- 山丘。
- 砾石土。
- 截留井。
- 人孔（“人”字形孔道）。
- 其他。

5）确定对管道的要求。

（5）确定主电缆路由和备用电缆路由

- 对于每一种待定的路由，确定可能的电缆结构。
- 所有建筑物共用的电缆。

- 对所有建筑物进行分组，每组单独分配的电缆。
- 每座建筑物单用的电缆。
- 查清在电缆路由中哪些地方需要获准后才能通过。
- 比较每个路由的优缺点，从而选定最佳路由方案。

（6）选择所需电缆类型和规格

- 确定电缆长度。
- 画出最终的结构图。
- 画出所选定路由的位置和挖沟详图，包括公用道路图或任何需要经审批才能动用的地区草图。
- 确定入口管道的规格。
- 选择每种设计方案所需的专用电缆。
- 参考有关电缆部分，线号、双绞线对数和长度应符合有关要求。
- 应保证电缆可进入口管道。
- 如果需用管道，应选择其规格和材料。
- 如果需用钢管，应选择其规格、长度和类型。

（7）确定每种选择方案所需的劳务成本

1）确定布线时间：

- 包括迁移或改变道路、草坪、树木等所花的时间。
- 如果使用管道区，应包括铺设管道和穿电缆的时间。
- 确定电缆接合时间。
- 确定其他时间，例如拿掉旧电缆、避开障碍物所需的时间。

2）计算总时间（1）项+2）项+3）项）。

3）计算每种设计方案的成本。

4）总时间乘以当地的工时费。

（8）确定每种选择方案的材料成本

1）确定电缆成本

- 确定每米（或英尺）的成本。
- 参考有关布线材料价格表。
- 针对每根电缆查清每31 m（100英尺）的成本。
- 将每米（或英尺）的成本乘以米（或英尺）数。

2）确定所有支持结构的成本：

- 查清并列出所有的支持结构。
- 根据价格表查明每项用品的单价。
- 将单价乘以所需的数量。

3）确定所有支撑硬件的成本：

对于所有的支撑硬件，重复确定所有支持结构的成本项所列的三个步骤。

（9）选择最经济、最实用的设计方案

- 把每种选择方案的劳务费成本加在一起，得到每种方案的总成本。
- 比较各种方案的总成本，选择成本较低者。

- 确定该比较经济的方案是否有重大缺点，以致抵消了经济上的优点。如果发生这种情况，应取消此方案，考虑经济性较好的设计方案。

注：如果牵涉到干线电缆，应把有关的成本和设计规范也列进来。

4.8.3 电缆布线方法

在建筑群子系统中电缆布线设计方案有 4 种。

1. 架空电缆布线

架空安装方法通常只用于具有现有的电线杆，而且电缆的走法不是主要考虑内容的场合，从电线杆至建筑物的架空进线距离不超过 30 m 为宜。建筑物的电缆入口可以是穿墙的电缆孔或管道。入口管道的最小口径为 50 mm。建议另设一根同样口径的备用管道，如果架空线的净空有问题，可以使用天线杆型的入口。该天线的支架一般不应高于屋顶 1200 mm。如果再高，就应使用拉绳固定。此外，天线型入口杆高出屋顶的净空间应有 2400 mm，该高度正好使工人可摸到电缆。

通信电缆与电力电缆之间的距离必须符合我国室外架空线缆的有关标准。

架空电缆通常穿入建筑物外墙上的 U 形钢保护套，然后向下（或向上）延伸，从电缆孔进入建筑物内部，如图 4-11 所示，电缆入口的孔径一般为 50 mm，建筑物到最近处的电线杆通常相距应小于 30 m。

2. 挖沟直埋电缆布线

挖沟直埋布线法优于架空布线法，影响选择此法的主要因素如下：

1）初始价格。

2）维护费。

3）服务可靠性。

4）安全性。

5）外观。

切不要把任何一个直埋施工结构的设计或方法看做是提供直埋布线的最好方法或唯一方法。在选择某个设计或几种设计的组合时，重要的是采取灵活的、思路开阔的方法。这种方法既要适用，又要经济，还能可靠地提供服务。挖沟直埋布线法根据选定的布线路由在地面上挖沟，然后将线缆直接埋在沟内。直埋布线的电缆除了穿过基础墙的那部分电缆有管保护外，电缆的其余部分直埋于地下也有管保护，如图 4-12 所示。

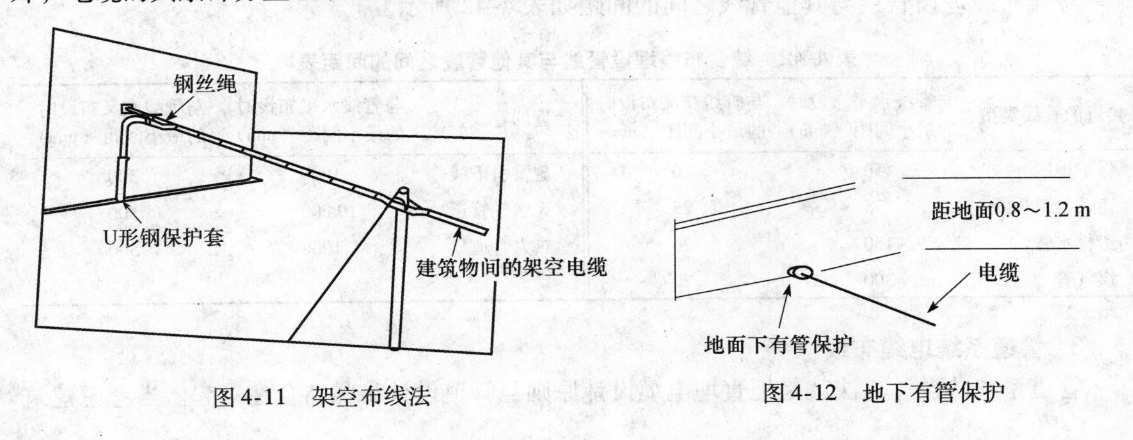

图 4-11 架空布线法　　图 4-12 地下有管保护

直埋电缆通常应埋在距地面0.8～1.2 m以下的地方（直埋深度通常为：淮河以南0.8 m；淮河以北1.0 m；长城以北1.2 m，确保电缆在寒冷时处于0 ℃层，不结冰），或按照当地城管等部门的有关法规施工。如果在同一土沟内埋入了通信电缆和电力电缆，应设立明显的共用标志。

直埋布线的选取地址和布局实际上是针对每项作业对象专门设计的，而且必须对各种方案进行工程研究后再作出决定。工程的可行性决定了何者为最实际的方案。

在选择直埋布线时，主要的物理因素如下：

1）土质和地下状况。

2）天然障碍物，如树林、石头以及不利的地形。

3）其他公用设施（如下水道、水、气、电）的位置。

4）现有或未来的障碍，如游泳池、表土存储场或修路。

5）按照当地城管等部门的有关法规去施工。

6）如果在同一土沟内埋入了通信电缆和电力电缆，应设立明显的共用标志。

7）直埋电缆应穿铁管（钢管），铁（钢）管要套接，不允许焊接。

8）回填、复原所花费的时间是开挖所花费的时间的2/3。

由于市政、市容的发展趋势是让各种设施不在人的视野里，所以，话音电缆和电力电缆埋在一起将日趋普遍，这样的共用结构要求有关部门从筹划阶段直到施工完毕，以至未来的维护工作中密切合作。这种协作会增加一些成本。同时，这种共用结构也日益需要用户的合作。PDS为改善所有公用部门的合作而提供的建筑性方法将有助于使这种结构既吸引人，又很经济。

有关直埋电缆所需的各种许可证书应妥善保存，以便在施工过程中可立即取用。

需要申请许可证书的事项如下：

1）挖开街道路面。

2）关闭通行道路。

3）把材料堆放在街道上。

4）使用炸药。

5）在街道和铁路下面埋设钢管。

6）电缆穿越河流。

综合布线埋设管线与其他管线之间的间距如表4-42所示。

表4-42 综合布线埋设管线与其他管线之间的间距表

接近的管线类型	与管线水平布设时的最小间距（mm）	与管线交叉布设时的最小间距（mm）	接近的管线类型	与管线水平布设时的最小间距（mm）	与管线交叉布设时的最小间距（mm）
保护地线	50	20	避雷引下线	1000	300
市话管道边线	75	25	天然气管道	10 000	500
给排水管	150	20	热力管道	1000	500
煤气管	300	20			

3. 管道系统电缆布线

管道系统的设计方法就是把直埋电缆设计原则与管道设计步骤结合在一起。当考虑建筑群管道系统时，还要考虑接合井。

在建筑群管道系统中，接合井的平均间距约 180 m，或者在主结合点处设置接合井。接合井可以是预制的，也可以是现场浇筑的。应在结构方案中标明使用哪一种接合井。

预制接合井是较佳的选择。现场浇筑的接合井只在下述几种情况下才允许使用：

1）该处的接合井需要重建。

2）该处需要使用特殊的结构或设计方案。

3）该处的地下或头顶空间有障碍物，因而无法使用预制接合井。

4）作业地点的条件（例如沼泽地或土壤不稳固等）不适于安装预制接合井或入孔。

4. 隧道内电缆布线

在建筑物之间通常有地下通道，大多是供暖供水的，利用这些通道来铺设电缆不仅成本低，而且可利用原有的安全设施。如考虑到暖气漏泄等条件，电缆安装时应与供气、供水、供暖的管道保持一定的距离，安装在尽可能高的地方，可根据民用建筑设施的有关条例进行施工。

架空、直埋、管道系统、隧道 4 种建筑群布线方法的优缺点如表 4-43 所示。

表 4-43 4 种建筑群布线方法的优缺点

方法	优点	缺点
架空	如果本来就有电线杆，则成本最低	没有提供任何机械保护 灵活性差 安全性差 影响建筑物美观
直埋	提供某种程度的机构保护 保持建筑物的外貌	挖沟成本高 难以安排电缆的铺设位置 难以更换和加固
管道系统	提供最佳的机构保护 任何时候都可铺设电缆 电缆的铺设、扩充和加固都很容易 保持建筑物的外貌	挖沟、开管道和入孔的成本很高
隧道	保持建筑物的外貌，如果本来就有隧道，则成本最低、安全	热量或泄漏的热水可能会损坏电缆，电缆可能被水淹没

设计师在设计时，不但自己要有一个清醒的认识，还要把这些情况向用户方说明。

4.8.4 电缆线的保护

当电缆从一建筑物到另一建筑物时，要考虑易受到雷击、电源碰地、电源感应电压或地电压上升等因素，必须用保护器去保护这些线对。如果电气保护设备位于建筑物内部（不是对电信公用设施实行专门控制的建筑物），那么所有保护设备及其安装装置都必须有 UL 安全标记。

有些方法可以确定电缆是否容易受到雷击或电源的损坏，也知道有哪些保护器可以防止建筑物、设备和连线因火灾和雷击而遭到毁坏。

当发生下列任何情况时，线路就被暴露在危险的境地：

1）雷击所引起的干扰。

2）工作电压超过 300 V 而引起的电源故障。

3）地电压上升到 300 V 以上而引起的电源故障。

4）60 Hz 感应电压值超过 300 V。

如果出现上述所列的情况时就都应对其进行保护。

确定被雷击的可能性。除非下述任一条件存在，否则电缆就有可能遭到雷击：

1）该地区每年遭受雷暴雨袭击的次数只有5天或更少，而且大地的电阻率小于100 Ω · m。

2）建筑物的直埋电缆短于 42 m，而且电缆的连续屏蔽层在电缆的两端都接地。

3）电缆处于已接地的保护伞之内，而此保护伞是由邻近的高层建筑物或其他高层结构所提供的，如图 4-13 所示。

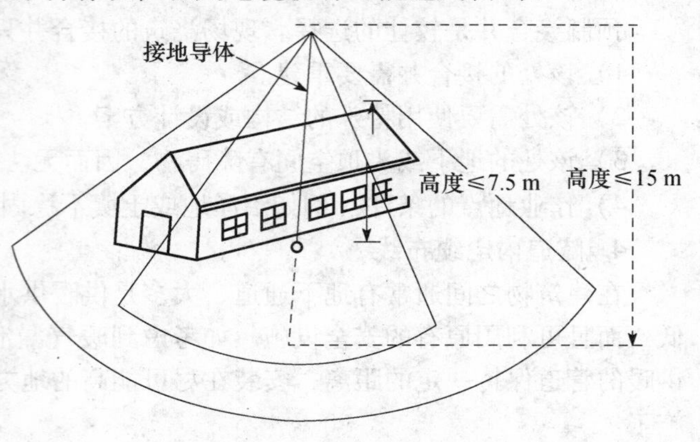

图 4-13 保护伞示意图

因此，电信间、设备间要考虑接地问题。单个设备接地要小于 1 Ω，整个系统设备互连接地要求小于 4 Ω。

4.9 进线间设计

进线间是建筑物之间，建筑物配线系统与电信运营商和其他信息业务服务商的配线网络互联互通及交接的场所，也是大楼外部通信和信息管线的入口部位，并可作为入口设施和建筑群配线设备的安装场地。

进线间设计要注意如下内容：

1）建筑群主干电缆、光缆，公用网和专用网电缆、光缆及天线馈线等室外缆线进入建筑物进线间时，应在进线间成端转换成室内电缆、光缆，在缆线的终端处应设置入口设施，并在外线侧配置必要的防雷电保护装置。入口设施中的配线设备应按引入的电缆、光缆容量配置。

2）进线间应设置管道入口。

3）进线间应满足缆线的铺设路由、端接位置及数量、光缆的盘长空间和缆线的弯曲半径、维护设备、配线设备安装所需要的场地空间和面积。

4）进线间的大小应按进线间的进局管道最终容量及入口设施的最终容量设计，同时应考虑满足多家电信业务经营者安装入口设施等设备的面积。

5）进线间宜靠近外墙和在地下设置，以便于缆线引入。进线间设计应符合下列规定。

- 进线间应防止渗水，应设有抽排水装置。
- 进线间应与布线系统垂直竖井沟通。
- 进线间应采用相应防火级别的防火门，门向外开，宽度不小于 1000 mm。
- 进线间应设置防有害气体措施和通风装置，排风量按每小时不小于 5 m^3 容积计算。

6）与进线间无关的管道不应通过。

7）进线间入口管道口所有布放缆线和空闲的管孔应采取防火材料封堵，做好防水处理。

8）进线间如安装配线设备和信息通信设施时，应符合设备安装设计的要求。

4.10 光缆传输系统

光缆传输系统的特点如下：

1）当综合布线系统需要一个建筑群之间的长距离线路传输，建筑内线路将电话、计算机、集线器、专用交换机和其他信息系统组成高速率网络，或者外界与其他网络特别是与电力电缆网络一起铺设电抗电磁干扰要求时，宜采用光缆数字复用设备作为传输媒介。光缆传输系统应能满足建筑与建筑群环境对电话、数据、计算机、电视等综合传输要求，当用于计算机局域网络时，宜采用多模光缆；作为公用电话或数据网的一部分，采用单模光缆。

光缆传输系统可以提供更高的速率，传输更多的信息量，适合大规模的综合布线系统使用。目前已能提供实用的光缆传输设备、器件及光缆。

综合布线系统综合话音、数据、会议电视、监视电视等多种信息系统，使用光缆可增长传输距离，因此综合布线系统是光缆和铜缆组成的集成分布网路系统。光缆传输系统可组成抗电磁干扰的网路。

一般多模光缆适用于短距离的计算机局域网络，如果用于公用电话网或数据网时，由于长距离传输光缆都采用单模光纤，为了连接方便，综合布线的光缆系统应与公用电话网或数据网采用相适应规格的光缆系统为好。

2）综合布线系统的交接硬件采用光缆部件时，设备间可作为光缆主交接场的设置地点。干线光缆从这个集中的端接和进出口点出发延伸到其他楼层，在各楼层经过光缆及连接装置沿水平方向分布光缆。

3）光缆传输系统应使用标准单元光缆连接器，连接器可端接于光缆交接单元，陶瓷头的连接应保证每个连接点的衰减不大于0.4 dB。塑料头的连接器每个连接点的衰减不大于0.5 dB。

对于陶瓷头的ST Ⅱ连接器，每1000次重新连接所引起的衰减变化量小于0.2 dB。对于塑料头的ST Ⅱ连接器，每200次重新连接所引起的衰减变化量小于0.2 dB。

无论是哪种型号的ST Ⅱ连接器，安装一个连接器所需的平均时间约为16分钟。但同时安装12个ST Ⅱ连接器，则每个连接器的平均安装时间为6分钟。

4）综合布线系统宜采用光纤直径62.5 μm光纤包层直径125 μm的缓变增强型多模光缆，标称波长为850 nm或1300 nm；也可采用标称波长为1310 nm或1550 nm的单模光缆。

建筑物内综合布线一般用多模光缆，单模光缆一般用于长距离传输。

5）光缆数字传输系统的数字系列比特率、数字接口特性应符合下列规定：

- PDH数字系列比特率等级应符合国家标准GB 4110—83《脉冲编码调制通信系统系列》的规定，如表4-44所示。

表4-44 系列比特率

数字系列等级	基群	二次群	三次群	四次群
标称比特率（kbps）	2048	8448	34 368	139 264

- 数字接口的比特率偏差、脉冲波形特性、码型、输入口与输出规范等，应符合国家

标准 GB 7611—87《脉冲编码调制通信系统网络数字接口参数》的规定。

6）光缆传输系统宜采用松套式或骨架式光纤束合光缆，也可采用带状光纤光缆。

7）光缆传输系统中标准光缆连接装置硬件交接设备，除应支持连接器外，还应直接支持束合光缆和跨接线光缆。

8）各种光缆的接续应采用通用光缆盒，为束合光缆、带状光缆或跨接线光缆的接合处提供可靠的连接和保护外壳。通用光缆盒提供的光缆入口应能同时容纳多根建筑物光缆。

光缆和铜缆一样也有铠装、普通和填充等类型。

当带状光缆与带状光缆互连时，就必须使用陈列接合连接器。如果一根带状光缆中的光缆要与一根室内非带状光缆互连，应使用增强型转换接合连接器。

9）光缆布线网路可以安装于建筑物或建筑群环境中，而且可以支持在最初设计阶段没有明确的各种宽带通信服务。这样的布线系统可以用做独立的局域网（LAN）或会议电视、监视电视等局部图像传输网，也可连接到公用电话网。

4.11 电信间设计

楼层电信间是提供配线线缆（水平线缆）和主干线缆相连的场所。楼层电信间最理想的位置是位于楼层平面的中心，这样更容易保证所有的水平线缆不超过规定的最大长度90 m。如果楼层平面面积较大，水平线缆的长度超出最大限值（90 m），就应该考虑设置两个或更多个电信间。

通常情况下，电信间面积不应小于5 m^2，如覆盖的信息插座超过200个或安装的设备较多时，应适当增加房间面积。如果电信间兼作设备间时，其面积不应小于10 m^2。电信间的设备安装要求与设备间的相同。

4.11.1 电信间子系统设备部件

现在，许多大楼在综合布线时都考虑在每一楼层都设立一个电信间，用来管理该层的信息点，摒弃了以往几层共享一个电信间的做法，这也是布线的发展趋势。

作为电信间一般有以下设备：

- 机柜。
- 集线器。
- 信息点集线面板。
- 语音点S110集线面板。
- 集线器的整压电源线。

作为电信间，应根据管理的信息实际状况安排使用房间的大小。如果信息点多，就应该考虑用一个房间来放置；如果信息点少，就没有必要单独设立一个管理间，可选用墙上型机柜来处理该子系统。

4.11.2 电信间的交连硬件部件

在电信间中，信息点的线缆是通过信息集线面板进行管理的，而语音点的线缆是通过110交连硬件进行管理。

电信间的交换机、集线器有12口、24口、48口等，应根据信息点的多少配备交换机和集线器。

1. 选择 110 型硬件

1）110 型硬件有两类：

110A——跨接线管理类。

110P——插入线管理类。

2）所有的接线块每行均端接 25 对线。

3）3、4 或 5 对线的连接决定了线路的模块系数。

连接块与连接插件配合使用。连接插件有 4 对线 5 对线之分，4 对线插件用于双绞线插件，5 对线插件用于大对数线插件。4 对线插件和 5 对线插件如图 4-14 所示。

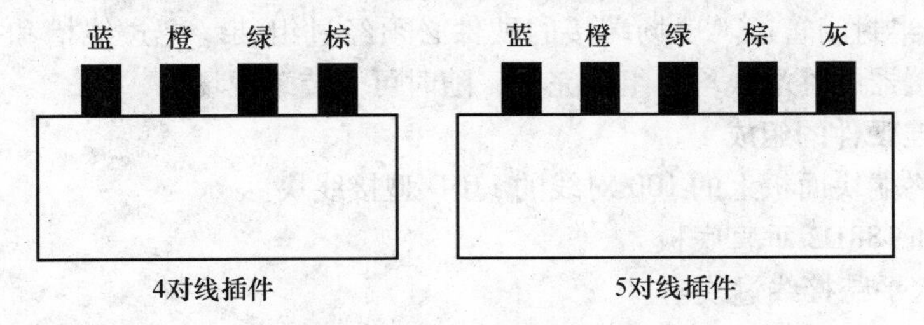

图 4-14 连接插件

110P 硬件的外观简洁，便于使用插入线而不用跨接线，因而对管理人员技术水平要求不高。但 110P 硬件不能垂直叠放在一起，也不能用于 2000 条线路以上的管理间或设备间。

2. 110 型交连（交叉连接）硬件的组成

1）100 型或 300 对线的接线块，配有或不配有安装脚。

2）3、4 或 5 对线的 110C 连接块。

3）188B1 或 188B2 底板。

4）188A 定位器。

5）188UT1-50 标记带（空白带）。

6）色标不干胶线路标志。

7）XLBET 框架。

8）交连跨接线。

3. 110 型接线块

110 型接线块是阻燃的模制塑料件，其上面装有若干齿形条，足够用于端接 25 对线。110 型接线块正面从左到右均有色标，以区分各条输入线。这些线放入齿形的槽缝里，再与连接块结合。利用 788J12 工具，就可以把连接块的连线冲压到 110C 连接到插件上。

4. 110C 连接块

连接块上装有夹子，当连接块推入齿形条时，这些夹子就切开连线的绝缘层。连接块的顶部用于交叉连接，顶部的连线通过连接块与齿形条内的连线相连。

110C 连接块有 3 对线、4 对线和 5 对线 3 种规格。

5. 110A 用的底板

188B1 底板用于承受和支持连接块之间的水平方向跨接线。188B2 底板支脚，使线缆可以从底板后面通过。

6. 110 接线块与 66 接线块的比较

110 系统的高密度设计使得它占用的墙空间远小于类似的 66 型连接块占用的空间，使用 110 系统可以节省 53% 的墙空间。

7. 110P 硬件

110P 的硬件包括若干个 100 对线的接线块，块与块之间由安装于后面板上的水平插入线过线槽隔开。110P 型硬件有 300 对线或 900 对线的终端块，既有现场端接的，也有连接器的。110P 型终端块有垂直交替叠放的 110 型接线块、水平跨接线，过线槽位于接线之上。终端块的下部是半封闭管道。现场端接的硬件必须经过组装（把过线槽和接线块固定到后面板上），带连接器的终端块均已组装完毕，随时可安装于现场。

8. 110P 交连硬件的组成

1） 安装于终端块面板上的 100 对线的 110D 型接线块。

2） 188C2 和 188D2 垂直底板。

3） 188E2 水平跨接线过线槽。

4） 管道组件。

5） 3、4 或 5 对线的连接块。

6） 插入线。

7） 名牌标签/标记带。

4.11.3 电信间交连的几种形式

在不同类型的建筑物中，电信间常采用单点管理单交接、单点管理双交接和双点管理双交接 3 种方式。

1. 单点管理单交接

这种方式使用的场合较少，它的结构图如图 4-15 所示。单点管理单交接属于集中管理型，通常线路只在设备间进行跳线管理，其余地方不再进行跳线管理，线缆从设备间的线路管理区引出，直接连到工作区，或直接连至第二个接线交接区。

2. 单点管理双交接

单点管理双交接的结构图如图 4-16 所示。

图 4-15 单点管理单交接　　图 4-16 单点管理双交接

3. 双点管理双交接

双点管理双交接的结构图如图 4-17 所示。

一般在管理规模比较大而且复杂，又有二级交接间的场合采用双点管理双交接方案。如果建筑物的综合布线规模比较大，而且结构也较复杂，还可以采用双点管理 3 交接，甚至采用双点管理4交接方式。

为了充分发挥水平干线的灵活性，便于语音点与数据点互换，作者建议对110的使用作如图4-18所示的安排。

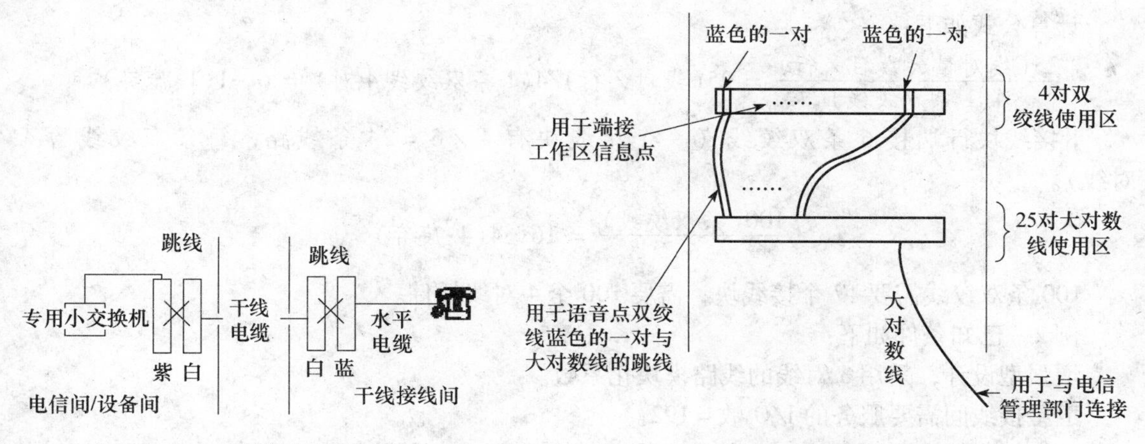

图4-17 双点管理双交接　　图4-18 110接线场的安排

4.11.4 110型交连硬件在干线接线间和卫星接线间中的应用

应用110型交连硬件首先要选择110型硬件，确定其规模。

110A和110P使用的接线块均是每行端接25对线。它们都使用3或4或5对线的连接块，具体取决于每条线路所需的线对数目。一条含3对线的线路（线路模块化系数为3对线）需要使用3对线的连接块；一条4对线的线路需要使用4对线的连接块；一条2对线的线路也可以使用4对线的连接块，因为4是2的整倍数；5对线的连接块用于大对数线。

对于站的端接和连接电缆来说，确定场的规模或确定所需要的接线块数目意味着要确定线路（或I/O）数目、每条线路所含的线对数目（模块化系数），并确定合适规模的110A或110P接线块。110A交连硬件备有100对线和300对线的接线块。110P接线块有300对线和900对线两种规模。

对于干线电缆，应根据端接电缆所需要的接线块数目来决定场的规模。

下面详细叙述110型设计步骤。

1）决定卫星接线间/干线接线间要使用的硬件类型。

110A——如果客户不想对楼层上的线路进行修改、移位或重组。

110P——如果客户今后需要重组线路。

2）决定待端接线路的模块化系数。

这与系统有关，例如System85采用的模块化系数是3对线的线路，应查明其他厂家的端接参数。PDS推荐标准的规定如下：

- 连接电缆端采用3对线。
- 基本PDS设计的干线电缆端接采用2对线。
- 综合或增强型PDS设计中的干线电缆端接采用3对线。
- 工作端接采用4对线。

3）决定端接工作站所需的卫星接线数目。

工作站端接必须选用4对线模块化系数。

例1 计算100条双绞线端接选用的接线块。

一个接线块每行可端接25对线。合100对线的接线有4行，300对线的接线块每块有12行。

计算公式如下：

$$\frac{25(\text{线对量大数目/行})}{4(1\text{条双绞线})} = 25(\text{线对/行})/4(1\text{条双绞线}4\text{对}) = 6\cdots1(1:\text{废弃})$$

1接线块行端接6条双绞线（一个接线块有4×6=24条线路，每条双绞线含4对线）。

$$\frac{100(\text{条双绞线})}{6} = 16\cdots4(4:\text{废弃})$$

100条双绞线需要17个接线块，需要100个4对线插件。

例2 已知条件如下：

增强型设计，采用3对线的线路模块化系数。

卫星接线间需要服务的I/O数=192。

干线电缆规格（增强型）为每个工作区配3对线，工作区总数=96。

计算公式：

$$\begin{array}{rl} 96 & \cdots\cdots\text{工作区数} \\ \times\ 3 & \cdots\cdots\text{线路模块化系数} \\ \hline 288 & \cdots\cdots\text{所需的干线电缆所含线对的数目} \end{array}$$

取实际可购得的较大电缆规格=300对线。

这就是说，用一个300对线的接线块就可端接96条3对线的线路。

4）决定卫星接线间连接电缆进行端接需的接线块数目。计算时模块化系数应为每条线路含3对线。

5）决定在干线接线间端接电缆所需的接线数目。

6）写出墙场的全部材料清单，并画出详细的墙场结构图。

7）利用每个接线间地点的墙场尺寸，画出每个接线间的等比例图，其中包括以下信息：

- 干线电缆孔。
- 电缆和电缆孔的配置。
- 电缆布线的空间。
- 房间进出管道和电缆孔的位置。
- 根据电缆直径确定的干线接线间和卫星接线间的馈线管道。
- 管道内要安装的电缆。
- 硬件安装细节。
- 110型硬件空间。
- 其他设备（如多路复用器、集线器或供电设备等）的安装空间。

8）画出详细施工图之前，利用为每个配线场和接线间准备的等比例图，从最上楼层和最远卫星接线区位置开始核查以下项目：

- 主设备间、干线接线间和卫星接线间的底板区实际尺寸能否容纳线场硬件，为此，应对比一下连接块的总面积和可用墙板的总面积。

- 电缆孔的数目和电缆井的大小是否足以让那么多电缆穿过干线接线间，如果现成电缆孔数目不够，应安排楼板钻孔工作。

4.11.5 110 型交连硬件在设备间中的应用

本节重点讨论管理子系统在设备间中的端接。这包括设计间布线系统，该系统把诸如PBX或数据交换机等公用系统设备连接到建筑布线系统。公用系统设备的布局取决于具体的话音或数据系统。

设备间用于安放建筑内部的话音和数据交换机，有时还包括主计算机，里面还有电缆和连接硬件，用以把公用系统设备连接到整个建筑布线系统。

该设计过程分为三个阶段：

1）选择和确定主布线场交连硬件规模。

2）选择和确定中继线/辅助场的交连硬件规模。

3）确定设备间交连硬件的安置地点。

主布线交连场把公用系统电缆设备的线路连接到来自干线和建筑群子系统的输入线对。典型的主布线交连场包括两个色场：白场和紫场。白场实现干线和建筑群线对的端接；紫场实现公用系统设备线对的端接，这些线对服务于干线和建筑布线系统。主布线交连场有时还可能增加一个黄场，以实现辅助交换设备的端接。该设计过程决定了主布线交连场的接线总数和类型。

在理想情况下，交连场的组织结构应使插入线或跨接线可以连接该场的任何两点。在小的交连场安装中，只要把不同颜色的场一个挨着一个安装在一起，就很容易达到上述的目标。在大的交连场安装中，这样的场组织结构使得线路变得很困难。这是因为，插入线长度有限，一个较大交连场不得不一分为三，放在另一个交连场的两边，有时两个交连场都必须一分为二。

上述是语音点的应用管理，对于不同的应用应选择不同的介质。

4.11.6 电信间的设计步骤

设计电信间子系统时，一般采用下述步骤：

1）确认线路模块化系数是2对线、3对线还是4对线。每个线路模块当做一条线路处理，线路模块化系数视具体系统而定。例如，SYSTEM85的线路模块化系数是3对线。

2）确定话音和数据线路要端接的电缆对总数，并分配好话音或数据数线路所需的墙场或终端条带。

3）决定采用何种110交连硬件：

- 如果线对总数超过6000（即2000条线路），则使用11A交连硬件。
- 如果线对总数少于6000，则可使用110A或110P交连硬件。
- 110A交连硬件占用较少的墙空间或框架空间，但需要一名技术人员负责线路管理。
- 决定每个接线块可供使用的线对总数，主布线交连硬件的白场接线数目取决于3个因素：硬件类型、每个接线块可供使用的线对总数和需要端接的线对总数。
- 由于每个接线块端接行的第25对线通常不用，故一个接线块极少能容纳全部线对。
- 决定白场的接线块数目，为此，首先把每种应用（话音或数据）所需的输入线对总数除以每个接线块的可用线对总数，然后取更高的整数作为白场接线块数目。

- 选择和确定交连硬件的规模——中继线/辅助场。
- 确定设备间交连硬件的位置。
- 绘制整个布线系统即所有子系统的详细施工图。

4）电信间的信息点连接是非常重要的工作，它的连接要尽可能简单，主要工作是跳线。

4.12 电源、防护和接地设计

1. 电源

1）设备间内安放计算机主机时，应按照计算机主机电源要求进行工程设计。

2）设备间内安放程控用户交换机时应按照《工业企业程控用户交换机工程设计规范》CECS09：89 进行工程设计。

3）设备间、电信间应用可靠的交流 220 V、50 Hz 电源供电。

设备间应有可靠交流电源供电，不要用邻近的照明开关来控制这些电源插座，减少偶然断电事故的发生。

2. 电气防护和接地

（1）综合布线网络应采取防护措施的情况。

1）在大楼内部存在下列的干扰源，且不能保持安全间隔时：

- 配电箱和配电网产生的高频干扰。
- 大功率电动机电火花产生的谐波干扰。
- 荧光灯管，电子启动器。
- 开关电源。
- 电话网的振铃电流。
- 信息处理设备产生的周期性脉冲。

2）在大楼外部存在下列干扰源，且处于较高电磁场强度的环境：

- 雷达。
- 无线电发射设备。
- 移动电话基站。
- 高压电线。
- 电气化铁路。
- 雷击区。

3）周围环境的干扰信号场强或综合布线系统的噪声电平超过下列规定时：

- 对于计算机局域网，引入 10 kHz 至 600 MHz 的干扰信号，其场强为 1 V/m；600 MHz 至 2.8 GHz 的干扰信号，其场强为 5 V/m。
- 对于电信终端设备，通过信号，直流或交流等引入线，引入 RF 0.15 MHz 至 80 MHz 的干扰信号，其场强度为 3 V，（幅度调制 80%，1 kHz）。
- 具有模拟/数字终端接口的终端设备提供电话服务时，噪声信号电平应符合表 4-45 的规定。

表 4-45 噪声信号电平限值表

频率范围（MHz）	噪声信号限值（dB·m）	频率范围（MHz）	噪声信号限值（dB·m）
0.15 ~ 30	-40	890 ~ 915	-40
30 ~ 890	-20①	915 ~ 1000	-20①

注：① 噪声电平超过 -40 dB · m 的带宽总和应小于 200 MHz。

当终端设备提供声学接口服务时，噪声信号电平应符合表 4-46 的规定。

表 4-46 噪声信号电平限值表

频率范围（MHz）	噪声信号限值（dB·m）	频率范围（MHz）	噪声信号限值（dB·m）
0.15 ~ 30	基准电平	890 ~ 915	基准电平
30 ~ 890	基准电平 +20 dB①	915 ~ 1000	基准电平 +20 dB①

注：① 噪声电平超过基准电平的带宽总和应小于 200 MHz。基准电平的信号：-40 dB·m 的 1 kHz 正弦信号。

4）ISDN 的初级接入设备的附加要求，在 10 秒测试周期内，帧行丢失的数目应小于 10 个。

5）背景噪声最少应比基准电平小 20 dB。

（2）综合布线系统的发射干线干扰波的电场强度

综合布线系统的发射干线干扰波的电场强度不应超过表 4-47 的规定。

表 4-47 发射干扰波电场强度限值表

测量距离 / 频率范围	A 类设备 30 m	B 类设备 10 m
30 ~ 230 MHz	30 dBμV/m	30 dBμV/m
>230 MHz ~ 1 GHz	37 dBμV/m	37 dBμV/m

注：A 类设备：第三产业；B 类设备：住宅。较低的限值适用于降低频率的情况。

综合布线系统是否需要采取防护措施的因素比较复杂，其中危害最大的莫过于防电磁干扰的电磁辐射。电磁干扰将影响综合布线系统能否正常工作；电磁辐射则涉及综合布线系统在正常运行情况下信息不被无关人员窃取的安全问题，或者造成电磁污染。在进行综合布线系统工程设计时，必须根据建设单位的要求，进行周密的安排与考虑，选用合适的防护措施。

根据综合布线的不同使用场合，应采取不同的防护措施要求，规范中列举了各种类型的干扰源，提示设计时应加以注意，现将防护要点说明如下。

抗电磁干扰

对于计算机局域网，600 MHz 以下的干扰信号对计算机网络信号的影响较大，属于同频干扰的范畴，600 MHz 及以上则属于杂音干扰，相对而言，影响要小一些，因此，前者规定干扰信号场强限值为 1 V/m；后者规定为 5 V/m。

对于电信终端设备，通过信号，直流或交流等引入线，引入 RF 0.15 MHz 至 80 MHz 的干扰信号强度为 3 V，调制度为 80% 的 1 kMHz 正弦波干扰时，电信终端设备的性能将不受影响。例如，上海贝尔电话设备制造有限公司生产的 S12 数字程控交换系统能满足上述要求。

对于具有模拟或数字终端接口的终端设备，提供电话服务时，噪声信号电平的限值规定为比相对于电话接续过程中信号电平低 -40 dB·m，而且限定噪音电平超过 -40 dB·m 的带宽总和应小于200 MHz；提供声学接口服务时（例如：话筒），噪声信号电平的限值规定为基准电平（定义为：-40 dB·m 的 1 kHz 正弦信号）或基准电平加 20 dB·m，同样，限定噪声电平超过基准电平的带宽总和应小于 200 MHz。

对于 ISDN 的初级接入设备，规范规定增加附加要求，在10 秒测试周期内，帧行丢失的数目应少于 10 个。

一般来说，背景噪声最小应比基准电平小 -12 dB。

电磁干扰标准主要参考 EN5024 信息技术设备的抗干扰标准，同时还参考了 IEC 801-2 ~4 和 EN 50082-X 等相关国际标准中的有关部分，现将标准附在下面，供参考。

IEC 801-2 ESD 抗静电放电干扰标准

-3 抗辐射干扰标准

-4 EFT 抗无线电脉冲干扰标准

抗干扰标准应符合表 4-48 的规定。

表 4-48　抗干扰标准

干扰类别 干扰标准 标准类别	静电放电（ESD）		辐射场强	快速瞬变的无线电脉冲（EFT）	
	空气	接触点		供电线装置	信号线
低水平 EM 环境	2 kV	2 kV	1 V/m	0.5 kV	0.25 kV
中等 EM 环境	4 kV	4 kV	3 V/m	1 kV	0.5 kV
恶劣 EM 环境	8 kV	6 kV	10 V/m	2 kV	1 kV
极其恶劣 EM 环境	15 kV	8 kV	待定	4 kV	2 kV
特定 EM 环境	待定	待定	待定	待定	待定
衰减环境	B类	B类	A类	B类	B类

注：① A 类，一批设备连续运转，不允许低于制造业特定的性能降低或功能损失。

② B 类，在测试期间允许性能降低或功能损失，但在测试之后，不允许低于制造业特有的规定。

③ 辐射场强的频率范围为 27 ~500 MHz。

④ 辐射场强中：低水平 EM 环境指无线电/电视发射机 >1 km。中等 EM 环境指手提式无线电收发机，1 m 范围以内。恶劣 EM 环境指临近的高功率无线电收发机。

EN 50082-X 通用抗干扰标准应符合表 4-49 的规定。

表 4-49　居住区/商业区抗干扰标准

干扰类别 干扰标准 标准类别	静电放电（ESD）		辐射场强	快速瞬变的无线电脉冲（EFT）	
	空气	接触点		供电线装置	信号线
恶劣 EM 环境	8 kV	6 kV	3 V/m	1 kV	0.5 kV
衰减环境	B类	B类	A类	B类	B类

注：① A 类，一批设备连续运转，不允许低于制造业特定的性能降低或功能损失。

② B 类，在测试期间允许性能降低或功能损失，但在测试之后，不允许低于制造业特有的规定。

③ 辐射场强的频率范围为 27 ~500 MHz。

工业区抗干扰标准应符合表 4-50 的规定。

表 4-50　工业区抗干扰标准

干扰类别 / 干扰标准 / 标准类别	静电放电（ESD）		辐射场强	快速瞬变的无线电脉冲（EFT）	
	空气	接触点		供电线装置	信号线
恶劣 EM 环境	8 kV	4 kV	10 V/m	2 kV	1 kV
衰减环境	B类	B类	A类	B类	B类

注：① A 类、B 类的解释同表 4-49 的注。
　　② 辐射场强的频率范围为 27 ~ 500 MHz。

防电磁辐射

综合布线系统用于高速率传输的情况下，由于对绞电缆的平衡度公差等硬件原因，也可能造成传输信号向空间辐射。在同一大厦内，很可能存在不同的单位或部门，相互之间不希望窃取对方的信息或造成对方网络系统工作的不稳定。因此，在设计时应根据用户要求，除了考虑抗电磁干扰外，还应该考虑防电磁辐射的要求，这是一个问题的两个方面，采取屏蔽措施后，两者都能得以解决。然而，只要用户提出抗干扰或防辐射的任何一种要求，都应采取措施。

发射干扰波电场强度的限值标准的制订，主要参考 EN 55022 和 CISPR 22《信息技术设备无线电干扰特征的限值和测量方法》中有关无线电干扰电场强度的限值。该标准规定分 A、B 两类。

引用 EN 55022 或 CISPR 22 中的上述标准，应注意下列几点：

1）如果由于高的环境噪声电平或其他理由不能在 30 m 的情况下进行场强测量，可以在封闭距离内进行例如 10 m 的测量。

2）因为发生干扰的情况而要求额外的规定条款，可以协商解决。

3）A 类信息技术设备只满足 A 类干扰限值，不满足 B 类干扰限值。某些国家 A 类设备可以申请有限制地销售和采用（保护距离 30 m）。

4）B 类信息技术设备满足 B 类干扰限值，此类设备将不申请限制销售，也不限制采用（保护距离 10 m）。

5）通用的测量条件。

- 噪声电平最低限度应低于 6 dB 特定限值。
- 信号源加上环境条件的环境噪声电平最低限度应低于 6 dB。
- 环境噪声电平最低限度应低于 4. 86 dB 特定的限值。

综合布线系统与其他干扰源的间距应符合表 4-51 的要求。

表 4-51　与其他干扰源的间距表

其他干扰源	与综合布线接近状况	最小间距（cm）
380 V 以下电力电缆 <2 kVA	与缆线平行铺设	13
	有一方在接地的线槽中	7
	双方都在接地的线槽中	
380 V 以下电力电缆 2 ~ 5 kVA	与缆线平行铺设	30
	有一方在接地的线槽中	15
	双方都在接地的线槽中	8

（续）

其他干扰源	与综合布线接近状况	最小间距（cm）
380 V以下电力电缆 >5 kVA	与缆线平行铺设	60
	有一方在接地的线槽中	30
	双方都在接地的线槽中	15
荧光灯、氩灯、电子启动器或交感性设备	与缆线接近	15～30
无线电发射设备（如天线、传输线、发射机……） 雷达设备 其他工业设备（开关电源、电磁感应炉、绝缘测试仪……）	与缆线接近（当通过空间电磁场耦合强度较大时，应按5.1.10.2条规定办理）	≥150
配电箱	与配线设备接近	≥100
电梯、变电室	尽量远离	≥200

注：① 双方都在接地的线槽中，且平等长度≤10 m时，最小间距可以是1 cm。
② 电话用户存在振铃电流时，不能与计算机网络在同一根对弱电缆中一起运用。

3. 综合布线系统与其他干扰源的间距要求

1）综合布线系统应根据环境条件选用相应的缆线和配线设备，根据各种缆线和配线设备的抗干扰能力，屏蔽后的综合布线系统平均可减少噪声20 dB。

2）当周围环境的干扰场强度很高，采用屏蔽系统已无法满足各项标准的规定时，应采用光缆系统。

3）当用户对系统有保密要求，不允许信号往外发射时，或系统发射指标不能满足标准规定时，应采用屏蔽缆线和屏蔽配线设备或光缆系统。

综合布线系统选择缆线和配线设备，应根据用户要求，并结合建筑物的环境状况进行考虑，其选用原则说明如下：

- 当建筑物还在建设或虽已建成但尚未投入运行，要确定综合布线系统的选型时，应测定建筑物周围环境的干扰场强度及频率范围；与其他干扰源之间的距离能否符合规范要求应进行摸底；综合布线系统采用何种类别也应有所预测。根据这些情况，用规范中规定的各项指标要求进行衡量，选择合适的硬件和采取相应的措施。
- 当现场条件许可，或进行改建的工程有条件测量综合布线系统的噪声信号电平时，可采用规范中规定的噪声信号电平限值来衡量，选择合适的硬件和采取相应的措施。
- 各种缆线和配线设备的抗干扰能力可参考下列数值：

  UTP电缆（无屏蔽层）　40 dB
  FTP电缆（纵包铝箔）　85 dB
  SFTP电缆（纵包铝箔，加铜编织网）　90 dB
  STP电缆（每对芯线和电缆绕包铝箔，加铜编织网）　98 dB
  配线设备插入后恶化　≤30 dB
- 在选择缆线和连接硬件时，确定某一类别后，应保证其一致性。例如，选择5类，则缆线和连接硬件都应是5类；选择屏蔽，则缆线和连接硬件就都是屏蔽的，且应作良好的接地系统。
- 在选择综合布线系统时，应根据用户对近期和远期的实际需要进行考虑，不宜一刀切。应根据不同的通信业务要求综合考虑，在满足近期用户要求的前提下，适当考虑远期用户的要求，有较好的通用性和灵活性，尽量避免建成后较短时间又要进行改扩建，造成不必要的浪费；如果满足时间过长，又将造成初次投资增加，也不一定经济合理。一般来说，水平配线扩建难，应以远期需要为主，垂直干线易扩建，应以近期需要为主，适当满足远期的需要。

4）墙上铺设的综合布线缆线及管线与其他管线的间距应符合表 4-52 的规定。

表 4-52　综合布线缆线及管线与其他管线的间距

其他管线	平行净距（mm）	垂直交叉净距（mm）	其他管线	平行净距（mm）	垂直交叉净距（mm）
避雷引下线	1000	300	热力管（不包封）	500	500
保护地线	50	20	热力管（包封）	300	300
给水管	150	20	煤气管	300	20
压缩空气管	150	20			

5）当综合布线区域内存在的电磁干扰场强低于 3 V/m 时，宜采用非屏蔽电缆和非屏蔽配线设备。

6）当综合布线区域内存在的电磁干扰场强高于 3 V/m 时，或用户对电磁兼容性有较高要求时，可采用屏蔽布线系统和光缆布线系统。

7）当综合布线路由上存在干扰源，且不能满足最小净距要求时，宜采用金属管线进行屏蔽，或采用屏蔽布线系统及光缆布线系统。

8）综合布线系统采用屏蔽措施时，应有良好的接地系统，并应符合下列规定：

- 保护地线的接地电阻值，单独设置接地体时，不应大于 1 Ω；采用联合接地体时，不应大于 4 Ω。
- 综合布线系统的所有屏蔽层应保持连续性，并应注意保证导线相对位置不变。
- 屏蔽层的配线设备（FD 或 BD）端应接地，用户（终端设备）端视具体情况宜接地，两端的接地应尽量连接同一接地体。若接地系统中存在两个不同的接地体，其接地电位差不应大于 1 V。

9）每一楼层的配线柜都应单独布线至接地体，接地导线的选择应符合表 4-53 的规定。

表 4-53　接地导线选择表

名称	接地距离≤30 m	接地距离≤100 m
接入自动交换机的工作站数量（个）	≤50	>50，≤300
专线的数量（条）	≤15	>15，≤80
信息插座的数量（个）	≤75	>75，≤450
工作区的面积（m^2）	≤750	>750，≤4500
配线室或电脑室的面积（m^2）	10	15
选用绝缘铜导线的截面（mm^2）	6~16	16~50

10）信息插座的接地可利用电缆屏蔽层连至每层的配线柜上。工作站的外壳接地应单独布线连接至接地体，一个办公室的几个工作站可合用同一条接地导线，应选用截面不小于 2.5 mm^2 的绝缘铜导线。

11）综合布线的电缆采用金属槽道或钢管铺设时，槽道或钢管应保持连续的电气连接，并在两端应有良好的接地。

综合布线系统采用屏蔽措施时，应有良好的接地系统，且每一楼层的配线柜都应采用适当截面的导线单独布线至接地体，接地电阻应符合规定，屏蔽层应连续且宜两端接地，若存在两个接地体，其接地电位差不应大于1 V（有效值）。这是屏蔽系统的综合性要求，每一环节都有其特定的作用，不可忽视，否则将降低屏蔽效果，严重者将造成恶果。

国外曾对非屏蔽对绞线（UTP）与金属箔对绞线（FTP）的屏蔽效果作过比较。以相同的干扰线路和被测对绞线长度，调整不同的平行间距和不同的接地方式，以误码率百分比为比较结果，如表4-54所示。

表4-54 屏蔽效果比较表

对绞线型号	平行间距和接地方式	误码率（%）	对绞线型号	平行间距和接地方式	误码率（%）
UTP	0间距	37	UTP	50 cm间距	6
FTP	0间距不接地	32	UTP	100 cm间距	1
FTP	0间距发送端接地	30	FTP	0间距排流线两端接地	1
UTP	20 cm间距	6	FTP	0间距排流线屏蔽层两端接地	0

上述结果足以说明屏蔽效果与接地系统有着密切相关的联系，应重视接地系统的每一环节。

12）干线电缆的位置应接近垂直的地导体（例如建筑物的钢结构）并尽可能位于建筑物的网络中心部分。在建筑物的中心部分的附近雷电的电流最小，而且干线电缆与垂直地导体之间的互感作用可最大限度地减小通信线对上感应生成的电势。应避免把干线安排在外墙，特别是墙角。在这些地方，雷电的电流最大。

13）当电缆从建筑物外面进入建筑物内部容易受到雷击、电源碰地、电源感应电势或地电势上浮等外界影响时，必须采用保护器。

14）在下述的任何一种情况下，线路均属于处在危险环境之中，均应对其进行过压过流保护。

- 雷击引起的危险影响。
- 工作电压超过250 V的电源线路碰地。
- 地电势上升到250 V以上而引起的电源故障。
- 交流50 Hz感应电压超过250 V。

满足下列任何条件中的一个，可认为遭雷击的危险影响可以忽略不计：

- 该地区年雷暴日不大于5天，而且土壤电阻系统数小于100 Ω/m。
- 建筑物之间的直埋电缆短于42 m，而且电缆的连续屏蔽层在电缆两端处均接地。
- 电缆完全处于已经接地的邻近高层建筑物或其他高构筑物所提供的保护伞之内，且电缆有良好的接地系统。

15）综合布线系统的过压保护宜选用气体放电管保护器。

气体放电管保护器的陶瓷外壳内密封有两个电极，其间有放电间隙，并充有惰性气体。当两个电极之间的电位差超过250 V交流电源或700 V雷电浪涌电压时，气体放电管开始出现电弧，为导体和地电极之间提供一条导电通路。固态保护器适合较低的击穿电压（60 ~

90 V)，而且其电路不可有振铃电压，它对数据或特殊线路提供了最佳的保护。

16）过流保护宜选用能够自复的保护器。

电缆的导线上可能出现这样或那样的电压，如果连接设备为其提供了对地的低阻通路，它就不足以使过压保护器动作。而产生的电流可能会损坏设备或着火。例如，220 V 电力线可能不足以使过压保护器放电，有可能产生大电流进入设备，因此，必须同时采用过电流保护。为了方便维护，规定采用能自复的过流保护器，目前有热敏电阻和雪崩二极管可供选用，但价格昂贵，故也可选用热线圈或熔断器。这两种保护器具有相同的电特性，但工作原理不同，热线圈在动作时将导体接地，而熔断器在动轮船时将导体断开。

17）在易燃的区域或大楼竖井内布放的光缆或铜缆必须有阻燃护套；当这些缆线被布放在不可燃管道里，或者每层楼都采用了隔火措施时，则可以没有阻燃护套。

18）综合布线系统有源设备的正极或外壳，电缆屏蔽层及连通接地线均应接地，宜采用联合接地方式，如同层有避雷带及均压网（高于 30 m 时每层都设置）时应与此相接，使整个大楼的接地系统组成一个笼式均压体。

联合接地方式有下列主要优点：

- 当大楼遭受雷击时，楼层内各点电位分布比较均匀，工作人员和设备的安全将得到较好的保障。同时，大楼框架式结构对中波电磁场能提供 10 ~ 40 dB 的屏蔽效果。
- 它容易获得比较小的接地电阻值。
- 它可以节省金属材料、占地少。

4.13 环境保护设计

在环境保护方面应注意以下问题：

1）在易燃的区域和大楼竖井内布放电缆或光缆，宜采用防火和防毒的电缆；相邻的设备间应采用阻燃型配线设备，对于穿钢管的电缆或光缆可采用普通外套护套。

关于防火和防毒电缆的推广应用，考虑到工程造价的原因没有大面积抗议，只是限定在易燃区域和大楼竖井内采用，配线设备也应采用阻燃型。如果将来防火和防毒电缆价格下降，适当扩大些使用面也未必不可以，万一着火，这种电缆减少散发有害气体，对于疏散人流会起好的作用。

目前，市场上有以下几种类型的产品可供选择：

- LSHF-FR 低烟无卤阻燃型，不易燃烧，释放 CO 少，低烟，不释放卤素，危害性小。
- LSOH 低烟无卤型，有一定的阻燃能力，过后会燃烧，释放 CO，但不释放卤素。
- LSDC 低烟非燃型，不易燃烧，释放 CO 少，低烟，但释放少量有害气体。
- LSLC 低烟阻燃型，稍差于 LSNC 型，情况与 LSNC 类同。

2）利用综合布线系统组成的网络，应防止由射频产生的电磁污染，影响周围其他网络的正常运行。

随着信息时代的高速发展，各种高频率的通信设施不断出现，相互之间的电磁辐射和电磁干扰影响也日趋严重。在国外，已把电磁影响看做一种环境污染，成立专门的机构对电信和电子产品进行管理，制订电磁辐射限值标准，加以控制。

对于综合布线系统工程而言，也有类似的情况，当应用于计算机网络时，传输频率越来越高，如果对电磁辐射的强度不加以限制，将会造成相互的影响。因此，规范规定：利用综合布线系统组成的网络，应防止由射频频率产生的电磁污染，影响周围其他网络的正常运行。

4.14 屏蔽布线系统设计技术

本章从4.3节~4.13节重点讨论的是非屏蔽布线系统设计技术，本节从10个方面讨论屏蔽布线系统设计技术。

1. 屏蔽布线系统应用的场合

屏蔽布线系统所有的连接硬件都是使用屏蔽产品，包括传输电缆、配线架、模块和跳线，要求“全程屏蔽”（全程屏蔽意味着系统内各部件（双绞线、模块、跳线）的屏蔽层布线连接，形成从网络设备到网卡之间完整的屏蔽链路，其中最为关键的是屏蔽双绞线中的屏蔽层需要与两端模块上的屏蔽层连接，而跳线则直接通过屏蔽RJ45头外的屏蔽层与模块连接）。屏蔽布线系统的工程成本比非屏蔽布线系统高，应用的场合主要有两个方面：

1）出于安全考虑，严格要求保密的单位，如政府机关、军事机关、银行、金融机构、某些涉及商业秘密的办公场所。

2）严重电磁干扰环境的用户（电磁干扰场强高于3 V/m），如工厂、广播站、电台、机场、大功率电动机、雷达、无线电发射设备、移动电话基站、高压电线、电气化铁路、地铁等。

2. 屏蔽系统的特点

屏蔽布线系统与非屏蔽布线系统结构、组成原理方面是一样的，也就是说，会做非屏蔽布线工程，就会做屏蔽布线系统工程。但是，要注意屏蔽布线系统有以下特点：

- 屏蔽局域网使用的线缆是屏蔽双绞线。
- 屏蔽局域网使用的信息模块是屏蔽模块。
- 屏蔽局域网使用的RJ45头是屏蔽的RJ45头。
- 屏蔽局域网使用的配线架是屏蔽的配线架。
- 屏蔽局域网使用的跳线是屏蔽的跳线。
- 屏蔽局域网使用的槽（管）一般选择金属槽（管）。
- 屏蔽局域网使用的线缆、设备应是同一厂家。
- 厂家担保。
- 如果使用了同一厂家的产品，做出的工程达不到设计指标，厂家包赔。

3. 屏蔽布线系统端接模块设计

（1）屏蔽双绞线端接模块的基本原则

屏蔽双绞线有多种屏蔽方式，但不管哪一种屏蔽方式，都要遵循相同的8点原则：

1）在配线架端或面板端，精确测量需保留的长度，剪断多余的线缆。

2）重新在屏蔽双绞线上制作永久标签。

3）使用专业剥线刀剥离屏蔽双绞线的外皮，避免剥离外皮时将铜网或铝箔切断。通常在离电缆末端5 cm处进行线缆的开剥。

4）仔细处理屏蔽层。

5）仔细处理各个线对，根据TIA-568A或TIA-568B标准，将蓝、橙、绿、棕线对分别卡入相应的卡槽内。注意，整个屏蔽布线系统要使用同一种标准，不能混用。

6）剪断多余线对。将模块卡接到位。

7）处理模块的整体屏蔽。

8）模块安装完成，将模块安装到面板或配线架上，整理线缆。

（2）屏蔽双绞线与屏蔽模块连接时的要求

1）对于铝箔屏蔽双绞线（F/UTP 铝箔总屏蔽双绞线和 U/FTP 铝箔线对屏蔽双绞线），要将屏蔽层和双绞线中的接地导线同时端接到两端模块的屏蔽层上。其目的是在万一屏蔽层横向断裂时，接地导线可以保证屏蔽层保持电气导通，使整根双绞线的屏蔽效果仍然保持，而电磁干扰仅仅只能从破损处侵入双绞线，使所产生的电磁危害微乎其微。

2）对于丝网+铝箔屏蔽的双绞线（SF/UTP：铝箔+丝网总屏蔽双绞线和 S/FTP：丝网总屏蔽+铝箔对屏蔽双绞线），只要将丝网层端接到两端模块的屏蔽层上即可。由于在双绞线中，丝网与铝箔始终保持处处导通，因此在端接时没有必要对铝箔也进行连接。

3）保留的铝箔屏蔽层上不应留有小缺口，以防被撕裂（没有小缺口的铝箔屏蔽层不容易被撕裂），这就要求在剥去护套时应注意刀锋插入护套的深度不能超过护套的厚度。

4）丝网中的铜丝在施工时有可能会散乱，要将没有护套保护的丝网整理好，以免散乱的铜丝接触到端接点（或在今后接触到端接点）造成信号短路。

4. 屏蔽布线系统的屏蔽配线架设计

屏蔽配线架的接地应直接接到机柜的接地铜排上，形成机柜内的星形接地，其接地线建议使用 6 mm^2 以上的网状接地线，利用其表面积大的特点提高线缆的高频特性。为了防止网状接地线短路，在接地线外应套塑料软管。要重点注意如下 3 点内容：

1）机柜制造时可以在底部安装一块接地铜排，将所有的接地导线全部接在这块铜排上，也可以在机柜的一侧设一根自下而上的接地母线，让屏蔽配线架可以就近接地。

2）每个机柜均应使用接地线连接到机房的接地铜排上，并确保配线架对地的接地电阻小于 1 Ω。

3）屏蔽配线架和机柜的接地应与强电接地完全分离，单独接至大楼底部的接地汇流排上。

5. 屏蔽布线系统的电信间设计

建筑物每层楼的电信间必须安装一个通信接地排（Telecommunication Grounding Bar，TGB），要重点注意如下两点内容。

（1）接地设计要求

接地设计要求应注意如下 6 点内容：

1）电信间内所有的带金属外壳的设备，包括交流设备接地排（ACEG）、管道、桥架、水管、机柜，必须用绝缘铜导线并行连接到配线间通信接地排（TGB）上。

2）电信间接地排（TGB）必须预先钻孔，其最小尺寸应为 6 mm（厚）×50 mm（宽），长度视工程实际需要来确定。

3）接触面应尽量采用镀锡，以减少接触电阻，如不是电镀，则在将导线固定到母线之前，须对母线进行清理。

4）对于大型建筑物，每个电信间可以安装多个接地排。

5）TGB 的位置应该尽量靠近网络布线主干。

6）TGB 的位置应该尽量减少等电位连接导体（BC）的长度。

（2）电信间等电位连接导体要求

电信间等电位连接导体要求应注意如下 6 点内容：

1）等电位连接导体须为铜质绝缘导线，其截面应不小于 16 mm^2，导体直径不小于 4 mm。

2）等电位连接导体应采用绿色护套。

3）等电位连接导体应尽可能短，以减少阻抗，一般长度不超过 50 cm，最大长度不可超过 10 m。

4）等电位连接导体不能采用串联方式连接。

5）当综合布线的电缆采用穿钢管或金属线槽铺设时，钢管或金属线槽应保持连续的电气连接，并应在两端具有良好的接地。

6）等电位连接导体须贴有标签，标签应该贴在方便易读的位置。

6. 屏蔽布线系统的设备间/数据中心机房设计

设备间/数据中心机房设计要重点注意如下两点内容。

（1）设备间/数据中心机房接地设计要求

通常在设备间/数据中心机房活动地板下安装信号参考网格（Signal Reference Grid，SRG），所有的金属表面的设备如机柜/架、金属线槽/管通过就近连接到信号参考网格（SRG），能够保证在高频信号（10 MHz 以上的信号）下所有接地的设备位于同一个电位。由于设备间/数据中心机房活动地板下安装信号参考网格（SRG）成本较高，如果设备间/数据中心机房中安装有带金属底座的防静电活动地板，可以利用活动地板下的金属底座相互连接形成信号参考网格（SRG），一般每 4～6 个金属底座相互连接，网格的水平距离不超过 3 m，等电位连接导体截面积一般至少为 10 mm^2。如图 4-19 所示。

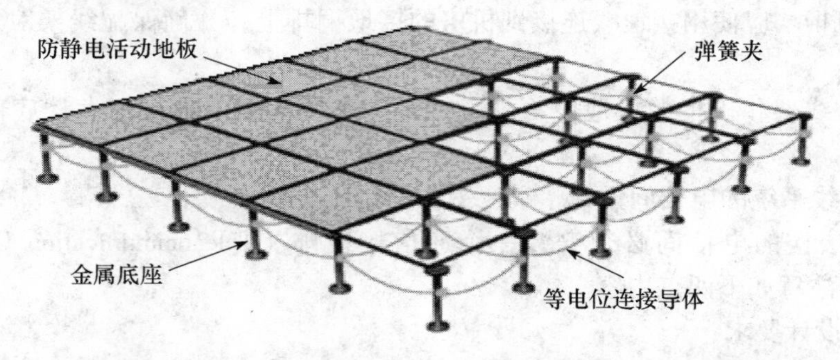

图 4-19　利用活动地板下的金属底座相互连接形成信号参考网格

（2）设备间/数据中心机房等电位连接导体设计要求

设备间/数据中心机房等电位连接导体设计要求应注意如下 3 点内容：

1）信号参考网格（SRG）到设备（机柜/架、水管、HVAC（采暖通风与空调）、活动地板金属底座等）的等电位连接导体直径至少为 4 mm。

2）设备间/数据中心机房信号参考网格（SRG）到 TGB 的接地导体直径至少为 7.3 mm。

3）等电位连接导体应采用绿色绝缘护套。

7. 屏蔽布线系统的机柜/机架接地设计

机柜/机架接地设计要重点注意如下3点内容：

1）配线间每个机柜/架都必须分别采用并行方式接到通信接地排上，以确保接地是连续的、可靠的。

2）如果建筑物没有采用TN-S配电系统，机柜/架到通信接地排的接地导体直径至少为6.0 mm，最大长度不超过4 m，如果长度增加，连接导体直径也需要随之增加。

3）如果建筑物采用TN-S配电系统，机柜/架到通信接地排的接地导体直径至少为4 mm，最大长度不超过4 m，如果长度增加，连接导体直径也需要随之增加。

8. 屏蔽布线系统的设备/配线架接地设计

设备/配线架接地设计要重点注意如下5点内容：

1）为确保机柜/架内的每个设备/配线架接地连续可靠，每个机柜/架内可以安装一个专用的接地排，接地排可以采用垂直或水平安装方式，每个设备/配线架采用并行连接的方式连接到接地排。

2）如果机柜/架安装配线架的位置已经去掉绝缘漆并且表面经过防氧化处理，设备/配线架也可以直接连接到通信接地排。

3）如果设备/配线架表面采用绝缘涂层，接地部位绝缘漆必须去掉。

4）等电位连接导体直径至少为4 mm。

5）等电位连接导体应采用绿色绝缘护套。

9. 屏蔽布线系统的工作区子系统接地设计

工作区信息插座不需要再连接到等电位接地网。原因是两端的网络设备已经具有保护接地，当两端的网络设备通电时，实际上相当于工作区设备接地。

10. 屏蔽布线系统的接地系统设计

接地系统重点注意如下6点内容：

1）保护地线的接地电阻值单独设置接地体时不应大于4 Ω；采用共用接地网（联合接地体）时不应大于1 Ω。

2）采用屏蔽布线系统时，各个布线链路的屏蔽层应保持连续性。

3）采用屏蔽综合布线系统时，屏蔽层的配线设备FD或BD端必须良好接地，用户端终端设备视具体情况接地，两端的接地应连接至同一接地体。若接地系统中存在两个不同的接地体时，其接地电位差不应大于1 V（有效值）。

4）屏蔽布线系统中所选用的信息插座、对绞电缆、连接器件、跳线等所组成的布线链路应具有良好的屏蔽及导通特性。

5）采用屏蔽布线系统时每一楼层的配线柜都应采用适当截面的铜导线单独布线至接地体，也可采用竖井内集中用铜排或粗铜线，引到接地体导线或铜导体的截面应符合标准。接地导线应接成树状结构的接地网，避免构成直流环路。

6）用于电子信息系统传输线路保护的金属管、金属槽道铺设时，槽道或钢管应保持连续的电气连接，两端应有良好的接地，并做等电位连接。

本章小结

本章阐述布线系统标准的有关要求；布线系统的设计；工作区子系统设计；配线（水平）子系统设计；干线（垂直干线）子系统设计；设备间子系统设计；技术管理；建筑群子系统设计；进线间设计；光缆传输系统；电信间设计；电源、防护和接地设计；环境保护设计。要求学生掌握综合布线各子系统的设计技术。

习题

1. 综合布线系统标准体现在哪几个方面？
2. 综合布线系统标准的系统设计体现在哪几个方面？
3. 综合布线系统标准的系统指标体现在哪几个方面？
4. 综合布线系统标准的工作区子系统体现在哪几个方面？
5. 综合布线系统标准的配线（水平）子系统体现在哪几个方面？
6. 综合布线系统标准的垂直干线子系统体现在哪几个方面？
7. 综合布线系统标准的设备间子系统体现在哪几个方面？
8. 综合布线系统标准的电信间子系统体现在哪几个方面？
9. 综合布线系统标准的建筑群子系统体现在哪几个方面？
10. 综合布线系统标准的进线间子系统体现在哪几个方面？
11. 综合布线系统标准的管理体现在哪几个方面？
12. 综合布线系统标准的光缆传输系统体现在哪几个方面？
13. 综合布线系统标准的电源、防护及接地体现在哪几个方面？
14. 综合布线系统标准的环境保护体现在哪几个方面？

第 5 章　网络工程设计方案写作基础和方案写作样例

本书的第 1 章到第 5 章为网络工程设计方案奠定了基础，我们通过一个设计方案把这些内容串连起来，使读者掌握写作网络工程方案的方法与技巧，达到一个网络工程师应具备的基本要求。

写出一个网络工程设计方案，可以说完成了一个网络工程的 30% ~40% 的工作量，剩下的只是付之实现的问题。

5.1　方案设计基础：一个完整的设计方案结构

一个局域网络是由网络互联设备、传输介质加上布线系统构成的，具体表现如图 5-1 所示。

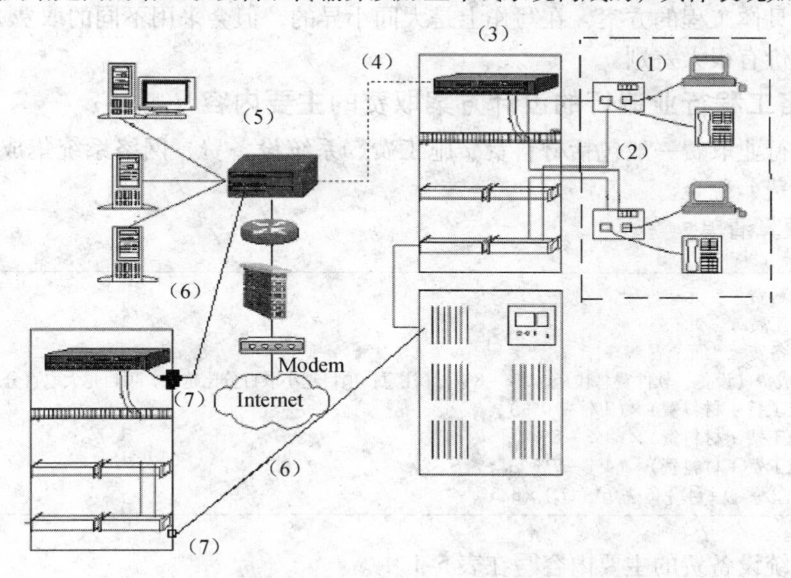

图 5-1　一个完整的设计方案结构图

注：(1) 工作区子系统；(2) 配线（水平干线子系统）；(3) 电信间（管理间子系统）；(4) 干线（垂直干线子系统）；(5) 设备间（设备间子系统）；(6) 楼宇子系统；(7) 进线间子系统。

我们把图 5-1 中的电信间（管理间）部分、设备间部分、楼宇部分称为网络方案结构图（通常参考书中讨论网络方案的就是指这一部分）；干线（垂直干线）、配线（水平干线）部分、工作区部分称为布线方案结构图。网络方案结构图和布线方案结构图是网络综合布线方案的基本内容。

5.2　方案设计基础：网络布线方案设计的内容

网络布线方案主要讨论的是：

- 怎样设计布线系统？
- 这个系统有多少信息量？

- 这个系统有多少个语音点?
- 怎样通过工作区子系统、配线（水平干线子系统）、电信间（管理间子系统）、干线（垂直干线子系统）、设备间（设备间子系统）、楼宇子系统、进线间子系统把它们连接起来?
- 需要选择哪些传输介质（线缆）?
- 需要选择哪些设备?
- 需要哪些线材（槽管）及其价格如何?
- 与施工有关的费用等问题。

用几句话来回答上面问题是困难的，作者将在本章5.3节、5.4节、5.5节中具体讲述。

目前，网络工程行业对网络布线方案的设计有两套主流的设计方式：网络工程行业的方案设计方式和建筑行业的方案设计方式。这两种方式在工程取费上有一些差别。作者把这两套设计方式通过5.3节、5.4节的内容反映出来，供读者参考。

5.3 方案设计基础：两套设计方案各自取费的主要内容

针对一个具体工程的方案，在写作上是大同小异的，但会采用不同的取费方式，可能使网络工程的造价有很大差别。

5.3.1 网络工程行业流行的设计方案取费的主要内容

网络工程行业取费一般包括材料费、施工费、系统设备费、网络系统集成费、设计费、督导费、测试费、税金。

1. 工程预算清单

① 网络布线材料费　　元；
② 网络布线施工费　　元；
③ 网络系统设备费　　元；
④ 网络系统集成费（设备、软件费总和）×(2%~8%)（注意：项目越小取百分比越大，项目越大取百分比越小，下同）；
⑤ 设计费（施工费+材料费）×(3%~10%)；
⑥ 督导费（施工费+材料费）×(4%~8%)；
⑦ 测试费（施工费+材料费）×(4%~7%)；
⑧ 税金（①+②+③+④+⑤+⑥+⑦）×3.3%。

将网络系统设备费的主要内容写在表5-1中。
将网络布线材料费的主要内容写在表5-2中。
将网络布线施工费的主要内容写在表5-3中。

2. 网络系统设备费的主要内容表

网络系统设备费的主要内容表如表5-1所示。

表5-1 网络系统设备费的主要内容表

某网络工程网络系统设备费报价表

序　号	设备名称	单　位	数　量	单价（元）	合价（元）	备　注
⋮						
合计						

3. 网络布线材料费的主要内容表

网络布线材料费的主要内容表如表 5-2 所示。

表 5-2　网络布线材料费的主要内容表

某网络工程网络布线材料费报价表

序　号	材料名称	单　位	数　量	单价（元）	合价（元）	备　注
⋮						
合计						

4. 网络布线施工费的主要内容表

网络布线施工费的主要内容表如表 5-3 所示。

表 5-3　网络布线施工费的主要内容表

某网络工程网络布线施工费报价表

序　号	分项工程名称	单　位	数　量	单价（元）	合价（元）	备　注
⋮						
合计						

5.3.2　建筑行业设计方案取费的主要内容

建筑行业流行的设计方案取费原则上参考中华人民共和国工业和信息化部文件（2008.5）工信部规［2008］75 号文要求进行。

通信建设工程项目总费用由各单项工程项目总费用构成；各单项工程总费用由工程费、工程建设其他费、预备费、建设期利息四部分构成。具体项目构成如图 5-2 所示。

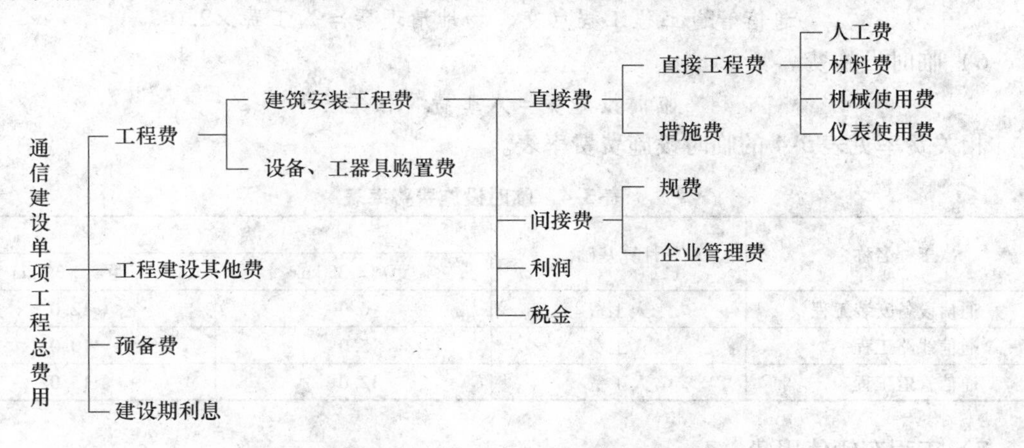

图 5-2　建筑行业设计方案取费的主要内容

通信建设单项工程总费用具体介绍如下。

1. 直接工程费

1）人工费。

人工费 = 技工费 + 普工费

2）材料费。

材料费 = 主要材料费 + 辅助材料费

3）机械使用费。

4）仪表使用费。

直接工程费合计 = 1)(人工费) + 2)(材料费) + 3)(机械使用费) + 4)(仪表使用费)。

2. 措施费

1）环境保护费。

无线通信设备安装工程环境保护费 = 人工费 ×1.2

通信线路工程、通信管道工程环境保护费 = 人工费 ×1.5

2）文明施工费。

文明施工费 = 人工费 ×1.0%

3）工地器材搬运费。

通信设备安装工程工地器材搬运费 = 人工费 ×1.3

通信线路工程工地器材搬运费 = 人工费 ×5.0

通信管道工程工地器材搬运费 = 人工费 ×1.6

4）工程干扰费。

通信线路工程、通信管道工程工程干扰费 = 人工费 ×6.0

移动通信基站设备安装工程工程干扰费 = 人工费 ×4.0

5）工程点交、场地清理费。

通信设备安装工程工程点交、场地清理费 = 人工费 ×3.5

通信线路工程工程点交、场地清理费 = 人工费 ×5.0

通信管道工程工程点交、场地清理费 = 人工费 ×2.0

6）临时设施费。

临时设施费 = 人工费 × 相关费率

相关费率见表5-4的临时设施费费率表。

表5-4 临时设施费费率表

工程名称	计算基础	费率（%）	
		距离≤35 km	距离 >35 km
通信设备安装工程	人工费	6.0	12.0
通信线路工程	人工费	5.0	10.0
通信管道工程	人工费	12.0	15.0

7）工程车辆使用费。

无线通信设备安装工程、通信线路工程工程车辆使用费 = 人工费 ×6.0

有线通信设备安装工程、通信电源设备安装工程、通信管道工程工程车辆使用费 = 人工费 ×2.6

8）夜间施工增加费。

通信设备安装工程夜间施工增加费 = 人工费 ×2.0

通信线路工程（城区部分）、通信管道工程夜间施工增加费 = 人工费 ×3.0

9）冬雨季施工增加费。

冬雨季施工增加费 = 人工费 ×2.0

10）生产工具用具使用费。

通信设备安装工程生产工具用具使用费 = 人工费 ×2.0

通信线路工程、通信管道工程生产工具用具使用费 = 人工费 ×3.0

11）施工用水电蒸汽费。

通信线路、通信管道工程依照施工工艺要求按实计列施工用水电蒸汽费。

12）特殊地区施工增加费。

特殊地区施工增加费 = 概（预）算总共日 ×3.20 元/工日

13）已完工程及设备保护费。

14）运土费。

按实计取运土费，计算依据参照地方标准。

15）施工队伍调遣费。

施工队伍调遣费按调遣费定额计算。施工现场与企业的距离在 35 km 以内时，不计取此项费用。

施工队伍调遣费 = 单程调遣费定额 × 调遣人数 ×2

施工队伍单程调遣费定额如表 5-5所示。

表 5-5　施工队伍单程调遣费定额表

调遣里程（L）（km）	调遣费（元）	调遣里程（L）（km）	调遣费（元）
35 < L≤200	106	2400 < L≤2600	724
200 < L≤400	151	2600 < L≤2800	757
400 < L≤600	227	2800 < L≤3000	784
600 < L≤800	275	3000 < L≤3200	868
800 < L≤1000	376	3200 < L≤3400	903
1000 < L≤1200	416	3400 < L≤3600	928
1200 < L≤1400	455	3600 < L≤3800	964
1400 < L≤1600	496	3800 < L≤4000	1042
1600 < L≤1800	534	4000 < L≤4200	1071
1800 < L≤2000	568	4200 < L≤4400	1095
2000 < L≤2200	601	L > 4400 km 时，每增加 200 km 增加调遣费	73
2200 < L≤2400	688		

施工队伍调遣人数定额如表 5-6 所示。

表 5-6　施工队伍调遣人数定额表

通信设备安装工程			
概（预）算技工总工日	调遣人数（人）	概（预）算技工总工日	调遣人数（人）
500 工日以下	5	4000 工日以下	30
1000 工日以下	10	5000 工日以下	35
2000 工日以下	17	5000 工日以上，每增加 1000 工日增加调遣人数	3
3000 工日以下	24		

（续）

通信线路、通信管道工程			
概（预）算技工总工日	调遣人数（人）	概（预）算技工总工日	调遣人数（人）
500 工日以下	5	9000 工日以下	55
1000 工日以下	10	10 000 工日以下	60
2000 工日以下	17	15 000 工日以下	80
3000 工日以下	24	20 000 工日以下	95
4000 工日以下	30	25 000 工日以下	105
5000 工日以下	35	30 000 工日以下	120
6000 工日以下	40	30 000 工日以上，每增加 5000 工日增加调遣人数	3
7000 工日以下	45		
8000 工日以下	50		

16）大型施工机械调遣费。

大型施工机械调遣费 =2×[单程运价×调遣运距×总吨位]

大型施工机械调遣费单程运价为：0.62 元/吨·单程公里。大型施工机械调遣吨位如表 5-7 所示。

表 5-7 大型施工机械调遣吨位表

机械名称	吨 位	机械名称	吨 位
光缆接续车	4	水下光（电）缆沟挖冲机	6
光（电）缆拖车	5	液压顶管机	5
微管微缆气吹设备	6	微控钻孔铺管设备	25 吨以下
气流铺设吹缆设备	8	微控钻孔铺管设备	25 吨以上

措施费 =1）环境保护费 +2）文明施工费 +3）工地器材搬运费 +4）工程干扰费 +5）工程点交、场地清理费 +6）临时设施费 +7）工程车辆使用费 +8）夜间施工增加费 +9）冬雨季施工增加费 +10）生产工具用具使用费 +11）施工用水电蒸汽费 +12）特殊地区施工增加费 +13）已完工程及设备保护费 +14）运土费 +15）施工队伍调遣费 +16）大型施工机械调遣费。

3. 间接费

1）规费。

规费指政府和有关部门规定必须缴纳的费用（简称规费）。

- 工程排污费。

根据施工所在地政府部门相关规定收取。

- 社会保障费。

社会保障费包含养老保险费、失业保险费和医疗保险费三项内容。

各类通信工程社会保障费 = 人工费 ×26.81

- 住房公积金。

各类通信工程住房公积金 = 人工费 ×4.19

- 危险作业意外伤害保险。

各类通信工程危险作业意外伤害保险 = 人工费 ×1.0

2）企业管理费。

企业管理费 = 人工费 × 相关费率

企业管理费费率如表 5-8 所示。

表 5-8 企业管理费费率表

工程名称	计算基础	费率（%）
通信线路工程、通信设备安装工程	人工费	30.0
通信管道工程		25.0

间接费 =1）规费 +2）企业管理费。

4. 利润

通信线路、通信设备安装工程利润 = 人工费 ×30.0

通信管道工程利润 = 人工费 ×25.0

5. 税金

税金 =（直接费 + 间接费 + 利润）×3.41

税金指按国家税法规定应计入建筑安装工程造价内的营业税、城市维护建设税及教育费附加。

6. 设备、工器具购置费

设备、工器具购置费 = 设备原价 + 运杂费 + 运输保险费 + 采购及保管费 + 采购代理服务费

1）设备原价：供应价或供货地点价。

2）运杂费 = 设备原价 × 设备运杂费费率。

3）运输保险费 = 设备原价 × 保险费费率的 0.4%。

4）采购及保管费 = 设备原价 × 采购及保管费费率。

5）采购代理服务费按实计列。

设备运杂费费率如表 5-9 所示。

表 5-9 设备运杂费费率表

运输里程 L（km）	取费基础	费率（%）	运输里程 L（km）	取费基础	费率（%）
L≤100	设备原价	0.8	1000 < L≤1250	设备原价	2.0
100 < L≤200	设备原价	0.9	1250 < L≤1500	设备原价	2.2
200 < L≤300	设备原价	1.0	1500 < L≤1750	设备原价	2.4
300 < L≤400	设备原价	1.1	1750 < L≤2000	设备原价	2.6
400 < L≤500	设备原价	1.2	L > 2000 km 时，每增加 250 km 增加运杂费费率	设备原价	0.1
500 < L≤750	设备原价	1.5			
750 < L≤1000	设备原价	1.7	—	—	—

采购及保管费费率如表 5-10 所示。

表 5-10 采购及保管费费率表

项目名称	计算基础	费率（%）
需要安装的设备	设备原价	0.82
不需要安装的设备（仪表、工器具）		0.41

7. 工程建设其他费

（1）建设用地及综合赔补费

建设用地及综合赔补费包括以下 3 种：

1）建筑安装工程造价内的营业税。

2）城市维护建设税。

3）教育费附加。

其计算方法如下：

1）根据应征建设用地面积、临时用地面积，按建设项目所在省、市、自治区人民政府制定颁发的土地征用补偿费、安置补助费标准和耕地占用税、城镇土地使用税标准计算。

2）建设用地上的建（构）筑物如需迁建，其迁建补偿费应按迁建补偿协议计列或按新建同类工程造价计算。

（2）建设单位管理费

建设单位管理费参照财政部财建［2002］394号《基建财务管理规定》执行。

如建设项目采用工程总承包方式，其总包管理费由建设单位与总包单位根据总包工作范围在合同中商定、从建设单位管理费中列支。建设单位管理费总额控制数费率表如表5-11所示。

表5-11　建设单位管理费总额控制数费率表　单位：万元

工程总概算	费率（%）	算例	
		工程总概算	建设单位管理费
1000以下	1.5	1000	1000×1.5%=15
1001~5000	1.2	5000	15+(5000-1000)×1.2%=63
5001~10 000	1.0	10 000	63+(10 000-5000)×1.0%=113
10 001~50 000	0.8	50 000	113+(50 000-10 000)×0.8%=433
50 001~100 000	0.5	100 000	433+(100 000-50 000)×0.5%=683
100 001~200 000	0.2	200 000	683+(200 000-100 000)×0.2%=883
200 000以上	0.1	280 000	883+(280 000-200 000)×0.1%=963

1）可行性研究费。

此项费用参照《国家计委关于印发〈建设项目前期工作咨询收费暂行规定〉的通知》（计投资［1999］1283号）的规定计算。

2）研究试验费。

根据建设项目研究试验内容和要求进行编制。研究试验费不包括以下项目：

- 应由科技三项费用（即新产品试制费、中间试验费和重要科学研究补助费）开支的项目。
- 应在建筑安装费用中列支的施工企业对材料、构件进行一般鉴定、检查所发生的费用及技术革新的研究试验费。

3）勘察设计费。

此项费用参照国家计委、建设部（现已改为住建部）《关于发布〈工程勘察设计收费管理规定〉的通知》（计价格［2002］10号）规定计算。

$$设计费=工程造价\times 10\%$$

4）环境影响评价费。

此项费用参照国家计委、国家环境保护总局（现已改为环境保护部）《关于规范环境影响咨询收费有关问题的通知》(计价格［2002］125号)规定计算。

5)劳动安全卫生评价费。

此项费用参照建设项目所在省(市、自治区)劳动行政部门规定的标准计算。

(3)建设工程监理费

此项费用参照国家发改委、建设部［2007］670号文,关于《建设工程监理与相关服务收费管理规定》的通知进行计算。

(4)安全生产费

此项费用参照财政部、国家安全生产监督管理总局财企［2006］478号文,《高危行业企业安全生产费用财务管理暂行办法》的通知:安全生产费按建筑安装工程费的1.0%计取。

(5)工程质量监督费

此项费用参照国家发改委、财政部计价格［2001］585号文的相关规定计算。

(6)工程定额测定费

工程定额测定费 = 直接费 ×0.14%

(7)引进技术及进口设备其他费

(8)工程保险费

(9)工程招标代理费

(10)专利及专用技术使用费

(11)人员培训费及提前进厂费

- 为保证初期正常生产、生活(或营业、使用)所必需的生产办公、生活家具用具购置费。
- 为保证初期正常生产(或营业、使用)必需的第一套不够固定资产标准的生产工具、器具、用具购置费(不包括备品备件费)。

8. 预备费

预备费包括基本预备费和价差预备费。

(1)基本预备费

1)进行技术设计、施工图设计和施工过程中,在批准的初步设计和概算范围内所增加的工程费用。

2)由一般自然灾害所造成的损失和预防自然灾害所采取的措施费用。

3)竣工验收为鉴定工程质量,必须开挖和修复隐蔽工程的费用。

(2)价差预备费

价差预备费是指设备、材料的价差。

预备费 =(工程费 + 工程建设其他费)× 相关费率

预备费费率如表5-12所示。

表5-12 预备费费率表

工程名称	计算基础	费率(%)
通信设备安装工程	工程费 + 工程建设其他费	3.0
通信线路工程		4.0
通信管道工程		5.0

9. 建设期利息

建设期利息是指建设项目贷款在建设期内发生并应计入固定资产的贷款利息等财务费用。按银行当期利率计算。

10. 国外设备（材料）的引进费

国外设备（材料）的引进费=设备（材料）的国外运输费+国外运输保险费+关税+增值税+外贸手续费+银行财务费+国内运杂费+国内运输保险费+引进设备（材料）国内检验费+海关监管手续费，按引进货价计算后进入相应的设备材料费中（单独引进软件不计关税只计增值税）。

通信建设工程项目总费用（国内设备）=1（直接工程费）+2（措施费）+3（间接费）+4（利润）+5（税金）+6（设备、工器具购置费）+7（工程建设其他费）+8（预备费）+9（建设期利息）。

通信建设工程项目总费用（国内设备+国外设备）=1（直接工程费）+2（措施费）+3（间接费）+4（利润）+5（税金）+6（设备、工器具购置费）+7（工程建设其他费）+8（预备费）+9（建设期利息）+10（国外设备（材料）的引进费）。

5.4 综合布线系统取费

综合布线系统取费内容多，为了节省篇幅，本部分具体内容请见华章网站。

5.5 综合布线方案设计模板

第一部分　中国××信息系统网络工程项目设计方案

第1章　工程项目与用户需求

1.1　工程项目名称与概况

(1) 工程名称：中国××中心网络系统工程

(2) 工程概况

- 用户现场环境

（描述用户需要进行综合布线系统的建筑物环境）

- 信息点分布情况

（描述用户需要布线的信息点分布情况）

此次综合布线项目规划实施××个信息点，这些信息点的分布如下表所示：

楼　层	房间号	信息点数量	合　计	备　注

1.2　网络系统框架

该网络系统的框架图（描述用户网络系统的框架）

1.3　用户需求

（描述用户的需求）

(1) 网络技术需求

(2) 网络布线需求

(3) 硬件选择原则

（4）软件选择和设计原则
1.4　技术要求
（一）硬件要求
（描述用户的硬件要求）
（1）交换机
（2）服务器
（3）网络操作系统
（4）传输介质
（5）安全性
（6）可靠性
（7）数据备份
（二）系统软件要求
（描述用户的系统软件要求）
第2章　建网原则
（描述建网原则）
（1）标准化及规范化
（2）先进性与成熟性
（3）安全性与可靠性
（4）可管理性及可维护性
（5）灵活性及可扩充性
（6）实用性
（7）优化性能价格比
第3章　网络工程总体方案
（描述用户网络工程的总体方案）
3.1　网络系统拓扑结构图
3.2　网络通信协议
3.3　连网技术
（1）本方案采用的连接技术
（2）楼内局域网连接技术
（3）与外网连接技术
3.4　网络总体结构
3.5　网络信息系统网络工程的构件组成
3.6　网络传输介质
3.7　网络管理
3.8　网络信息系统网络结构化布线系统与标准
第二部分　网络工程项目实施方案
（描述用户网络工程项目实施方案）
第1章　工程进度安排
1.1　系统调研与需求分析

1.2　工程方案设计
1.3　布线系统施工
1.4　系统测试与验收
(1) 布线系统的测试
(2) 布线系统验收
1.5　网络系统的安装调试
(1) 网络整体联调
(2) 网络服务器的安装
(3) 路由器安装调试
(4) 专线调试
1.6　系统验收
(1) 用户与集成商共同组建工程验收小组
(2) 确定验收标准
(3) 系统验收
(4) 文档验收
第2章　测试与验收
2.1　测试组的组成
2.2　测试方法和仪器
(1) 布线系统测试
(2) 网络系统测试
(3) 工程项目文档
第3章　项目进度安排
(1) 现场调研和需求分析
(2) 方案设计
(3) 线缆铺设
(4) 连通性测试
(5) 信息插座打线安装
(6) 配线架打线安装
(7) RJ45 跳线和设备线制作
(8) 线缆测试
(9) 整理资料
(10) 验收
(11) 系统试运行
(12) 系统验收
第三部分　网络信息系统网络工程项目培训方案
(描述本项目培训方案)
(1) 现场培训
(2) 课程培训

第四部分　技术能力

（简要介绍本公司的技术能力）

第1章　项目定义与管理

1.1　项目定义

1.2　项目组织机构

1.3　项目管理人员职能

1.4　项目主要技术负责人简历

第五部分　同类项目业绩

（简要介绍本公司的同类项目业绩）

第六部分　设备、工程清单一览表

（描述本项目的设备、工程清单）

第七部分　网络工程综合布线材料清单

（描述本项目的布线材料清单）

第八部分　售后服务与人员培训

（描述本项目的售后服务与人员培训）

8.1　售后服务保证

8.2　保修期内服务条款

（1）保修期起始的定义

（2）保修期的期限

（3）服务响应时间的限定

（4）服务费用

8.3　保修期外服务条款

8.4　人员培训

（1）现场培训

（2）课程培训

附录1. 工程预算清单

附录2. 计算所网络研究开发中心简介

附录3. 参加项目技术人员简介

附录4. 资格证书

5.6　实例：中国××信息系统网络工程设计方案

中国科学院计算技术研究所（二部）网络研究开发中心

第一部分　中国××中心信息系统网络工程项目设计方案

第1章　工程项目与用户需求

1.1　工程项目名称与概况

（1）工程名称：中国××中心网络系统工程

（2）工程概况

中国××中心建设××信息系统包括××系统和网络工程两大部分。××管理系统对××进行集体管理，网络工程是上述信息系统的工作平台。该平台有三方面的任务：第一，与外部网（Internet）连接；第二，供外部网100个用户同时访问该系统；第三，供内部28个房间（每个房间3～5个用户）用户上网工作。拥有打印服务器、数据库服务器、一级交换机一台、防火墙、路由器、微机工作站30台、磁盘阵列、磁带机、UPS不间断电源一台。

网络工程项目范围包括计算机网络系统的设计、设备安装（不包括终端设备）、网络综合布线，网络综合布线主要集中在二层楼内，共28个房间，每个房间需配置3～5个信息点。

1.2 网络系统框架

该网络系统的框架如图5-3所示。

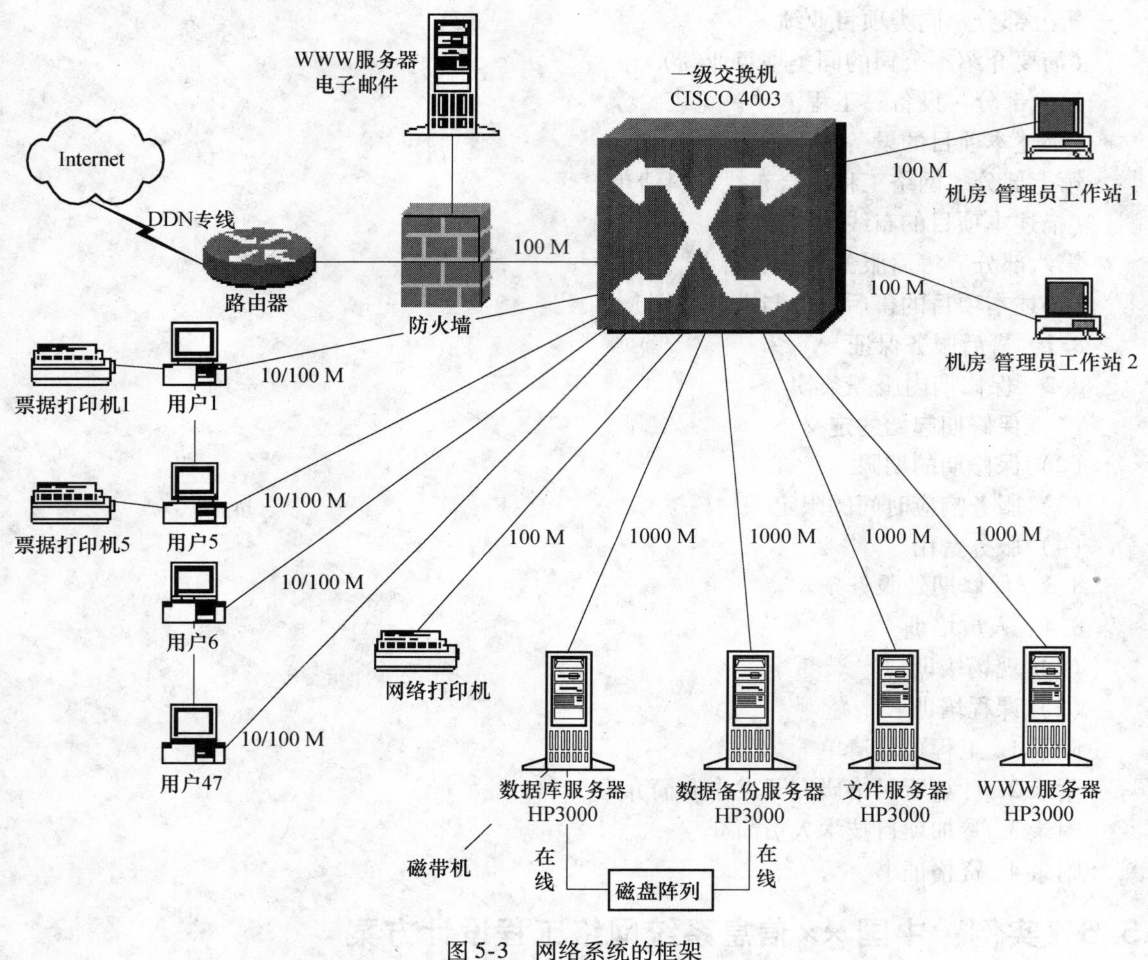

图5-3 网络系统的框架

1.3 用户要求

用户对网络的时间特性要求是30个内部网用户同时访问系统时，系统响应时间不超过3 s，100个外部网用户同时访问系统时，在正常的网络条件下，系统响应时间不超过10 s。因此，我们建网时考虑如下4点。

1. 网络技术需求

在网络总体设计上，干线网采用千兆以太网技术，网络结构采用星形拓扑结构，10/100 M到桌面，用户共有两层办公室区域，直接与一级交换机的48个百兆口相连。若大于47个用户，加一台二级交换机扩充24个10/100 M用户。整个网络要求具有完善的网络管理、备份冗余办法以及多级安全认证措施，数据库系统采用双机热备份，同时提供磁带机数据备份。

2. 网络布线需求

按照招标书有关要求，局域网和互联网网站采用防火墙、路由器，在防火墙间设一个外部WWW服务器（包括电子邮件），供外部访问用户使用，外连Internet时，通过DDN E1线路，确保用户所需的带宽和工作速率。

3. 硬件选择原则

系统硬件（包括交换机、服务器及布线）应选择技术成熟、系统功能和性能先进、扩充性能好的知名硬件厂商的产品。

4. 软件选择和设计原则

软件系统的选择和设计要综合考虑产品的先进、成熟性和发展潜力以及该产品的公司所能够提供的技术支持与服务，同时还要考虑系统的开放性或兼容性，也要考虑软件功能集成性和扩展性。

1.4　技术要求

（一）硬件要求

（1）交换机

中心交换机采用Cisco 4003的千兆以太交换机，应该满足以下要求：

- 至少应具有6千兆以太网接口的扩展能力。
- 支持ATM接口。
- 支持多种协议。
- 所有模板支持带电热插拔。
- 交换模块必须是互为热备份的。
- 支持第三层交换。
- 支持虚拟网组网。
- 能够提供从网络边缘贯穿网络核心的级别服务和质量服务（QoS）。
- 具有广域DDN、ISDN、VSAT、ADSL、SDH等多种连接扩展能力，并具有较高的连接速率。
- 具有支持远程访问用户同时接入的扩展能力。
- 10/100 M交换到桌面，保证47个用户享受10/100 M到桌面。

（2）服务器

对不同的网络功能配备单独的服务器（如数据库服务器、Web服务器等），以保证网络系统信息管理的高效性、安全性和快速修复性。

主要服务器要配备HP PC-Server系列，采用双CPU并要求P4800以上，内存1 G以上，2级缓存2 M以上，硬盘容量20 G以上，支持DVD，具备双机热备、硬盘热插拔扩展功能及1 G网卡接口，至少4个以上的硬盘扩展槽。

（3）网络操作系统

网络操作系统采用Windows 2000、NT或UNIX、Linux。

（4）传输介质

用户桌面与楼层配线间之间采用进口超5类双绞线相连。

(5) 安全性

1) 系统通过 WWW 提供服务，保证互联网和局域网之间设立防火墙机制。

2) 虚拟网络划分。整个网络要求可在任意两个信息点间跨交换机进行虚拟网络划分，并可在特定的连接线上指定 VLAN。

(6) 可靠性

采用具有自动备份、灾难恢复等多种容错功能和集群技术的服务器及网络设备，保证出现故障时能够迅速地进行在线恢复。

系统主要设备（如交换机、服务器等）在正常的工作环境下的平均无故障工作时间(MTBF) 应大于60 000 小时。

(7) 数据备份

对于××的数据备份是很重要的，需要建立一个双机热备份系统。根据标书中的数据估计量，发展的速度非常快，数据量也非常大，我们制定高、低档次的双机热备份磁盘阵列方案供甲方考虑。考虑到目前的经济投入和技术发展的状态，本方案报价为低档数据备份方案。方案的结构是：在两个数据库服务器间建立磁盘阵列（在线），由两个数据库服务器分别加入一块 SISC 模块与磁带机相连，进行数据备份。

设备的选择是磁盘阵列柜 ESCORT DA—8424P2。

处理器 CPU：64 位 POWER PC RISC

控制器：1 个

RAID 级别：0，1，3，5，0 +1，10，30，50

标配内存：128 MB（可扩充至 1 GB）

主机/阵列接口：LVD ULTRA2 SCSI（80 M/S）

通道数（Host + Drive）：4 +4

热插拔硬盘盒：24 个，最大容量 180 GB ×24 =4320 GB

风扇数：8 个

电源数：4 个

采用的是基于 Java 的 GUI 软件，可实现远端监控管理盘阵。数据备份采用磁带库方式选择 Exabyte M2 磁带机。

(二) 系统软件要求

软件系统除需要满足各种功能要求外，还应该满足以下技术要求：

1) 具有支持多平台操作系统的能力。

2) 系统采用浏览器/服务器方式，具有支持多媒体和 Web 发布的工具和能力。

3) 定制的、完全可编辑（支持二次开发）的信息交换与发布。

第2章　建网原则

我单位集多年的系统集成经验，形成了自己的一整套网络建设的原则。其中集中体现了我们对用户网络技术和服务上的全面支持。这些原则是以用户为中心的，具体原则如下所述。

(1) 标准化及规范化

采用开放的标准网络通信协议，选择符合工业标准的网络设备、通信介质、网络布线连接件及其相关器件器材。工程实施遵照国家电信工程实施标准进行。

（2）先进性与成熟性

按照生命周期的原则，系统设计的基本思想符合技术发展的基本潮流，使布线系统在其整个生命周期内保持一定的先进性；选择合理的网络拓扑结构，网络工程中所用的设备、器材、材料以及软件平台应选择与网络技术发展潮流相吻合的、先进的、有技术保证的、得到广大用户认可的厂家产品。

（3）安全性与可靠性

为了保证整个网络系统安全、可靠地运行，首先必须在总体设计中从整体考虑系统的安全性和可靠性。在网络设计阶段以及在工程实施各个阶段都必须考虑到所有影响系统安全、可靠性的各种因素。工程实施完成后，必须按照标准进行严格的测试。

（4）可管理性及可维护性

计算机网络是一个比较复杂的系统，在设计、组建一个网络时，除了要保证联网设备便于管理与维护外，网络布线系统也必须做到走线规范、标记清楚、文档齐全，以便提高对整个系统的可管理性与可维护性。

（5）灵活性及可扩充性

为了保证用户的已有投资以及用户不断增长的业务需求，网络和布线系统必须具有灵活的结构并留有合理的扩充余地，以便用户根据需要进行适当的变动与扩充。

（6）实用性

应根据用户的应用需求，科学地、合理地、实事求是地组建一个实用的网络系统。

（7）优化性能价格比

在满足系统性能、功能以及考虑到在可预见期间内仍不失其先进性的前提下，尽量使得整个系统所需投资合理。

第 3 章　网络工程总体方案

3.1　网络系统拓扑结构图

网络拓扑结构是决定网络性能的主要技术之一，同时在很大程度也决定了网络系统的可靠性、传输速度和通信效率。网络拓扑结构与网络布线系统有着密切的关系，将对整个网络系统的工程投资产生重要的影响。

计算机网络的拓扑结构是指网络结点与链路的几何排列。通过对网络进行拓扑分析，可初步确定物理网络的选择。计算机网络拓扑结构主要有星形、树形、总线形、环形及网状拓扑。

近年来，由于网络技术发展以及新型网络设备的不断出现，使得在大多数局域网中采用星形拓扑结构。根据用户应用需求以及对网络总体性能和可靠性的考虑，建议省级网络系统拓扑结构如图 5-4 所示。

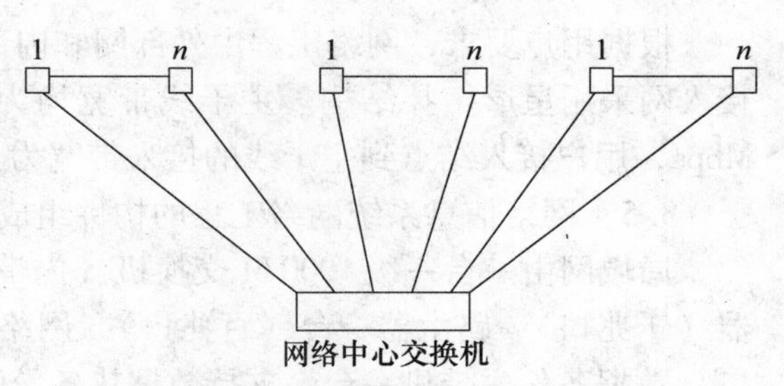

图 5-4　网络拓扑结构示意图

用户接入端采用星形拓扑结构是因为它比较其他拓扑结构具有如下优点：

- 网络结构简单、明了，易于管理、维护。
- 网络可靠性高，不会由于一个结点（中心结点除外）出现故障，导致全网瘫痪。
- 星形结构特别适合于当前流行的、先进的网络结构化布线，已成为成熟的技术。

- 系统容易扩展，可实现带电接入与拆除，并且对整个网络运行无任何影响。
- 特别适合于交换器、集线器等设备的连接。
- 容易通过增加主干设备端口连接数，实现扩展主干线的带宽。
- 适于星形结构的设备技术成熟，种类多，选择余地大。

3.2 网络通信协议

为了最大限度地支持操作平台和应用软件，得到最优的性能/价格比，以及和Internet实现连接，我们选择了以TCP/IP为中心的、开放的、标准的网络通信协议。

TCP/IP协议是一个成熟的而且功能完备的网络协议体系。TCP/IP对现有的几乎所有通信介质都提供支持，同时有大量的应用软件和操作系统是以TCP/IP为基础的。Windows NT，Windows 98/95、NetWare 3.12及其高版本、所有UNIX和Linux版本均内置了TCP/IP协议。在Windows 3.x上加载WinSock模块即可实现TCP/IP功能。DOS下也有许多实现TCP/IP功能的软件。

低层传输协议建议采用IEEE 802.3（ISO 8802.3）标准。该标准中的802.3（10 M以太网）、802.3u（100 M以太网）、802.3z（1000 M以太网）都是兼容的，能够实现真正无缝连接。

802.3是局域网中使用得最多的物理层、数据链路层以太网标准。绝大多数网络设备、网卡支持802.3标准。

路由器支持的接口有V.35，RS-232等，支持的广域网协议有PPP、FrameRelay、X.25、ISDN等。

3.3 连网技术

（1）本方案采用的连接技术

本方案采用双绞线到桌面结构的方案，采用交换式1000 M以太网连接技术。在该方案中，网络中心结点通过1000 M交换技术进行连接，即保证了主干线的1000 M带宽。

（2）楼内局域网连接技术

楼内局域网采用快速交换式以太网（10/100 M自适应）通过超5类双绞线按照星形拓扑结构进行连接。保证了用户的100 M交换到桌面的要求。

（3）与外网连接技术

本方案与外网连接通过DDN E1专线用路由器实现与Internet连接。路由器选用Cisco 2620，防火墙Cisco TIX515R。确保与外网100个用户同时访问该系统所需要的带宽。

3.4 网络总体结构

根据用户要求，网络工程由外部网和内部局域网组成，主干网采用星形拓扑结构，用户接入网采用星形拓扑结构。主干线带宽均为1000 Mbps，结点到主干线的接入带宽为1000 Mbps，用户接入结点到主干线的接入带宽为10/100 Mbps。

3.5 网络信息系统网络工程的构件组成

局域网由一台一级1000 M交换机（内带6台千兆口模块，48个百兆口模块）、4台服务器（千兆口）、路由器一台（百兆口）、网络中心工作站2台（百兆）、防火墙一台（百兆口）数据备份磁带机一台、支持数据热备份的磁盘阵列一台。

3.6 网络传输介质

楼内网络传输介质为双绞线。布线系统按照结构化布线规范EIA/TIA 568B设计，采用超5类非屏蔽双绞线和连接件，按星形拓扑布线。这种布线设计可保证网络主干跑千兆、百兆到桌面的要求，并且可以使将来系统升级千兆到桌面时无需重新布线，只是更换一下网卡、交换机等网络设备就能实现。

采用 DDN E1（带宽 2048 K）与 Internet 连接，DDN 专线与路由器接口是通过 DDN Modem 池实现的，DDN 初装费 2615 元，Modem 池每个 20 000 元，线路费每月 2000 元，网络费每月 30 000 元。初装费、Modem 池、线路均由电信部门解决。

3.7 网络管理

网络系统分为外网和内网两个独立的系统，为了保证网络系统更加有效地、可靠地运行，建议各自配置一台网络管理工作站，以便更加有效地进行管理。网管工作站上建议运行 Cisco Works 2000 For Windows NT/98 企业版网管软件。Cisco Works 2000 是该公司最新的基于 Web 界面的网管产品，该网管软件的主要功能如下：

- 提供网络内 Cisco 交换器、路由器的自动识别和自动拓扑结构图。
- 提供系统级的 VLAN 拓扑结构图。
- 通过简单单击鼠标提供链路信息。
- VLAN 的管理功能（路径，增、删、改名称，故障检查等）。
- 性能管理：性能监视分析、性能趋势分析、报警等。
- 远程网络配置功能。
- 网络设备管理：建立维护网络设备数据库。

3.8 网络信息系统网络结构化布线系统与标准

结构化布线是近年来在网络工程和综合布线系统中比较流行的、先进的布线结构，它最大的特点是其相对地与所连设备无关，灵活、易改、易扩以及易于管理和维护。所以我们建议网络布线采用结构化布线系统（PDS）。

根据本工程所提出的要求以及我们一贯严格遵守的建网原则、设计思想，并严格遵守国家和行业有关部门制定的各项标准和规范，主要的标准和规范为：

- 商用建筑布线标准 EIA/TIA 568B
- 国际布线标准 ISO 11801
- 商用建筑电信通道和空间标准 EIA/TIA 569A
- 商用建筑通信管理标准 EIA/TIA 606
- 建筑与建筑群综合布线系统工程设计规范 CECS 72：97
- 建筑与建筑群综合布线系统工程施工与验收标准 CECS 82：97
- 民用建筑电器设计规范 JGJ/T 16—92
- 中国电器装置安装工程施工及验收规范 GBJ 232—82
- 中华人民共和国国家标准 GB/T 50311—2000 建筑与建筑群综合布线系统工程设计规范
- 中华人民共和国国家标准 GB/T 50312—2000 建筑与建筑群综合布线系统工程验收规范
- 城市住宅区和办公楼电话通信设施设计规范 YD/T 2008—93

将该结构化布线系统划分为三个子系统，分别是设备间子系统、水平干线子系统和工作区子系统。

下面分别介绍各个子系统的组成。

（1）设备间子系统

设备间子系统位于网络中心所在的主机房内，该子系统主要包括网络系统中的服务器、交换机、网络系统的UPS电源、机房内的工作站、打印机等，可直接连接到交换机或者集线器上。

设备间子系统既是计算机主机、服务器的所在地，也是网络管理的中心，对整个网络的日常管理、维护工作均在这里进行。

（2）水平干线子系统

水平干线采用超5类4对非屏蔽双绞线电缆，水平干线从各楼层通过楼道上的桥架连接到各房间的超5类信息插座上。入室线缆封装在固定在墙壁上的PVC槽内，并端接在信息插座上。

（3）工作区子系统

工作区子系统包括固定在室内适当位置的超5类RJ45信息插座、网卡以及用于连接入网终端设备（微机、工作站等）的两端装有RJ45插头的超5类非屏蔽双绞线组成。信息插座明装在墙壁上，距地面30 cm处。

本工程信息插座的压接遵从EIA/TIA 568B标准，引脚顺序与UTP线缆各芯线颜色对应关系如图5-5所示。贵单位自行制作RJ45跳接线或设备线时，应严格按照图中顺序压接。

线序
对1 —— 蓝
对2 —— 橙
对3 —— 绿
对4 —— 棕

图5-5 引脚顺序与UTP线缆各芯线颜色对应关系

第二部分 网络工程项目实施方案

第1章 工程进度安排

本项工程实施方案可划分为以下几个阶段：系统调研与需求分析，工程方案设计，布线施工，布线系统测试与验收，网络系统设备的安装与调试，网络服务软件的安装与调试，网络系统验收，用户培训。

1.1 系统调研与需求分析

系统调研与需求分析是工程建设过程的第一个阶段，是一切从实际出发，以用户为中心的集中体现。系统调研与需求分析工作从合同生效之日开始启动。本阶段工作基本上以现场调研为主，搞清用户工程建设的所有有关问题。现场调研与需求分析，收集资料，包括：

- 各楼平面图、立面图，了解大楼建筑物布局。
- 计算机网络系统的要求。
- 原有网络的拓扑结构、连接设备、网络协议、操作系统等。
- 确定信息点需求，包括信息点类型、数量、分布和具体位置。
- 确定网络对外接入条件及约束条件。
- 现场调查机房、网络间，包括位置、面积、与竖井的距离、电源、地板、天花板、照明等情况。
- 竖井的位置，水平干线路由有无障碍，墙壁和楼板是否需要打洞。
- 电磁干扰源的分布情况，包括：电梯、配电室、电源干线等。
- 综合布线器材存放地点。

1.2 工程方案设计

在调查研究的基础上，可以进行工程方案设计工作。方案设计阶段的工作将在中科院计算所（二部）网络研究开发中心进行。其内容主要有：

1）楼内结构化布线系统工程设计。

2）网络总体工程设计。

3）主干网工程设计。

4）楼内网络工程设计。

5）网络服务系统方案设计。

1.3　布线系统施工

- 结构化布线系统施工。
- 安装与配线。

1.4　系统测试与验收

（1）结构化布线系统的测试

（2）布线系统验收

1.5　网络系统的安装调试

综合布线验收合格以后，进行网络系统的安装调试，包括：

- 网络整体联调。
- 网络服务器的安装。
- 路由器安装调试。
- DDN E1 专线调试。

1.6　系统验收

（1）用户与集成商共同组建工程验收小组

（2）确定验收标准

（3）系统验收

（4）文档验收

第 2 章　测试与验收

2.1　测试组的组成

测试组应由用户方、设计施工方两方组成。各方派出有关技术人员共同完成测试工作。测试中发现的问题由施工方立即纠正。测试组负责人一般可由用户方担任。

2.2　测试方法和仪器

测试方法分为仪器测试与人工测试两种。凡需要给出电气性能指标的使用仪器测试，凡是有形的、可以现场观测的由人工观测测试。

（1）布线系统测试

- 线缆测试仪 WireScope 100。
- 测试参数。

1）连通性——防止线缆在穿线时断裂。

2）接线图——超 5 类非屏蔽双绞线与插头/插座的针脚连接正确性检测。

3）长度——使用双绞线的干线长度，不得超过 90 m。

4）衰减——信号在双绞线中传输时从发出信号到接收信号时，信号强度的衰减程度应小于 20 dB。

5）近端串扰——发送信号的线对，对接收信号的线对的电磁偶合抗干扰能力应大于 29 dB。

（2）网络系统测试

- 网络交换器设备设置。
- 网络路由器设置。

- 网络服务器的设置：DNS、EMS、Web、FTP、Telnet 等。
- VLAN 设置。
- 网络管理工作站的设置。
- 内部网络通信。
- 外部网络通信。

（3）工程项目文档

要求所有技术文件内容完整、数据准确、外观整洁。

- 项目设计书。
- 布线平面设计图。
- 布线系统逻辑图。
- 机柜连线图。
- 计算机配线表。
- 网络系统总体结构图。
- 网络系统设备配置手册。
- 网络地址分配表、域名表。
- 测试报告。
- 竣工报告。

第3章　项目进度安排

根据网络项目的要求，该工程项目计划在中标合同签订后一个月内完成工程施工。为实现这一目标，我们将按照下列进度表安排工程施工进度。

（1）现场调研和需求分析　　3天
（2）方案设计　　3天
（3）线缆铺设　　10天
（4）连通性测试　　1天
（5）信息插座打线安装　　1天
（6）配线架打线安装　　1天
（7）RJ45 跳线和设备线制作　　3天
（8）线缆测试　　3天
（9）整理资料　　7天
（10）验收　　1天
（11）系统试运行　　30天
（12）系统验收　　2天

项目起止日期为：

1）现场调研和需求分析：从合同生效起3天内启动，最迟3天完成。

2）方案设计：现场调研和需求分析结束后，3天内完成。

3）线缆铺设：10天内完成。

4）连通性测试：1天内完成。与线缆铺设同期进行，随铺随测，最多延迟1天。

5）信息插座打线安装：1天内完成。

6）配线架打线安装：信息插座打线安装结束后，1天内完成。

7）RJ45 跳线和设备线制作：3 天内完成。

8）线缆测试：3 天内完成线缆仪器测试。

9）整理资料：线缆测试结束后，7 天内完成。

10）布线验收：资料整理工作结束后，1 天内完成。

11）网络系统设备安装调试：布线系统验收后 30 天完成。

注：其中部分工作穿插进行，部分工作是同步进行的。

第三部分　网络信息系统网络工程项目培训方案

为使用户能更深入地了解和掌握本项工程所涉及的设备和技术，更有效地管理建成后的系统，我公司根据厂家建议和本身经验向用户提供本培训方案。

（1）现场培训

在工程建设过程中，我公司为用户方技术人员提供以下免费培训，内容包括：布线设计和施工、布线、打线压线技术和注意问题、线缆测试技术等以及对用户方技术人员提出的问题的解答。

（2）课程培训

学生：要求学生为用户方参加此项工程的技术人员和有高中以上文化程度的工人技术骨干。网络系统学生要求大学本科以上学历，且具有一定计算机和网络使用管理基础。

人数：学生数量 3 ~5 人为宜。

时间：3 天。

第四部分　技术能力

在第一部分已简要介绍了本公司的情况，现着重叙述我们对工程建设过程中的技术管理。

第 1 章　项目定义与管理

1.1　项目定义

对于该网络系统工程，我公司专为该项目成立了《××信息系统网络系统工程》项目组。我公司非常重视该项目，深知该项目的重要性，决心成立最好的项目领导班子，调集最优秀的工程技术力量，组织一支强有力的项目队伍。其目的是要确保该项目能够完满完成，保证工程的进度和质量，并在施工质量、工程进度、工程验收上进行不定期的检验并将报告提交双方领导。

1.2　项目组织机构

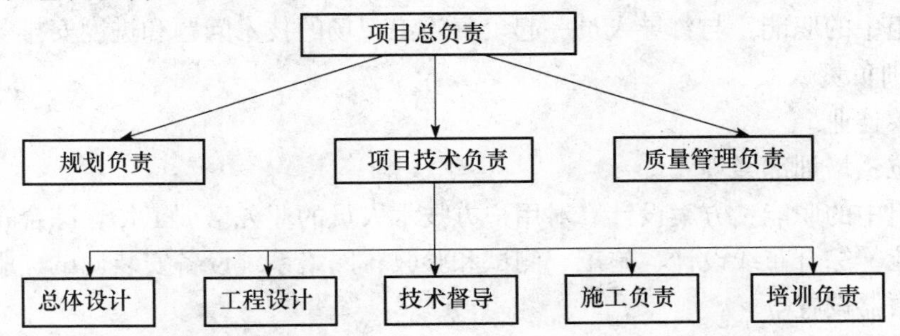

1.3　项目管理人员职能

（1）项目负责人

姓名：黎连业

公司职位：负责本项目的网络施工与组织协调工作。

（2）规划负责人

姓名：××

项目组职位：规划负责人

公司职位：总工程师

在项目组中的职能：项目规划负责人负责系统分析、子系统功能划分、总体方案设计、工程进度规划、技术力量调度安排。

（3）办公自动化项目技术负责人

姓名：××

项目组职位：项目技术负责人

公司职位：开发部经理

在项目组中的职能：具体负责项目设计、施工、测试和验收过程中的有关问题，协调督导与施工方的关系，工程进度安排。

（4）工程设计

姓名：黎连业

项目组职位：工程设计

公司职位：总工程师

在项目组中的职能：负责计算机网络和电话通信系统综合布线方案设计。设计书制作、平面设计图制作、分项工程所需器材清单和报价。

（5）技术督导

姓名：黎连业

公司职位：总工程师

在项目组中的职能：工程现场负责人，协调与施工队的关系，及时发现和解决现场出现的所有有关问题，发现重大问题及时上报。

（6）施工负责人

姓名：××

项目组职位：施工负责人

公司职位：高级工程师

在项目组中的职能：与督导人员一起负责施工现场的技术问题和进度安排等有关问题。

（7）培训负责人

姓名：黎连业

公司职位：培训部经理

在项目组中的职能：方案设计、对用户方技术人员的业务培训工作；综合布线基础、布线标准和规范，综合布线设计、施工、测试和验收；网络系统设备安装调试、服务器软件安装调试、路由器设置等。

1.4　项目主要技术负责人员简历

以上为我公司参与工程设计与施工的主要人员。还有许多其他相关工作人员，因篇幅所限，不再详述。

总工及副总工参与所有项目的设计与指导，具体项目不再赘述。

第五部分　同类项目业绩

我们在系统集成与网络工程方面有着雄厚的实力与丰富的经验，十几年来我们完成了许多网络工程项目。

（1）项目名称：中关村教育与科研示范网络工程

用户单位：中科院

工程概况：在20世纪80年代末、90年代初参加了世界银行贷款的“中关村教育与科研示范网络工程”的投标，以其雄厚的科研实力与高水平的设计方案一举中标，成功地完成了这一当时全国最大的、最复杂的区域网络，而且这一网络也是当时全国最早接入Internet的大型网络。

（2）……（N）（略）

第六部分　设备、工程清单一览表

北京××公司投标于××中心网络工程，所需设备、费用作如下叙述（设备价格应根据供货商供货时的价格为准，这时仅作参考，对于数据备份选的是磁带机，如选用高档磁盘阵列数据备份，请见报价单）。

一、本项目所购设备

1. Cisco 网络设备清单

产品型号	产品描述	数　量	价格（元）	折扣价（元）	成交价（元）
ws-c4003-s1	4003 的机箱 +1300 W 电源	1	10 493 ×4.8	4.6	4.3
ws-x4008/2	4000 的交流电源	1	1493 ×4.8	4.6	4.3
ws-x4306-GB	6 口千兆模块（GBIC）	1	4993 ×4.8	4.6	4.3
ws-x4148-Rj	48 口 10/100Rj45	1	6743 ×4.8	4.6	4.3
ws-G5484	1000base-sx　GBIC 卡	6	750 ×4.8	4.6	4.3
cisco2620	1 ×10/100 2 × wan 1 × nm	1	3443 ×4.4	4.3	3.9
NM-1CE1U	1 口多路 E1 模块	1	3900 ×4.8	4.6	4.3
pix-515-R	2 ×10/100　防火墙	1	7500 ×4.8	4.6	4.3
PIX-1FE	10/100 网络模块	1	400 ×4.8	4.6	4.3
合计					

2. HP 服务器清单

产品型号	产品描述	数量	价格（元）	成交价（元）
LH3000	P4 双 4P 1 G 内存、30 G 硬盘、6 个硬盘槽位、1000 M 网卡 DVD	1	89 000	80 000.00

注：以上价格如有变动，以成交时的实际市场价格为准。

3. 磁盘阵列

（1）磁盘阵列柜

Power5960RN

Ultra2-to-Ultra2 dual Host RAID Subsystem LVD/SE

(传输速率 80 MB/s)

RAID Level 0，1，3，5，0+1（试用80针接口的硬盘）

4 Ultra 2Channel：2 for Host Channel，2 for Device Channel

intel 1960RN 64 bit RISC CPU 100 MHz
8 Hot-swap Metal Mobile Racks
Ultra 2 SCA-II BackPlane interface
2 RS232 ports for the Monitoring & remote Notification
64 MB Cache Memory
4 Hot-swap Cooling Fan
2 External Ultra 2 Cable
2 Hot-swap 300 W Power Supply
2×16 LCD Display 4 Control key
（含 Turbo Linux DataSever plus Oracle　Turbo HA 双机热备软件）
报价：人民币 125 000.00 元　折扣：10%
成交价：人民币 112 500.00 元
（2）硬盘
IBM SCSI 硬盘　18 GB　报价：3200 元/块　折扣：4%
（3）HP 磁带机
HP DAT24X6E（外置，含1盘40 G 磁带）报价：人民币 24 000.00 元　折扣：5%

4. 设备清单报价一览表

序号	名　称	说　明	单位	数量	报　价	成交价	合计（人民币）
1	ws-c4003-s1	4003 的机箱+1300 W 电源	台	1	$10 493×4.8	4.3	45 119.90
2	ws-x4008/2	4000 的交流电源	台	1	$1493×4.8	4.3	6419.90
3	ws-x4306-GB	6 口千兆模块（GBIC）	块	1	$4993×4.8	4.3	21 469.90
4	ws-x4148-Rj	48 口 10/100Rj45	块	1	$6743×4.8	4.3	28 994.90
5	ws-G5484	1000base-sx　GBIC 卡	块	6	$750×4.8	4.3	19 350.00
6	cisco2620	1×10/100 2×wan 1×nm	台	1	$3443×4.4	3.9	13 427.70
7	NM-1CE1U	1 口多路 E1 模块	块	1	$3900×4.8	4.3	16 770.00
8	pix-515-R	2×10/100　防火墙	台	1	$7500×4.8	4.3	32 250.00
9	PIX-1FE	10/100 网络模块	块	1	$400×4.8	4.3	1720.00
10	磁盘阵列柜	Power5960RN	台	1	¥125 000	112 500	112 500.00
11	硬盘	IBM SCSI　18 G	块	5	¥3200	3072	15 360.00
12	HP 磁带机	HP DAT24X6E（外置，含1盘40 G 磁带）	台	1	¥24 000	22 800	22 800.00
13	50 帧适配卡	用于服务器与磁带机连接	块	2	¥22 000	20 000	40 000.00
14	数据库服务器 数据备份服务器 文件服务器 WWW 服务器	HPLH3000 双 4P、1 G 内存、30 G 硬盘、6 个硬盘槽位、1000 M 网卡 DVD	台	4	¥89 000	80 000	320 000.00
15	外部 WWW 服务器	供外部用户访问	台	1	¥19 500	17 500	17 500.00
16	UPS 3C20KS	10 K 自备 2 小时	台	1	¥93 000	83 000	83 000.00
17	激光打印机	A3 16 页/分　1200P	台	1	¥15 200	12 200	12 200.00
18	票据打印机		台	5	¥3900	3600	18 000.00
19	合计				¥920 832.00		¥826 882.30

二、工程项目汇总（人民币）

网络设备费：　　　　826 882.30 元

网络综合布线材料费：55 137.50 元

网络综合布线施工费：43 400.00 元

网络综合布线设计费：4926.875 元

网络综合布线测试费：6897.625 元

系统集成费：　　　　37 016.79 元

税金：　　　　　　　32 150.62 元

工程总报价：　　　　1 006 411.71 元

三、高档存储备份系统报价单

高档存储磁盘阵列、数据备份，目前市场上价格高，用户经济投入大，我们在本方案中提供两种方案。第一种方案是低档磁盘阵列加磁带机备份方案，其设备构成在数据备份中已作说明，待系统运行几年后，再更新为高档的方案。第二种方案是高档的磁盘阵列存储备份方案，需要投入2600多万人民币，现将高档磁盘阵列存储备份系统方案用表5-13、表5-14表现出来，供用户参考选用。

表5-13　存储设备解决方案

产品名称	设备名称	数　量
DKC4101-5. P	Disk Controller	1
DKC-F4101-R1C. P	DEV I/F Cable 0（DKC-R1 DKU）	1
DKC-F4101-1EC. P	Power Cable Kit（Single Phase Europe）	1
DKC-F4101-1PS. P	AC Box Kit for Single Phase	1
041-100028-01. P	HDS Logo 9900	1
DKU-F4051-72J4. P	4 HDD Canisters（DKR1C-J72FC）	92
DKU-F4051-72J1. P	1 HDD Canister（DKR1C-J72FC）	4
DKU-F4101-80. P	Additional Power Supply	1
DKU4051-14. P	Disk Array Unit	4
DKU-F4051-B4. P	Platform for Canister Mount	4
DKU-F4051-1PS. P	AC Box Kit for Single Phase	4
DKU-F4051-1EC. P	Power Cable Kit（Single Phase Europe）	4
DKC-F4101-L1C. P	DEV I/F Cable 0（DKC-L1 DKU）	1
DKU-F4051-EXC. P	DEV I/F Cable 2（DKU-DKU）	
DKC-F4101-100. P	Additional Disk Adapter	3
DKC-F4101-S256. P	Additional Shared Memory Module（256 MB）	5
DKC-F4101-1024. P	Additional Cache Memory Module（1024 MB）	28
DKC-F4101-20. P	Additional Cache Board	1
DKC-F4101-4GS. P	Fibre 4-Port Adapter for Short Wavelength	3
JZ-050SS031. P	Fibre Cable for Tachyon-31m	12
DKC-F4101-SNMP. P	SNMP Support Kit	1
IP 1000-2CD. P	PCAnywhere CD ROM	1
IP0807-4. P	Hi-Track PCMCIA Modem Kit	1
IP0806-1. P	Hi-Track Ethernet Connect Kit	1

（续）

产品名称	设备名称	数 量
041-100029-01. P	Ethernet Thinnet Cable	1
041-100034-01. P	9900 Microcode Kit	1
044-100209-01A. P	9900 Resource Manager 1 TB Lic	1
044-100210-01B. P	9900 Resource Manager 2-3 TB Lic	2
044-100211-01C. P	9900 Resource Manager 4-7 TB Lic	4
044-100212-01D. P	9900 Resource Manager 8-15 TB Lic	8
044-100213-01E. P	9900 Resource Manager 16-31 TB Lic	12
044-100040-01. P	9900 Resource Mgr Base	1

可用容量：40 T

总金额（含三年现场）：19 349 394.00 元

表5-14 备份系统报价

	序号	产品编号	产品名称	单价	数量	合计
硬件	1	P6000 8-652	P6000 磁带库库体，8 驱动器，非压缩容量 65.2 TB	404 917	1	404 917
	2	SDLT-S220	SuperDLT 磁带	700	652	456 400
	3	FC-230	光纤卡	25 704	1	25 704
	4	EC100	光纤卡配件	25 704	1	25 704
			硬件价格小计			912 725
			硬件折扣（off）	53%		483 744
			硬件折扣后小计			428 981
	序号	产品编号	产品名称	单价	数量	合计
软件	1	5102 – 1Y	Networker Power Edition for UNIX	46 800	1	46 800
	2	2154 – 1Y	Networker Module for Oracle，on UNIX	16 174	2	32 348
	3	2043 – 1Y	Autochanger Software Module Unlimited slots	26 713	1	26 713
	4	2114 – 1Y	Cluster Client Connections	5217	2	10 434
	5	2004 – 1Y	Networker Network Edition SAN Storage Node for UNIX	8348	5	41 740
	6	2107 – 1Y	Dynamic Drive sharing option	6261	8	50 088
	7	3304 – 1Y	Client Pak for UNIX	4320	1	4320
	8	2088	Media	200	1	200
			软件价格小计			212 643
			软件折扣（off）	65%		138 218
			软件折扣后小计			74 425
			软硬件价格合计			503 406
服务			安装及培训费用			5688
			7×24 小时技术支持	一年		12 690
			汇率			10.8
			系统人民币总金额			5 636 265

高档的磁盘阵列，数据备份的投入为 19 349 394.00 + 5 636 265.00 = 24 985 659.00 元

第七部分　网络工程综合布线材料清单

序号	名　称	品　牌	单位	数量	报价	成交价	成交价合计
1	超 5 类双绞线	安普	箱	41	660	610	25 010.00
2	超 5 类模块	安普	个	150	33.5	30	4500.00
3	RJ45	安普	只	620	2.5	2.2	1364.00
4	墙上插座面板	安普	个	75	9.2	8	600.00
5	墙上底座	安普	个	75	9.5	8.1	607.50
6	机柜 19″（2 m）	腾跃公司 TY-2000C. D	台	1	3600	3200	3200.00
7	配线架 48 口	安普	个	4	2260	1900	7600.00
8	理线器	安普	个	4	440	400	1600.00
9	PVC 槽（50 × 100）	北京电缆桥架厂（合资）	米	220	13.2	11.8	2596.00
10	PVC 槽（25 × 12.5）	北京电缆桥架厂（合资）	米	800	2.4	2.1	1680.00
11	双绞线跳线		条	300	20	15	4500.00
12	光跳线 SC-SC		条	4	240	220	880.00
13	工程施工小件消耗					1000	1000.00
14	合计				¥61 221.50		¥55 137.50

工程施工费：每个信息点施工费 310.00 元

$$140 \times 310 = 43\,400.00 \text{ 元}$$

第八部分　售后服务与人员培训

项目验收并投入运行，对于一个工程项目来说，这只是万里长征走完了第一步，更漫长和艰苦的任务是售后技术支持及服务。要使用户在资金投入后，用得放心、顺心，就必须给用户提供一个良好的售后服务政策和措施，而且这种政策和措施必须落实到行动上。这就是我们的一贯宗旨，是我们一切以用户为中心的指导方针的体现，我们要求公司员工在售后服务工作中一定要做到：反应迅速、技术一流、解决问题、用户满意。

8.1　售后服务保证

中科院计算所（二部）网络研究开发中心以良好的售后服务而闻名于世。公司设有管理严格的售后服务机构，拥有一支经验丰富、技术精良的售后服务政策和组织。

中科院计算所网络中心的工程技术人员，都分别接受过各种机构、国外著名公司等的正规技术培训，如 Cisco、Sun、Digital、IBM、西蒙、通贝等，因此有一支训练有素的队伍。并且得到国内外多家著名网络专业公司和机构的技术支持，遇有疑难问题时可随时得到支持，例如美国 AMP、Cisco 公司技术部门等。

8.2　保修期内服务条款

（1）保修期起始的定义

中国 ×× 中心 ×× 网络工程的保修期从通过验收之日起计算。

（2）保修期的期限

布线系统服务保修期为20年。网络系统的设备服务保修期与销售商相同。

（3）服务响应时间的限定

中科院计算所（二部）网络研究开发中心提供2小时内的服务响应时间，即在接到用户要求服务的通知后，一定会以电话或传真方式在2小时内将此次服务计划及行动安排通知给用户，并在规定的时间内到达现场。

（4）服务费用

在保修期内由非人为因素（地震、战争、火灾、洪水、雷击等不可抗力除外）造成的设备故障，给予免费更换。因用户使用不当造成的故障，用户只需承担设备的成本费和我方人员的差旅费。

8.3 保修期外服务条款

1）我公司向用户提供与保修期内同等质量的服务，包括服务响应时间、到达现场时间、处理问题的能力等。具体内容参见保修期内服务条款。

2）对需更换的设备，我公司只收成本费，不加任何利润。服务费一项也只收成本费（包括交通费、住宿费及每人每天300元人民币的运行开销费）。

8.4 人员培训

为使用户能更深入地了解和掌握本项工程所涉及的设备和技术，更有效地管理建成后的系统，我们根据厂家建议和本身经验向用户提供培训方案。

（1）现场培训

在工程建设过程中，我们为用户方技术人员提供以下培训，内容包括：网络设计和施工，布线、打线、压线技术和注意问题，光纤ST头制作技术，线缆测试技术等以及对用户方技术人员提出的问题的解答。

（2）课程培训

学生：要求学生为用户方参加此项工程的技术人员和有高中以上文化程度的工人技术骨干。网络系统学生要求大学本科以上学历，且具有一定计算机和网络使用管理基础。

人数：学生数量5~8人为宜。

时间：5天。

培训地点：中科院计算所（北京市海淀区科学院南路6号）。

5.7 写作一个网络工程方案

1. 用户工程情况

××用户建设一个10/100 M的小型局域网网络工程。该网络工程平台有两方面的任务：第一，与外部网（Internet）连接；第二，供内部80个用户上网工作。

网络工程项目范围包括计算机网络系统的设计、设备安装（不包括终端设备）、网络综合布线（明布线，在走廊墙体的两侧），主要集中在一座三层办公大楼进行计算机网络布线。主机房位于二层202室，一楼电信间位于102室，三楼电信间位于301室。一楼27个计算机信息点；二楼27个计算机信息点；三楼26个计算机信息点。信息点分布情况如下：

101 --------2	113 --------2	201 --------2	211 --------1	301 --------2	311 --------2
102 --------1	114 --------2	202 --------1	212 --------1	302 --------1	312 --------1
103 --------1	115 --------2	203 --------1	213 --------2	303 --------2	313 --------2
104 --------1	116 --------2	204 --------1	214 --------1	304 --------2	314 --------1
105 --------2	117 --------1	205 --------2	215 --------1	305 --------2	315 --------1
106 --------1	118 --------1	206 --------2	216 --------2	306 --------2	316 --------2
107 --------2	119 --------1	207 --------2	217 --------1	307 --------1	
108 --------2		208 --------2	219 --------1	308 --------2	
110 --------2		209 --------1	222 --------1	309 --------1	
112 --------2		210 --------2		310 --------2	

2. 用户办公楼平面图

用户办公楼平面图如图 5-6、图 5-7 和图 5-8 所示。

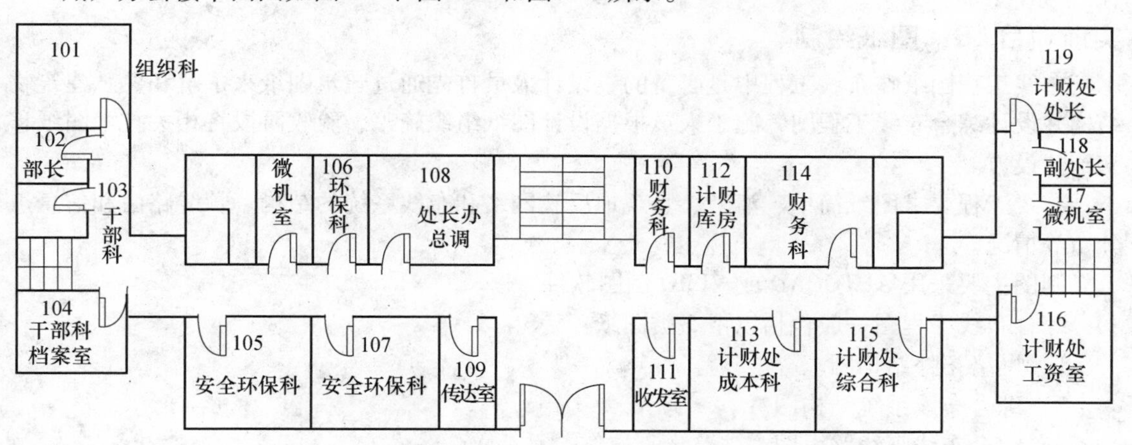

图 5-6 办公楼布线施工设计图（一楼）

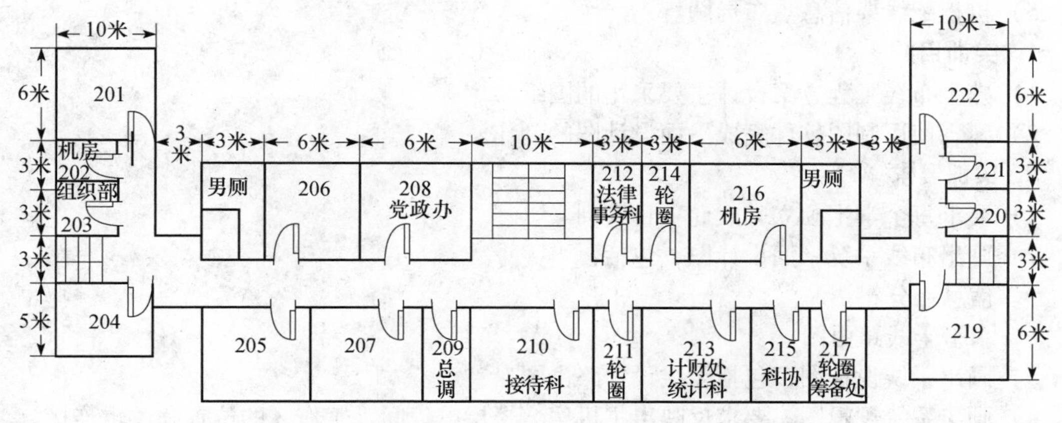

图 5-7 办公楼布线施工设计图（二楼）

注：楼层高 4 米。

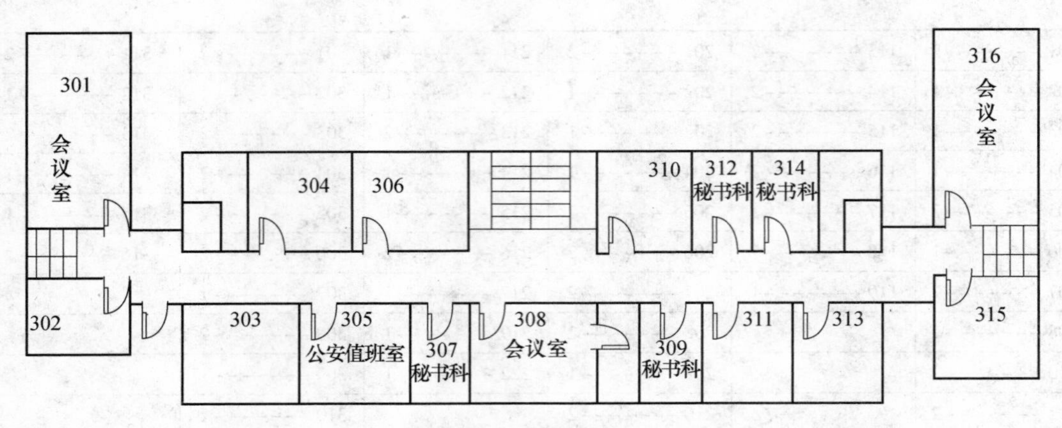

图5-8 办公楼布线施工设计图（三楼）

5.8 实训

实训项目16：图纸绘制

布线工程图纸在布线工程中是必备的，设计人员首先通过建筑图纸来了解和熟悉建筑物结构并设计综合布线工程图，施工人员根据设计图纸组织施工，验收阶段将相关技术图纸移交给建设方。

布线工程要求图纸简单、清晰、直观地反映网络和布线系统的结构、管线路由和信息点分布等情况。

制图主要采用AUTOCAD或VISIO制图软件。

综合布线工程图一般包括以下5类图纸：

1）网络拓扑结构图。

2）综合布线系统结构图。

3）综合布线管线路由图。

4）楼层信息点平面分布图。

5）机柜配线架信息点布局图。

1. 实训目的

1）熟悉布线工程方案设计主要采用的图纸。

2）熟悉使用制图软件完成平面设计图的制作。

2. 实训要求

1）要求每个学生独立完成此项目实训。

2）画出布线系统平面设计图，包括：

- 信息点分布图。
- 水平干线路由图。

3）画出干线设计图，包括干线设计路由图。

4）画出系统逻辑图，要求反映出主机房、楼层电信间、工作区的位置和逻辑连接。

5）设计出配线架端口地址分配表。

6）画出机柜连线图。

7）使用Microsoft Word或Microsoft Excel完成项目材料的整理。

实训项目 17：按网络工程行业流行的设计方案写作网络工程方案

1. 实训目的

1）通过综合布线方案设计模板，写作网络工程行业流行的设计方案，掌握综合布线工程设计技术。

2）掌握网络工程行业各种项目费用的取费基数。

3）熟悉综合布线使用材料种类、规格。

4）熟悉设计方案的制作、分项工程所需器材清单和报价。

5）学生通过自己动手设计一个小型局域网布线工程实例，达到充实、提高和检验学生独立设计结构化布线工程的能力。

2. 实训要求

每个学生独立完成此项设计，设计过程中不能互相讨论。

3. 实训步骤

1）熟悉 ××用户网络工程概况。

2）通过综合布线方案设计模板，写作网络工程行业流行的设计方案。

4. 实训报告

1）完成 ××用户网络工程综合布线方案设计。

2）总结工程综合布线方案设计的实训经验。

5. 方案讲解指导

(1) 综合布线方案设计模板

请参见本章 5.5 节的内容。

(2) 网络结构图

网络系统结构图如图 5-9 所示。

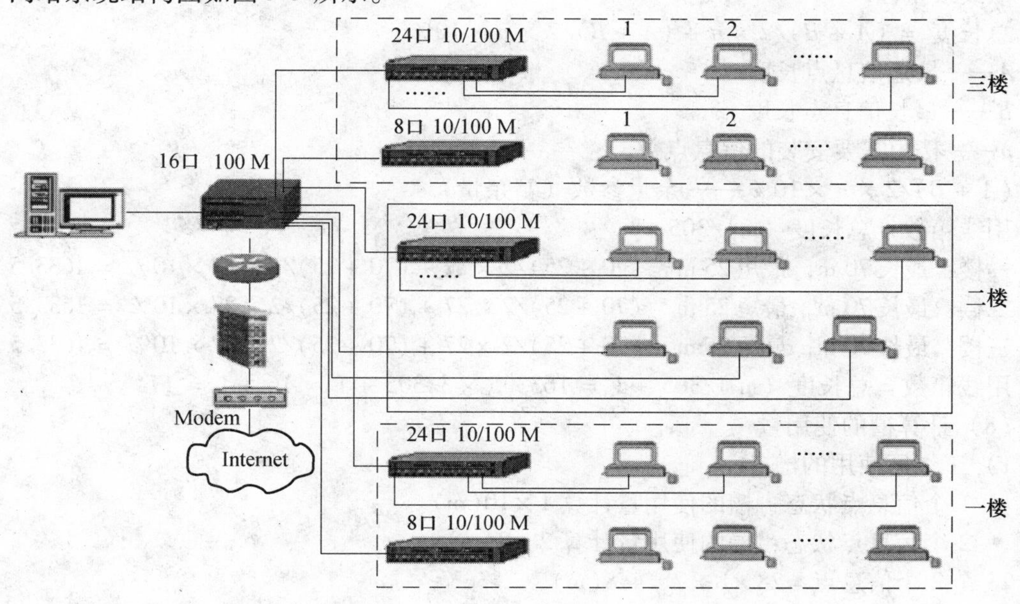

图 5-9 网络结构图

(3) 定配线(水平干线)子系统

配线(水平干线)子系统施工设计图如图5-10所示。

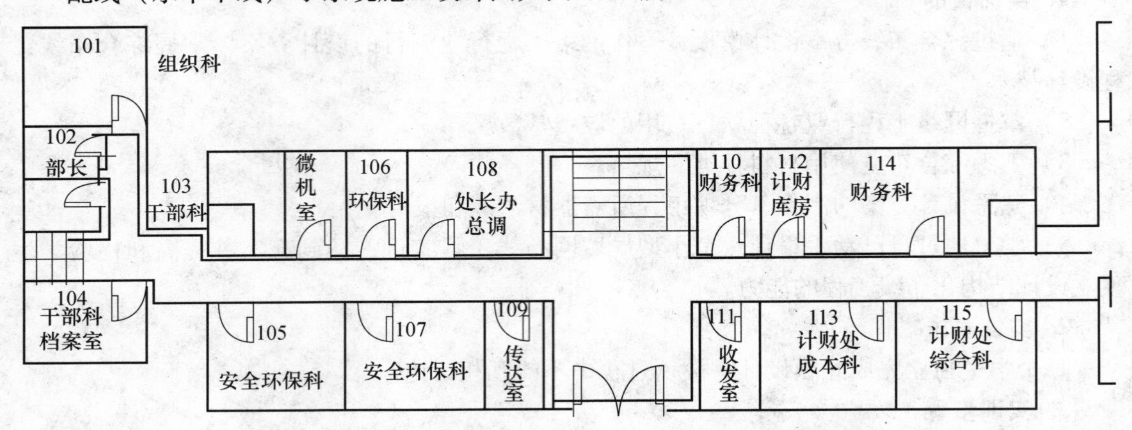

图5-10 办公楼布线水平干线施工设计图(一楼)

二楼和三楼配线子系统类同。

(4) 定干线(垂直干线)子系统

一楼电信间102室到二楼主机房202室,三楼电信间301室到二楼主机房202室。

(5) 定信息点

一楼27个计算机信息点,二楼27个计算机信息点,三楼26个计算机信息点。

(6) 确定购买模块、面板

确定购买模块:83(80+80×3%)

(7) 计算使用双绞线量

双绞线量:17箱

总长度 $=(A+B)/2\times n+(A+B)/2\times n\times 10\%$

A——最短信息点长度。

B——最长信息点长度。

n——楼内需要安装的信息点数。

$(A+B)/2\times n\times 10\%$——余量参数(富余量)。

用线箱数=总长度(m)/305+1

一楼:最长70 m,最短25 m　$(70+25)/2\times 27+(70+25)/2\times 27\times 10\%=1633.5$ (m)

二楼:最长70 m,最短25 m　$(70+25)/2\times 27+(70+25)/2\times 27\times 10\%=1633.5$ (m)

三楼:最长70 m,最短25 m　$(70+25)/2\times 27+(70+25)/2\times 27\times 10\%=1633.5$ (m)

用线箱数=总长度(m)/305+1 $=1633.5\times 3/305+1\approx 16+1=17$

(8) 计算槽的使用量

1) 工作区使用的槽

- 1个信息点状态:槽的使用量计算1×10(m)。
- 2个信息点状态:槽的使用量计算2×8(m)。

28个2个信息点=28×8×2=448(m)

24个1个信息点=24×10×1=240(m)

工作区PVC槽(25×12.5 mm)=448+240=688(m)

2）配线子系统使用的槽

配线子系统槽的使用量 = 总长度 + 总长度 × 15%

一楼：66(m) ×2 = 132(m)

二楼：66(m) ×2 = 132(m)

三楼：66(m) ×2 = 132(m)

配线子系统 PVC 槽（50 ×25 mm）= 66(m) ×2 ×3 + 66(m) ×2 ×3 ×15% = 396(m) + 396(m) ×15% = 456(m)

3）垂直干线使用的槽

垂直干线子系统槽的使用量 = 总长度 + 总长度 ×15%

本方案的垂直干线：一楼电信间 102 室到二楼主机房 202 室，三楼电信间 301 室到二楼主机房 202 室，走一条 5e 双绞线。

垂直干线 PVC 槽（25 ×12.5 mm）= 总长度 + 总长度 ×15% = (5 +5) + (5 +5) ×15% ≈12(m)

（9）网络系统设备费表

某网络工程网络系统设备费报价表如表 5-15 所示。

表 5-15 某网络工程网络系统设备费报价表

序号	设备名称	单位	数量	单价（元）	合价（元）	备注
1	交换机 8 口 10/100 M	台	2			
	交换机 24 口 10/100 M	台	3			
	交换机 16 口 100 M	台	1			
2	服务器	台	1			
3	路由器	台	1			
4	防火墙	台	1			
5	UPS	台	1			
6	调制解调器	台	1			
7	网管软件	套	1			
8	网络操作系统	套	1			
合计						

（10）网络布线材料费表

某网络工程网络布线材料费报价表如表 5-16 所示。

表 5-16 某网络工程网络布线材料费报价表

序号	材料名称	单位	数量	单价（元）	合价（元）	备注
1	工作区 PVC 槽（25 ×12.5 mm）	米	688			
	配线子系统 PVC 槽（50 ×25 mm）	米	396			
	垂直干线 PVC 槽（25 ×12.5 mm）	米	12			
2	信息模块	个	83			
3	5e 双绞线	箱	17			
4	信息底座面板（2 口）	套	52			
5	RJ45(80 ×4 +15%)	只	386			
6	机柜 7U	台	1			
7	机柜 32U	台	1			
8	5e 配线架（48 口）	台	3			
9	铁管（D16）	米	30			
10	UPS 电源线	米	50			
11	工具费					
12	小件费					
合计						

(11) 网络布线施工费表

某网络工程网络布线施工费报价表如表5-17所示。

表5-17 某网络工程网络布线施工费报价表

序号	分项工程名称	单位	数量	单价	合价(元)	备注
1	工作区布PVC槽(25×12.5 mm)	米	688	0.65元		
2	布PVC槽水平干线(50×25mm)	米	396	材料费35%		
3	布PVC槽垂直干线(25×12.5mm)	米	12	0.65元		
4	布5e双绞线	米	4900	0.65元		
5	信息底座安装	点	52	10~20元		
6	信息点两端端接	点	80	10~20元		
7	RJ45跳线制作 80×2	条	160	10~20元		
8	7U机柜安装	台	1	300元		
9	32U机柜安装	台	1	100元		
10	安装5e配线架(48口)	台	3	100元		
11	铺铁管(D16)	米	30	材料费35%		
12	布UPS电源线	米	50	材料费35%		
13	打洞(水平3、垂直2)	个	5	300~400元		
14	交换机与垂直干线两端端接	条	2	20元		
合计						

实训项目18:按建筑行业取费设计方案写作一个网络工程方案

1. 实训要求

1) 学习本章5.4节的内容,按照建筑行业取费写作一个网络工程方案。

2) 掌握综合布线系统工程的用料预算方法。

3) 掌握各项目定额标准。

4) 作为课后作业,将教学班进行分组,每组选出一个负责人,每组独立完成此项目的设计,设计过程中可分工、可讨论。让学生对建筑行业取费设计方案有一个清晰明了的认识,这样有助于其后续的学习和工作。

2. 实训步骤

类似于网络工程行业流行的设计方案实训步骤。不同点是取费方式不同。

3. 实训报告

同于网络工程行业流行的设计方案实训报告。

本章小结

本章阐述了完整的设计方案结构;网络布线方案设计的内容;网络工程行业和建筑行业的设计方案取费的主要内容;综合布线系统取费;综合布线方案设计模板;网络工程设计方案实例:中国××信息系统网络工程设计方案。要求学生掌握网络工程行业流行的设计方案和建筑行业取费设计方案的写作。

第6章　网络工程施工实用技术

施工实用技术是布线工程师应具备的基本要求，本章围绕网络工程施工过程中各阶段的要点展开，叙述网络工程施工过程中的实用技术。

6.1　网络工程布线施工技术要点

6.1.1　布线工程开工前的准备工作

网络工程经过调研、设计确定方案后，下一步就是工程的实施，而工程实施的第一步就是开工前的准备工作，要求做到以下几点：

1）设计综合布线实际施工图，确定布线的走向位置。供施工人员、督导人员和主管人员使用。

2）备料。网络工程施工过程需要许多施工材料，这些材料有的必须在开工前就备好料，有的可以在开工过程中备料。主要有以下几种：

- 光缆、双绞线、插座、信息模块、服务器、稳压电源、集线器、交换机、路由器等落实购货厂商，并确定提货日期。
- 不同规格的塑料槽板、PVC 防火管、蛇皮管、自攻螺丝等布线用料就位。
- 如果集线器是集中供电，则准备好导线、铁管并制订好电器设备安全措施（供电线路必须按民用建筑标准规范进行）。
- 制订施工进度表（要留有适当的余地，施工过程中意想不到的事情随时可能发生，并要求立即协调）。

3）向工程单位提交开工报告。

6.1.2　施工过程中要注意的事项

1）技术交底。技术交底是工程项目施工的关键环节，技术交底要重点注意以下两点内容：

- 技术交底应在合同的基础上进行，主要依据有施工合同、施工图设计、施工规范、各项技术指标、管理的要求、业主或监理工程师的其他书面要求等。
- 技术交底的内容是施工方案、安全措施、关键工序、特殊工序（如果有的话）和质量控制点、施工工艺和注意事项。

2）施工现场督导人员要认真负责，及时处理施工进程中出现的各种情况，协调处理各方意见。

3）如果现场施工碰到不可预见的问题，应及时向工程单位汇报，并提出解决办法供工程单位当场研究解决，以免影响工程进度。

4）对工程单位计划不周的问题，要及时妥善解决。

5）对工程单位新增加的点要及时在施工图中反映出来。

6）对部分场地或工段要及时进行阶段检查验收，确保工程质量。

7）制订工程进度表。

在制订工程进度表（甘特图）时，要留有余地，还要考虑其他工程施工时可能对本工程带来的影响，避免出现不能按时完工、交工的问题。因此，建议使用分项工程指派任务表、工作区施工表，分别见表6-1和表6-2。督导人员对工程的监督管理依据表6-1和表6-2进行。

表6-1 分项工程指派任务表

分项工程	质量要求	施工人员	施工地点	完工日期	检查结果		备注
					合格	不合格	

此表一式4份，领导、施工、测试、项目负责人各一份。

表6-2 工作区施工表

楼号	楼层	房号	联系人	电话	备注	施工人员	测试月日

6.1.3 测试

测试所要做的事情有：

1）工作间到设备间连通状况。

2）主干线连通状况。

3）信息传输速率、衰减率、距离接线图、近端串扰等因素。

有关测试的具体内容将在第8章中叙述。

6.1.4 工程施工结束时的注意事项

工程施工结束时的注意事项如下：

1）清理现场，保持现场清洁、美观。

2）对墙洞、竖井等交接处要进行修补。

3）各种剩余材料汇总，把剩余材料集中放置一处，并登记其还可使用的数量。

4）做总结材料。

总结材料主要有：

1）开工报告。

2）布线工程图。

3）施工过程报告。

4）测试报告。

5）使用报告。

6）工程验收所需的验收报告。

6.1.5 安装工艺要求

1. 设备间

1）设备间的设计应符合下列规定：

- 设备间应处于干线综合体的最佳网络中间位置。
- 设备间应尽可能靠近建筑物电缆引入区和网络接口。电缆引入区和网络接口的相互间隔宜≤15 m。
- 设备间的位置应便于接地装置的安装。
- 设备间室温应保持在10～27 ℃，相对湿度应保持在60%～80%。

这里未分长期温度、湿度工作条件与短期温度、湿度工作条件。长期工作条件的温度、湿度是在地板上2 m和设备前方0.4 m处测量的数值；短期工作定为连续不超过48小时和每年累计不超过15天，也可按生产厂家的标准来要求。短期工作条件可低于条文规定数值。

- 设备间应安装符合法规要求的消防系统，应使用防火防盗门和至少能耐火1小时的防火墙。
- 设备间内所有设备应有足够的安装空间，其中包括：程控数字用户电话交换机、计算机主机、整个建筑物用的交接设备等。设备间内安装计算机主机，其安装工艺要求应按照计算机主机的安装工艺要求进行设计。设备间安装程控用户交换机，其安装工艺要求应按照程控用户电话交换机的安装工艺进行设计。

2）设备间的室内装修、空调设备系统和电气照明等安装应在装机前进行。设备间的装修应满足工艺要求，经济适用。容量较大的机房可以结合空调下送风、架间走缆和防静电等要求，设置活动地板。设备间的地面面层材料应能防静电。

3）设备间应防止有害气体（如SO_2、H_2O、NH_3、NO_2等）侵入，并应有良好的防尘措施，允许尘埃含量限值可参见表6-3的规定。

表6-3 允许尘埃限值表

灰尘颗粒的最大直径（μm）	0.5	1	3	5
灰尘颗粒的最大浓度（粒子数/m^3）	1.4×10^7	7×10^5	2.4×10^5	1.3×10^5

注：灰尘粒子应是不导电的、非铁磁性和非腐蚀性的。

4）至少应为设备间提供离地板2.55 m高度的空间，门的高度应大于2.1 m，门宽应大于90 cm，地板的等效分布载荷应大于5 kN/m^2。凡是安装综合布线硬件的地方，墙壁和天棚应涂阻燃漆。

5）设备间的一般照明，最低照明度标准应为150 lx，规定照度的被照面，水平面照度指距地面0.8 m处，垂直面照度指距地面1.4 m处的规定。

2. 交接间

1）确定干线通道和交接间的数目，应从所服务的可用楼层空间来考虑。如果在给定楼层所要服务的信息插座都在75 m范围以内，宜采用单干线接线系统。凡超出这一范围的，可采用双通道或多个通道的干线系统，也可采用经过分支电缆与干线交接间相连接的二级交接间。

2）干线交接间兼作设备间时，其面积不应小于10 m^2。干线交接间的面积为1.8 m^2（1.2 m×1.5 m）时，可容纳端接200个工作区所需的连接硬件和其他设备。如果端接的工作区超过200个，则在该楼层增加1个或多个二级交接间，其设置要求宜符合表6-4的规定，或可根据设计需要确定。

表6-4 交接间的设置表

工作区数量（个）	交接间数量和大小（个，m^2）	二级交接间数量和大小（个，m^2）
≤200	1，≥1.2×1.5	0
201～400	1，≥1.2×2.1	1，≥1.2×1.5
401～600	1，≥1.2×2.7	1，≥1.2×1.5
>600	2，≥1.2×1.7	

注：任何一个交接间最多可以支持两个二级交接间。

3. 电缆

1）配线子系统电缆在地板下的安装，应根据环境条件选用地板下桥架布线法、蜂窝状地板布线法、高架（活动）地板布线法、地板下管道布线法4种安装方式。

2）配线子系统电缆宜穿钢管或沿金属电缆桥架铺设，并应选择最短捷的路径，目的是为适应防电磁干扰要求。

3）干线子系统垂直通道有电缆孔、管道、电缆竖井3种方式可供选择，宜采用电缆孔方式。

- 电缆孔方式通常用一根或数根直径10 cm的金属管预埋在地板内，金属管高出地坪2.5～5 cm，也可直接在地板上预留一个大小适当的长方形孔洞。
- 管道方式，包括明管或暗管铺设。
- 电缆竖井方式：在原有建筑物中开电缆井很费钱，且很难防火。如果在安装过程中没有采取措施防止损坏楼板支撑件，则楼板的结构完整性将遭到破坏。

4）水平通道可选择管道方式或电缆桥架方式。

5）一根管道宜穿设一条综合布线电缆。管内穿放大对数电缆时，直线管路的管径利用率宜为50%～60%，弯管路的管径利用率宜为40%～50%。管内穿放4对对绞电缆时，截面利用率宜为25%～30%。4对对绞电缆不作为电缆处理，条文规定按截面利用率计算管道的尺寸。

6）允许综合布线电缆、电视电缆、火灾报警电缆、监控系统电缆合用金属电缆桥架，但与电视电缆宜用金属隔板分开。用金属隔板是为了防电磁干扰。

7）建筑物内暗配线一般可采用塑料管或金属配线材料。

6.2 网络布线路由选择技术

两点间最短的距离是直线，但对于布线缆来说，它不一定就是最好、最佳的路由。在选择最容易布线的路由时，要考虑便于施工、便于操作，即使花费更多的线缆也要这样做。对一个有经验的安装者来说，“宁可多使用额外的1000 m线缆，也不使用额外的100工时”，因为通常线缆要比人工费用便宜。

如果我们要把“25对”线缆从一个配线间牵引到另一个配线间，采用直线路由，要经天花板布线，路由中要多次分割，钻孔才能使线缆穿过并吊起来；而另一条路由是将线缆通过一个配线间的地板，然后再通过一层悬挂的天花板，再通过另一个配线间的地板向上，如图6-1所示。采用何种方式？这就要我们来选择。

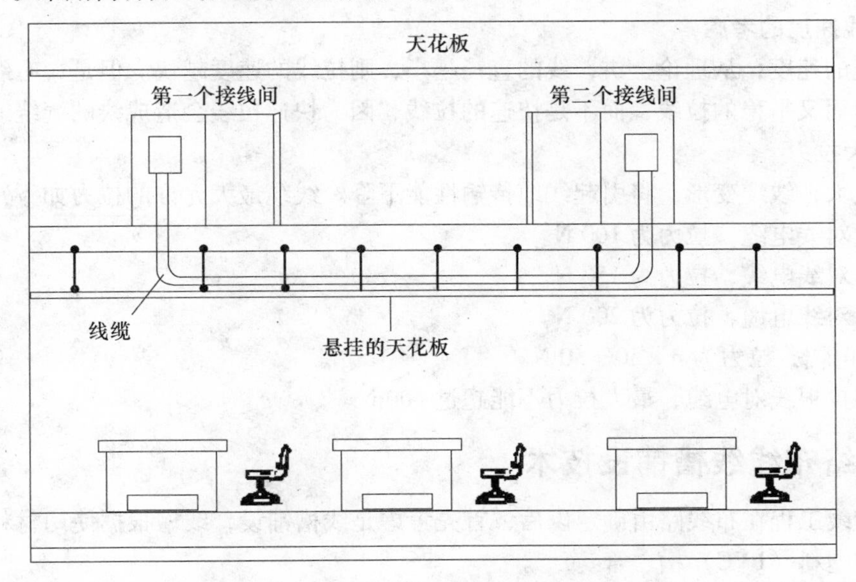

图6-1　路由选择

有时，如果第一次所做的布线方案并不是很好，则可以选择另一种布线方案。但在某些场合，又没有更多的选择余地。例如，一个潜在的路径可能被其他的线缆塞满了，第二个路径要通过天花板，也就是说，这两种路径都是不希望采用的。因此，考虑较好的方案是安装新的管道，但由于成本费用问题，用户又不同意，这时，只能采用布明线，将线缆固定在墙上和地板上。总之，如何布线要根据建筑结构及用户的要求来决定。选择好的路径时，布线设计人员要考虑以下几点。

1. 了解建筑物的结构

对布线施工人员来说，需要彻底了解建筑物的结构，由于绝大多数的线缆是走地板下或天花板内，故对地板和吊顶内的情况了解得要很清楚。也就是说，要准确地知道，什么地方能布线，什么地方不宜布线，并向用户方说明。

现在绝大多数的建筑物设计是规范的，并为强电和弱电布线分别设计了通道，利用这种环境时，也必须了解走线的路径，并用粉笔在走线的地方做出标记。

2. 检查拉（牵引）线

在一个建筑物中安装任何类型的线缆之前，必须检查有无拉线。拉线是某种细绳，它沿着要布线缆的路由（管道）安放好，必须是路由的全长。绝大多数的管道安装者要给后继的安装者留下一条拉线，使布线容易进行，如果没有，则考虑穿一条拉线。

3. 确定现有线缆的位置

如果布线的环境是一座旧楼，则必须了解旧线缆是如何布放的，用的是什么管道（如果有的话），这些管道是如何走的。了解这些，有助于为新的线缆建立路由。在某些情况下能使用原来的路由。

4. 提供线缆支撑

根据安装情况和线缆的长度，要考虑使用托架或吊杆槽，并根据实际情况决定托架吊杆，使其加在结构上的重量不至于超重。

5. 拉线速度的考虑

拉线缆的速度，从理论上讲，线的直径越小，则拉线的速度越快。但是，有经验的安装者采取慢速而又平稳的拉线，而不是快速的拉线，因为快速拉线会造成线的缠绕或被绊住。

6. 最大拉力

拉力过大，线缆变形，将引起线缆传输性能下降。线缆最大允许的拉力如下：

一根4对线电缆，拉力为100 N。

两根4对线电缆，拉力为150 N。

三根4对线电缆，拉力为200 N。

n 根线电缆，拉力为 $n \times 50 + 50$ N。

不管多少根线对电缆，最大拉力不能超过400 N。

6.3 网络布线线槽铺设技术

综合布线工程在布线路由确定以后，首先考虑是线槽铺设，线槽根据使用材料可分为金属槽、管和塑料（PVC）槽、管。

从布槽范围来看，可分为工作间线槽、配线（水平干线）线槽，干线（垂直干线）线槽。用什么样的材料，则根据用户的需求、投资来确定。

6.3.1 金属管的铺设

1. 金属管的加工要求

综合布线工程使用的金属管应符合设计文件的规定，表面不应有穿孔、裂缝和明显的凹凸不平，内壁应光滑，不允许有锈蚀。在易受机械损伤的地方和在受力较大处直埋时，应采用足够强度的管材。

金属管的加工应符合下列要求：

1）为了防止在穿电缆时划伤电缆，管口应无毛刺和尖锐棱角。

2）为了减小直埋管在沉陷时管口处对电缆的剪切力，金属管口宜做成喇叭形。

3）金属管在弯制后，不应有裂缝和明显的凹瘪现象。弯曲程度过大，将减小金属管的有效管径，造成穿设电缆困难。

4）金属管的弯曲半径不应小于所穿入电缆的最小允许弯曲半径。

5）镀锌管锌层剥落处应涂防腐漆，这样可延长使用寿命。

2. 金属管切割套丝

在配管时，应根据实际需要长度，对管子进行切割。管子的切割可使用钢锯、管子切割刀或电动机切管机，严禁用气割。

管子和管子连接，管子和接线盒、配线箱的连接，都需要在管子端部进行套丝。焊接钢管套丝，可用管子绞板（俗称代丝）或电动套丝机。硬塑料管套丝，可用圆丝板。

套丝时，先将管子在管子压力上固定压紧，然后再套丝。若利用电动套丝机，可提高工效。套完丝后，应随时清扫管口，将管口端面和内壁的毛刺用锉刀锉光，使管口保持光滑，以免割破线缆绝缘护套。

3. 金属管弯曲

在铺设金属管时应尽量减少弯头。每根金属管的弯头不应超过3个，直角弯头不应超过2个，并不应有“S”、“Z”弯出现。弯头过多，将造成穿电缆困难。较大截面的电缆不允许有弯头。当实际施工中不能满足要求时，可采用内径较大的管子或在适当部位设置拉线盒，以便线缆的穿设。

金属管的弯曲一般都用弯管器进行。先将管子需要弯曲部位的前段放在弯管器内，焊缝放在弯曲方向背面或侧面，以防管子弯扁，然后用脚踩住管子，手扳弯管器进行弯曲，并逐步移动弯管器，使可得到所需要的弯度，弯曲半径应符合下列要求：

1）明配时，一般不小于管外径的6倍；只有一个弯时，可不小于管外径的4倍；整排钢管在转弯处，宜弯成同心圆的弯度。

2）暗配时，不应小于管外径的6倍，铺设于地下或混凝土楼板内时，不应小于管外径的10倍。

为了穿线方便，水平铺设的金属管路超过下列长度并弯曲过多时，中间应增设拉线盒或接线盒，否则应选择大一级的管径。

4. 金属管的接连应符合的要求

金属管连接应牢固，密封应良好，两管口应对准。套接的短套管或带螺纹的管接头的长度不应小于金属管外径的2.2倍。金属管的连接采用短套接时，施工简单方便；采用管接头螺纹连接则较为美观，并可保证金属管连接后的强度。无论采用哪一种方式均应保证牢固、密封。

金属管进入信息插座的接线盒后，暗埋管可用焊接固定，管口进入盒的露出长度应小于5 mm。明设管应用锁紧螺母或管帽固定，露出锁紧螺母的丝扣为2~4扣。

引至配线间的金属管管口位置，应便于与线缆连接。并列铺设的金属管管口应排列有序，便于识别。

5. 金属管铺设

1）金属管的暗设应符合下列要求：

- 预埋在墙体中间的金属管内径不宜超过50 mm，楼板中的管径宜为15~25 mm，直线布管30 m处设置暗线盒。
- 铺设在混凝土、水泥里的金属管，其地基应坚实、平整、不应有沉陷，以保证铺设后的线缆安全运行。
- 金属管连接时，管孔应对准，接缝应严密，不得有水和泥浆渗入。管孔对准无错位，以免影响管路的有效管理，保证铺设线缆时穿设顺利。
- 金属管道应有不小于0.1%的排水坡度。
- 建筑群之间金属管的埋没深度不应小于0.8 m；在人行道下面铺设时，不应小于0.5 m。
- 金属管内应安置牵引线或拉线。
- 金属管的两端应有标记，表示建筑物、楼层、房间和长度。

2）金属管明铺时应符合下列要求：

金属管应用卡子固定。这种固定方式较为美观，且在需要拆卸时方便拆卸。金属的支持点间距，有要求时应按照规定设计。无设计要求时不应超过3 m。在距接线盒0.3 m处，用管卡将管子固定。在弯头的地方，弯头两边也应用管卡固定。

3）光缆与电缆同管铺设时，应在暗管内预置塑料子管。将光缆铺设在子管内，使光缆和电缆分开布放。子管的内径应为光缆外径的2.5倍。

6.3.2 金属线槽的铺设

金属桥架多由厚度为0.4～1.5 mm的钢板制成。与传统桥架相比，具有结构轻、强度高、外形美观、无需焊接、不易变形、连接款式新颖、安装方便等特点，它是铺设线缆的理想配套装置。

金属桥架分为槽式和梯式两类。槽式桥架是指由整块钢板弯制成的槽形部件；梯式桥架是指由侧边与若干个横档组成的梯形部件。桥架附件是用于直线段之间、直线段与弯通之间连接所必需的连接固定或补充直线段、弯通功能部件。支、吊架是指直接支承桥架的部件。它包括托臂、立柱、立柱底座、吊架以及其他固定用支架。

为了防止金属桥架腐蚀，其表面可采用电镀锌、烤漆、喷涂粉末、热浸镀锌、镀镍锌合金纯化处理或采用不锈钢板。我们可以根据工程环境、重要性和耐久性，选择适宜的防腐处理方式。一般腐蚀较轻的环境可采用镀锌冷轧钢板桥架；腐蚀较强的环境可采用镀镍锌合金纯化处理桥架，也可采用不锈钢桥架。综合布线中所用线缆的性能，对环境有一定的要求。为此，我们在工程中常选用有盖无孔型槽式桥架（简称金属线槽）。

（1）金属线槽安装要求

安装金属线槽应在土建工程基本结束以后，与其他管道（如风管、给排水管）同步进行，也可比其他管道稍迟一段时间安装，但尽量避免在装饰工程结束以后进行安装，造成铺设线缆的困难。安装金属线槽应符合下列要求：

1）金属线槽安装位置应符合施工图规定，左右偏差视环境而定，最大不超过50 mm。

2）金属线槽水平度每米偏差不应超过2 mm。

3）垂直金属线槽应与地面保持垂直，并无倾斜现象，垂直度偏差不应超过3 mm。

4）金属线槽节与节间用接头连接板拼接，螺丝应拧紧。两线槽拼接处水平偏差不应超过2 mm。

5）当直线段桥架超过30 m或跨越建筑物时，应有伸缩缝。其连接宜采用伸缩连接板。

6）线槽转弯半径不应小于其槽内的线缆最小允许弯曲半径的最大值。

7）盖板应紧固，并且要错位盖槽板。

8）支吊架应保持垂直、整齐牢固、无歪斜现象。

为了防止电磁干扰，宜用辫式铜带把线槽连接到其经过的设备间，或楼层配线间的接地装置上，并保持良好的电气连接。

（2）水平子系统线缆铺设支撑保护要求

1）预埋金属线槽（金属管）支撑保护要求。

- 在建筑物中预埋线槽（金属管）可为不同的尺寸，按一层或二层设备，应至少预埋两根以上，线槽截面高度不宜超过25 mm。
- 线槽直埋长度超过15 m或在线槽路由交叉、转变时宜设置拉线盒，以便布放线缆和维护。

- 接线盒盖应能开启，并与地面齐平，盒盖处应采取防水措施。
- 线槽宜采用金属引入分线盒内。

2）设置线槽支撑保护要求。

- 水平铺设时，支撑间距一般为1.5～2 m，垂直铺设时固定在建筑物构体上的间距宜小于2 m。
- 金属线槽铺设时，在下列情况下设置支架或吊架：线槽接头处；间距1.5～2 m；离开线槽两端口0.5 m处；转弯处。
- 塑料线槽底固定点间距一般为1 m。

3）在活动地板下铺设线缆时，活动地板内净空不应小于150 mm。如果活动地板内作为通风系统的风道使用时，地板内净高不应小于300 mm。

4）采用公用立柱作为吊顶支撑柱时，可在立柱中布放线缆。立柱支撑点宜避开沟槽和线槽位置，支撑应牢固。

5）在工作区的信息点位置和线缆铺设方式未定的情况下，或在工作区采用地毯下布放线缆时，在工作区宜设置交接箱，每个交接箱的服务面积约为80 cm^2。

6）不同种类的线缆布放在金属线槽内，应同槽分开（用金属板隔开）布放。

7）采用格形楼板和沟槽相结合时，铺设线缆支槽保护要求。

- 沟槽和格形线槽必须沟通。
- 沟槽盖板可开启，并与地面齐平，盖板和信息插座出口处应采取防水措施。
- 沟槽的宽度宜小于600 mm。

8）线槽末端采用封口堵住。

（3）干线子系统的线缆铺设支撑保护要求

1）线缆不得布放在电梯或管道竖井中。

2）干线通道间应沟通。

3）弱电间中线缆穿过每层楼板孔洞宜为方形或圆形。长方形孔尺寸不宜小于300 mm × 100 mm，圆形孔洞处应至少安装三根圆形钢管，管径不宜小于100 mm。

4）建筑群干线子系统线缆铺设支撑保护应符合设计要求。

（4）槽管大小选择的计算方法

根据工程施工的体会，对槽、管的选择可采用以下简易方式：

$$n = \frac{\text{槽(管)截面积}}{\text{线缆截面积}} \times 70\% \times (40\% \sim 50\%)$$

n——表示用户所要安装的多少条线（已知数）；

槽（管）截面积——表示要选择的槽管截面积（未知数）；

线缆截面积——表示选用的线缆面积（已知数）；

70%——表示布线标准规定允许的空间；

40%～50%——表示线缆之间浪费的空间。

上述算法是作者在施工过程中的总结，供读者参考。

（5）管道铺设线缆

在管道中铺设线缆时，有3种情况：

1）小孔到小孔。

2）在小孔间的直线铺设。

3）沿着拐弯处铺设。

可用人和机器来铺设线缆，到底采用哪种方法依赖于下述因素：

1）管道中有没有其他线缆。

2）管道中有多少拐弯。

3）线缆有多粗和多重。

由于上述因素，很难确切地说是用人力还是用机器来牵引线缆，只能依照具体情况来解决。

6.3.3 塑料槽的铺设

塑料槽的规格有多种，在第3章中已作了叙述，这里就不再赘述。塑料槽的铺设从理性上讲类似金属槽，但操作上还有所不同。具体表现为4种方式：

1）在天花板吊顶打吊杆或托式桥架。

2）在天花板吊顶外采用托架桥架铺设。

3）在天花板吊顶外采用托架加配定槽铺设。

4）在天花板吊顶使用“J”形钩铺设。

使用“J”形钩铺设是在天花板吊顶内水平布线最常用的方法。具体施工步骤如下：

- 确定布线路由。
- 沿着所设计的路由，打开天花板，用双手推开每块镶板。多条线很重，为了减轻压在吊顶上的重量，可使用“J”形钩、吊索及其他支撑物来支撑线缆。
- 在离管理间最远的一端开始，拉到管理间。

采用托架时，一般：

- 在石膏板（空心砖）墙壁1 m左右安装一个托架。
- 在砖混结构墙壁1.5 m左右安装一个托架。

不用托架时，采用固定槽的方法把槽固定，根据槽的大小我们有以下建议：

1）25×20~25×30规格的槽，一个固定点应有2~3个固定螺丝，呈梯形排列。

- 在石膏板（空心砖）墙壁应每隔0.5 m左右（槽底应刷乳胶）一个固定点。
- 在砖混结构墙壁应每隔1 m左右一个固定点。

2）25×30以上的规格槽，一个固定点应有3~4个固定螺丝，呈梯形，使槽受力点分散分布。

- 在石膏板（空心砖）墙壁应每隔0.3 m左右（槽底应刷乳胶）一个固定点。
- 在砖混结构墙壁应每隔1 m左右一个固定点。

3）除了固定点外应每隔1 m左右，钻2个孔，用双绞线穿入，待布线结束后，把所布的双绞线捆扎起来。

4）水平干线、垂直干线布槽的方法是一样的，差别在于：一个是横布槽，一个是竖布槽。

5）在水平干线与工作区交接处，不易施工时，可采用金属软管（蛇皮管）或塑料软管连接。

6）在水平干线槽与竖井通道槽交接处要安放一个塑料的套状保护物，以防止不光滑的槽边缘擦破线缆的外皮。

7）在工作区槽、水平干线槽转弯处，保持美观，不宜用 PVC 槽配套的附件阳角、阴角、直转角、平三通、左三通、右三通、连接头、终端头等。

在墙壁上布线槽一般遵循下列步骤：

1）确定布线路由。

2）沿着路由方向放线（讲究直线美观）。

3）线槽要安装固定螺钉。

4）布线（布线时线槽容量为70%）。

在工作区槽、水平干线槽布槽施工结束时的注意事项如下：

1）清理现场，保持现场清洁、美观。

2）盖塑料槽盖。盖槽盖应错位盖。

3）对墙洞、竖井等交接处要进行修补。

4）工作区槽、水平干线槽与墙有缝隙时要用腻子粉补平。

6.3.4 暗道布线

暗道布线是在浇筑混凝土时已把管道预埋好地板管道，管道内有牵引电缆线的钢丝或铁丝，安装人员只需索取管道图纸来了解地板的布线管道系统，确定“路径在何处”，就可以做出施工方案了。

对于老的建筑物或没有预埋管道的新的建筑物，要向业主索取建筑物的图纸，并到要布线的建筑物现场，查清建筑物内电、水、气管路的布局和走向，然后，详细绘制布线图纸，确定布线施工方案。

对于没有预埋管道的新建筑物，施工可以与建筑物装修同步进行，这样既便于布线，又不影响建筑物的美观。

管道一般从配线间埋到信息插座安装孔。安装人员只要将4对线电缆线固定在信息插座的拉线端，从管道的另一端牵引拉线就可将缆线达到配线间。

6.3.5 线缆牵引技术

线缆牵引技术是指用一条拉线（通常是一条绳）或一条软钢丝绳将线缆牵引穿过墙壁管路、天花板和地板管路。所用的方法取决于要完成作业的类型、线缆的质量、布线路由的难度（例如，在具有硬转弯的管道布线要比在直管道中布线难），还与管道中要穿过的线缆的数目有关，在已有线缆的拥挤的管道中穿线要比空管道难。

不管在哪种场合都应遵循一条规则：使拉线与线缆的连接点应尽量平滑，所以要采用电工胶带紧紧地缠绕在连接点外面，以保证平滑和牢固。

1. 牵引“4对”线缆

标准的“4对”线缆很轻，通常不要求做更多的准备，只要将它们用电工带子与拉绳捆扎在一起就行了。

如果要牵引多条“4 对”线穿过一条路由，可用下列方法：

1）将多条线缆聚集成一束，并使它们的末端对齐。

2）用电工带或胶布紧绕在线缆束外面，在末端外绕 50 ~ 100 mm 的距离就行了，如图 6-2所示。

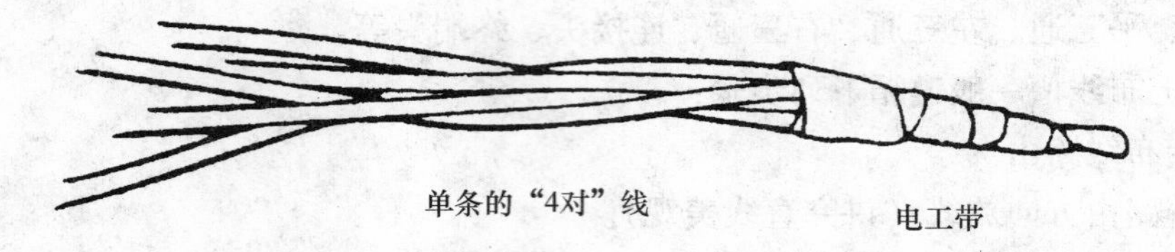

图 6-2 牵引线——将多条“4 对”线缆的末端缠绕在电工带上

3）将拉绳穿过电工带缠好的线缆，并打好结，如图 6-3 所示。

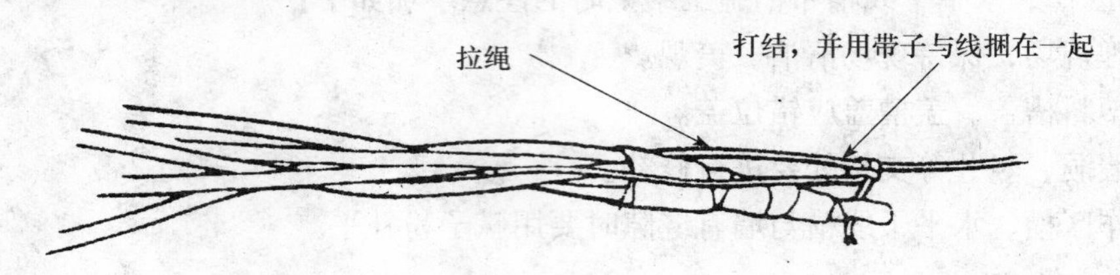

图 6-3 牵引线缆——固定拉绳

如果在拉线缆过程中，连接点散开了，则要收回线缆和拉绳重新制作更牢固的连接，为此，可以采取下列一些措施：

1）除去一些绝缘层以暴露出 50 ~ 100 mm 的裸线，如图 6-4 所示。

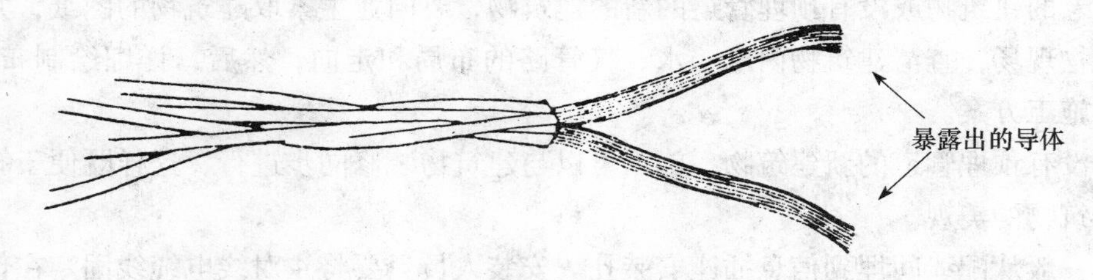

图 6-4 牵引线缆——留出裸线

2）将裸线分成两条。

3）将两条导线互相缠绕起来形成环，如图 6-5 所示。

4）将拉绳穿过此环，并打结，然后将电工带缠到连接点周围，要缠得结实且不滑。

2. 牵引单条“25 对”线缆

对于单条的“25 对”线缆，可用下列方法：

1）将线缆向后弯曲以便建立一个环，直径约 150 ~ 300 mm，并使线缆末端与线缆本身绞紧，如图 6-6 所示。

2）用电工带紧紧地缠在绞好的线缆上，以加固此环，如图 6-7 所示。

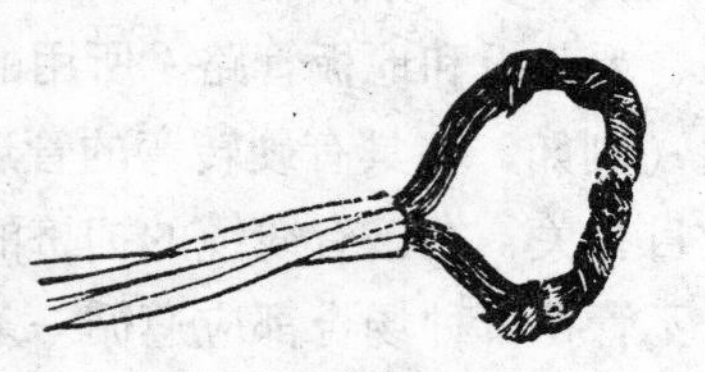

图 6-5 牵引线缆——编织导线以建立一个环供连接拉绳用

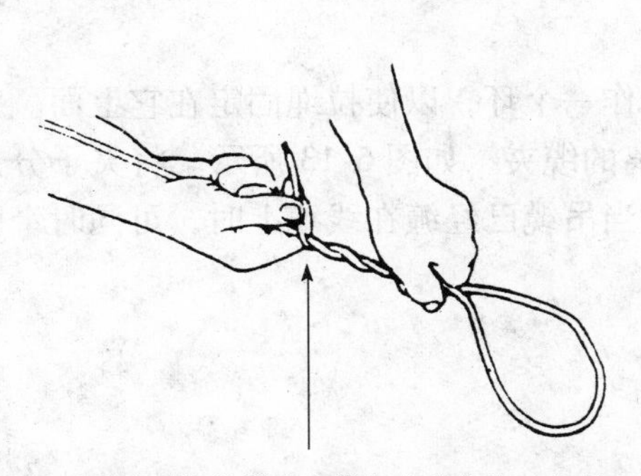

图 6-6　牵引单条的线缆——建立 6～112 英寸的环

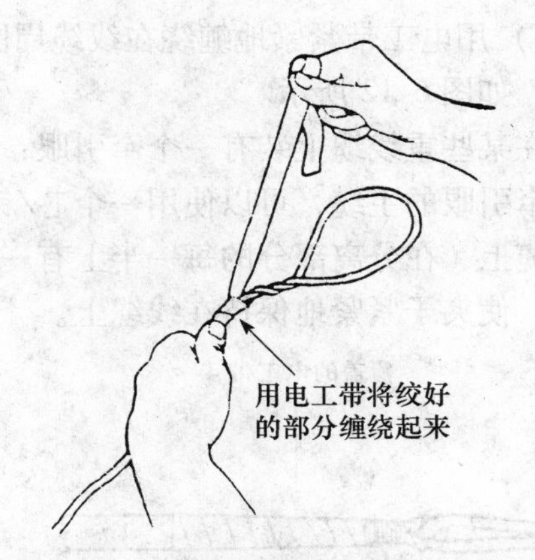

图 6-7　牵引单条的线缆——用电工带加固环

3）把拉绳拉接到线缆环上，如图 6-8 所示。

4）用电工带紧紧地将连接点包扎起来。

3. 牵引多条“25 对”或“更多对”线缆

这可用一种称为芯的连接，这种连接是非常牢固的，它能用于“几百对”的线缆上，为此执行下列过程：

1）剥除约 30 cm 的缆护套，包括导线上的绝缘层。

2）使用针口钳将线切去，留下约 12 根（一打）。

3）将导线分成两个绞线组，如图 6-9 所示。

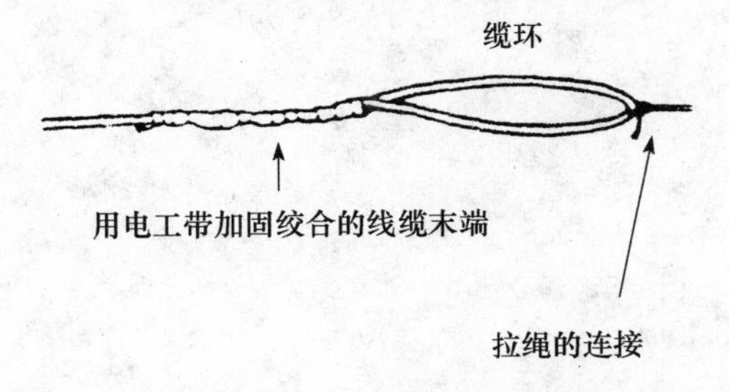

图 6-8　牵引单条的线缆——将拉绳连接到缆环上去

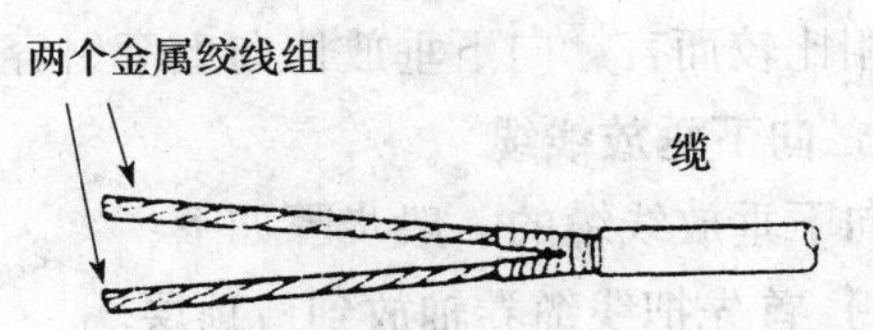

图 6-9　用一个芯套/钩牵引电缆——将线缆导线分成两个均匀的绞线组

4）将两组绞线交叉地穿过拉绳的环，在缆的那边建立一个闭环，如图 6-10 所示。

5）将线缆一端的线缠绕在一起以使环封闭，如图 6-11 所示。

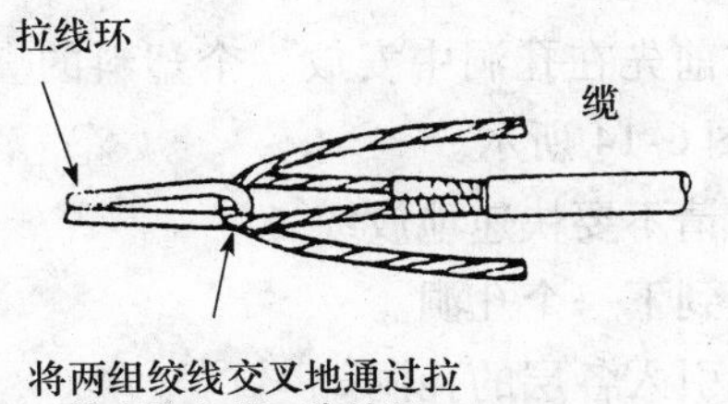

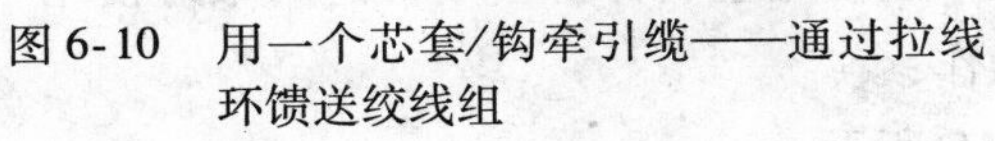

图 6-10　用一个芯套/钩牵引缆——通过拉线环馈送绞线组

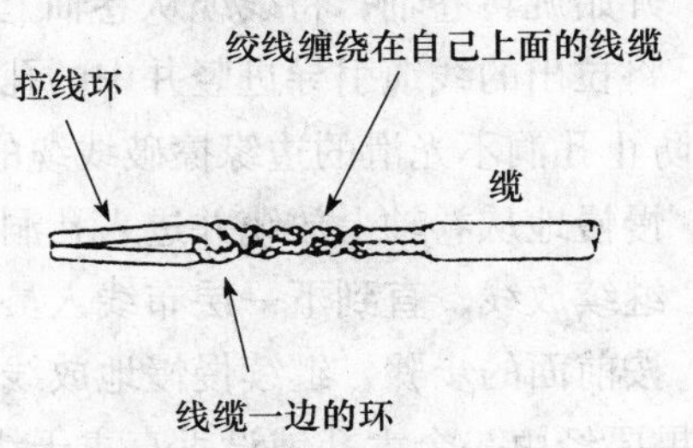

图 6-11　用一个芯套/钩牵引缆——用将绞线缠绕在自己上面的方法来关闭缆环

6）用电工带紧紧地缠绕在线缆周围，覆盖长度约是环直径的3～4倍，然后继续再绕上一段，如图6-12所示。

在某些重线缆上装有一个牵引眼：在线缆上制作一个环，以使拉绳固定在它上面。对于没有牵引眼的主缆，可以使用一个芯/钩或一个分离的缆夹，如图6-13所示。将夹子分开缠到线缆上，在分离部分的每一半上有一个牵引眼。当吊缆已经缠在线缆上时，可同时牵引两个眼，使夹子紧紧地保持在线缆上。

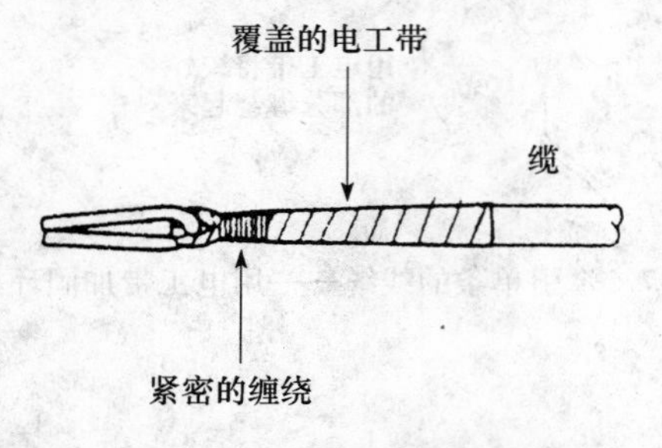

图6-12 用一个芯套/钩牵引电缆——用电工带紧密缠绕建立的芯套/钩

缆
牵引眼
吊缆“夹”

图6-13 牵引缆——用于牵引线缆的分离吊缆夹

6.3.6 建筑物主干线电缆连接技术

主干缆是建筑物的主要线缆，它为从设备间到每层楼上的管理间之间传输信号提供通路。在新的建筑物中，通常有竖井通道。

在竖井中铺设主干缆一般有两种方式：

1）向下垂放线缆。

2）向上牵引线缆。

相比较而言，向下垂放比向上牵引容易。

1. 向下垂放线缆

向下垂放线缆的一般步骤如下：

1）首先把线缆卷轴放到最顶层。

2）在离房子的开口处（孔洞处）3～4 m处安装线缆卷轴，并从卷轴顶部馈线。

3）在线缆卷轴处安排所需的布线施工人员（数目视卷轴尺寸及线缆质量而定），每层上要有一个工人以便引寻下垂的线缆。

4）开始旋转卷轴，将线缆从卷轴上拉出。

5）将拉出的线缆引导进竖井中的孔洞，在此之前先在孔洞中安放一个塑料的套状保护物，以防止孔洞不光滑的边缘擦破线缆的外皮，如图6-14所示。

6）慢慢地从卷轴上放缆并进入孔洞向下垂放，请不要快速地放缆。

7）继续放线，直到下一层布线人员能将线缆引到下一个孔洞。

8）按前面的步骤，继续慢慢地放线，并将线缆引入各层的孔洞。

如果要经由一个大孔铺设垂直主干线缆，就无法使用塑料保护套了，这时最好使用一个滑车轮，通过它来下垂布线，为此需要做如下操作：

1）在孔的中心处装上一个滑车轮，如图6-15所示。

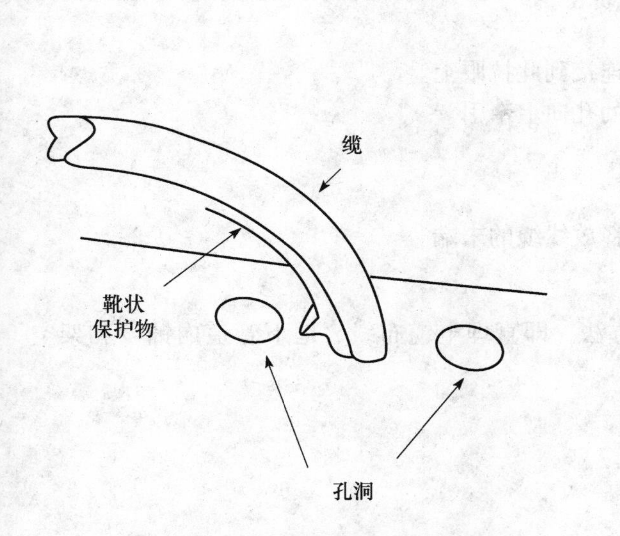

图 6-14 保护线缆的塑料靴状物

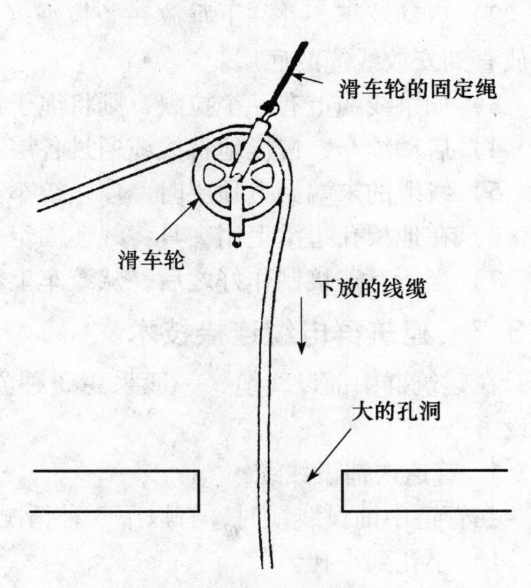

图 6-15 用滑车轮向下布放线缆通过大孔

2）将线缆拉出绕在滑车轮上。

3）按前面所介绍的方法牵引线缆穿过每层的孔，当线缆到达目的地时，把每层上的线缆绕成卷放在架子上固定起来，等待以后进行端接。

在布线时，若线缆要越过弯曲半径小于允许的值（双绞线弯曲半径为 8 ~ 10 倍于线缆的直径，光缆为 20 ~ 30 倍于线缆的直径），可以将线缆放在滑车轮上，解决线缆的弯曲问题。方法如图 6-16 所示。

2. 向上牵引线缆

向上牵引线缆可用电动牵引绞车，如图 6-17 所示。

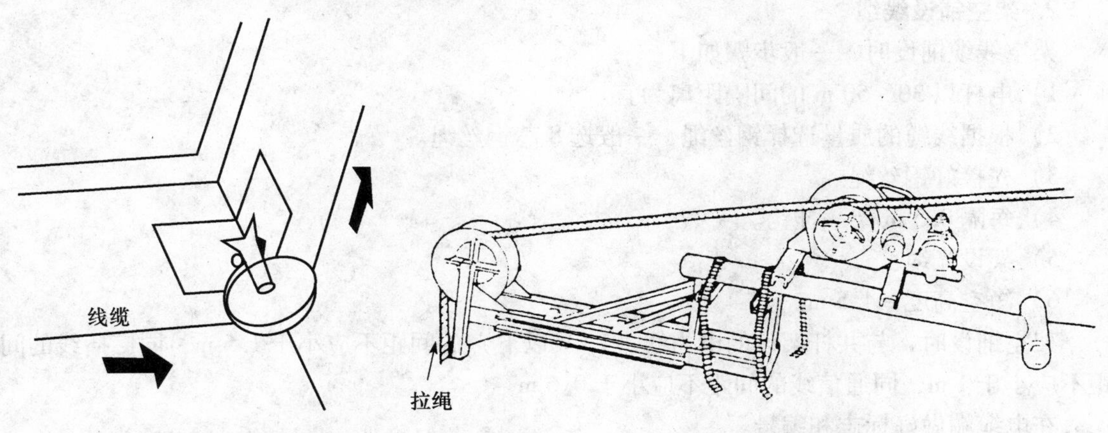

图 6-16 用滑车轮解决线缆的弯曲半径

图 6-17 典型的电动牵引绞车

向上牵引线缆的一般步骤如下：

1）按照线缆的质量，选定绞车型号，并按绞车的说明书进行操作，先往绞车中穿一条绳子。

2）启动绞车，并往下垂放一条拉绳（确认此拉绳的强度能保护牵引线缆），拉绳向下垂放直到安放线缆的底层。

3）如果线缆上有一个拉眼，则将绳子连接到此拉眼上。

4）启动绞车，慢慢地将线缆通过各层的孔向上牵引。

5）线缆的末端到达顶层时，停止绞车。

6）在地板孔边沿上用夹具将线缆固定。

7）当所有连接制作好之后，从绞车上释放线缆的末端。

6.3.7 建筑群电缆连接技术

在建筑群中铺设线缆，一般采用3种方法，即直埋电缆布线、地下管道内铺设和架空铺设。

1. 管道内铺设线缆

在管道中铺设线缆时，有以下4种情况：

1）小孔到小孔。

2）在小孔间的直线铺设。

3）沿着拐弯处铺设。

4）线缆用PVC阻燃管。

可用人和机器来铺设线缆，到底采用哪种方法依赖于下述因素：

1）管道中有没有其他线缆。

2）管道中有多少拐弯。

3）线缆有多粗和多重。

由于上述因素，很难确切地说是用人力还是用机器来牵引线缆，只能依照具体情况来处理。

2. 架空铺设线缆

架空线缆铺设时，一般步骤如下：

1）电杆以30~50 m的间隔距离为宜。

2）根据线缆的质量选择钢丝绳，一般选8芯钢丝绳。

3）先接好钢丝绳。

4）每隔0.5 m架一挂钩。

5）架设光缆。

6）净空高度≥4.5 m。

架空铺设时，与共杆架设的电力线（1 kV以下）的间距不应小于1.5 m，同广播线的间距不应小于1 m，同通信线的间距不应小于0.6 m。

在电缆端做好标志和编号。

3. 直埋电缆布线

1）挖开路面。

2）拐弯设人井。

3）埋钢管。

4）穿电缆。

6.3.8 建筑物内水平布线技术

建筑物内水平布线，可选用天花板、暗道、墙壁线槽等形式，在决定采用哪种方法之前，到施工现场，进行比较，从中选择一种最佳的施工方案。

1. 暗道布线

暗道布线是在浇筑混凝土时已预埋好地板管道，管道内有牵引电缆线的钢丝或铁丝，安装人员只需索取管道图纸来了解地板的布线管道系统，确定“路径在何处”，就可以做出施工方案了。

对于老的建筑物或没有预埋管道的新的建筑物，要向业主索取建筑物的图纸，并到要布线的建筑物现场，查清建筑物内电、水、气管路的布局和走向，然后，详细绘制布线图纸，确定布线施工方案。

对于没有预埋管道的新建筑物，施工可以与建筑物装修同步进行，这样既便于布线，又不影响建筑物的美观。

管道一般从配线间埋到信息插座安装孔。安装人员只要将4对线电缆线固定在信息插座的拉线端，从管道的另一端牵引拉线就可使线缆达到配线间。

2. 天花板顶内布线

水平布线最常用的方法是在天花板吊顶内布线。具体施工步骤如下：

1）确定布线路由。

2）沿着所设计的路由，打开天花板，用双手推开每块镶板，如图6-18所示。

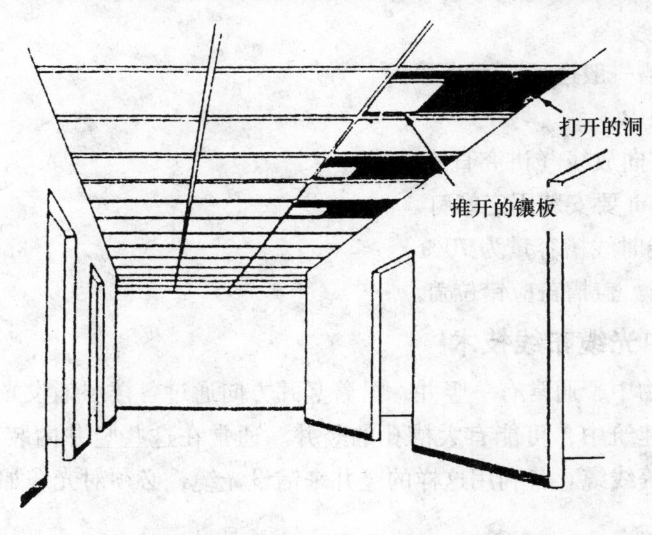

图6-18 移动镶板的悬挂式天花板

多条4对线很重，为了减轻压在吊顶上的压力，可使用J形钩、吊索及其他支撑物来支撑线缆。

3）假设要布放24条4对的线缆，到每个信息插座安装孔有两条线缆。

可将线缆箱放在一起并使线缆接管嘴向上，24个线缆箱按图6-19所示的那样分组安装，每组有6个线缆箱，共有4组。

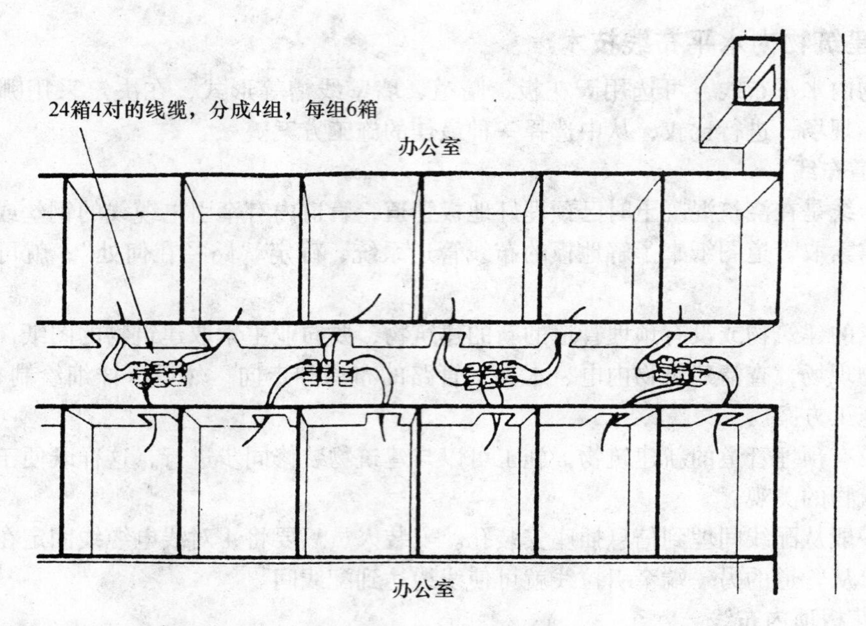

图6-19 共布24条24对线缆，每一信息点布放一条4对的线

4）加标注。在箱上写标注，在线缆的末端注上标号。

5）在离管理间最远的一端开始，拉到管理间。

3. 墙壁线槽布线

在墙壁上布线槽一般遵循下列步骤：

1）确定布线路由。

2）沿着路由方向放线（讲究直线美观）。

3）线槽每隔1 m要安装固定螺钉。

4）布线（布线时线槽容量为70%）。

5）盖塑料槽盖。盖槽盖应错位盖。

6.3.9 建筑物中光缆布线技术

在新建的建筑物中，通常有一竖井，沿着竖井方向通过各楼层铺设光缆，需要提供防火措施。在许多老式建筑中，可能有大槽孔的竖井。通常在这些竖井内装有管道，以供铺设气、水、电、空调等线缆。若利用这样的竖井来铺设光缆，必须对光缆加以保护。也可将光缆固定在墙角上。

在竖井中铺设光缆有两种方法：

- 向下垂放光缆。
- 向上牵引光缆。

通常向下垂放比向上牵引容易些。但如果将光缆卷轴机搬到高层上去很困难，则只能由下向上牵引。布线时应注意以下事项。

1）铺设光缆前，应检查光纤有无断点、压痕等损伤。

2）根据施工图纸选配光缆长度，配盘时应使接头避开河沟、交通要道和其他障碍物。

3）光缆的弯曲半径不应小于光缆外径的20倍，光缆可用牵引机牵引，端头应做好技术处理，牵引力应加于加强芯上，牵引力大小不应超过150 kg，牵引速度宜为10 m/min，一次牵引长度不宜超过1 km。

4）光缆接头的预留长度不应小于8 m。

5）光缆铺设一段后，应检查光缆有无损伤，并对光缆铺设损耗进行抽测，确认无损伤时，再进行接续。

6）光缆接续应由受过专门训练的人员操作，接续时应用光功率计或其他仪器进行监视，使接续损耗最小。接续后应做接续保护，并安装好光缆接头护套。

7）光缆端头应用塑料胶带包扎，盘成圈置于光缆预留盒中，预留盒应固定在电杆上。地下光缆引上电杆，必须穿入金属管。

8）光缆铺设完毕时，需测量通道的总损耗，并用光时域反射计观察光纤通道全程波导衰减特性曲线。

9）光缆的接续点和终端应做永久性标志。

向下垂放光缆的步骤如下：

1）在离建筑层槽孔1～1.5 m处安放光缆卷轴（光缆通常是绕在线缆卷轴上，而不是放在纸板箱中），以使在卷筒转动时能控制光缆。要将光缆卷轴置于平台上以便保持在所有时间内都是垂直的，放置卷轴时要使光缆的末端在其顶部，然后从卷轴顶部牵引光缆。

2）使光缆卷轴开始转动，它转动时，将光缆从其顶部牵出。牵引光缆时要保证不超过最小弯曲半径和最大张力的规定。

3）引导光缆进入槽孔中去，如果是一个小孔，则首先要安装一个塑料导向板，以防止光缆与混凝土边侧产生摩擦导致光缆损坏。

如果通过大的开孔下放光缆，则在孔的中心上安装一个滑车轮，然后把光缆拉出缠绕到车轮上去。

4）慢慢地从光缆卷轴上牵引光缆，直到下面一层楼上的人能将光缆引入到下一个槽孔中为止。

5）每隔2 m左右打一线夹。

6.4 双绞线布线技术

6.4.1 双绞线布线方法

目前有3种双绞线布线方法：

- 从管理间向工作区布线（一层中信息点较少的情况下）。
- 从中间向两端布线（中间有隔断的情况下）。
- 从工作区向管理间布线（信息点多的情况下）。

双绞线布线时要做标记。做标记的方法有以下4种：

- 用打号机打号。
- 用塑料的字号套号。
- 用标签号。

- 用油墨笔记号。

建议用油墨笔记号。

双绞线布线时要注意：

- 要对线缆端记号。
- 要注意节约用线。
- 布线的线缆不能有扭结，要平放。

6.4.2 双绞线布线缆线间的最小净距要求

1. 双绞线布线缆线与电源线的要求

双绞线布线缆线与电源线应分隔布放，并应符合表6-5的要求。

表6-5 双绞线电缆与电力电缆最小净距

干扰源类别	线缆与干扰源接近的情况	间距（mm）
小于2 kVA的380 V电力线缆	与电缆平行铺设	130
	其中一方安装在已接地的金属线槽或管道	70
	双方均安装在已接地的金属线槽或管道	10
2～5 kVA的380 V电力线缆	与电缆平行铺设	300
	其中一方安装在已接地的金属线槽或管道	150
	双方均安装在已接地的金属线槽或管道	80
大于5 kVA的380 V电力线缆	与电缆平行铺设	600
	其中一方安装在已接地的金属线槽或管道	300
	双方均安装在已接地的金属线槽或管道	150
荧光灯等带电感设备	接近电缆线	150～300
配电箱	接近配电箱	1000
电梯、变压器	远离布设	2000

2. 双绞线布线与配电箱、变电室、电梯机房、空调机房之间最小净距要求

双绞线布线与配电箱、变电室、电梯机房、空调机房之间最小净距应符合表6-6的要求。

表6-6 双绞线布线与配电箱、变电室、电梯机房、空调机房之间最小净距

名　称	最小净距（m）	名　称	最小净距（m）
配电箱	1	变电室	2
电梯机房	2	空调机房	2

3. 建筑物内电、光缆暗管铺设与其他管线最小净距

建筑物布线常用以下6种线缆：

- 4对双绞线电缆（UTP或STP）。
- 2对双绞线电缆。
- 100 Ω大对数对绞电缆（UTF或STP）。
- 62.5/125 μm多模光缆。
- 9/125 μm、10/125 μm单模光缆。
- 75 Ω有线电视同轴电缆。

建筑物内电、光缆暗管铺设与其他管线最小净距应符合表6-7的要求。

表6-7 电、光缆暗管铺设与其他管线的间距

管线种类	平行净距（mm）	垂直交叉净距（mm）	管线种类	平行净距（mm）	垂直交叉净距（mm）
避雷引下线	1000	300	给水管	150	20
保护地线	50	20	煤气管	300	20
热力管（不包封）	500	500	市话管道边线	75	25
热力管（包封）	300	300	压缩空气管	150	20

6.5 长距离光缆布线技术

本书6.3.9节介绍了建筑物中的光缆布线技术，本节介绍长距离光缆布线技术。长距离光缆布线主要用于高速公路、通信系统、电力系统、铁路系统、城域光传送网。光缆的铺设方式主要有管道铺设、直埋铺设、架空铺设。

6.5.1 长距离光缆施工的准备工作

长距离光缆线路施工工序复杂，工序之间必须衔接恰当，具体包括光缆线路施工进行的作业程序，计划实施工程日期，确定具体路由位置、距离、保护地段等，这对按期完成工程的施工任务起到保障作用。

长距离光缆施工大致分为以下几个步骤：

- 准备工作。
- 路由工程。
- 光缆铺设。
- 光缆接续。
- 工程验收。

1. 准备工作

（1）检查设计资料、原材料、施工工具和器材是否齐全

1）检查资料。检查资料应首先检查光缆出厂质量合格证，并检查厂方提供的单盘测试资料是否齐全，其内容包括光缆的型号、芯数、长度、端别、衰减系数、折射率等，看其是否符合订货合同的规定要求。其次，检查线路资料包括杆塔资料、导线分布资料、线路与施工地理环境资料等。

2）外观检查。主要检查光缆盘包装在运输过程中是否损坏，光缆的外皮有无损伤，缆皮上打印的字迹是否清晰、耐磨，光缆端头封装是否完好。

3）技术指标测试。用活动连接器把被测光纤与测试尾纤相连，然后用OTDR测试光纤的长度、平均损耗，看其是否符合订货合同的规定要求。整条光缆里只要有一根光纤出现断纤、衰减超标，就应视为不合格产品。

4）电气特性检查。对光缆的物理特性、机械特性和光学特性进行较全面的检验，检查光缆的电气特性指标是否符合国家标准。

5）对地绝缘电阻检查。检查光缆的对地绝缘电阻是否符合出厂标准和国家标准。

6）检查光缆的施工工具和器材是否齐全。

（2）组建一支高素质的施工队伍

组建一支高素质的施工队伍，正确分配施工人员岗位，责任到人。

2. 路由工程

1）光缆铺设前先要对光缆经过的路由做认真的现场勘察（现场勘察分为市区、郊区和开阔区。一般市区、郊区的工程施工较为复杂，开阔区相对容易一些），了解当地道路建设和规划，尽量避开坑塘、加油站等存在隐患的地方。路由确定后，对其长度做实际测量，精确到20 m之内，还要加上布放时的自然弯曲和各种预留长度，各种预留还包括插入孔内弯曲、杆上预留、接头两端预留、水平面弧度增加等其他特殊预留。为了使光缆在发生断裂时再接续，应在每百米处留有一定的富余量，富余量长度一般为1%～2%，根据实际需要的长度订购。

2）画路径施工图。在电杆上或地下管道上编号，画出路径施工图，并说明每根电杆或地下管道出口电杆的号码以及管道长度，并定出需要留出富余量的长度和位置，合理配置，使熔接点尽量减少。

3）两根光纤接头处最好安设在地势平坦、地质稳固的地点，避开水塘、河流、沟渠及道路，最好设在电杆或管道出口处，架空光缆接头应落在电杆旁0.5～1 m左右。在施工图上还应说明熔接点位置，当光缆发生断点时，便于迅速用仪器找到断点进行维修。

4）光缆配盘是光缆施工前的重要工作。光缆配盘合理，则既可节约光缆、提高光缆铺设效率，又可减少光缆接头数量、便于维护。特别是长途管道线路，光缆的合理配盘可以减少浪费，否则，要么光缆富余量太大，要么光缆长度不够。光缆配盘是依据人孔之间硅芯管的长度，而不是人孔间距，二者有时相差较小，有时相差较大。光缆配盘在地势起伏、环绕较大区域时容易出错。考虑到生产工艺以及测试的需要，一般光缆出厂长度超出订货长度3～10 m，但这一富余量随生产厂商的不同而不确定，并非一个准确数据，因此，在做光缆配盘时不应考虑。

5）长距离光缆线路扩容的速度快、灵活性高，应考虑管道资源有限，则对光缆芯数的预测可相对保守些。

6）按设计要求核定光缆路由走向，选择铺设方式。

7）核定中继段至另一终端的距离，提供必要的数据资料。

8）核定各路障、河道等障碍物的技术措施，并制定出具体实施的措施。

限于篇幅，光缆铺设、光缆接续、工程验收将在有关章节中介绍。

6.5.2 长距离光缆布线架空铺设的施工技术

1. 光缆架空的要求

架空光缆主要有钢绞线支承式和自承式两种。自承式不用钢绞吊线，因它造价高、光缆下垂、承受风荷力较差。因此，我国基本都是采用钢绞线支承式这种结构，通过杆路吊线托挂或捆绑架设。

光缆架空的要求主要有如下内容。

1）架空线路的杆间距离，市区为30～40 m，郊区为40～50 m，其他地段最大不超过60～70 m。

2）架空光缆的吊线应采用规格为7/2.2 mm的镀锌钢绞线，若采用铠式光缆，挂设时可采用7/2.0 mm或/1.8 mm的钢绞线。

3）架空光缆的垂度要考虑架设过程中和架设后受到最大负载时产生的伸长率。

4）架空光缆可适当地在杆上做伸缩余留。

5）光缆挂钩的卡挂间距要求为50 cm，光缆卡挂应均匀。

6）光缆转弯时弯曲半径应大于或等于光缆外径的10~15倍，施工布放时弯曲半径应大于或等于20倍。

7）吊线与光缆要接地良好，要有防雷、防电措施，并有防震、防风的机械性能。

8）架空吊线与电力线的水平和垂直距离均要在2 m以上，离地面最小高度为5 m，离房顶最小距离为1.5 m。

9）架空杆路选定：

- 架空杆路基本上沿各条公路的一侧铺设，部分沿途有当地的广电、邮电及其他的杆路铺设。
- 架空杆路跨越较大的公路时，公路的两边应立加高杆，视现场情况可立6 m、7 m、8 m、9 m、10 m及12 m杆。

10）架空杆材料的选用。

水泥杆选用：

- 在山区不通公路时，可选用6 m、7 m杆。
- 在开阔区可选用7 m、8 m杆。
- 在郊区可选用8 m、9 m杆。
- 在市区可选用9 m、10 m杆。
- 在路跨公路时，可选用10 m、11 m及12 m杆。

铁件杆选用：铁件杆全部采用热镀锌材料。杆路跨越较大的河流或特殊地段时，应做特殊处理。当杆档大于80 m应做辅助吊线。当杆子定在河床里，应做护墩进行有效的保护。当杆子定在山谷下或河床里，地面起伏比较大，吊线仰视与杆稍的夹角为45度或小于45度，高低落差大于15 m时，应做双向拉线。

11）竖立电杆应达到下列要求：

直线线路的电杆位置应在线路路由的中心线上。电杆中心线与路由中心线的左右偏差应不大于50 mm，电杆本身应上下垂直。

角杆应在线路转角点内移。水泥电杆的内移值为100~150 mm，因地形限制或装支撑杆的角杆可不内移。

终端杆竖立后应向拉线侧倾斜100~200 mm。

电杆与拉线地锚坑的埋深：

- 6 m杆普通土埋深1.2 m，石质1.0 m。
- 7 m杆普通土埋深1.3 m，硬土1.2 m，水田、湿地1.4 m，石质1.0 m。
- 8 m杆普通土埋深1.5 m，硬土1.4 m，水田、湿地1.6 m，石质1.2 m。
- 9 m杆普通土埋深1.6 m，硬土1.5 m，石质1.4 m。
- 10 m杆普通土埋深1.7 m，硬土1.6 m，石质1.6 m。
- 12 m杆普通土埋深2.1 m，硬土2.0 m，石质2.0 m。

12）杆路保护：河滩及塘边杆根缺土的电杆，应做护墩保护。在路边易被车辆碰撞的地方立杆，应加设护杆桩，加高为40~50 cm。

13）杆路净距要求：杆路吊线架设应满足净距要求，在跨越主要公路缆路间净距应不小于5.5 m，跨越土路缆路间净距应不小于4.5 m，跨越铁路缆路间净距应不小于7 m。

14）标志牌：架空光缆路跨越公路河流时设置标志牌。缆路设置标志牌尺寸为250 mm×100 mm×5 mm的铝制片，每隔300 m间距点加挂标志牌，标志牌牢固固定于钢绞线上，面对观看方向。

15）吊线的抱箍距杆梢40～60 cm处。

电杆与其他建筑物间隔的最小净距表如表6-8所示。

表6-8 电杆与其他建筑物间隔的最小净距表

序号	建筑物名称	说　明	最小水平净距（m）	备　注
1	铁路	电杆间距铁路最近钢轨的水平距离	11	
2	公路	电杆间距公路情况可以增减	H	或满足公路部门的要求
3	人行道边沿	电杆与人行道边平行时的水平距离	0.5	或根据城市建设部门的批准位置
4	通信线路	电杆与电杆的距离	H	H为电杆在地面的杆高
5	地下管线	地下管线（煤气管等）	1.0	电杆与地下管线平行的距离
6	地下管线	地下管线（电信管道、直埋电缆）	0.75	电杆与它们平行时的距离
7	房屋建筑	电杆与房屋建筑的边缘距离	1.50	

架空线路最低线缆跨越其他障碍物的最小垂直距离表如表6-9所示。

表6-9 架空线路最低线缆跨越其他障碍物的最小垂直距离表

序号	障碍物名称	最小垂直距离（m）	备　注
1	距铁路铁轨	7.5	指最低线缆最大垂直处
2	公路、市区马路（行驶大型汽车）	7.5	或满足公路部门的要求
3	距一般道路路面	5.5	或根据城市建设部门的批准位置
4	距通航河流航帆顶点	1.0	在最高的水位
5	距不通航河流顶点	2.0	在最高水位及漂浮物上
6	距房屋屋顶	1.5	
7	与其他通信线交越距离	0.6	
8	距树枝距离	1.5	
9	沿街坊架设时距地面的距离	4.0	
10	高农作物地段	0.6	最低线缆与农作物和农机械的最高点间的净距

2. 光缆吊线架设方法

在长距离架空铺设光缆时采用导向滑轮，采用牵引绳（用直径为13 mm的绳套绑扎光缆）将一端用线预先装入吊线线槽内；在架杆和吊线上预先挂好滑轮，每隔20～30 m安装1个导引小滑轮，在另一端电杆部位安装1个大号滑轮，将牵引绳按顺序通过滑轮，直至达到光缆所要牵引的另一端。施工中一般光缆分多次牵引。

光缆牵引完毕后，用挂钩将光缆托挂于吊线上，通常采用滑板车操作较快较好，也可以采用其他方法。

长距离架空铺设光缆展放过程中要重点注意以下内容：

- 光缆施工要严格按照施工的规范进行。
- 操作人员要集中精力，听从指挥，令行禁止。
- 各塔位、跨越物、转角滑车等监护人员应坚守岗位，按要求随时报告情况。
- 光缆必须离空，不得与地面、跨越架和其他障碍物相摩擦。
- 展放速度宜控制在 30 m/min 左右，不宜太快。
- 牵引走板通过滑车时，应放慢牵引速度，使走板顺利通过滑车，防止光缆跳槽卡线而损伤光缆。
- 塔上护线人员应报告走板离滑车的距离，以便牵引光缆的司机心中有数。
- 光缆转弯时，其转弯半径要大于光缆自身直径的 20 倍，如架空光缆在上下杆塔时，应当尽量减小弯曲的角度，同时给光缆盘施加助力，减少光缆的拉力。
- 布缆时的拉力应小于 80% 额定拉力。
- 每个杆上要余留一段用于伸缩的光缆。
- 应安排相关人员分布在光缆盘放线处（光缆盘“∞”字处）、穿越障碍点、地形拐弯处和光缆前端引导等处。以便及时发现问题，排除故障，控制放线的速度，并减小放线盘的拉力。
- 光缆布放过程如遇到障碍应停止拖放，及时排除。不能用大力拖过，否则会造成光缆损伤。
- 光缆放线时，拉力要稳定，不能超过光缆标准的要求拉力。
- 光缆布放时工程技术人员应配备必要的通信设备，如对讲机、喇叭。
- 打“∞”字时，应选择合适的地形，将“∞”字尽量打大，为避免解“∞”字时产生问题，应在情况允许的前提下尽量少打“∞”字。
- 光缆钩间距为 50 cm ± 3 cm，挂钩与光缆搭扣一致，挂钩托板齐全、平整。
- 光缆接头盒两侧余线 10 ~ 20 m 为宜，将余线用预留架固定在接头杆相邻两杆的反侧，把反线盘在余线架上，绑扎牢固整齐。
- 对施工复杂、超越障碍多的地段或山区极难施工地段，适当选用小盘光缆。

在长距离架空铺设光缆时可采用从中间向两端布线。从中间向两端布线时，光缆的配盘长度一般为 2 ~ 3 km，施工布放时受人员及地形等因素的影响，放缆时把光缆放置在路段中间，把光缆从光缆盘上放下来，按“∞”字形方式做盘处理，向两端反方向架设。光缆将逆着“∞”字的方向放（打），顺着“∞”字的方向布放（解开），先做盘“∞”字，然后布放。

6.5.3 长距离光缆布线直埋铺设的施工技术

1. 光缆布线直埋铺设的要求

光缆布线直埋铺设的要求主要有如下内容：

1）光缆布放前，应对施工及相关人员就施工应注意的事项进行适当的培训，如放线方法要领和安全等内容，并确保施工人员服从指挥。

2）核定光缆路由的具体走向、铺设方式、环境条件及接头的具体地点是否符合施工图设计。

3）核定地面距离和中继段长度。

4）核定光缆穿越障碍物需要采取防护措施地段的具体位置和处理措施。

5）核定光缆沟坎、护坎、护坡、堵塞等光缆保护的地点、地段和数量。

6）光缆与其他设施、树木、建筑物及地下管线等最小距离要符合验收技术标准。

7）光缆的路由走向、铺设位置及接续点应保证安全可靠，便于施工、维护。

8）开挖缆沟前，施工单位应依据批准的施工图设计沿路由撒放灰线，直线段灰线撒放应顺直，不应有蛇形弯或脱节现象。

9）直埋光缆沟深度要按标准要求进行挖掘，如表6-10所示。

表6-10 直埋光缆埋深标准要求

铺设地段或土质	埋深（m）	备 注
普通土（硬土）	≥1.2	
砂砾土质（半石质土、沙砾土、风化石）	≥1.0	沟底应平整，无碎石和硬土块等有碍于施工的杂物
全石质	≥0.8	从沟底加垫10 cm细土或沙土
流沙	≥0.8	
市郊、村镇的一般场合	≥1.2	不包括车行道
市内人行道	≥1.0	包括绿化地带
穿越铁路、公路	≥1.2	距道渣底或距路面
沟、渠、塘	≥1.2	
农田排水沟	≥0.8	

10）不能挖沟的地方可以架空或钻孔预埋管道铺设。

11）由于爬坡直埋光缆较重，且布放地形复杂，因此施工比较困难，所需人工较多，应配备足够的人员。

12）沟底应平缓坚固，需要时可预填一部分沙子、水泥或支撑物。

13）光缆布放时，工程技术人员应配备必要的通信设备，如对讲机、喇叭等。

14）光缆的弯曲半径应小于光缆外径的15倍，施工过程中不应小于20倍。

15）铺设时可用人工或机械牵引，但要注意导向和润滑。

16）机械牵引时，进度调节范围应为3~15 m/min、调节方式应为无级调速，并具有自动停机性能，牵引时应根据牵引长度、地形条件、牵引张力等因素选用集中牵引、中间辅助牵引、分散牵引等方式。

17）光缆布放完毕，光缆端头应做密封防潮处理，不得浸水。

18）铺设完成后，应尽快回土覆盖并夯实。

- 直埋光缆必须经检查确认符合质量验收标准后，方可全沟回填。
- 光缆铺放完毕后，检查光缆排列顺序无交叉、重叠，光缆外皮无破损，可以首先回填30 cm厚的细土。对于坚石、软石沟段，应外运细土回填，严禁将石块、砖头、硬土推入沟内。
- 待72小时后，测试直埋光缆的护层对地绝缘电阻合格，可进行全沟回填，回填土应分层夯实并高出地面形成龟背形式，回填土应高出地面10~20 cm。
- 直埋光缆沿公路排水沟铺设，遇石质沟时，光缆埋深≥0.4 m，回填土后用水泥砂浆封沟，封层厚度为15 cm。

2. 直埋光缆与其他管线及障碍物间的最小净距

直埋光缆的铺设位置，应在统一的管线规划综合协调下进行安排布置，以减少管线设施之间的矛盾。直埋光缆与其他管线及障碍物间的最小净距如表 6-11 所示。

表 6-11　直埋光缆与其他管线及障碍物间的最小净距表

序号	其他管线及障碍物间	最小净距（m）	备　注
1	市话通信电缆管道平行时	0.75	不包括人孔或手孔
	市话通信电缆管道交叉时	0.25	不包括人孔或手孔
2	非同沟铺设的直埋通信电缆平行时	0.50	
	非同沟铺设的直埋通信电缆交叉时	0.50	
3	直埋电力电缆 <35 kV 平行时	0.50	
	直埋电力电缆 <35 kV 交叉时	0.50	
	直埋电力电缆 >35 kV 平行时	2.00	
	直埋电力电缆 >35 kV 交叉时	0.50	
4	给水管管径 <30 cm 平行时	0.50	
	给水管管径 <30 cm 交叉时	0.50	光缆采用钢管保护时，最小径距可降为 0.15 m
	给水管管径为 30 ~ 50 cm 平行时	0.50	
	给水管管径为 30 ~ 50 cm 交叉时	1.00	
5	高压石油天然气管平行时	10.00	
	高压石油天然气管交叉时	0.50	
6	树木灌木	0.75	
	乔木	2.00	
7	燃气管压力小于 3 kg/cm^2 平行时	1.00	
	燃气管压力小于 3 kg/cm^2 交叉时	0.50	
	燃气管 3 ~ 8 kg/cm^2 平行时	2.00	
	燃气管 3 ~ 8 kg/cm^2 交叉时	0.50	
8	热力管或下水管平行时	1.00	
	热力管或下水管交叉时	0.50	
9	排水管平行时	0.80	
	排水管交叉时	0.50	
10	建筑红线（或基础）	1.00	

3. 布线直埋铺设的方法

光缆布线直埋铺设的方法主要是人工抬放铺设光缆。

采用人工抬放铺设光缆要重点注意如下 7 点内容：

1）铺设时不允许光缆在地上拖拉，也不得出现急弯、扭转等现象。

2）光缆不应出现小于规定曲率半径的弯曲（光缆的弯曲半径应不小于光缆外径的 20 倍），不允许光缆拖地铺放和牵拉过紧。

3）在布放过程中或布放后，应及时检查光缆的排列顺序，如有交叉重叠要立即理顺，当光缆穿越各种预埋的保护管时，尤应注意排列顺序，要随时检查光缆外皮，如有破损，应立即予以修复，铺设后应检查每盘光缆护层的对地绝缘电阻，应符合要求，若不符合则应进行更换。

4）直埋光缆布放时必须清沟，沟内有水时应排净，光缆必须放于沟底，不得腾空和拱起。

5）直埋光缆铺设在坡度大于 30°、坡长大于 30 m 的斜坡上时，宜采用“S”形铺设或按设计要求的措施处理。

6）待光缆穿放完毕后，其钢管、塑管及子管应采用油麻沥青封堵，以防腐、防鼠等，子管与光缆采用 PVC 胶带缠扎密封，备用子管安装塑料塞子。

7）直埋光缆的接头处、拐弯点或预留长度处以及与其他地下管线交越处，应设置标志，以便今后维护检修。

6.5.4 长距离光缆管道布线的施工技术

1. 长距离光缆管道布线的施工要求

长距离光缆管道布线施工应注意如下 12 点：

1）在铺设光缆前，应根据设计文件和施工图纸对选用光缆穿放的管孔大小、占用情况和其位置进行核对，如所选管孔孔位需要改变，应取得设计单位的同意。

2）铺设光缆前，应逐段将管孔清刷干净并试通。清扫时应用专制的清刷工具，清扫后应用试通棒试通检查，检查合格后才可穿放光缆。

3）管道所用的器材规格、质量在施工使用前要进行检验，严禁使用质量不合格的器材。

4）PVC 管、蜂窝管管身应光滑无伤痕，管孔无变形。

5）安放塑料子管，同时放入牵引线。

6）计算好布放长度，一定要有足够的预留长度：

- 自然弯曲增加长度（m/km）5 m。
- 人孔内拐弯增加长度（m/孔）0.5 ~ 1 m。
- 接头重叠长度（m/侧）8 ~ 10 m。
- 局内预留长度（m）15 ~ 20 m。

7）布放塑料子管的环境温度应在 -5 ~ +35 ℃之间，在温度过低或过高时应尽量避免施工，以保证塑料子管的质量不受影响。

8）连续布放塑料子管的长度不宜超过 300 m，塑料子管不得在管道中间有接头。

9）牵引塑料子管的最大拉力不应超过管材的抗拉强度，在牵引时的速度要均匀。

10）在穿放塑料子管的水泥管管孔中，应采用塑料管堵头，在管孔处安装，使塑料子管固定。塑料子管布放完毕，应将子管口临时堵塞，以防异物进入管内。

11）如果采用多孔塑料管，可免去对子管的铺设要求。

12）光缆的牵引端头可现场制作。为防止在牵引过程中发生扭转而损伤光缆，在牵引端头与牵引索之间应加装转环。

2. 光缆管道布线的方法

光缆管道布线施工的方法应注意如下 15 点：

1）布线时应从中间开始向两边牵引，一次布放光缆的长度不要太长，光缆配盘的长度一般为 2 ~ 3 km。

2）布缆牵引力一般不大于 120 kg，而且应牵引光缆的加强芯部分。

3）做好光缆头部的防水加强处理。

4）光缆引入和引出处需加顺引装置，不可直接拖地。

5）城市ϕ90 mm 标准管孔，可容纳 3 ~ 4 寸塑料子管 3 根，1 寸子管适合于直径小于 20 mm的光缆，对于其他种类光缆应选用合适的子管。

6）管道光缆铺设要通过人孔的入口、出口，路由上出现拐弯、曲线以及管道人孔高差等情况时，配置导引装置减少光缆的摩擦力，降低光缆的牵引拉力。

7）光缆的端头应留余适当长度，盘圈后挂在人孔壁上，不要浸泡于水中。

8）放管前应将管外凹状定位筋朝上放置，并严格按照管外箭头标志方向顺延，不可颠倒方向。

9）在放管时，严禁泥沙混入管内。

10）布放两根以上的塑料子管，如管材已有不同颜色可以区别时，其端头可不必做标志；对于无颜色的塑料子管，应在其端头做好有区别的标志。

11）光缆采用人工牵引布放时，每个人孔或手孔应有人帮助牵引；机械布放光缆时，不需每个孔均有人，但在拐弯处应有专人照看。整个铺设过程中，必须严密组织，并有专人统一指挥。

12）光缆一次牵引长度一般不应大于 1000 m。超长距离时，应将光缆盘成倒 8 字形分段牵引或在中间适当地点增加辅助牵引，以减少对光缆的拉力并提高施工效率。

13）在光缆穿入管孔或管道拐弯处与其他障碍物有交叉时，应采用导引装置或喇叭口保护光缆。

14）根据需要可在光缆四周加涂中性润滑剂等材料，以减少牵引光缆时的摩擦阻力。

15）光缆铺设后，应逐个在人孔或手孔中将光缆放置在规定的托板上，并应留有适当余量。

6.5.5 光缆布线施工工具

在光缆施工工程建设中常用的工具如表 6-12 所示。

表 6-12 光缆施工常用的工具

序号	工具名称	数量	用途
1	光纤剥皮钳	1 把	剥离光纤表面涂覆层
2	横向开缆刀	1 把	横向开剥光缆
3	刀具	1 把	切割物体
4	剪刀	1 把	剪断跳线内纺纶纤维
5	断线钳	1 把	开剥光缆
6	老虎钳	1 把	剪断光缆加强芯
7	组合螺丝批	1 套	紧固螺钉
8	组合套筒扳手	1 套	紧固六方螺钉
9	活动扳手	1 把	开剥光缆
10	内六角扳手	1 套	紧固螺钉
11	洗耳球	1 个	吹镜头表面浮层
12	镊子	1 个	镊取细小物件
13	记号笔	1 支	做终端标号
14	酒精泵瓶	1 个	清洗光纤
15	微型螺丝刀	1 套	紧固螺钉
16	松套管剥皮钳	1 支	
17	卷尺	1 把	测量光缆开剥长度
18	工具箱	1 个	装置工具
19	斜口钳	1 把	剪光缆加强芯
20	尖嘴钳	1 把	辅助开剥光缆
21	试电笔	1 个	测试线路带电情况
22	手电筒	1 个	施工照明
23	手工锯	1 把	锯光缆及铁锯
24	备用锯条	1 套	锯光缆及铁锯

光纤熔接工具箱如图6-20所示。

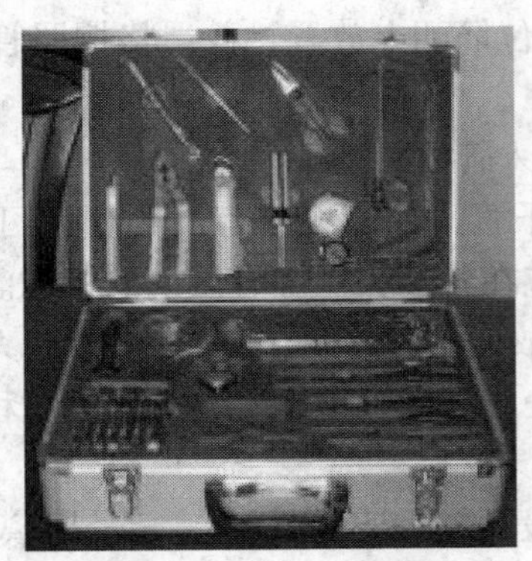

图6-20 光纤熔接工具箱

光纤熔接工具箱说明如表6-13所示。

表6-13 光纤熔接工具箱说明

名 称	用 途	名 称	用 途
光纤剥涂钳	用于剥光纤涂覆层	绝缘胶带	耐高压、防水、经久耐用
管子割刀	用于光电缆外皮开剥，可深度进刀	斜口钳	用于光缆接头盒的安装
光缆松套钳	开剥光缆	尖嘴钳	用于光缆接头盒的安装
光缆纵剥刀	用于光缆纵向开剥	一字改锥	用于光缆接头盒的安装
酒精泵	用于清洁光纤、熔接机专用	十字改锥	用于光缆接头盒的安装
钢丝钳	用于光缆接头盒的安装	试电笔	普通型
强力剪钳	用于铠装光缆及加强芯切断	活动扳手	用于光缆接头盒的安装
卷尺	用于裸光纤长度的测量	组合旋具	用于光缆接头盒的安装
钢锯	用于光缆的开剥	电工刀	用于光缆施工
内六角	用于光缆终端盒的安装	工具箱（箱体）	
热缩套管	单芯套管		

6.6 吹光纤布线技术

吹光纤布线技术是一种全新的布线理念。1982年英国电信发明了吹光缆技术，并注册了专利。吹光纤技术布线的思想是：预先铺设特制的空管道（塑料管），建造一个低成本的网络布线结构，在需要安装光纤时，再将光纤通过压缩空气吹入到空管道内。通常包括2~12芯，典型如8芯，后经改进成为如今的高性能光纤单元EPFU（Enhanced Performance Fiber Unit）。EPFU或者微型光缆（典型如48芯）均可被吹入以高密度聚乙烯（HDPE）制成的微型管道中。根据应用环境不同，管道直径对EPFU而言可为5 mm左右，对微缆而言可为5~12 mm，并可堆叠在一起构成一个微型导管阵列。工作气压大约为8 bar，最大传送距离约为1 km。典型安装速度为0.7 m/s（对单个光纤束）和1.5 m/s（对微型光缆）。目前已经有国际标准对气吹光缆进行规范，例如IEC 60794-3-50。

吹光纤技术主要用于提高长途干线光缆的铺设效率，降低人工费用。而局域网络的吹光纤技术是1987年由英国奔瑞有限公司发明的，奔瑞公司同时注册了吹单芯光纤的专利。奔瑞公司在1988年完成了第一次室内吹光纤的安装，1993年正式将吹光纤商品化。

目前，ITU和IEC均开始研究在已经存在的地下基础设施（例如下水道、水管等）中，如何安装接入网光缆或住宅区光缆，特别是无破坏安装技术。下水管道中的安装技术就是其中之一，此技术的主要过程为：

1）自动小车（机器人）进入下水管道内，小车上安装电视摄像头，监视下水管道内的情况。

2）机器人在下水管道内安装光缆夹持环。

3）机器人将已保护好的光缆导管插入夹持环的夹子中，若导管中没有光缆，则使用相关技术在导管中安装光缆。

吹光纤布线技术从1997年进入国内，近几年已在我国多条干线光缆工程中普遍采用，但其施工方法均为在一根直径约40 mm的硅芯管中不分缆径大小只吹送一条光缆。

作为一种新型的技术，经过30多年的不断发展，吹光纤系统已经从一个新生事物发展成为光纤应用系统中的重要组成部分。吹光纤系统的应用不仅已经成熟、可靠，而且经过多年的考验，证明它是完全稳定的。

吹光纤不仅可以将光纤吹入微管，还可以将光纤吹出微管，以便进行光纤的扩容和升级工作。由于每一根空微管最多可以容纳8芯光纤，当需要进行光纤扩容和升级时，可以将旧有光纤先吹出（吹出的光纤仍然可以使用，并没有什么浪费），然后将新的光纤吹入即可。

对于这种技术怎样评价，目前说法不一，有待用户的认可。

6.7 实训

实训项目19：常用电动工具的使用

本实训操作不当会有危险，因此必须小心操作和使用。建议在老师的指导下实训。

1. 电动起子操作实训

（1）电动起子操作要求

1）按电动起子使用说明规范操作。

2）检查电动起子电池是否有电，安装上适合大小的螺丝起头，并检查一下起头是否拧紧。

3）电动起子有顺/逆时钟方向操作、安装螺丝时先要调整好电动起子的工作方向。

（2）电动起子操作实训步骤

1）安装合适的螺丝起头，如图6-21a所示。

2）把电动起子螺丝起头拧紧，如图6-21b所示。

3）调整好电动起子的工作方向，如图6-21c所示。

4）操作电动起子安装面板，如图6-21d所示。

2. 冲击电钻操作实训

冲击电钻（如图6-22所示）有3种工作模式：“单钻”模式，钻只具备旋转方式，特别适合于在需要很小力的材料上钻孔，例如软木、金属、砖、瓷砖等；“冲击钻”模式，击钻依靠旋转和冲击来工作，每分钟40 000多次的冲击频率，可产生连续的力。冲击钻可用于天然的石头或混凝土；“电锤”模式，电锤靠旋转和捶打来工作，与冲击钻相比，电锤需要最小的压力来钻入硬材料，例如石头和混凝土，特别是相对较硬的混凝土。

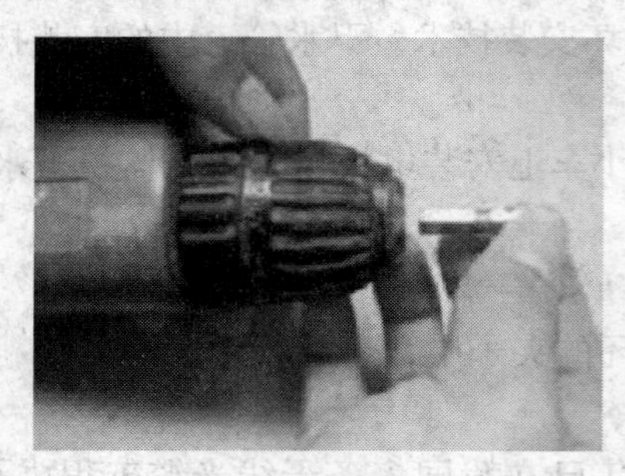

a）安装合适的螺丝起头

b）把螺丝起头拧紧

c）调整好电动起子的工作方向

d）安装信息面板

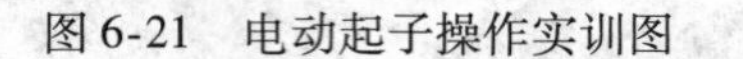

图6-21 电动起子操作实训图

图6-22 冲击电钻

（1）冲击电钻操作要求

1）按冲击电钻使用说明规范操作。

2）使用时需戴护目镜。

3）面部朝上作业时，要戴上防护面罩。

4）钻头夹持器应妥善安装。

5）钻ϕ12 mm 以上的手持电钻钻孔时应使用有侧柄手枪钻。

6）站在梯子上工作或高处作业应做好高处坠落措施，梯子应有地面人员扶。

（2）冲击电钻操作实训步骤

1）使用时，开启电源开关，应使冲击电钻空转 1 分钟左右以检查传动部分和冲击结构转动是否灵活。待冲击电钻正常运转之后，才能进行钻孔、打洞。

2）当冲击电钻用于在金属材料上钻孔时，需将“锤钻调节开关”打到标有钻的位置上，采用普通麻花钻头，电钻产生纯转动，就像手电钻那样使用。当冲击电钻用于在混凝土构件、预制板、瓷面砖、砖墙等建筑构件上钻孔、打洞时，需将“锤钻调节开关”打到标有锤的位置上，采用电锤钻头（镶有硬质合金的麻花钻）。此时电钻将产生既旋转又冲击的动作。

3）安装合适的钻头，如图 6-23a 所示。

4）调节深浅扶助器，如图 6-23b 所示。

5）更换不同尺寸的钻头。可以根据施工的不同，调节工作方式，更换不同尺寸的钻头如图 6-23c 所示。

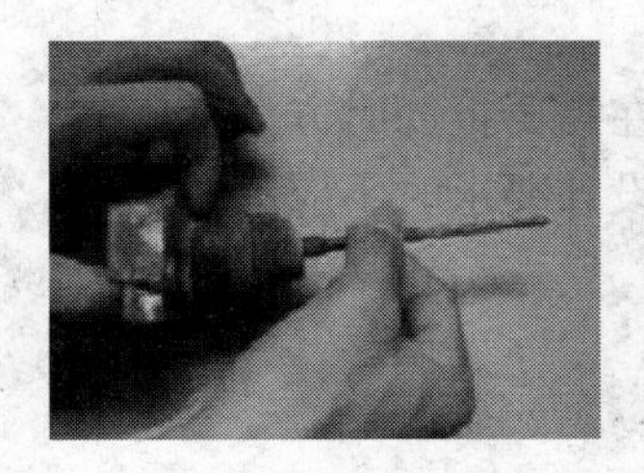

a）安装合适的钻头

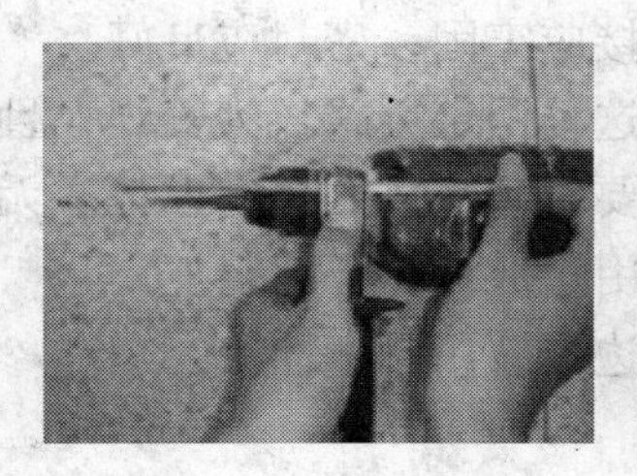

b）调节深浅扶助器

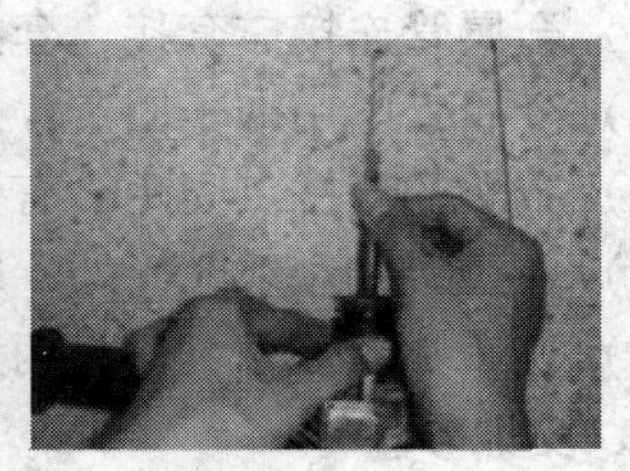

c）更换不同尺寸的钻头

图 6-23　冲击电钻操作实训图

实训项目 20：金属桥架路由铺设操作

1. 安装实训要求

1）线槽安装位置应符合施工图规定，左右偏差视环境而定，最大不超过 50 mm。

2）线槽水平度偏差不应超过 2 mm。

3）垂直线槽应与地面保持垂直，并无倾斜现象，垂直度偏差不应超过 3 mm。

4）线槽节与节间用接头连接板拼接，螺丝应拧紧。两线槽拼接处水平偏差不应超过 2 mm。

5）当直线段桥架超过 30 m 或跨越建筑物时，应有伸缩缝。其连接宜采用伸缩连接板。

6）线槽转弯半径不应小于其槽内的线缆最小允许弯曲半径的最大者。

7）盖板应紧固，并且要错位盖槽板。

8）支吊架应保持垂直、整齐牢固、无歪斜现象。

2. 实训步骤

1）设计一种桥架施工路由，并且绘制施工图。3～4 人成立一个项目组，选举项目负责人，项目负责人指定一种设计方案进行实训。

2）参照设计图需求，核算实训材料规格和数量，掌握工程材料核算方法，列出材料清单。

3）参照设计图需要，列出实训工具清单，领取实训材料和工具。

4）把支架安装在实训墙顶端，采用内六角螺丝固定。

5）桥架部件组装和安装。

桥架与各种弯通采用连接片及螺栓套件固定。接着用M6X16螺钉把桥架固定在支架上。路由完成示意图如图6-24所示。

图6-24 路由完成

实训项目21：金属管明铺操作实训

1. 金属管明铺实训要求

1）为了防止在穿电缆时划伤电缆，管口应无毛刺和尖锐棱角。

2）金属管的弯曲半径不应小于所穿入电缆的最小允许弯曲半径。

3）弯曲半径不小于管外径的6倍。

4）金属管连接应套接，套接应牢固，密封应良好。

5）金属管应用卡子固定。这种固定方式较为美观，且在需要拆卸时方便拆卸。

6）金属的支持点间距，有要求时应按照规定设计。无设计要求时不应超过3 m。

7）在距接线盒0.3 m处，用管卡将管子固定。

8）在弯头的地方，弯头两边也应用管卡固定。

2. 实训步骤

1）设计金属管施工路由，并且绘制施工图。3～4人成立一个项目组，选举项目负责人，项目负责人指定一种设计方案进行实训。

2）参照设计图需求，核算实训材料规格和数量，掌握工程材料核算方法，列出材料清单。

3）参照设计图需要，列出实训工具清单，领取实训材料和工具。

4）明铺金属管。

实训项目22：不用托架时，明塑料（PVC）槽的铺设操作实训

塑料槽的铺设从理性上讲类似金属槽。本实训是不用托架时塑料（PVC）槽的铺设操作。

1. 实训目的

1）掌握不用托架时在石膏板、空心砖、砖混结构的墙壁固定塑料槽操作技巧。

2）掌握明塑料槽内弯、外弯操作技巧。

2. 不用托架时在石膏板、空心砖、砖混结构的墙壁固定塑料槽操作指导

（1）石膏板、空心砖墙壁固定塑料槽操作技巧

- 塑料槽每隔1 m左右钻两个孔，用一对0.3～0.4 m长的双绞线从塑料槽背面穿入，待布线结束后，把所布的双绞线捆扎起来。
- 为使安装的管槽系统“横平竖直”，槽底应刷乳胶，并按弹线定位。根据施工图确定的安装位置，从始端到终端（先垂直干线定位再水平干线定位）找好水平或垂直

线，用墨线袋沿线路中心位置弹线。

- 固定螺丝。固定点应相隔 0.5 m 左右。在石膏板、空心砖墙壁铺设 25 mm × 20 mm ~ 25 mm × 30 mm 规格的塑料槽时，一个固定点应有 2 ~ 3 个固定螺丝，呈梯形排列。在石膏板、空心砖墙壁铺设 25 mm × 30 mm ~ 50 mm × 25 mm 规格的塑料槽时，一个固定点应有 3 ~ 4 个固定螺丝，呈梯形排列。

石膏板、空心砖墙壁固定螺丝如图 6-25 所示。

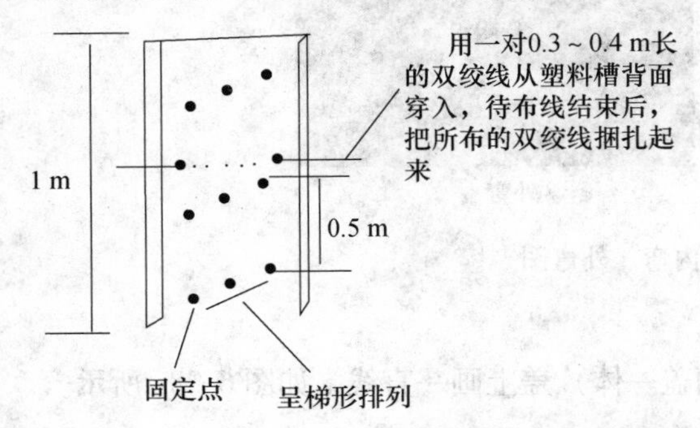

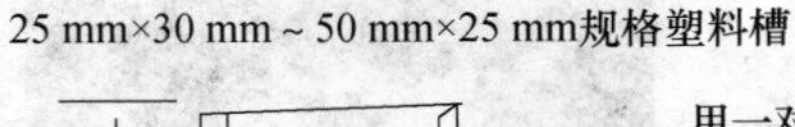

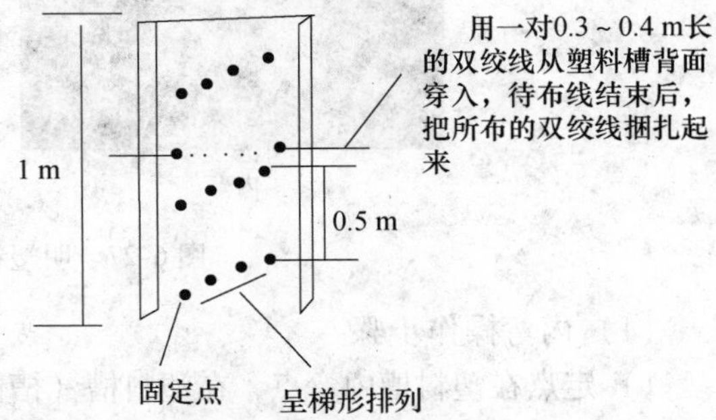

图 6-25　石膏板、空心砖墙壁塑料槽固定螺丝图

（2）砖混结构墙壁固定塑料槽操作

- 塑料槽每隔 1 m 左右钻一个孔，用一对 0.3 ~ 0.4 m 长的双绞线从塑料槽背面穿入，待布线结束后，把所布的双绞线捆扎起来。
- 为使安装的管槽系统“横平竖直”，弹线定位。根据施工图确定的安装位置，从始端到终端（先垂直干线定位再水平干线定位）找好水平或垂直线，用墨线袋沿线路中心位置弹线。
- 槽底应每隔 1 m 左右钻两个固定螺丝孔。
- 槽底沿墨线袋弹线确定塑料膨胀管安装位置。
- 向墙体钉入塑料膨胀管。
- 用固定螺丝固定。固定点应相隔 1 m 左右。

砖混结构墙壁塑料槽固定螺丝如图 6-26 所示。

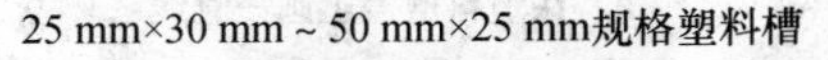

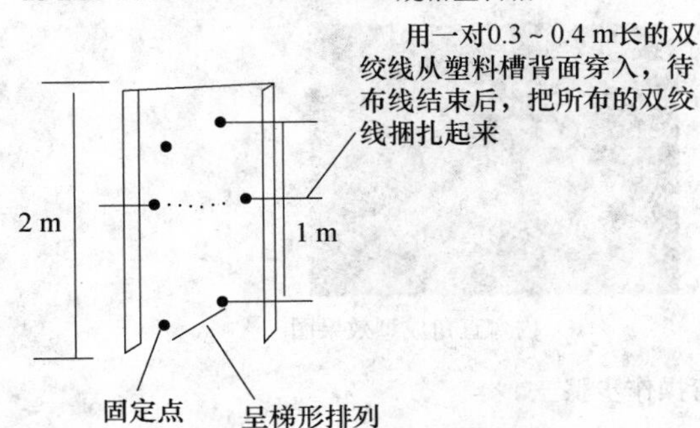

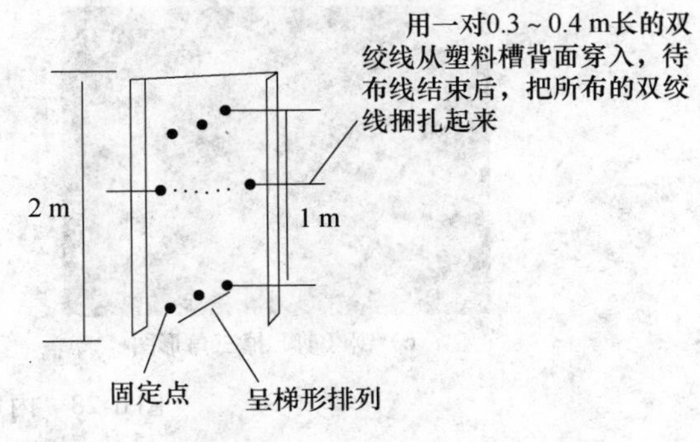

图 6-26　砖混结构墙壁塑料槽固定螺丝图

3. 明塑料槽内弯、外弯操作指导

在工作区槽、水平干线槽转弯处，要保持美观，不宜用PVC槽配套的附件阳角、阴角、直转角、平三通、左三通、右三通、连接头、终端头等。

转弯处分内弯和外弯如图6-27所示。

内弯

外弯

图6-27 明塑料槽内弯、外弯图

（1）内弯操作步骤

1）定点在塑料槽内弯点，在塑料槽（槽体槽盖一体）盖上画一直线，如图6-28a所示。

2）在槽盖上画三角形，如图6-28b所示。

3）锯（剪）掉三角形，如图6-28c所示。

4）用美工刀光滑锯（剪）槽边缘的外皮。

5）用打火机对塑料槽体内加温（3～5 s），迅速内弯。

6）取下槽盖。

7）内弯直角成型效果如图6-28d所示。

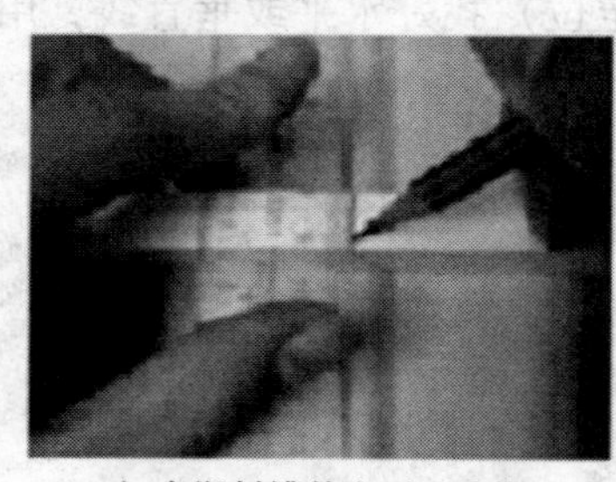

a）在塑料槽盖上画一直线

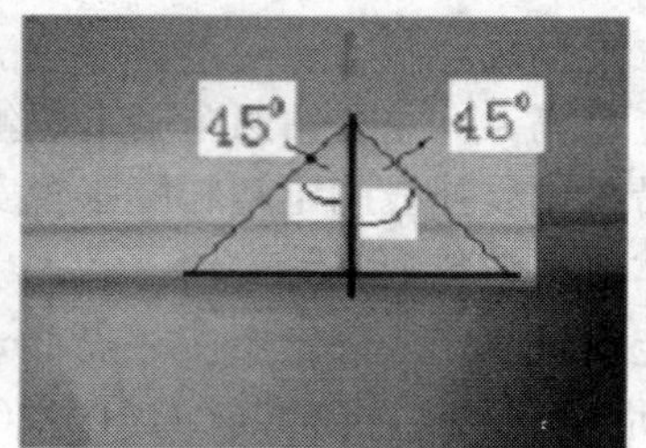

b）在槽盖上画三角形

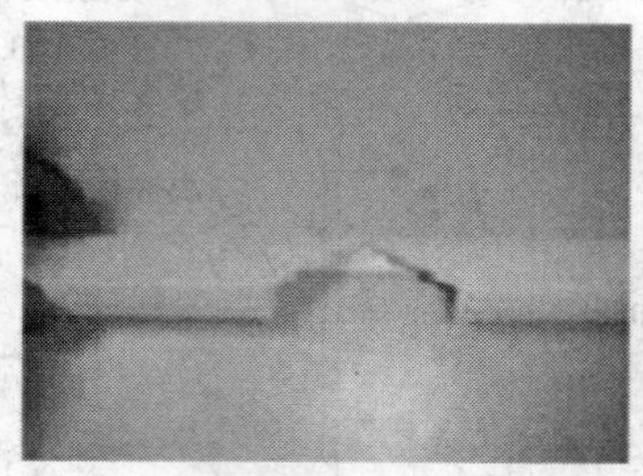

c）锯（剪）掉三角形图

d）内弯直角成型效果图

图6-28 内弯操作步骤

（2）外弯操作步骤

1）定点在塑料槽外弯点，在塑料槽（槽体槽盖一体）盖上画一直线，如图6-29a所示。

2）在槽盖上画三角形，如图 6-29b 所示。

3）锯（剪）掉三角形，如图 6-29c 所示。

4）用美工刀光滑锯（剪）槽边缘的外皮。

5）用打火机对塑料槽体内加温（3 ~5 s），迅速外弯。

6）取下槽盖。

7）外弯直角成型效果如图 6-29d 所示。

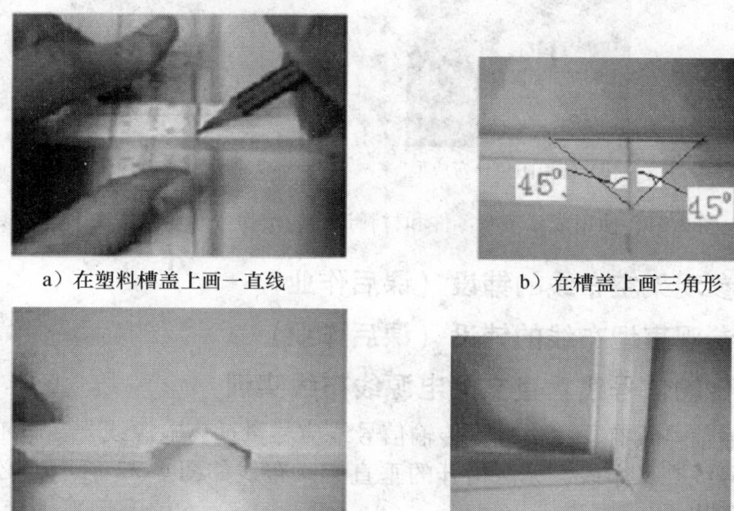

a）在塑料槽盖上画一直线　　b）在槽盖上画三角形

c）锯（剪）掉三角形图　　d）外弯直角成型效果图

图 6-29　外弯操作步骤

明塑料槽内弯、外弯操作效果分别如图 6-30a、图 6-30b、图 6-30c、图 6-30d 和图 6-30e 所示。

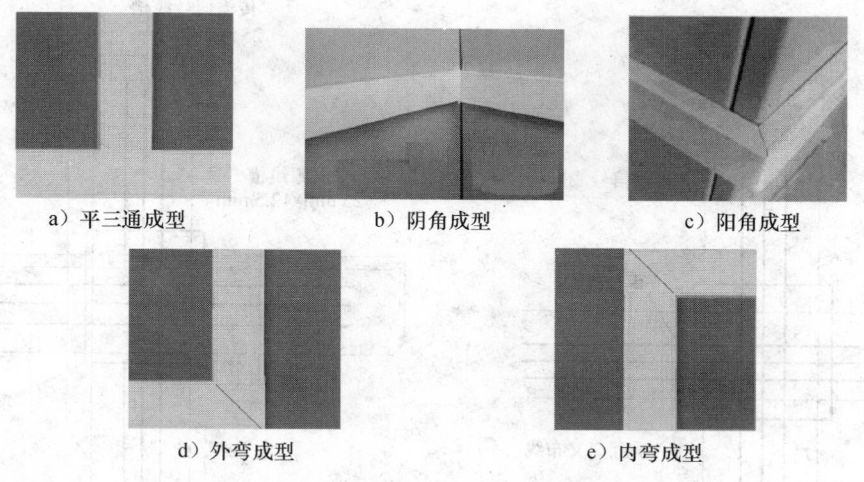

a）平三通成型　　b）阴角成型　　c）阳角成型

d）外弯成型　　e）内弯成型

图 6-30　明塑料槽内弯、外弯操作效果图

使用成品弯头零件和材料进行线槽拐弯处理操作效果分别如图 6-31a、图 6-31b、图 6-31c、图 6-31d 和图 6-31e 所示。

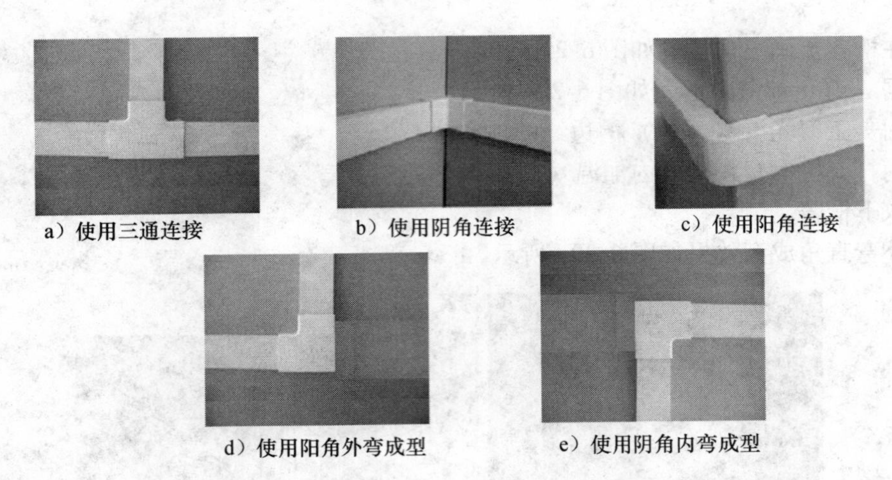

a）使用三通连接　b）使用阴角连接　c）使用阳角连接

d）使用阳角外弯成型　e）使用阴角内弯成型

图6-31　使用成品弯头零件和材料进行线槽拐弯处理操作效果图

实训项目23：参观架空布线的铺设（课后作业）

实训项目24：参观直埋布线的铺设（课后作业）

实训项目25：传输信号线垂直交叉电源线布线实训

电源线对传输信号线有干扰信号，传输信号线应尽量远离电源线，在施工中应尽量减少电源线与传输信号线交叉布线，无法错开的垂直交叉布线如图6-32所示，必须有严密的隔离设施，以减少干扰。

实训步骤：

1）电源线和电源线槽盖不动。

2）对传输信号线槽用比电源线槽高一倍的槽（电源线槽是25 mm×12.5 mm，传输信号线槽用25 mm×25 mm），如图6-33所示。

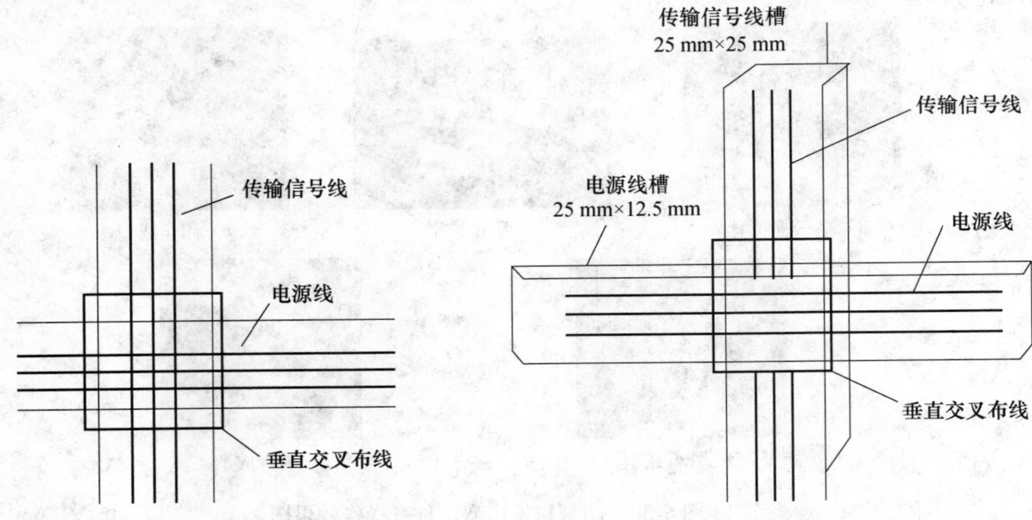

图6-32　无法错开的垂直交叉布线图

图6-33　电源线槽是25 mm×12.5 mm，传输信号线槽用25 mm×25 mm

3）对传输信号线用屏蔽双绞线的屏蔽层铝箔、绝缘胶带包裹捆扎，以减小、削弱电源线对传输信号线的辐射（或用铁皮包裹捆扎），如图 6-34 所示。

实训项目 26：双绞线布线实训指导

双绞线布线具体施工步骤如下：

1）确定布线路由。

2）沿着所设计的路由，打开天花板。

3）假设要布放 24 条 4 对双绞线线缆，到每个信息插座安装孔有两条线缆，可将线缆箱放在一起并使线缆接管嘴向上。24 个线缆箱按图 6-19 所示的那样分组安装，每组有 6 个线缆箱，共有 4 组。

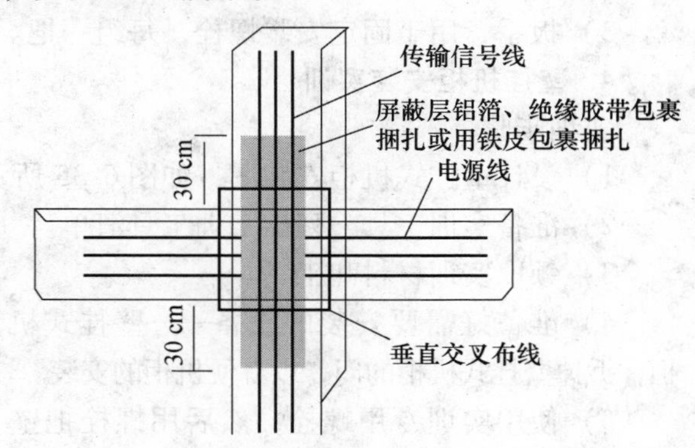

图 6-34　屏蔽层铝箔、绝缘胶带包裹捆扎（或用铁皮包裹捆扎）

4）缆线两端须做标注。在双绞线线箱上写标注（双绞线开始长度），在线缆的末端注上信息点编号（建议：用油墨笔记号，每隔 0.3 m 注上信息点编号，注 3 次；工作区端，注 1 次）。

5）在离电信间（管理间子系统）最远的一端开始，拉到电信间。

6）在箱上标注一条线结束长度，目的是计算一条线的长度，节约用线。

7）布线时，线槽容量为 70%。

8）在工作区槽、水平干线槽布槽施工结束时的注意事项如下：

- 清理现场，保持现场清洁、美观。
- 用布塑料槽时从槽背面穿入的一对 0.3 ~ 0.4 m 长的双绞线把所布的双绞线捆扎起来。
- 盖塑料槽盖。盖槽盖应错位盖。
- 对墙洞、竖井等交接处要进行修补。
- 工作区槽、水平干线槽与墙有缝隙时要用腻子粉补平。

其他布线的方法是同双绞线布线类似的。

实训项目 27：落地、壁挂式机柜安装实训

1. 实训目的

1）通过落地式机柜的安装，了解机柜的布置原则、安装方法和使用要求。

2）通过常用壁挂式机柜的安装，掌握机柜的布置原则、安装方法及使用要求。

3）通过落地、壁挂式机柜安装实训，了解常用机柜的规格和功能。

2. 实训要求

1）准备实训工具、设备和材料，并列出详细清单。

2）独立领取实训设备、材料和工具，并做登记。

3）完成落地式机柜的定位、地脚螺丝调整、门板的拆卸和重新安装。

4）完成标准壁挂式机柜的定位。

5）认真完成壁挂式机柜墙面固定安装。

3. 实训设备、材料和工具

1）落地式机柜 1 台，壁挂式机柜 1 台。

2）实训专用 M8 ×20 mm 外六角螺栓，用于固定壁挂式机柜，每个机柜使用4个。

3）扳手，用于固定安装螺栓，每组一把。

4. 壁挂机柜安装实训

实训步骤：

1）设计壁挂式机柜安装图，如图6-35所示，确定壁挂式机柜安装位置。

2）准备实训工具，列出实训工具清单。

3）领取实训材料和工具。

4）准备好需要安装的设备——壁挂式机柜，拆掉壁挂式机柜的门，以方便机柜的安装。

5）使用实训专用螺栓，然后用螺栓把壁挂式机柜固定在实训墙上。

6）安装完毕后，将门重新定位安装。

7）将机柜进行编号。

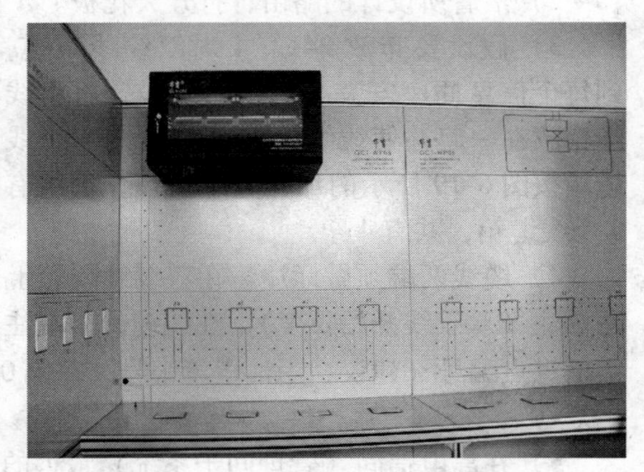

图6-35 壁挂式机柜安装图

注意事项：

- 安装壁挂式机柜过程中须扶稳机柜，以防掉落。
- 站在楼板上注意脚下，防止摔下楼板。

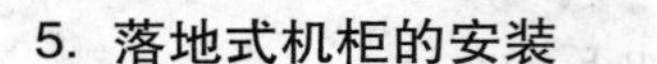

5. 落地式机柜的安装

1）列出实训工具清单，准备实训工具。

2）领取实训材料和工具。

3）确定落地式机柜安装位置。

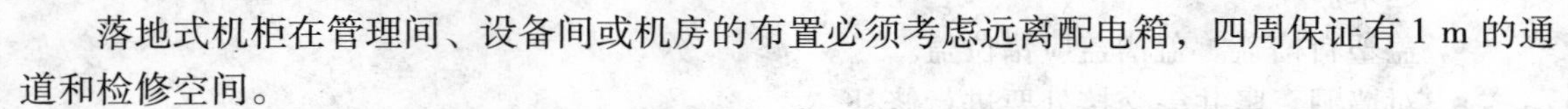

落地式机柜在管理间、设备间或机房的布置必须考虑远离配电箱，四周保证有1 m的通道和检修空间。

4）实际测量尺寸。垂直偏差度不应大于3 mm。安装螺丝必须拧紧，面板应保持在一个平面上。

5）准备好需要安装的设备——落地式机柜，将机柜就位，然后将机柜底部的定位螺栓向下旋转，将4个轱辘悬空，保证机柜不能转动；机柜、机架上的各种零件不得脱落或碰坏，漆面不应有脱落及划痕，各种标志应完整、清晰；机柜、机架、配线设备箱体、电缆桥架及线槽等设备的安装应牢固，如有抗震要求，应按抗震设计进行加固。

6）安装完毕后，学习机柜门板的拆卸和重新安装。

6. 实训报告

1）画出壁挂式机柜和落地式机柜安装位置布局示意图。

2）详述实训程序或步骤以及安装注意事项。

3）操作技巧和实训体会。

实训项目28：网络数据配线架安装

1. 实训目的

1）让学生认识 RJ45 配线架的结构、色标和线序排列方法。

2）掌握 RJ45 配线架的端接方法和安装方法，培养学生对 RJ45 配线架的正确端接能力和安装能力。

3）掌握在落地式机柜中，安装网络配线架。

2. 实训设备、材料和工具

1）机柜1台。

2）网络配线架1套、理线架1套及附带螺栓、螺母。

3）配套十字螺丝刀或电动起子（带十字劈头）。

3. 网络数据配线架安装基本要求

1）为了管理方便，配线间的数据配线架和网络交换设备一般都安装在同一个19英寸的机柜中。

2）根据楼层信息点标识编号，按顺序安放配线架，并画出机柜中配线架信息点分布图，便于安装和管理。

3）线缆一般从机柜的底部进入，所以通常配线架安装在机柜下部，交换机安装在机柜上部，也可根据进线方式作出调整。

4）为美观和管理方便，机柜正面配线架之间和交换机之间要安装理线架，跳线从配线架面板的RJ45端口接出后通过理线架从机柜两侧进入交换机间的理线架，然后再接入交换机端口。

5）对于要端接的线缆，先以配线架为单位，在机柜内部进行整理、用扎带绑扎、将容余的线缆盘放在机柜的底部后再进行端接，使机柜内整齐美观、便于管理和使用。

4. 实训步骤

1）使用螺栓将配线架固定在落地式机柜中，如图6-36所示。

图6-36　网络配线架安装

2）根据系统安装标准选定EIA/TIA 568A或EIA/TIA 568B标签，然后将标签压入模块组插槽。

3）编好标签并贴在配线架前面板。

实训项目29：干线电缆铺设实训

1. 实训目的

1）掌握设计图在现实施工中的应用。

2）熟悉主干链路线缆和水平链路线缆材料。

3）通过线槽的安装和布线等，熟练掌握干线子系统的施工方法。

2. 实训要求

1）垂直线槽应与地面保持垂直，并无倾斜现象，垂直度偏差不应超过3 mm。

2）线槽节与节间用接头连接板拼接，螺丝应拧紧。两线槽拼接处水平偏差不应超过2 mm。

3）独立完成干线子系统布线方法，掌握牵引线的使用方法。

注意事项：

在新的建筑物中，通常在每一层同一位置都有封闭型的小房间，称为弱电井（弱电间），该弱电井一般就是综合布线垂直干线子系统的安装场所，而旧楼改造工程中常常会遇到没有弱电井的情况，此时就用安装金属线槽的方式代替。水平干线、垂直干线布槽的方法是一样的，差别在于一个是横布槽，一个是竖布槽。

（1）垂直干线线缆

实训室垂直干线线缆分为数据和语音两种，数据线缆采用光缆和4对双绞线，语音线缆采用25对大对数电缆。

（2）线缆布放

在竖井中铺设干线电缆一般有两种方法，即向下垂放电缆和向上牵引电缆。基于便利性，可选用向下垂放进行布放，布放的长度以端接的机柜配线架为基点，延长1 m的长度。布放工作需要两人以上同时协作。

（3）扎线要求

垂直干线线缆的捆扎间距一般以2 m左右较为合适。

实训项目30：暗道开槽布管实训

新的建筑物有预埋管道，管道内有牵引电缆线的钢丝或铁丝，安装人员只需索取管道图纸来了解地板的布线管道系统，确定“路径在何处”，依照墙内部预设管道，使用牵引线把缆线从桥架拉出到信息底盒，并预留一定长度。暗装线缆入口进线如图6-37所示。暗装线缆底盒出线如图6-38所示。

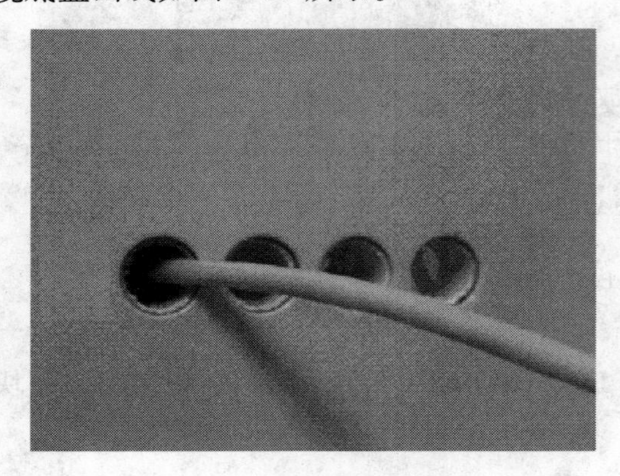

图6-37 暗装线缆入口进线

图6-38 暗装线缆底盒出线

对于老的建筑物或没有预埋管道的新的建筑物，要向业主索取建筑物的图纸，并到要布线的建筑物现场，查清建筑物内电、水、气管路的布局和走向，然后，详细绘制布线图纸，确定布线施工方案。

1. 开槽注意事项

1）承重墙、承重梁、抗震墙、楼板地面、楼顶板不允许开槽开洞（承重墙、承重梁、抗震墙开槽会破坏主体和承重结构，减短楼体寿命；楼板地面、楼顶板开槽损坏楼板的承重结构）。

2）非承重墙开槽不允许横向开，要竖开，更不允许斜开（给墙体安全带来隐患）。

3）确认管线的走向和位置。

4）开槽深度和宽度。开槽深度是根据放置线管大小而论，砖墙开槽深度为线管管径+12~15 mm；宽度为单槽5 cm，双槽10 cm。

5）根据所定的线路，将线管配好。

6）布管封槽后用水泥砂浆完全覆盖抹平，贴纱布，确保封上墙体或刷完墙漆后墙面不开裂，无明显接缝。

2. 开槽施工步骤

1）用墨盒弹线，定位开槽墙体，如图 6-39 所示。

2）开暗槽，用专用工具切割机按线路割开槽面，再用电锤开槽，如图 6-40 所示。

3）槽底平整，如图 6-41 所示。

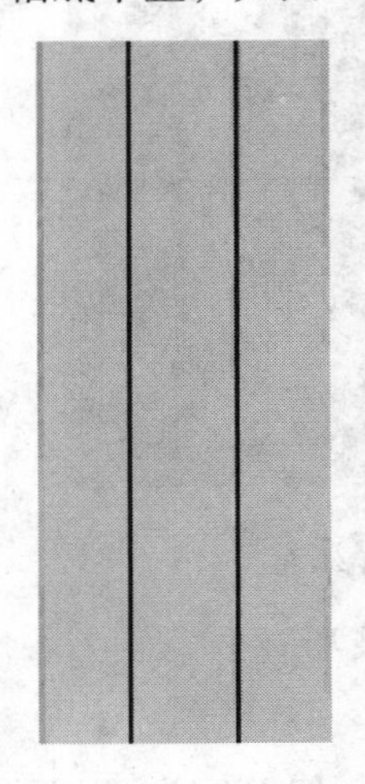

图 6-39　定位开槽墙体

图 6-40　开暗槽

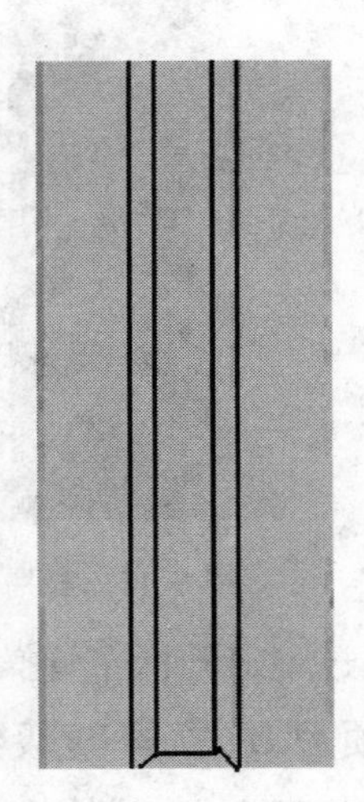

图 6-41　槽底平整

4）布管，如图 6-42 所示。

5）用卡子固定，卡子间隔 0. 3 ~ 0. 4 m，必须牢固，如图 6-43 所示。

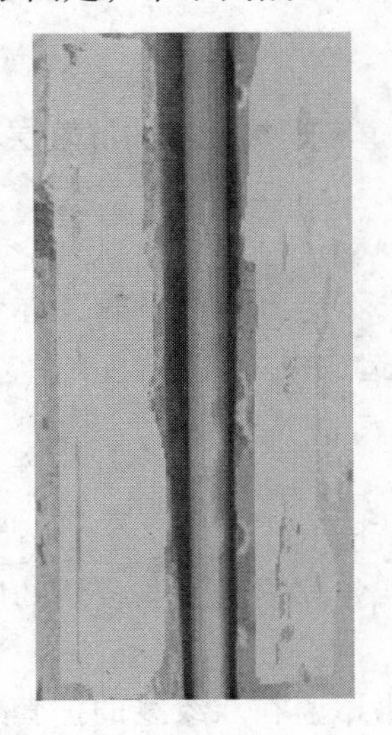

图 6-42　布管

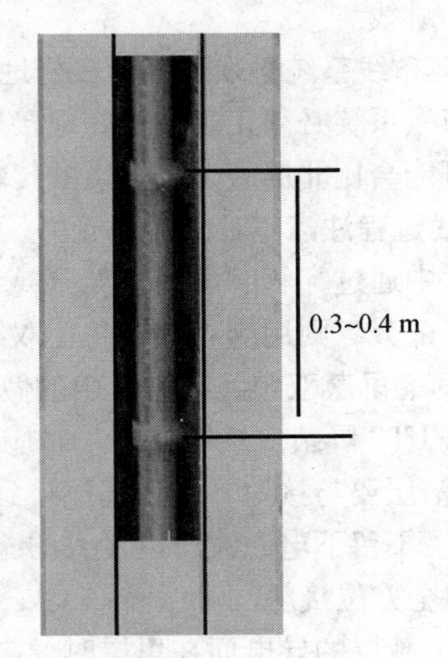

图 6-43　用卡子固定

6）封槽，用 1∶3 水泥砂浆封槽并与墙面抹平。间隔 3 ~ 4 天后进行找平（PVC 管身变形，管身位移，凹现象）。如图 6-44 所示。

7）贴纱布，如图 6-45 所示。

图 6-44　封槽

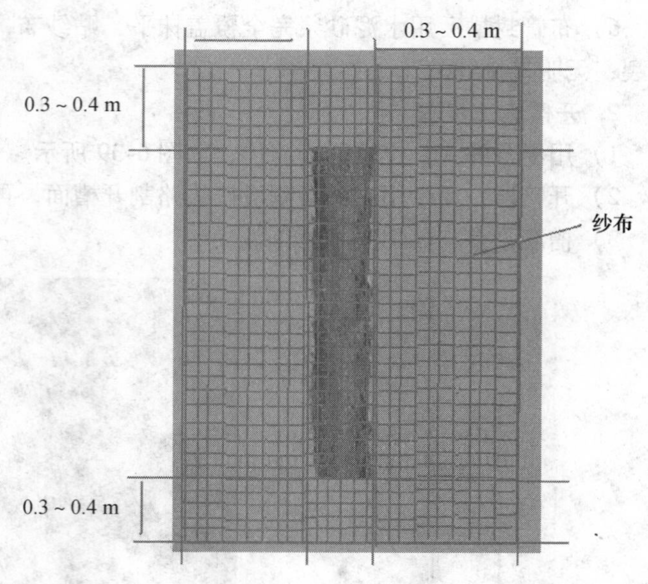

图 6-45　贴纱布

通过暗道开槽布管操作指导，掌握暗道开槽布管操作方法和技巧。

实训项目 31：屏蔽双绞线布线指导

屏蔽双绞线布线的基本方法与非屏蔽双绞线布线的方法非常相近，但需要注意以下 4 点：

1. 屏蔽布线系统的功能体现

屏蔽布线系统的功能体现需要做到所有连接硬件都使用屏蔽产品，包括传输电缆、配线架、模块和跳线。

2. 屏蔽布线系统必须正确和良好地接地

屏蔽布线系统必须正确和良好地接地，如果传输信道各连接元件的屏蔽层不连续或者接地不良，可能会比非屏蔽系统提供的传输性能更差。

3. 穿线过程注意不让双绞线受力

穿线途中通过穿管、安放桥架（或线槽）让双绞线不受力的“平躺”在管子里和桥架中；在垂直部分，则用绑扎方式防止双绞线的上端受力造成损坏。

4. 不同的屏蔽双绞线在施工中的做法

（1）F/UTP 屏蔽双绞线在施工时应注意的问题

1）铝箔层要与接地导线一起端接到屏蔽模块的屏蔽层上。

2）为了不留下电磁波可以侵入的缝隙，应尽量将铝箔层展开，与模块的屏蔽层之间形成 360 度的全方位接触。

3）当屏蔽层的导电面在里层时，应将铝箔层翻过来覆盖在双绞线的护套外，用屏蔽模块附带的尼龙扎带将双绞线与模块后部的金属托架固定成一体。这样，在罩上屏蔽壳后，无论是屏蔽壳与屏蔽层之间，还是屏蔽层与护套之间都没有留下电磁波可以侵入的缝隙。

4）不要在屏蔽层上留下缺口。

（2）U/FTP 屏蔽双绞线在施工时应注意的问题

1）铝箔层要与接地导线一起端接到屏蔽模块的屏蔽层上。

2）屏蔽层应与模块的屏蔽层之间形成360度的全方位接触。

3）为防止屏蔽双绞线中的芯线和屏蔽层受力，应在双绞线的护套部位，用屏蔽模块附带的尼龙扎带将双绞线与模块后部的金属托架固定成一体。

4）不要在屏蔽层上留下缺口。

（3）SF/UTP屏蔽双绞线在施工时应注意的问题

1）丝网层要端接到屏蔽模块的屏蔽层上。

2）铝箔层可以剪去，不参加端接。

3）为了防止丝网中的铜丝逸出造成芯线短路，在端接时应特别注意观察，不要让任何铜丝有向着模块端接点的机会。

4）将丝网层翻过来覆盖在双绞线的护套外，用屏蔽模块附带的尼龙扎带将双绞线与模块后部的金属托架固定成一体。这样，在罩上屏蔽壳后，无论是屏蔽壳与屏蔽层之间，还是屏蔽层与护套之间都没有留下电磁波可以侵入的缝隙。

5）不要在屏蔽层上留下缺口。

（4）S/FTP屏蔽双绞线在施工时应注意的问题

1）丝网层要端接到屏蔽模块的屏蔽层上。

2）铝箔层可以剪去，不参加端接。

3）为了防止丝网中的铜丝逸出造成芯线短路，在端接时应特别注意观察，不要让任何铜丝有向着模块端接点的机会。

4）将丝网层翻过来覆盖在双绞线的护套外，用屏蔽模块附带的尼龙扎带将双绞线与模块后部的金属托架固定成一体。这样，在罩上屏蔽壳后，无论是屏蔽壳与屏蔽层之间，还是屏蔽层与护套之间都没有留下电磁波可以侵入的缝隙。

5）不要在屏蔽层上留下缺口。

本章小结

本章阐述网络工程布线施工要技术要点；网络布线路由选择技术；网络布线线槽铺设技术；双绞线布线技术；长距离光缆布线技术；吹光纤布线技术和13个实训项目。

要求学生掌握本章的内容和13个实训项目的操作方法，这将有助于学生今后的学习和工作。

第7章　布线端接操作技术

布线端接操作技术非常重要。综合布线工程师要具备布线端接操作的能力，需要熟练掌握本章的实训内容。

7.1　布线压接技术

网络布线压接技术通过如图7-1所示的8种安装方式来讨论。

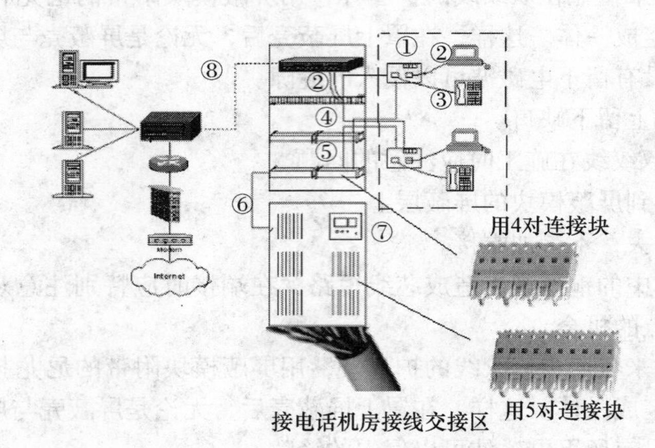

图7-1　布线压接技术的8种安装方式

①为用户信息插座的安装；②为用户信息跳线制作；③为用户电话跳线；④为用户信息的双绞线在配线架压线；⑤为S110配线架电话压4对双绞线；⑥为电信间（或设备间）电话跳线；⑦为S110配线架压25对大对数线；⑧为用户信息的垂直干线子系统连接交换机的跳线

7.1.1　打线工具

在布线压接的过程中，我们必须要用到一些辅助工具，打线工具如图7-2所示。

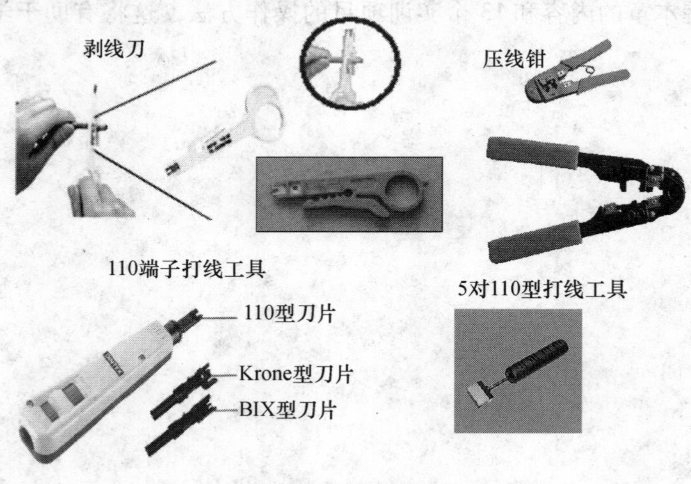

图7-2　打线工具

1）压线钳。目前市面上有好几种类型，而其实际的功能以及操作都是大同小异。压线钳工具不仅用于压线，钳上还具备有 3 种不同的功能：

- RJ45 和 RJ11 压线。
- 剥线口。
- 刀片，用于切断线材。

2）S110 打线工具，为配线架和信息模块的打线工具。

3）5 对线打线工具，用于压大对数双绞线。

7.1.2 用户信息插座的安装

图 7-1 中的①是用户信息插座的安装。安装信息插座要做到一样高、平、牢固。信息插座中有信息模块。

1. 信息模块压接方式

信息模块压接时一般有两种方式：

1）用打线工具压接。

2）不要打线工具，直接压接。

根据作者工程中的经验体会，一般采用打线工具压接模块。

2. 信息模块压接操作步骤

信息模块压接的具体操作步骤如下：

1）使用剥线工具，在距线缆末端 5 cm 处剥除线缆的外皮。

2）剪除线缆的抗拉线。

3）按色标顺序将 4 个线对分别插入模块的各个槽位内。

4）使用打线工具对各线对打线，与插槽连接。

5）信息模块的压接分 EIA/TIA568A 和 EIA/TIA568B 两种方式。

3. 信息模块压接要点

对信息模块压接时应注意的要点如下：

1）双绞线是成对相互拧在一起的，按一定距离拧起的导线可提高抗干扰的能力，减小信号的串扰，压接时一对一对拧开双绞线，放入与信息模块相对的端口上。

2）在双绞线压接处不能拧开或撕开，并防止有断线的伤痕。

3）使用压线工具压接时，要压实，不能有松动的地方。

4）双绞线开绞不能超过要求。

模块端接完成后，接下来就要安装到信息插座内，以便工作区内终端设备的使用。各厂家信息插座安装方法有相似性，具体可以参考厂家的说明资料。

7.1.3 用户信息跳线制作

图 7-1 中的②是用户信息跳线。RJ45 跳线如图 7-3 所示。

1. 双绞线与 RJ45 头的连接技术

RJ45 的连接也分为 568A 与 568B 两种方式，不论采用哪种方式，必须与信息模块采用的方式相同。

对于 RJ45 插头与双绞线的连接，需要了解以下事宜。我们以 568A 为例简述。

1）首先将双绞线电缆套管自端头剥去 2 ~ 3 cm（或用双绞线剥线器），露出 4 对线。剥线如图 7-4 所示。

图 7-3 RJ45 跳线　　　　图 7-4 剥线

2）定位电缆线，使它们的顺序是 1&2，3&6，4&5，7&8，如图 7-5 所示。为防止插头弯曲时对套管内的线对造成损伤，导线应并排排列至套管内至少 8 mm 形成一个平整部分，平整部分之后的交叉部分呈椭圆形。

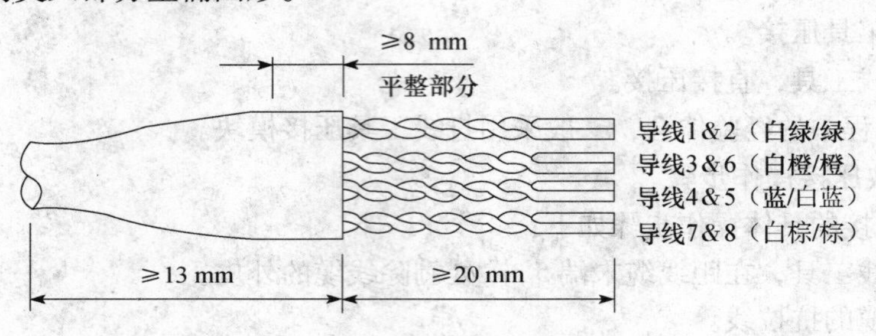

图 7-5 RJ45 连接剥线示意图

3）为绝缘导线解扭，使其按正确的顺序平行排列，导线 6 是跨过导线 4 和 5 的，在套管里不应有扭绞的导线。

4）导线经修整后（导线端面应平整，避免毛刺影响性能）距套管的长度为 14 mm，从线头（如图 7-6 所示）开始，至少 10 mm ± 1 mm 之内导线之间不应有交叉，导线 6 应在距套管4 mm之内跨过导线 4 和 5。

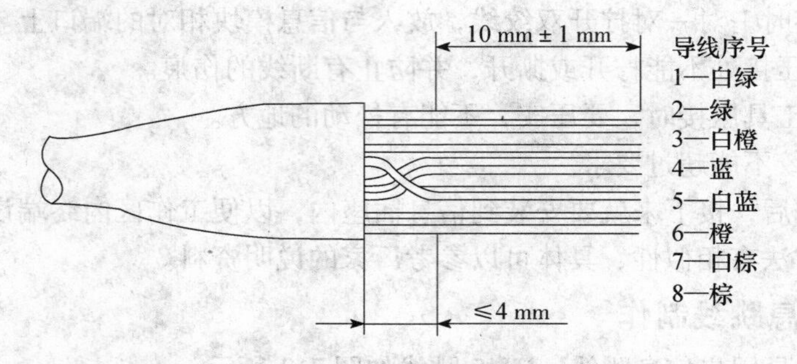

图 7-6 双绞线排列方式和必要的长度

5）将导线插入 RJ45 头，导线在 RJ45 头部能够见到铜芯，套管内的平坦部分应从插塞后端延伸直至初张力消除（如图 7-7 所示），套管伸出插塞后端至少 6 mm。

6）用打线工具压实 RJ45。

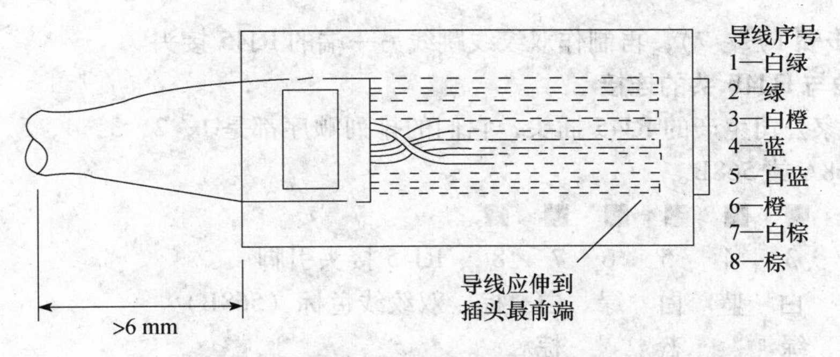

图 7-7 RJ45 跳线压线的要求

2. 双绞线跳线制作过程

1）首先利用压线钳的剪线刀口剪裁出计划需要使用到的双绞线长度，如图 7-8a 所示。

2）把双绞线的保护层剥掉，可以利用压线钳的剪线刀口将线头剪齐，再将线头放入剥线专用的刀口，稍微用力握紧压线钳慢慢旋转，让刀口划开双绞线的保护胶皮。需要注意的是，压线钳挡位离剥线刀口长度通常恰好为水晶头长度，这样可以有效避免剥线过长或过短。若剥线过长，双绞线的保护层不能被水晶头卡住，容易松动；若剥线过短，则因有保护层塑料的存在，不能完全插到水晶头底部，造成水晶头插针不能与网线芯线完好接触，会影响到线路的质量，如图 7-8b 所示。

3）为绝缘导线解扭，将 4 个线对的 8 条细导线逐一解开、理顺、扯直，使其按正确的顺序平行排列，如图 7-8c 所示。

4）修整导线，如图 7-8d 所示。

5）将裸露出的双绞线用剪刀剪齐（只剩约 12 mm 的长度），如图 7-8e 所示。

6）一只手捏住水晶头，水晶头的方向是金属引脚朝上、弹片朝下。另一只手捏住双绞线，用力缓缓将双绞线 8 条导线依序插入水晶头，并一直插到 8 个凹槽顶端，如图 7-8f 所示，从水晶头的顶部检查，看看是否每一组线缆都紧紧地顶在水晶头的末端。

7）用压线钳压实，用力握紧压线钳，可以使用双手一起压，这样使得水晶头凸出在外面的针脚全部压入水晶头内，受力之后听到轻微的“啪”的一声即可，如图 7-8g 所示。

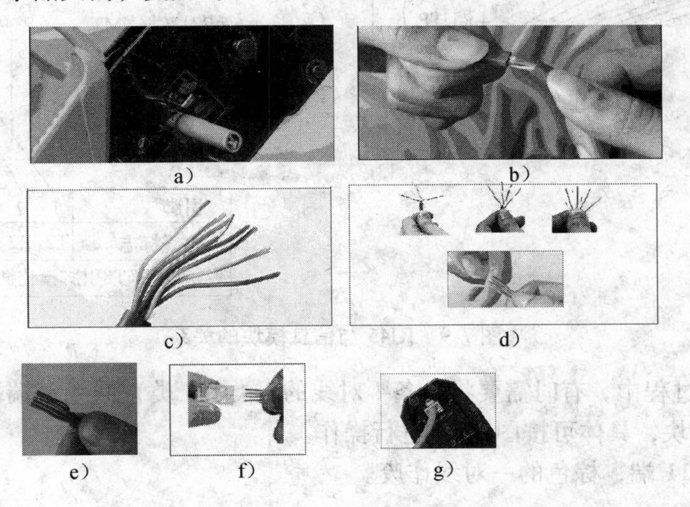

图 7-8 双绞线跳线制作过程

8）重复步骤1）~7），再制作双绞线跳线另一端的RJ45接头。

3. 双绞线与RJ45头的连接

不管是哪家公司生产的RJ45插头，它们的排列顺序都是1，2，3，4，5，6，7，8。端接时可能是568A或568B。

■	■	■	■	■	■	■	■	
1	2	3	4	5	6	7	8	RJ45接头引脚
白橙	橙	白绿	蓝	白蓝	绿	白棕	棕	双绞线色标（568B）

将双绞线与RJ45连接时应注意的要求如下：

1）按双绞线色标顺序排列，不要有差错。

2）与RJ45接头点压实。

3）用压线钳压实。

RJ45与信息模块的关系如图7-9所示。

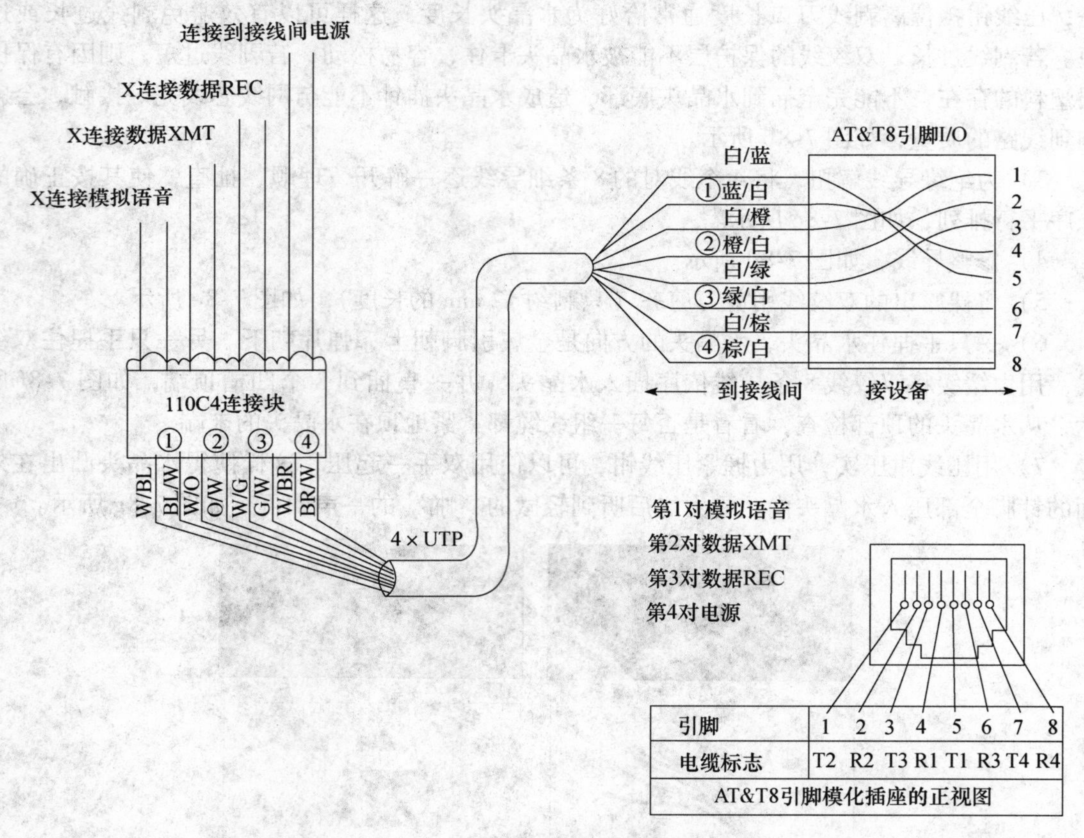

图7-9 RJ45与信息模块的关系

在现场施工过程中，有时需要将一条4对线的5类（3类）线缆一端端接RJ45，另一端端接RJ11 6针模块，具体可按图7-10进行操作。

注意：在RJ11端，棕色的一对线作废。

7.1.4 用户电话跳线

图 7-1 中的③是用户电话跳线。

工作区电话信息插座中的电话模块一般是 4 芯的模块化插头，称为电话模块。普通电话使用中间的两芯进行通信；数字电话，就需要 4 条线都接。一般电话机自带电话跳线。

两芯电话跳线没有线序之分，只要能保证导通即可实现电话信号的传输。电话机的水晶头是 4 芯的，用中间的两根，可不分正负，将线插入中间两个槽，并用压线钳压实。

7.1.5 配线架压线

图 7-1 中的④是用户信息的双绞线在配线架压线上压线。在配线架压线如图 7-11 所示。

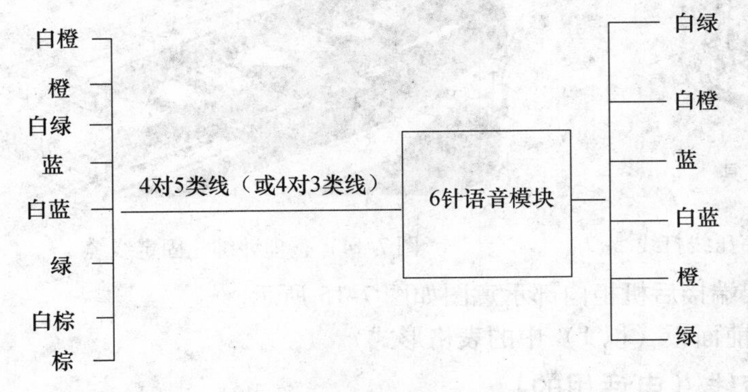

图 7-10 RJ45 连接 6 针模块

图 7-11 在配线架压线

网络配线架双绞线打线时一般应注意的要点如下：

1）以表格形式写清楚信息点分布编号和配线架端口号。

配线架端口号	1	2	3	4	5	6	7	8	9	10	11	12	13	14	15	16	17	18	19	20	21	22	23	24
信息点编号	101-1	101-2	101-3	101-4	102-1	102-2	102-3	102-4	103-1	103-2	103-3	103-4	104-1	104-2	104-3	104-4	104-5	104-6	105-1	105-2	105-3	105-4	105-5	105-6

2）按楼层顺序分配配线架，画出机柜中配线架信息点分布图，便于安装和管理，如图 7-12所示。

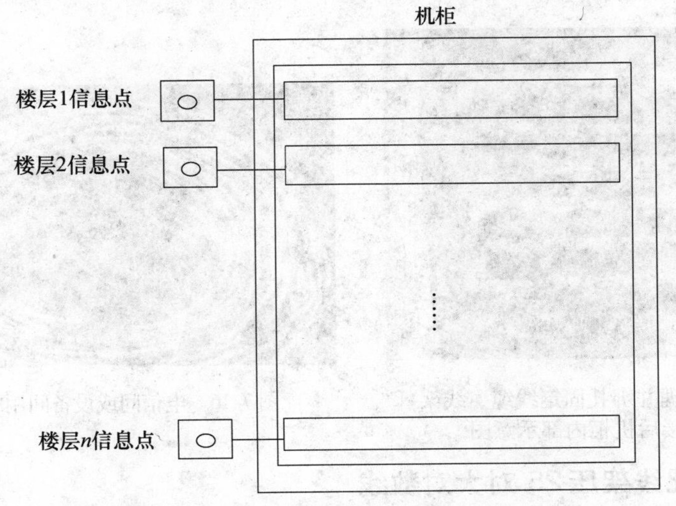

图 7-12 按楼层顺序分配配线架

3）以楼层信息点为单位分线、理线，从机柜进线处开始整理电缆。

4）根据选定的接线标准、将T568A或T568B标签压入模块组插槽内。

5）以配线架为单位，在机柜内部进行整理。

6）根据每根电缆在配线架接口的位置，测量端接电缆应预留的长度。

7）根据标签色标排列顺序，将对应颜色的线对逐一压入配线架接口槽内，然后使用打线工具固定线对，同时将伸出槽位外多余的导线截断，如图7-13所示。

8）整理并绑扎固定线缆，如图7-14所示。

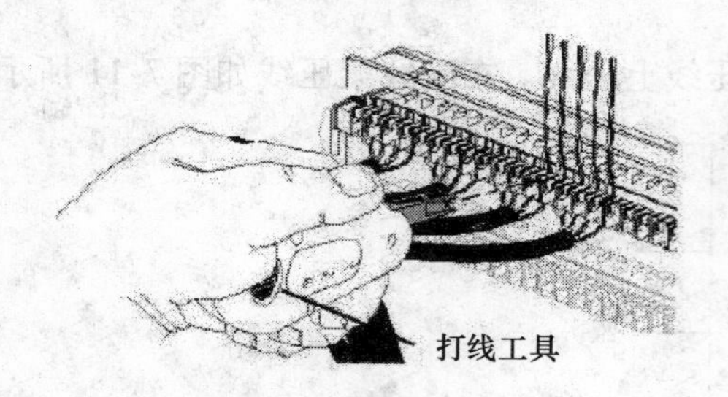

图7-13 根据标签色标排列顺序压线打线

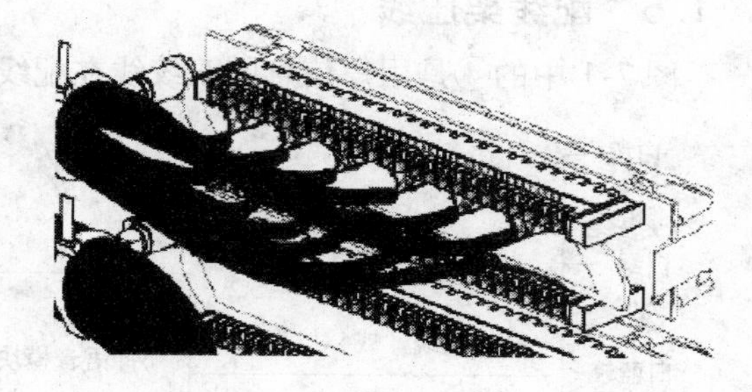

图7-14 整理并绑扎固定线缆

整理并绑扎固定线缆、线架端接后机柜内部示意图如图7-15所示。

9）编好标签并贴在配线架前面板（以1）中的表格形式）。

7.1.6 S110配线架压双绞线（电话用的）

图7-1中的⑤是用户电话的双绞线在S110配线架上压线。双绞线向S110配线架压线，按双绞线色标的蓝、橙、绿、棕顺序排列，不要有差错。25对的S110配线架压6条双绞线，用4对连接块连接。

7.1.7 电信间（或设备间）电话跳线

图7-1中的⑥是电信间（或设备间）电话跳线。压4对双绞线的S110配线架向压25对大对数S110配线架电话跳线，一部电话用1对跳线。电信间或设备间用的1对普通电话跳线如图7-16所示。

图7-15 整理并绑扎固定线缆、线架端接后机柜内部示意图

图7-16 电信间或设备间用的电话跳线

7.1.8 S110配线架压25对大对数线

图7-1中的⑦是用户在S110配线架上压25对大对数线。

安装 110 配线架：

1）将配线架固定到机柜合适位置。

2）使 25 对线从机柜进线处进入机柜，并固定在机柜上。

3）从机柜进线处开始整理电缆，电缆沿机柜两侧整理至配线架处，并留出大约25 cm 的大对数电缆，用电工刀或剪刀把大对数电缆的外皮剥去，用剪刀把线撕裂绳剪掉，使用绑扎带固定好电缆，使电缆穿过 110 语音配线架左右两侧的进线孔，摆放至配线架打线处。

4）将 25 对线缆进行线序排列，先按主色排列后按主色里的配色排列，排列后把线卡入相应位置。

5）根据电缆色谱排列顺序，将对应颜色的线对逐一压入槽内，然后使用 5 对打线刀打线，刀口向外，用力要垂直，听到“喀”的一声后，模块外多余的线会被剪断。

6）安装 5 对连接块。

7）贴上编号标签。

8）安装语音跳线。

7.1.9 垂直干线子系统连接交换机跳线

图 7-1 中的⑧是用户信息的垂直干线子系统连接交换机的跳线。垂直干线子系统连接跳线如图 7-17 所示。

图 7-17 垂直干线子系统连接跳线

7.2 光缆光纤连接技术

7.2.1 光缆光纤连接技术概述

在网络综合布线系统和城域光传送网中，光缆的应用越来越广泛，但是它的连接件的制作技术的确不易普及，需要一定程度的训练，有些技术只有熟练的技术人员才能掌握。

光纤连接技术可分为端接技术和熔接技术。

（1）端接技术

端接是指把连接器连接到每条光纤的末端。端接技术可分为磨光技术和压接技术。磨光技术是指环氧树脂型端接技术，压接技术是指免磨压接的非环氧树脂型端接技术。

（2）熔接技术

熔接技术是对同一种光纤类型的接续或机械连接。磨光技术、压接技术和熔接技术在光缆光纤工程中广泛使用，为此，本章用较大的篇幅来讨论它，详细介绍如何运用这项技术及其操作过程。

7.2.2 光纤连接器和光纤耦合器

在光纤连接的过程中，主要会使用光纤连接器和光纤耦合器。光纤连接器连接插头用于光纤的端点，此时光缆只有单根光纤的交叉连接，或者用互连的方式连接到光电设备上。光纤耦合器用于光纤连接器和光纤连接器的对接。

1. 光纤连接器

在所有的光缆光纤工程单工终端应用中，均使用光纤连接器。

连接器的部件有：

- 连接器体。
- 用于2.4 mm和3.0 mm直径的单光纤缆的套管。
- 缓冲器光纤缆支撑器（引导）。
- 带螺纹帽的扩展器。
- 保护帽。

连接器插头的结构和规格如下。

1）STⅡ光纤连接器的结构有：

- 陶瓷结构。
- 塑料结构。

2）STⅡ光纤连接插头的物理和电气规格为：

- 长度：22.6 mm。
- 运行温度：-40~85 ℃（具有±0.1的平均性能变化）。
- 耦合次数：500次（陶瓷结构）。

2. 光纤耦合器

耦合器起对准套管的作用。另外，耦合器多配有金属或非金属法兰，以便于连接器的安装固定。

7.2.3 光纤连接器端接磨光技术

连接器有陶瓷和塑料两种材质，它的制作工艺分为PF磨光和PC磨光制作。下面就PF磨光、PC磨光制作方法简述其工艺。

1. PF磨光方法

PF（Protruding Fiber）是STⅡ连接器使用的磨光方法。STⅡ使用铅陶质平面的金属圆，必须将光纤连接器磨光直至陶质部分。不同材料的金属圈需要使用不同的磨光程序和磨光纸。经过正确的磨光操作后，将露出1~3 μm的光纤，当连接器进行耦合时，唯一的接触部分就是光纤，如图7-18所示。

2. PC磨光方法

PC（Pcgsica Contact），是STⅡ连接器使用的圆顶金属连接器的交接。在PC磨光方法中，圆顶的顶正部位恰好配合金属圈上光纤的位置，当连接器交接时，唯一产生接触的地方在圆顶的部位，并构成紧密的接触，如图7-19所示。

采用PC磨光方法可得到较佳的回波耗损（Return Loss）。目前，在工程上常常采用这种方法。

3. 光纤连接器磨光连接的具体操作

在光纤连接器的具体操作过程中，一般来讲分为SC连接器安装和ST连接器安装。它们的操作步骤大致相同，不再分开叙述。

（1）工作操作准备

1）在操作台上打开工具箱，工具箱内的工具有：胶和剂、ST/SC两用压接器、ST/SC抛光工具、光纤剥离器、抛光板、光纤划线器、抛光垫、剥线钳、抛光相纸、酒精擦拭器和干燥擦拭器、酒精瓶、Kevlar剪刀、带ST/SC适配器的手持显微镜、注射器、终接手册。

2）在操作台上，放一块平整光滑的玻璃，做好工作台的准备工作（即从工具箱中取出并摆放好必要的工具）。

3）将塑料注射器的针头插在注射器的针管上。

4）拔下注射器针头的盖，装入金属针头。（注意：保存好针头盖，以便注射器使用完毕后再次盖上针头，以后继续使用。）

5）把磨光垫放在一个平整的表面上，使其带橡胶的一面朝上，然后把砂纸放在磨光垫上，光滑的一面朝下。

（2）光缆的准备

剥掉外护套，套上扩展帽及缆支持，具体操作有5步：

1）用环切工具来剥掉光缆的外套。

2）使用环切工具上的刀片调整螺钉，设定刀片深度为5.6 mm。对于不同类型的光缆刀切要求如表7-1所示。环切光缆外护套如图7-20所示。

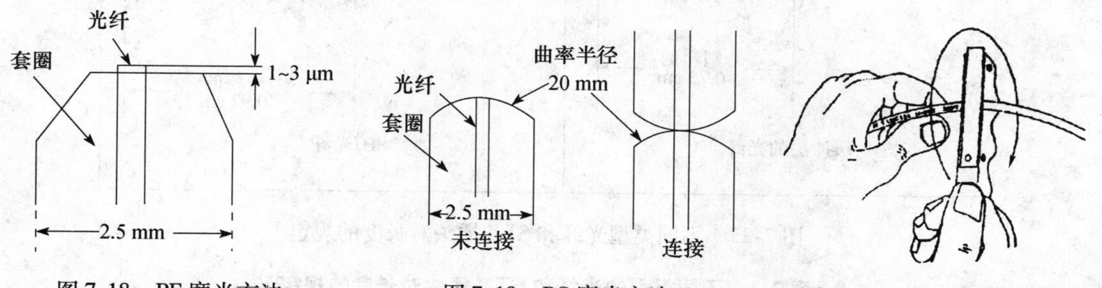

图7-18　PF磨光方法　　图7-19　PC磨光方法　　图7-20　环切光缆的外套

表7-1　各类光缆刀切要求

光缆类型	刀切的深度（mm）	准备的护套长度（mm）
LGBC-4	5.08	965
LGBC-6	5.08	965
LGBC-12	5.62	965

3）在光缆末端的96.5 cm处环切外护套（内层）。将内外护套滑出，如图7-21所示。

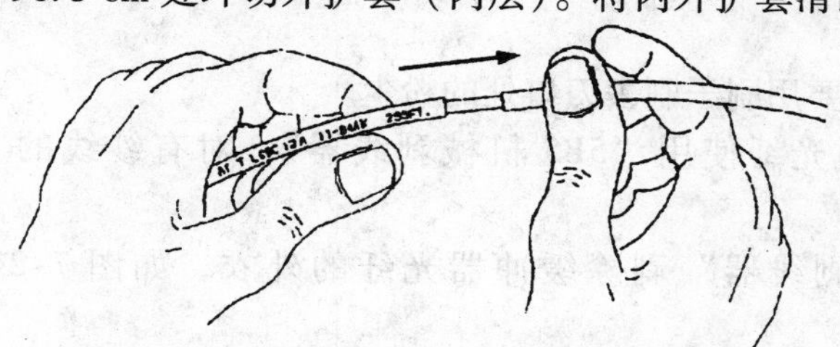

图7-21　将内层外护套滑出

4）对光缆装上缆支持、扩展帽操作。

5）先从光纤的末端将扩展帽套上（尖端在前）向里滑动，再从光纤末端将缆支持套上（尖端在前）向里滑动，如图7-22所示。

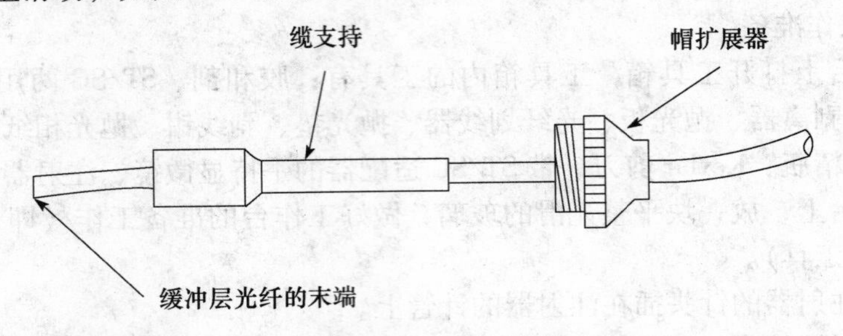

图7-22 缆支持及提高扩展器帽的安装

（3）用模板上规定的长度为需要安装插头的光纤做标记

对于不同类型的光纤及不同类型的STⅡ插头长度的规定不同，如图7-23和表7-2所示。

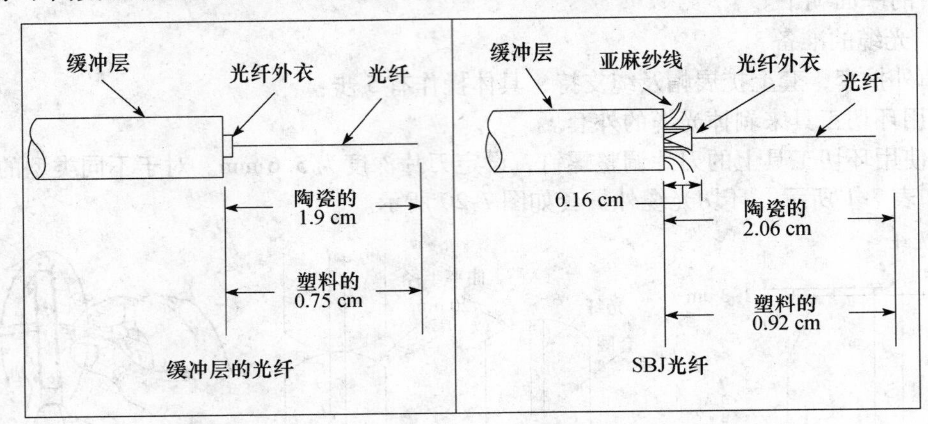

图7-23 不同类型光纤和STⅡ插头对长度的规定

表7-2 不同类型的光纤和STⅡ插头对长度的规定

	陶瓷类型	塑料类型
缓冲层光纤（缓冲层和光纤外衣准备的长度）	16.5～19.1 mm（0.65～0.75 in）	6.5～7.6 mm（0.25～0.30 in）
SBJ光纤（缓冲层的准备长度）	18.1～20.6 mm（0.71～0.81 in）	7.9～9.2 mm（0.31～0.36 in）

使用SC模板，量取光纤外套的长度，用记号笔按模板刻度所示位置在外套上做记号。

（4）准备好剥线器，用剥线器将光纤的外衣剥去

注意：

1）使用剥线器前要用刷子刷去刀口处的粉尘。

2）对有缓冲层的光纤使用“5B5机械剥线器”，对有纱线的SBJ光纤要使用“线剥线器”。

利用“5B5机械剥线器”剥除缓冲器光纤的外衣，如图7-24所示。具体操作有7步：

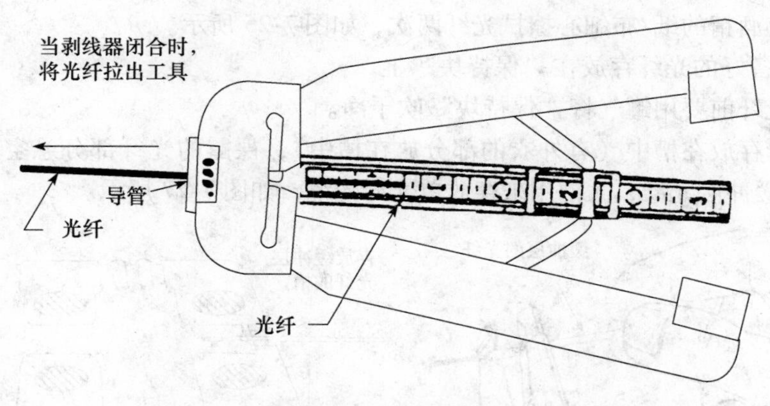

图 7-24 机械剥线器

1）将剥线器深度按要求长度置好。打开剥线器手柄，将光纤插入剥线器导管中，用手紧握两手柄使它们牢固地关闭，然后将光纤从剥线器中拉出。（注意：每次用 5B5 剥线器剥光纤的外衣后，要用与 5B5 一起提供的刷子把刀口刷干净。）

2）用蘸有酒精的纸/布从缓冲层向前擦拭，去掉光纤上残留的外衣，要求至少要细心擦拭两次才合格，且擦拭时不能使光纤弯曲，如图 7-25 所示。

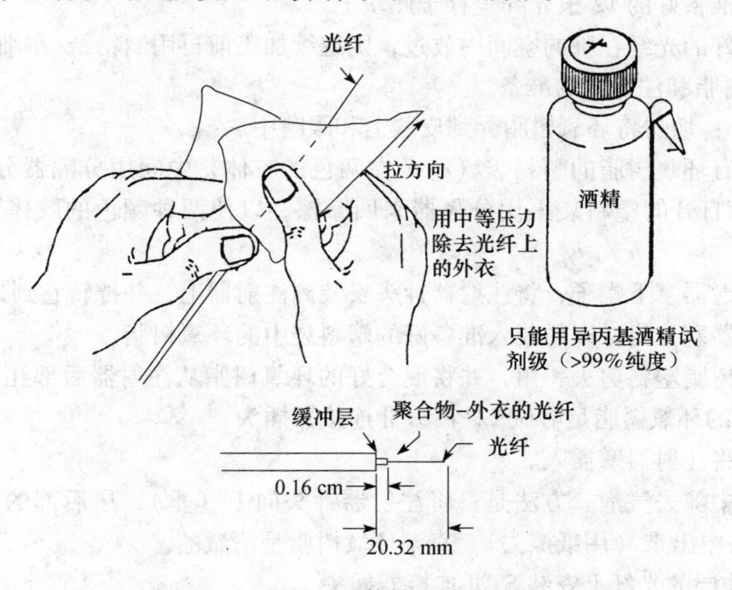

图 7-25 擦拭光纤

切记：不要用干布去擦没有外衣的光纤，这会造成光纤表面缺陷，不要去触摸裸露的光纤或让光纤与其他物体接触。

3）利用“线剥线器”剥除 SBJ 光纤的外衣。

4）使用 6 in 刻度尺测量并标记合适的光纤长度（用模板亦可）。

5）用“线剥线器”上的 2 号刻槽一小段一小段地剥去外衣，剥时用直的拉力，切勿弯曲光缆直到剥到标记处为止，如图 7-26 所示。

6）对于 SBJ 光纤，还要在离标记 1. 6 mm 处剪去纱线。

7）用蘸有酒精的纸/布细心擦拭光纤两次，如图7-25所示。

（5）将准备好的光纤存放在“保持块”上

1）存放光纤前要用罐气将“保持块”吹干净。

2）将光纤存放在槽中（有外衣的部分放在槽中），裸露的光纤部分悬空，保持块上的小槽用来存放缓冲层光纤，大槽用来存放单光纤光缆，如图7-27所示。

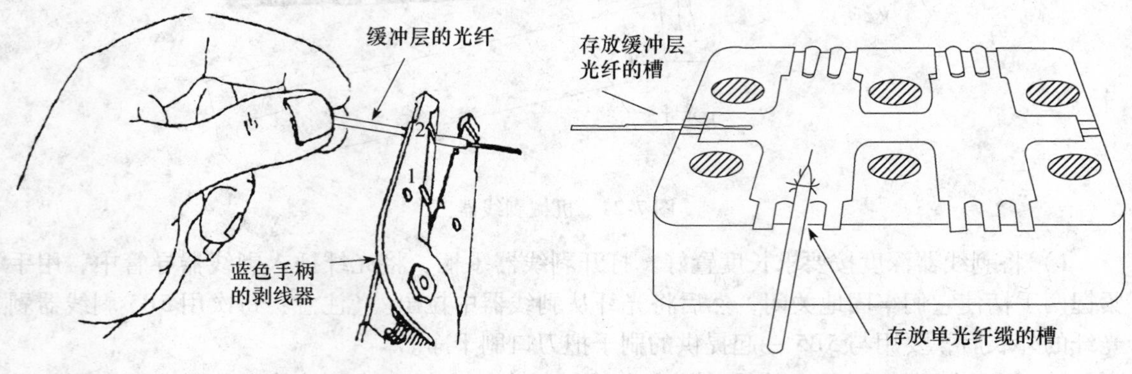

图7-26 剥去光纤缓冲层　　图7-27 将光纤存放在保护块中

3）将依次准备好的12根光纤全存于此块上。

4）若准备好的光纤在脏的空间中放过，则继续加工前再用酒精纸/布细心擦两次。

（6）环氧树脂和注射器的准备

要特别小心：切勿将环氧树脂弄到皮肤上和眼睛中。

1）取出装有环氧树脂的塑料袋（有黄白两色的胶体，中间用分隔器分开），撤下分隔器，然后在没有打开的塑料袋上用分隔器来回摩擦，以使两种颜色的胶体混合均匀成同一颜色。

2）取出注射器拿下帽子，将注射器针头安装到注射器上，并拧转它到达锁定的位置。

3）将注射器塞拉出，以便装入准备好的塑料袋中的环氧树脂。

4）将环氧树脂塑料剪去一角，并将混合好的环氧树脂从注射器后部孔中加入（挤压袋子），约19 mm的环氧树脂足够做12个STⅡ连接器插头。

5）从后部将注射器塞插入。

6）从针管中除去气泡。方法是：将注射器针头向上（垂），压后部的塞子，使环氧树脂从注射器针头中出来（用纸擦去），直到环氧树脂是清澈的。

（7）在缓冲层的光纤上安装STⅡ连接器插头

1）从连接器袋取出连接器，对着光亮处从后面看连接器中的光纤孔通还是不通。

如果通过该孔不能看到光，则从消耗器材工具箱中取出music线试着插入孔中去掉阻塞物，将music线从前方插入并推进，可以把阻塞物推到连接器后边打开的膛中去，再看有光否。如果通过该孔能看到光，则检查准备好的光纤是否符合标准，然后将准备好的光纤从连接器的后部插入，并轻轻旋转连接器，以感觉光纤与洞孔的关系是否符合标准。

若光纤通过整个连接器的洞孔，则撤出光纤，并将其放回到保持块上去；若光纤仍不能通过整个连接器的洞孔，请再用music线从尖头的孔中插入，以去掉孔中的阻塞物。

2）将装有环氧树脂的注射器针头插入STⅡ连接器的背后，直到其底部，压注射器塞，慢慢地将环氧树脂注入连接器，直到一个大小合适的泡出现在连接器陶瓷尖头上平滑部分为止。

当环氧树脂在连接器尖头上建立了一个大小合适的泡时，立即释放在注射器塞上的压力，并拿开注射器。

对于多模的连接器，小泡至少应覆盖连接器尖头平面的一半，如图 7-28 所示。

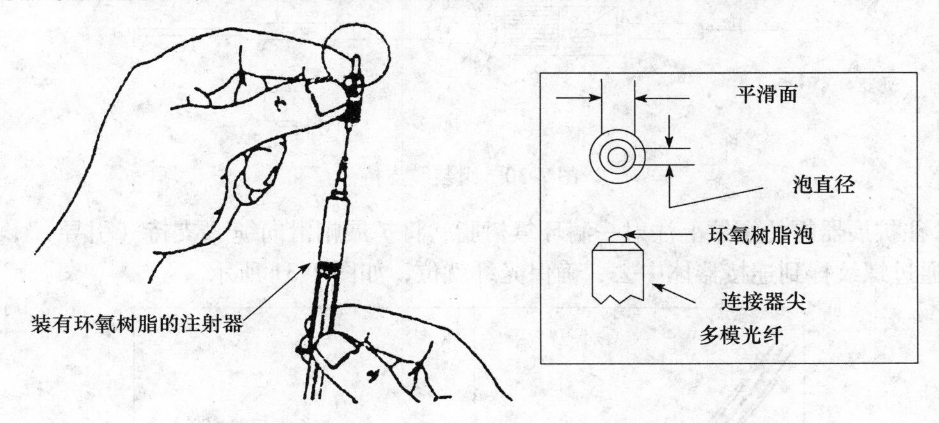

图 7-28　在连接器尖上的环氧树脂泡

3）用注射器针头给光纤涂上一薄层环氧树脂外衣，大约到缓冲器外衣的 12.5 mm 处。若为 SBJ 光纤，则对剪剩下的纱线末端也要涂上一层环氧树脂。

4）同样的，使用注射器的针头对连接器筒的头部（3.2 mm）涂抹一层薄的环氧树脂外衣。

5）通过连接器的背部插入光纤，轻轻地旋转连接器，仔细地“感觉”光纤与孔（尖后部）的关系，如图 7-29 所示。

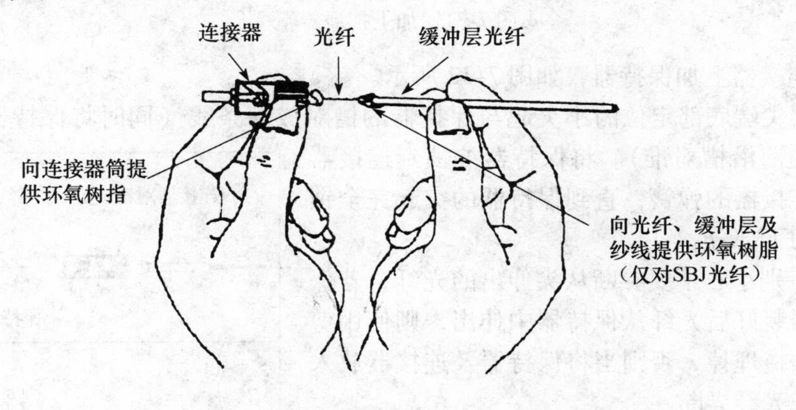

图 7-29　插入光纤

6）当光纤被插入并通过连接器尖头伸出后，从连接器后部轻轻地往回拉光纤以检查它的运动（该运动用来检查光纤有没有断，以及是否位于连接器孔的中央），检查后重新把光纤插好。

7）观察连接器的尖头部分以确保环氧树脂泡沫未被损坏。

对于单模连接器，它只是覆盖了连接器顶部的平滑面。对于多模连接器，它大约覆盖了连接器尖平滑面的一半。如果需要，小心地用注射器重建环氧树脂小泡。

8）将缓冲器光纤的“支持（引导）”滑动到连接器后部的筒上去，旋转“支持（引导）”以使提供的环氧树脂在筒上均匀分布，如图7-30所示。

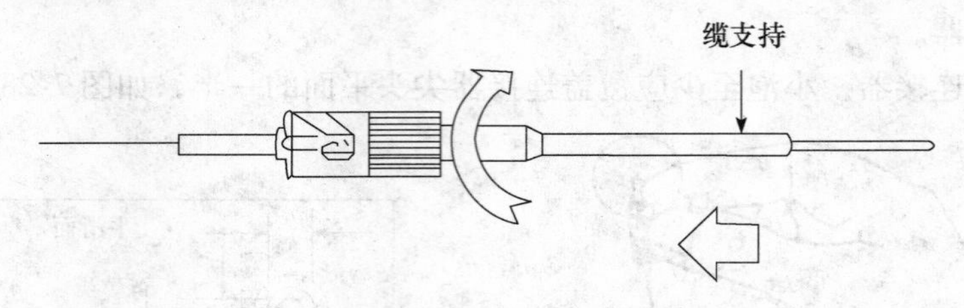

图7-30 组装缆支持

9）往扩展器帽的螺纹上注射一滴环氧树脂，将扩展帽滑向缆“支持（引导）”，并将扩展器帽通过螺纹拧到连接器体中去，确保光纤就位，如图7-31所示。

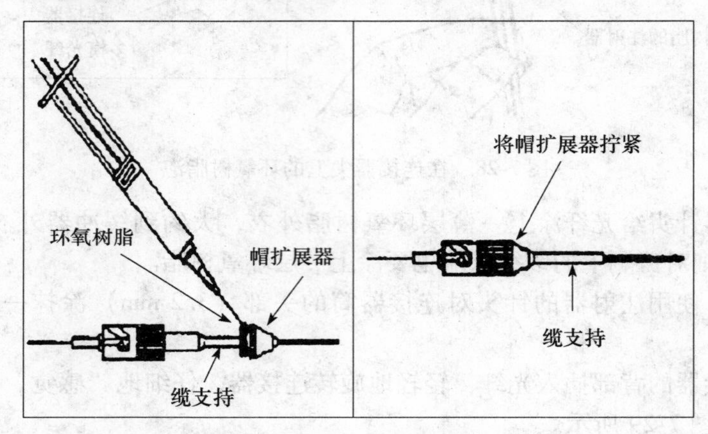

图7-31 加上扩展器帽

10）往连接器上加保持器，如图7-32所示。

将连接器尖端底部定位的小突起与保持器的槽对成一条线（同时将保持器上的突起与连接器内部的前沿槽对准）。将保持器拧锁到连接器上去，压缩连接器的弹簧，直到保持器的突起完全锁进连接器的切下部分。

11）要特别小心不要弄断从尖伸出的光纤，若保持器与连接器装好后光纤从保持器中伸出，则使用剪子把光纤剪去掩埋掉，否则当将保持器及连接器放入烘烤炉时会把光纤弄断。

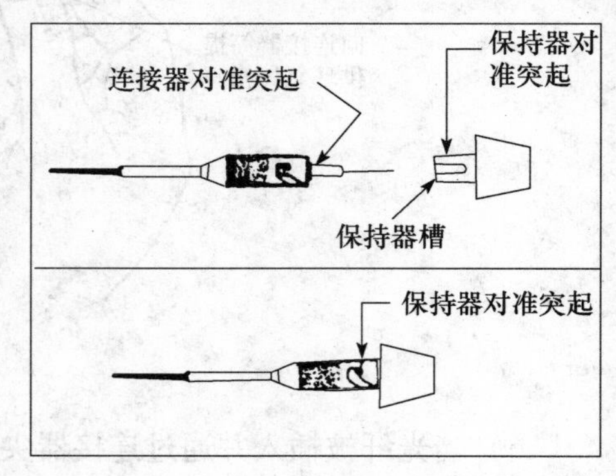

图7-32 将保持器锁定到连接器

（8）烘烤环氧树脂

1）将烘烤箱放在远离易燃物的地方。把烘烤箱的电源插头插到一组220 V的交流电源插座上，将ON/OFF开关拨到ON位置，并将烘烤箱加温直到READY灯亮（约5 min）。

2）将“连接器和保持器组件”（除光纤部分）放到烘烤箱的一个端口（孔）中，并用工具箱中的微型固定架（不能用手）夹住连接器组件的支持（引导）部分，如图 7-33 所示。

3）在烘烤箱中烤 10 min 后，拿住连接器的“支持（引导）”部分（切勿拿光纤）将连接器组件从烘烤箱上撤出，再将其放入保持器块的端口（孔）中去进行冷却，如图 7-34 所示。

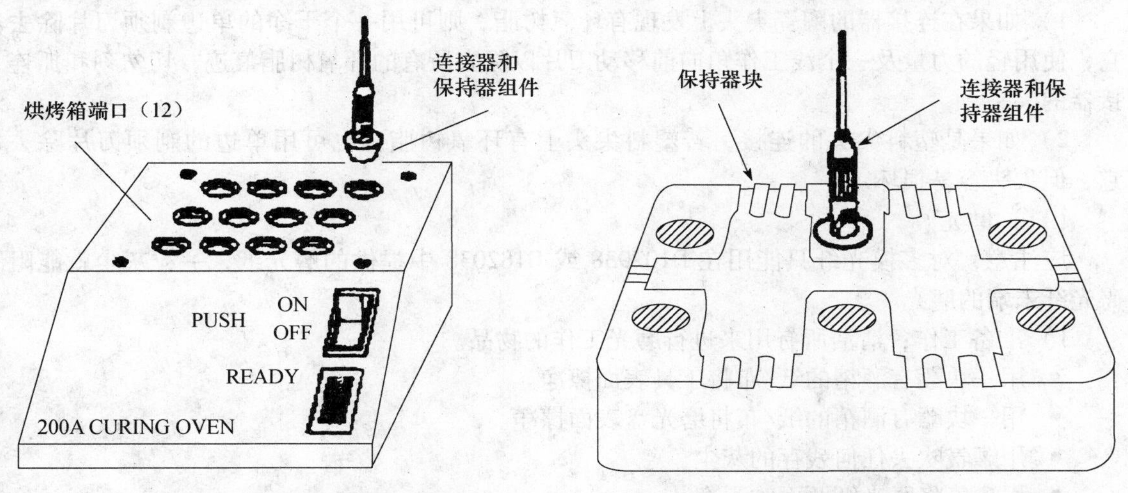

图 7-33　将组件放到烘烤箱端口中

图 7-34　冷却连接器组件（在保持器块中）

（9）切断光纤

1）确定连接器保持器组件已冷却，从连接器上对保持器解锁，并取下保持器，小心不要弄断光纤。

2）用切断工具在连接器尖上伸出光纤的一面上刻痕（对着灯光、看清在环氧树脂泡上靠近连接器尖的中位轻轻地来回刻痕）。

3）刻痕后，用刀口推力将连接器尖外的光纤点去，如果光纤不容易被点断，则重新刻痕并再试。要使光纤末端的端面能成功地磨光，光纤不能在连接器尖头断开（即断到连接器尖头中），切勿通过弯曲光纤来折断它。如果动作干净利索，则会大大提高成功率，如图 7-35 所示。

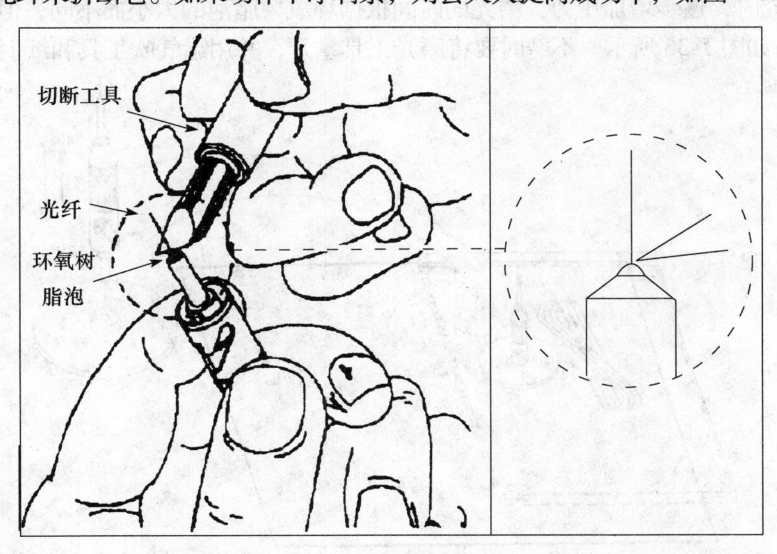

图 7-35　刻痕光纤

（10）除去连接器尖头上的环氧树脂

检查连接器，看有没有环氧树脂在其外面，尤其不允许环氧树脂留在连接器尖头，有残留的环氧树脂会妨碍后续的加工步骤，且不能获得低损耗的连接。

1）如果在连接器的陶瓷尖头上发现有环氧树脂，则可用一个干净的单边剃须刀片除去它，使用轻的力量及一个浅工作角向前移动刀片以除去所有的环氧树脂痕迹，切勿刻和抓连接器的尖头。

2）如果是塑料尖头的连接，若塑料尖头上有环氧树脂，也可用单边的剃须刀片除去它，但尖头容易损坏。

（11）磨光

应注意，对多模光纤只能用在 D102938 或 D182038 中提供的磨光纸，一粒灰尘就能阻碍光纤末端的磨光。

1）准备工作：清洁所有用来进行磨光工作的物品。

- 用一块蘸有酒精的纸/布将工具表面擦净。
- 用一块蘸有酒精的纸/布将磨光盘表面擦净。
- 用罐气吹去任何残存的灰尘。
- 用罐气将磨光纸两面吹干净。
- 用罐气吹连接器表面和尖头以使其清洁。
- 用蘸有酒精的棉花将磨光工具的内部擦拭干净。

2）初始磨光：在初始磨光阶段，先将磨光砂纸放在手掌心中，对光纤头轻轻地磨几下。不要对连接器尖头进行过分磨光，通过对连接器端面进行初始检查后，初始磨光就完成了。

- 将一张 type A 磨光纸放在磨光盘的 1/4 位置上。
- 轻轻地将连接器尖头插到 400B 磨光工具中去，将工具放在磨光纸上，特别小心不要粉碎了光纤末端。
- 开始时需要用非常轻的压力进行磨光，用大约 80 mm 高的“8”字形来进行磨光运动。

当继续磨光时，逐步增加压力，磨光的时间根据环氧树脂泡的大小而不同，但平均是移动 20 个“8”字形，如图 7-36 所示。不磨时要将磨光工具拿开，并用罐气吹工具和纸上的砂粒。

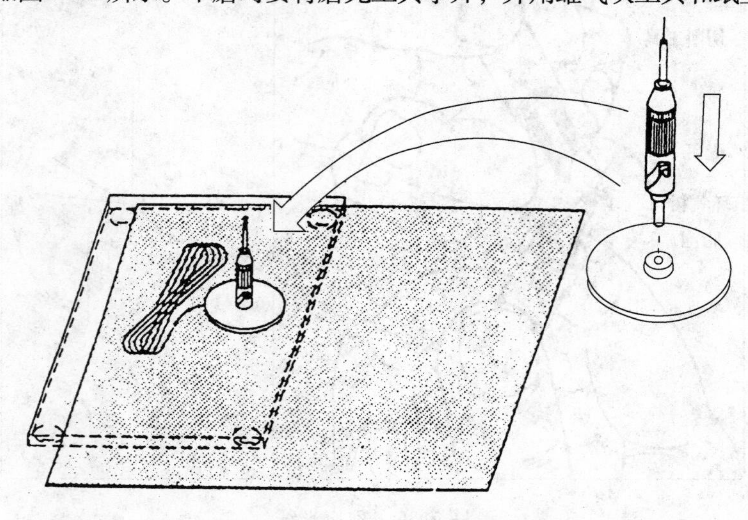

图 7-36 用“8”字形运动进行初始磨光

3）初始检查。

在进行检查前，必须确定光纤上有没有接上光源，为了避免损坏眼睛，永远不要使用光学仪器去观看有激光或 LED 光的光纤。

- 从磨光工具上拿下连接器，用一块蘸有酒精的纸/布清洁连接器尖头及磨光工具。
- 用一个 100 倍放大镜检查对连接器尖头上不滑区的磨光情况。如果有薄的环氧树脂层，则连接器尖头的表面就不能被彻底地磨光，在初始磨光阶段，如果磨过头了，则可能产生一个高损耗的连接器。
- 对于陶瓷尖头的连接器，初始磨光的完成标志是：在连接器尖头的中心部分保留有一个薄的环氧树脂层，且连接器尖头平滑区上有一个陶瓷的外环暴露出来，将能看到一个发亮的晕环绕在环氧脂层的周围。
- 对于塑料尖头的连接器，初始磨光的完成标志是：直到磨光的痕迹刚刚从纸上消失为止，并在其尖头上保留一层薄的环氧树脂。
- 如果磨光还没有满足条件，继续按“8”字形磨光，要频繁地用放大镜来检查连接器尖头的初始磨光标志，如图 7-37 所示。
- 当初始磨光满足条件后，从磨光工具上取下连接器，并用蘸有酒精的纸/布清洗磨光工具和连接器，再用罐气对连接器吹气。

4）最终磨光（先要用酒精和罐气对工具和纸进行清洁工作）。

- 将 type C 磨光纸的 1/4（有光泽的面向下）放在玻璃板上。
- 开始用轻的压力，然后逐步增加压力，以约 100 mm 高的“8”字形运动进行磨光。
- 磨光多模陶瓷尖头的连接器直到所有的环氧树脂被除掉。
- 磨光多模塑料尖头的连接器直到尖头的表面与磨光工具的表面平齐。

5）最终检查。

- 从磨光工具上取下连接器，用一块蘸有酒精的纸/布清洗连接器尖头、被磨光的末端及连接器头。
- 将连接器钮锁到显微镜的底部，如图 7-38 所示。
- 打开（分开）显微镜的镜头管（接通电源）以照亮连接器的尖头，并用边轮去聚集，用高密的光回照光纤相反的一端，如果可能，照亮核心区域以便更容易发现缺陷。

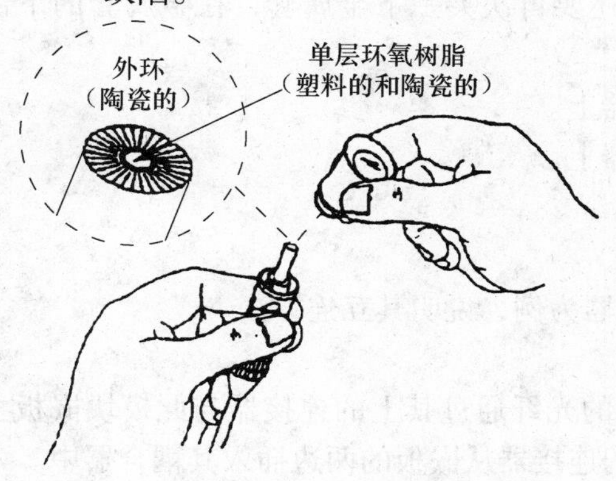

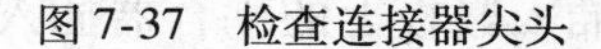
图 7-37　检查连接器尖头

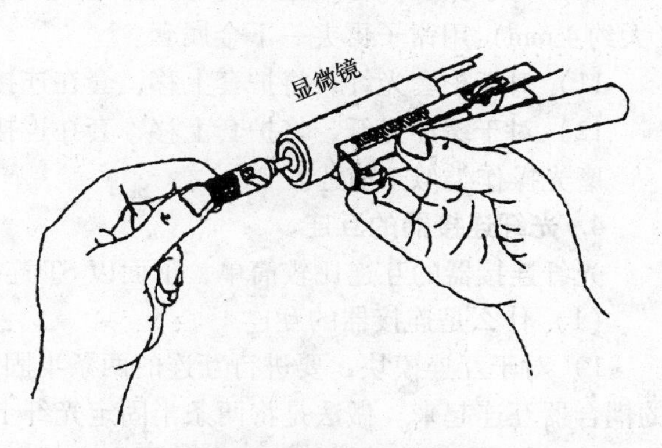

图 7-38　将连接器钮锁到显微镜的底部

- 一个可接受或可采用的光纤 ST 头末端是在核心区域中没有“裂开的口”、“空隙”或“深的抓痕”，或在包层中的深的缺口，如图 7-39 所示。
- 如果磨光的光纤末端是可采用的，于是连接器就可使用了，如果不是立即使用此连接器，则可用保护帽把末端罩起来。
- 如果光纤 ST 头末端不能被磨光达到可采用的条件，则需要重新端接它。

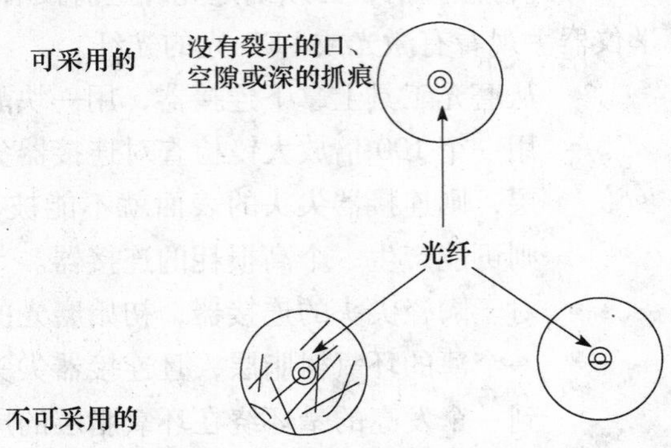

图 7-39 可采用/不可采用的光纤 ST 头

(12) 光纤的安装

Simon 公司对光纤的安装（使用黏结剂）有如下叙述：

1）用注射器吸入少量黏结剂。

2）将几滴黏结剂滴在一块软亚麻布上，在滴有黏结剂的地方擦拭并摩擦连接器的下端，这一步操作可以保证不发生氧化。

3）将装有黏结剂的注射器金属针头插入连接器的空腔内，直至针头完全插入到位，将黏结剂注入直接连接器的腔内，直至有一小滴从连接器下端溢出。

4）将暴露的光纤插入连接器腔内，直到光纤从内套的底端到达连接器（在进行下面的5）、6）操作时要拿好光纤）。

当光纤插入时，用手指来回转动连接器，这有助于光纤进入连接器的洞内。对于带有护套的光纤，光纤应插入到使它的尼龙丝完全展开，并在连接器底部形成一圈。

5）对穿入连接器的光纤用黏结剂黏结（连接器底部滴上一两滴黏结剂）。

6）握住光缆，用一块干燥的软布擦掉光纤周围多余的黏结剂。等黏结剂干燥后，再进入下一步操作。

7）用光纤刻刀，在光纤底部轻轻划一道刻痕，刻划时不要用力过大，以防光纤受损。

8）将伸出连接器的多余光纤去掉，拔掉时用力方向要沿着光纤的方向，不要扭动，并把多余的光纤放在一个安全的地方。

9）将护套光纤围在连接器下端，并用金属套套上，然后用钳子夹一下金属套。

10）为了保证护套完全装好，对护套光纤，还要再次夹一下金属套，在金属套的下部（大约 4 mm）用钳子再夹一下金属套。

11）对于护套光纤，将护套上移，套在连接器上。

12）对于缓冲光纤，将护套上移，套在连接器上。

磨光操作类似于前述。

4. 光纤连接器的互连

光纤连接器的互连比较简单，下面以 ST 连接器为例，说明其互连方法。

(1) 什么是连接器的互连

1）对于互连模块，要进行互连的两条半固定的光纤通过其上的连接器与此模块嵌板上的耦合器互连起来。做法是将两条半固定光纤上的连接器从嵌板的两边插入其耦合器中。

2）对于交叉连接模块，一条半固定光纤上的连接器插入嵌板上的耦合器插入要交叉连接的耦合器的一端，该耦合器的另一端中插入要交叉连接的另一条半固定光纤的连接器。

交叉连接就是在两条半固定的光纤之间使用跳线作为中间链路，使管理员易于对线路进行重布线。

（2）ST 连接器互连的步骤

1）清洁 ST 连接器。

拿下 ST 连接器头上的黑色保护帽，用蘸有酒精的医用棉花轻轻擦拭连接器头。

2）清洁耦合器。

摘下耦合器两端的红色保护帽，用蘸有酒精的杆状清洁器穿过耦合孔擦拭耦合器内部以除去其中的碎片，如图 7-40 所示。

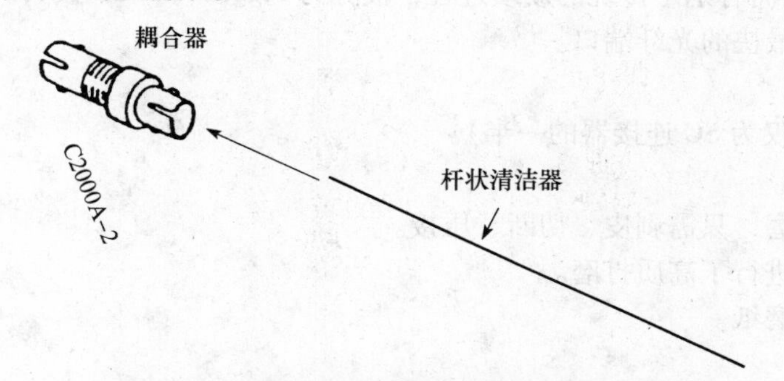

图 7-40　用蘸有酒精的杆状清洁器除去碎片

3）使用罐装气，吹去耦合器内部的灰尘，如图 7-41 所示。

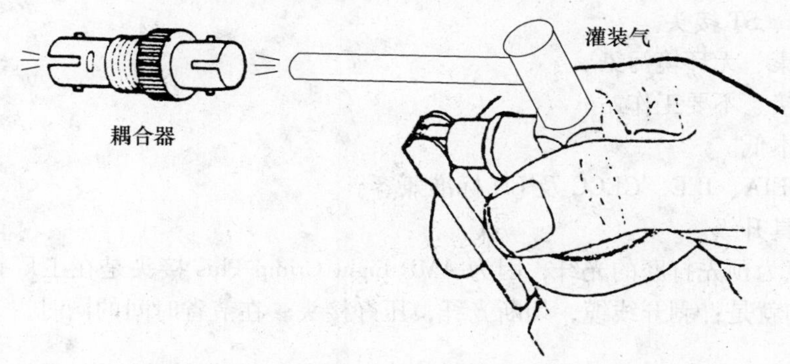

图 7-41　用罐装气吹除耦合器中的灰尘

4）将 ST 连接器插到一个耦合器中。

将连接器的头插入耦合器一端，耦合器上的突起对准连接器槽口，插入后扭转连接器以使其锁定，如经测试发现光能量损耗较高，则需摘下连接器并用罐装气重新净化耦合器，然后再插入 ST 连接器。在耦合器端插入 ST 连接器，要确保两个连接器的端面与耦合器中的端面接触上，如图 7-42 所示。

图 7-42　将 ST 连接器插入耦合器

注意：每次重新安装时要用罐装气吹去耦合器的灰尘，并用蘸有酒精的棉球擦净 ST 连接器。

5）重复以上步骤，直到所有的 ST 连接器都插入耦合器为止。

应注意，若一次来不及装上所有的 ST 连接器，则连接器头上要盖上黑色保护帽，而耦合器空白端或一端（有一端已插上连接器头的情况）要盖上保护帽。

7.2.4 光纤连接器端接压接式技术

1. 光纤连接器压接式技术概述

压接式光纤连接头技术是安普公司的专利压接技术，它使光纤端口与安装过程变得快速、整洁和简单，而有别于传统的烦琐过程，被称为 LightCrimpPlus 接头。其特性如下：

- 最简单、最快的光纤端口。
- 易于安装。
- 体积小（仅为 SC 连接器的一半）。
- 快速连接。
- 不需要打磨，只需剥皮、切断、压接。
- 出厂时即进行了高质打磨。
- 不需要打磨纸。
- 高性能。
- 无源。
- 不需要热固式加工或紫外处理。
- 多模 SC、ST 接头。
- 无损健康、无环境污染。
- 直接端接、不要工作站。
- 人工成本低。
- 与 TIA/EIA、IEC、CECC 及 EN 标准兼容。
- 提供工具升级。

需要的环境为预先打磨的光纤，因为 AMP Light Crimp Plus 接头是在工厂打磨好的，因此，你所要做的就是：剥开线缆，切断光纤，压好接头。在节省时间的同时，还可获得高质量的产品。

Light Crimp Plus 接头提供始终如一的压接性能，而且与热固式接头具有相同的性能，并能适应较宽的温度范围。

Light Crimp Plus 满足相应的 TIA/EIA、IEC、CECC 及 EN 的要求，适用于 -10 ~ 60 ℃ 的环境温度。

用于 Light Crimp Plus 的工具也可以用于 Light Crimp Plus 接头。对使用 Light Crimp 和预先打磨接头的用户，安普提供工具升级，从而使 Light Crimp Plus 端接更简单，更具成本效益。

安普公司的压接光纤头技术，正在逐渐受到用户的重视，能否成气候还需要市场给出答案。

2. 免磨压接工具和 SC 光纤连接器的部件

安普免磨压接型光纤连接器是一种非常方便光纤端接的连接器产品，它使得光纤端成为一种快速、方便和简单的机械过程。操作人员只需经过很少的培训，并且使用的工具数量有限。使用这种连接器端接光纤，不需要使用胶水和加热炉，不需要等待胶水凝固的过程，也不需要使用砂纸进行研磨，只需经过3个简单的步骤——剥除光缆外皮、劈断光纤和压接，就可以完成全部端接过程。安普免磨压接型SC光纤连接器端接如图7-43所示。

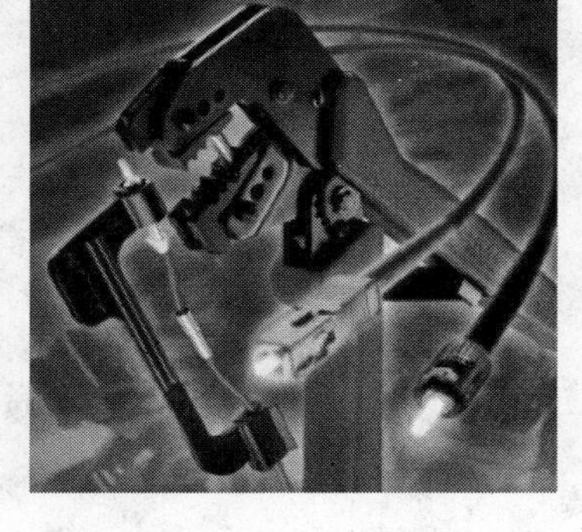

图7-43　安普免磨压接型SC光纤连接器端接

（1）免磨压接工具

端接安普免磨压接型SC光纤连接器需要以下工具：外皮剥离工具、光纤剥离工具、剪刀、光纤装配固定器、光纤切断工具、手工压接工具及清洁光纤用酒精棉，这些工具都包含在安普光纤连接器专用工具包。

（2）免磨压接型SC光纤连接器的部件

压接型SC光纤连接器的部件如图7-44所示。

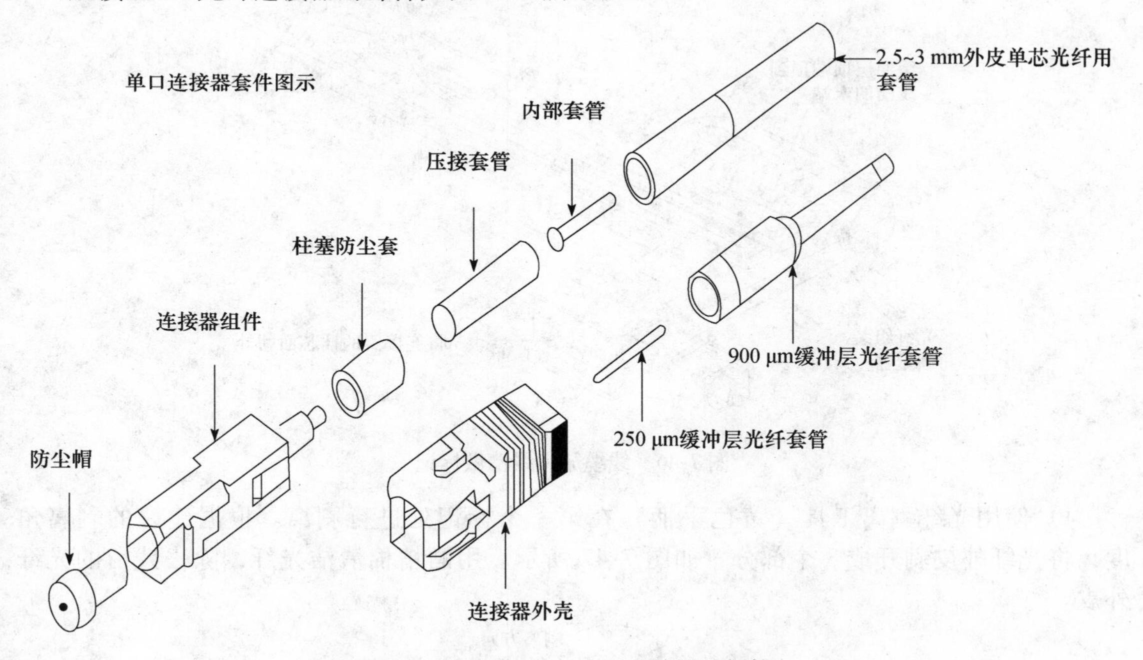

图7-44　压接型SC光纤连接器的部件

3. 端接缓冲层直径为900 μm光纤连接器的具体操作

（1）剥掉光纤的外套

剥掉光纤的外套，具体操作有4步：

1）首先将900 μm光纤用护套穿在光纤的缓冲层外，如图7-45所示。

2）取下连接器组件底端的防尘帽。

3）将连接器的插芯朝外固定在模板上，并确认连接器已经放置平稳，平稳地将光纤放置刀刻有“BUFFER”字样的线槽中，确认光纤顶端与线槽末端完全接触（即线缆放入线槽并完全顶到头）。根据线槽的每一个十字缺口的位置在线缆上做标记，如图7-46所示。做完标记后将线缆从线槽中拿开。

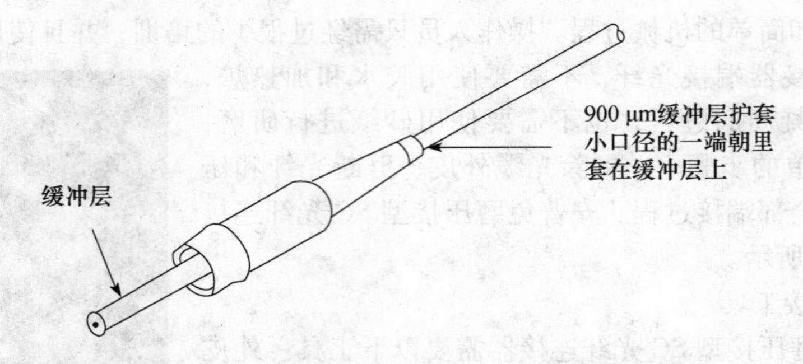

图7-45 将900 μm光纤用护套穿在光纤的缓冲层外

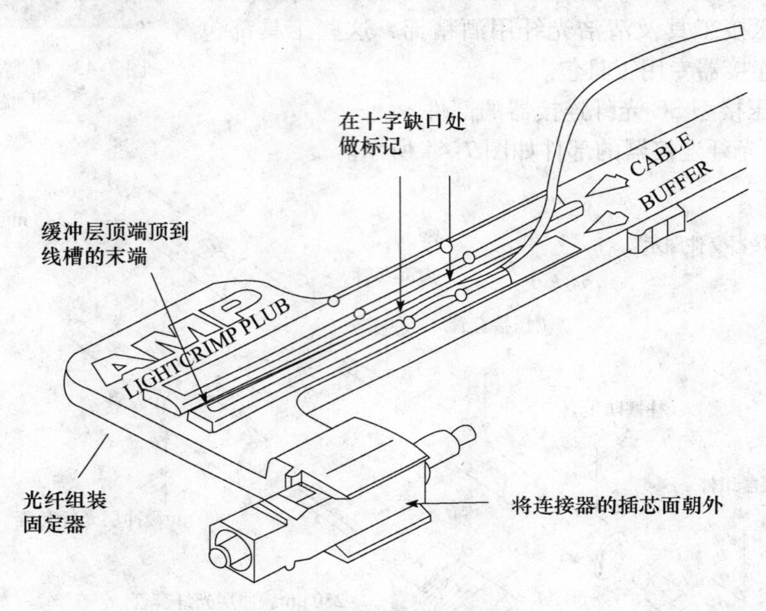

图7-46 线缆放入线槽做标记

4）使用光纤剥离工具（黄色手柄）在第一个标记处进行剥离。根据建议的剥离角度，将光纤外皮剥开成3个部分，如图7-47所示。用酒精棉清洁光纤，除去残留的光纤外皮。

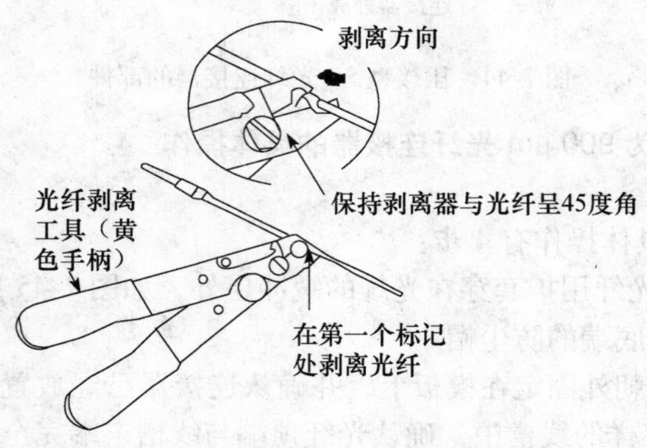

图7-47 光纤在第一个标记处进行剥离

(2) 使用光纤切断工具切断光纤

在使用光纤切断工具前请先确认工具的“V”形开口处是否清洁，不清洁容易使光纤断裂。若不清洁，使用酒精棉清洁工具，用浸有酒精的纸/布擦拭“V”形开口。

使用光纤切断工具切断光纤，具体操作有 3 步：

1）将光纤放入工具前臂的沟槽中。按住切断工具的后臂，使工具夹头张开，将光纤放入工具前臂的沟槽中，光纤顶端位于工具前臂标尺的 8 mm 刻度处（±0.5 mm），如图 7-48 所示。

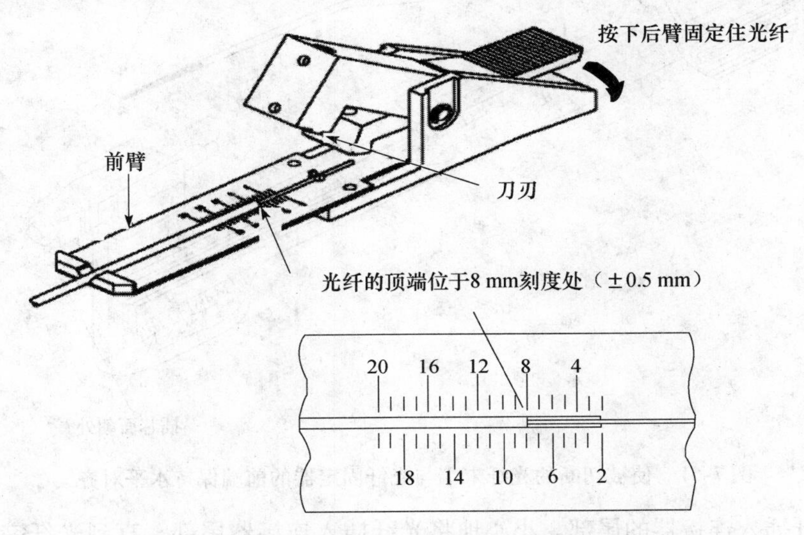

图 7-48 将光纤放入工具前臂的沟槽中

2）在光纤上做出切断。保持住光纤所在的位置不动，松开工具后臂使光纤被压住并且牢固，保持工具前臂平稳，轻轻的按压刀头在光纤上做出刻痕，再松开刀头，如图 7-49 所示。

为避免光纤受损，不要过于用力的按压刀头。刀刃部边缘只能接触到光纤。

3）断开切断的光纤末端。保持住光纤的位置不动，慢慢的弯曲工具前臂，使光纤在已经做出的刻痕部位断开。如图 7-50 所示，注意不要触摸切断的光纤末端，否则光纤会被污染，也不要清洁切断的光纤末端。为避免工具受损，不要弯曲工具前臂超过 45 度角。

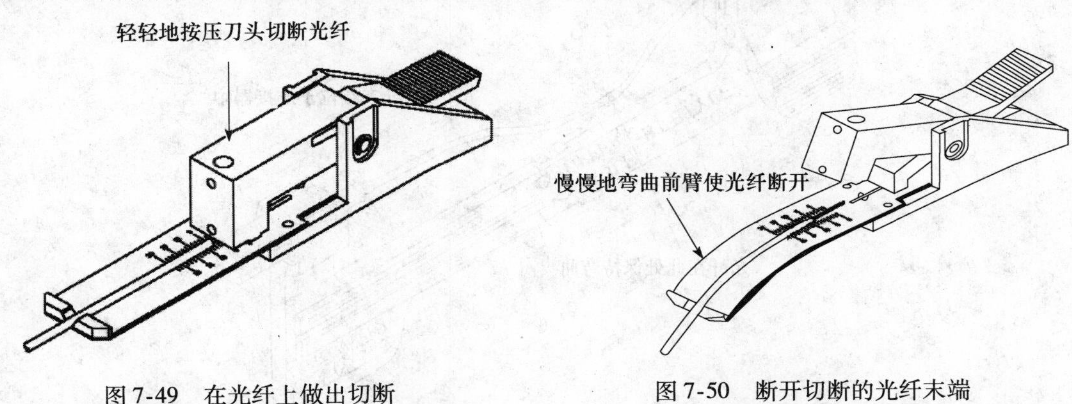

图 7-49 在光纤上做出切断

图 7-50 断开切断的光纤末端

(3) 做压接工作

1）使被切断的光纤末端与光纤固定器的前端保持水平对齐。首先张开光纤固定器的夹子，将光纤放到夹子里，拉动光纤，使被切断的光纤末端与光纤固定器的前端保持水平对齐，保持住光纤的位置，松开夹子，如图 7-51 所示。

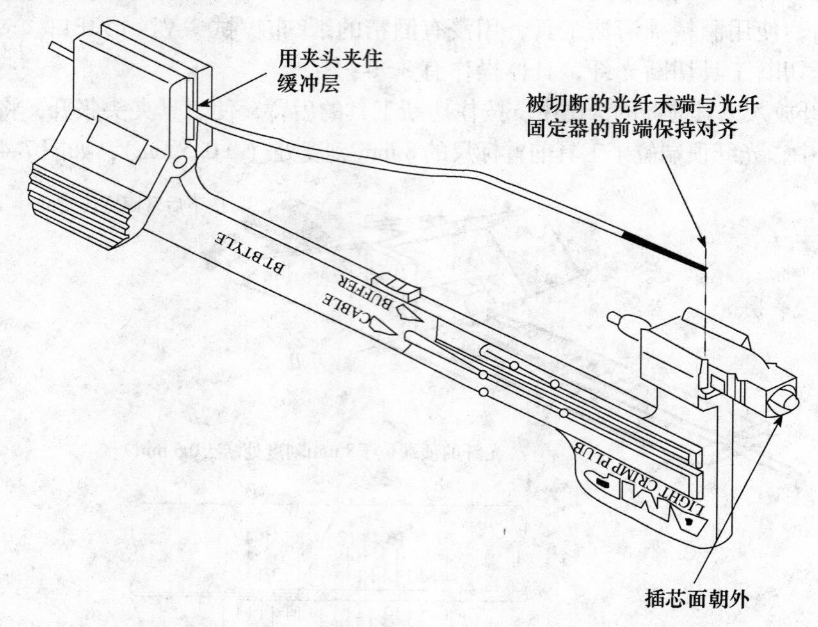

图 7-51 使被切断的光纤末端与光纤固定器的前端保持水平对齐

2）将光纤插入连接器的尾部。小心地将光纤插入连接器尾部，直到光纤完全进入其中不能再深入为止。确认曾经在光纤缓冲层上留下的标记已经进入到连接器中（如果标记没有进入到其中，必须重新切断光纤）。因光纤弯曲而产生的张力将对插头内的光纤产生一个向前的推力，如图 7-52 所示。注意要保持光纤后部给予前部连接器内的光纤一个向前的推力是很重要的，要确保在任何时候光纤都不会从插头中滑出。

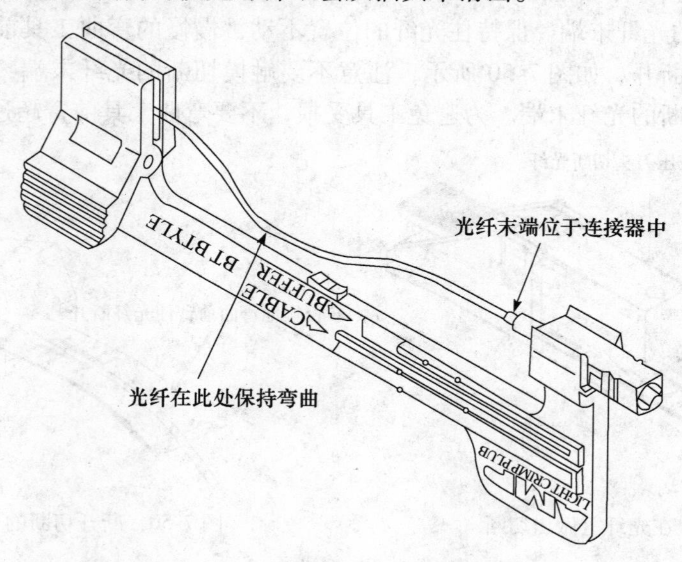

图 7-52 将光纤插入连接器的尾部

3）将光纤固定器中的连接器组件前端放在压接钳前端的金属小孔凹陷处。握住压接钳的手柄，直到钳子的棘轮变松，让手柄完全张开，慢慢的闭合钳子，直到听到了两声从棘轮处发出的“咔嗒”声；将光纤固定器中的连接器组件前端放在压接钳前端的金属小孔凹陷处的上面，如图 7-53 所示。为了避免光纤受损，必须保持位置的精确和遵从箭头的指示。

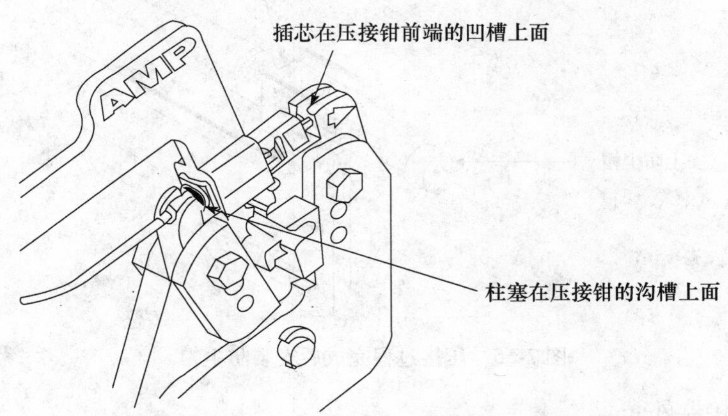

图 7-53　将光纤固定器中的连接器组件前端放在压接钳前端的金属小孔凹陷处

4）压接。轻轻地朝连接器方向推动光纤，确认光纤仍然在连接器底部的位置，然后慢慢地握紧压接钳的手柄直到棘轮变松，再让手柄完全张开，从压接钳上拿开连接器组件。

将连接器柱塞放置刀压接钳前端第一个（最小的）小孔里，柱塞的肩部顶在钳子沟槽的边缘，朝向箭头所指的方向，如图 7-54 所示。慢慢地握紧压接钳的手柄，直到钳子的棘轮变松，让手柄完全张开，再从钳子上拿开连接器组件。

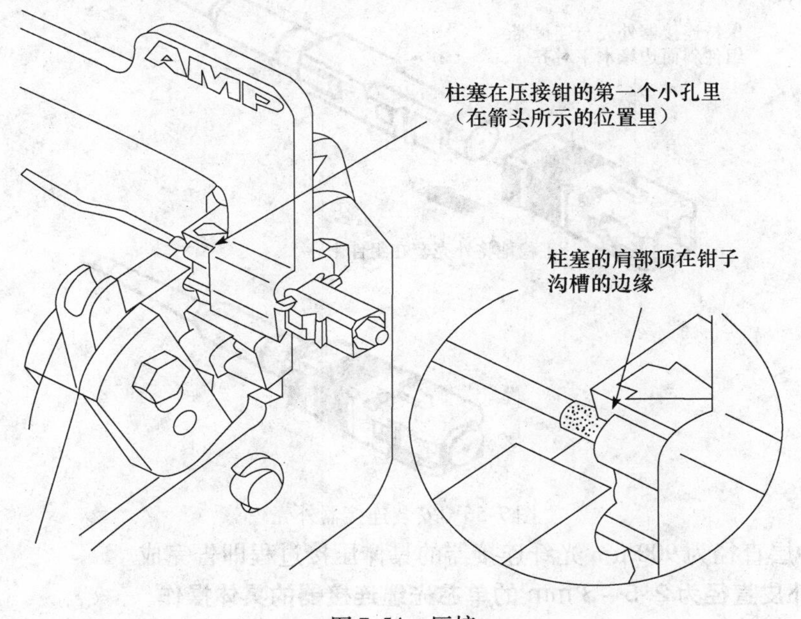

图 7-54　压接

(4) 压接过程完成后安装防尘帽

安装上防尘帽，平稳地向前推动护套使其前端顶住连接器，如图7-55所示。

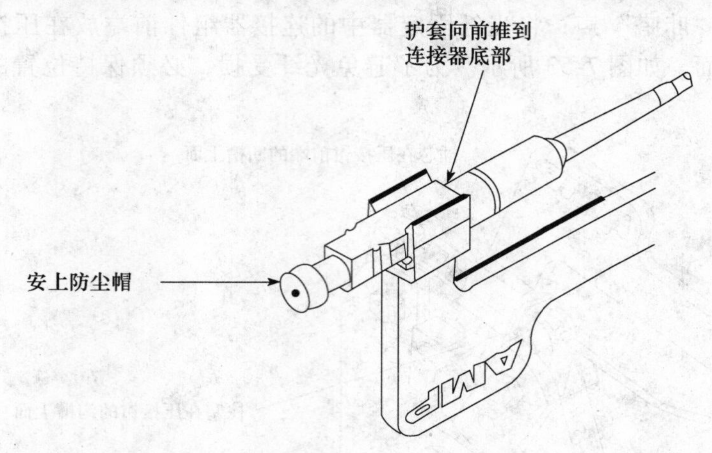

图7-55　压接过程完成后安装防尘帽

(5) 安装连接器外壳

从线缆固定模板上拿开连接器组件。保持连接器外壳与连接器组件斜面的边缘水平，平稳地将外壳套在组件上直到听到发出“啪”的一声为止，如图7-56所示。不要用很大的力量将这些组件强行连接在一起，它们是专门针对这一种安装方法而设计的。对于双口连接器，使用插入工具可以轻松地将外壳安装在连接器组件上。

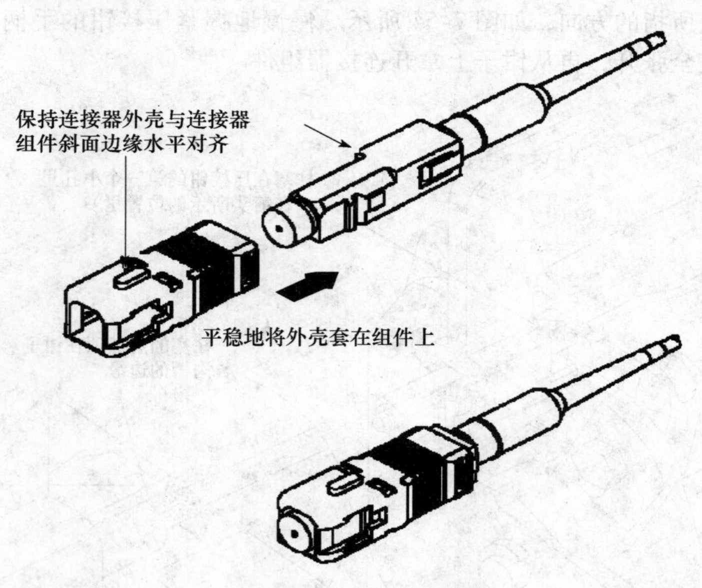

图7-56　安装连接器外壳

端接缓冲层直径为900 μm光纤连接器的具体压接过程即告完成。

4. 端接外皮直径为2.5～3 mm的单芯光缆连接器的具体操作

(1) 剥掉光纤的外套

剥掉光纤的外套，具体操作有4步：

1）套光纤护套。将护套（小口径的一端朝里面）套在光纤的外面，如图 7-57 所示。

2）在线缆上做标记。取下连接器组件后部的防尘帽，留下顶端插芯上的防尘帽。将连接器的插芯朝外固定在模板上，并确认连接器位置已经固定。将光缆放入到模板上标刻有“CABLE”字样的线槽中，光缆顶端与线槽末端完全接触（即光缆放入线槽并完全顶到头）。如图 7-58 所示，根据线槽的每一个十字缺口在线缆上做标记，做完标记后将线缆从线槽中拿开。

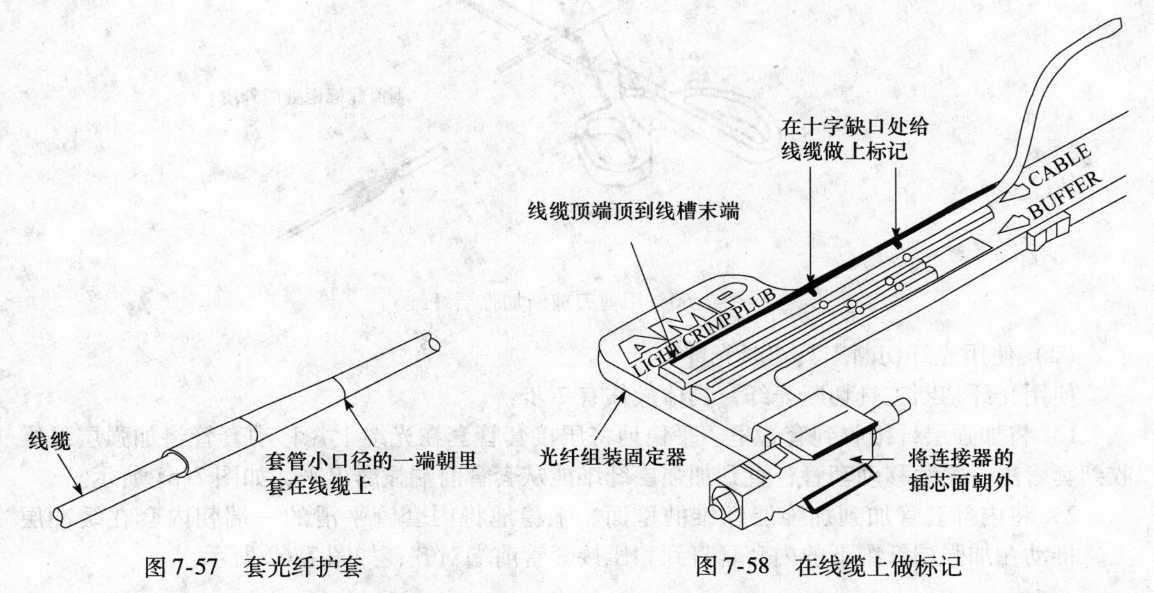

图 7-57　套光纤护套　　　图 7-58　在线缆上做标记

3）剪开线缆外皮。使用外皮剥离工具（红色手柄），在标有“18”的缺口处将线缆上的每一个做标记的地方剪开，如图 7-59 所示。

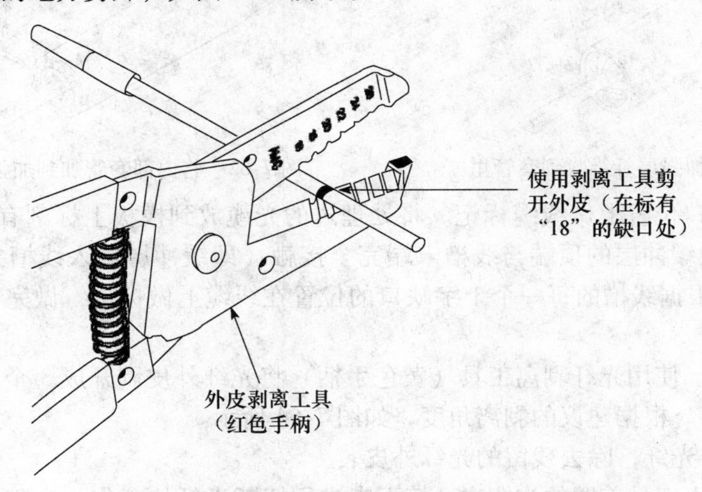

图 7-59　剪开线缆外皮

4）用剪刀剪断加强层纤维。剥去线缆第一个被剪开部分的外皮，露出里面的加强层纤维层（Kevlar 层），用剪刀将加强层纤维剪断，然后再将第二个标记处的外皮去掉，露出加强层纤维层，如图7-60所示。

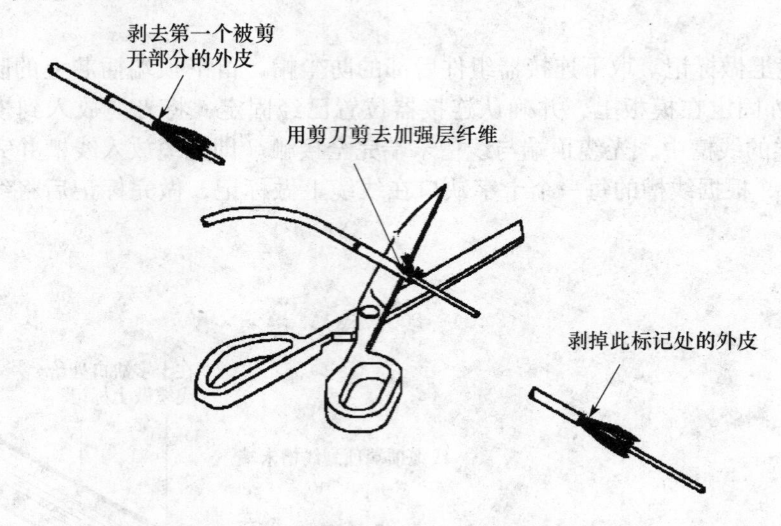

图7-60 用剪刀剪断加强层纤维

(2) 使用光纤切断工具切断光纤

使用光纤切断工具切断光纤，具体操作有7步：

1) 将加强层纤维收到套管里。平稳地将压接套管套在光缆上，移动套管将加强层纤维收到套管里。继续移动套管，直到加强层纤维能从套管前端显露出来，如图7-61所示。

2) 将内部套管加到加强层纤维的里面。平稳地将内套管平滑的一端朝内套在缓冲层上，推动在加强层纤维下的内套管直到和压接套管前端对齐，如图7-62所示。

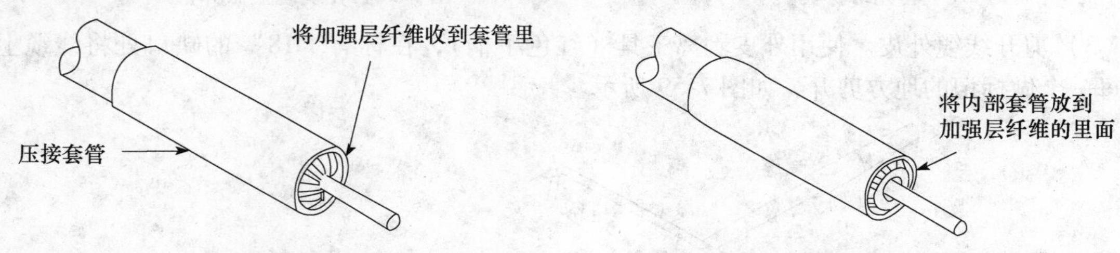

图7-61 将加强层纤维收到套管里　　图7-62 将内部套管加到加强层纤维的里面

3) 在十字缺口位置上做线缆标记。将处理过的光缆放到模板上标刻有“BUFFER”字样的线槽中，确认缓冲层的顶端与线槽末端完全接触（即缓冲层放入线槽并完全顶到头），如图7-63所示，根据线槽的每一个十字缺口的位置在线缆上做标记，做完标记后将线缆从线槽中拿开。

4) 剥离光纤。使用光纤剥离工具（黄色手柄）将光纤外皮剥开成3个标记处，在第一个标记处进行剥离。根据建议的剥离角度，如图7-64所示。

用酒精棉清洁光纤，除去残留的光纤外皮。

5) 将光纤放入工具前臂的沟槽中。接下来进行切断光纤的工作。为避免光纤受损，请先确认工具刃部以及刃部周围区域是清洁的，可以使用酒精棉清洁工具。首先按住切断工具的后臂，使工具夹头张开，将光纤放入工具前臂的沟槽中，光纤顶端位于工具前臂标尺的8 mm刻度处（±0.5 mm），如图7-48所示。

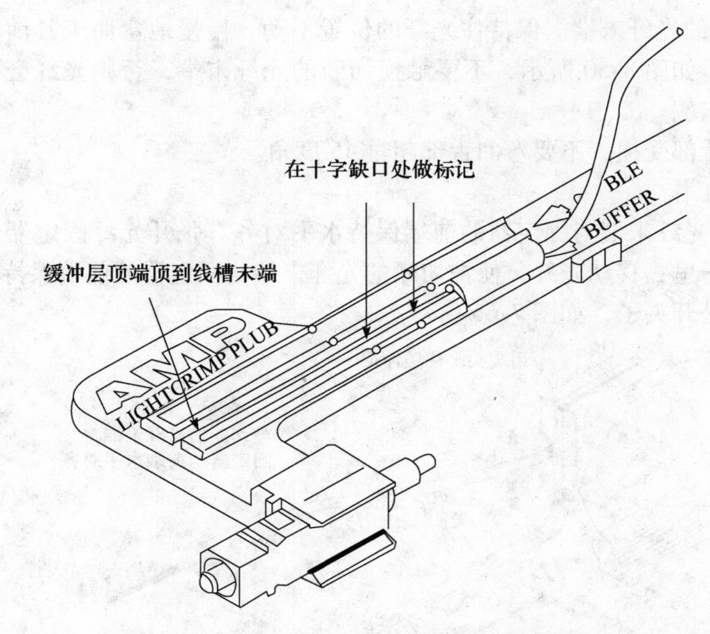

图 7-63　在十字缺口位置上做线缆标记

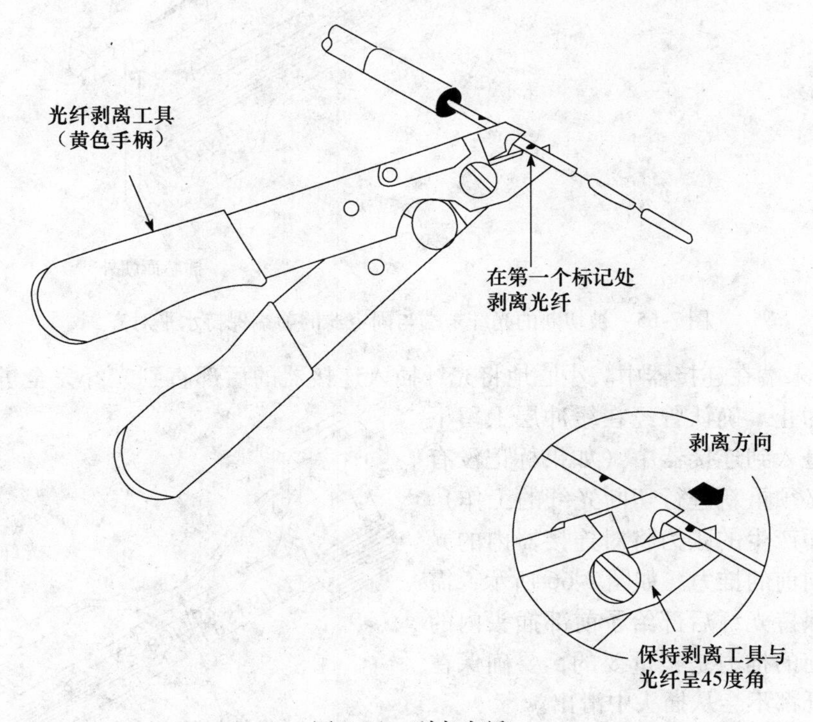

图 7-64　剥离光纤

6）在光纤上做出切断。保持住光纤所在的位置不动，松开工具后臂使光纤被压住并且牢固，保持工具前臂平稳，轻轻地按压工具刀头在光纤上做出刻痕，松开工具刀头，如图 7-49所示。为避免光纤受损，不要过于用力地按压工具刀头，工具刃部边缘只能接触到光纤。

7）断开切断的光纤末端。保持住光纤的位置不动，慢慢地弯曲工具前臂，使光纤在做刻痕的部位断开，如图 8-50 所示，不要触摸切断的光纤末端，否则光纤会被污染，也不要清洁切断的光纤末端。

为避免工具舌部受损，不要弯曲舌部超过 45 度角。

（3）做压接工作

1）被切断的光纤末端与固定器的前端保持水平对齐。张开光纤固定器的夹子，将处理好的光纤放到夹子里，移动光纤，使被切断的光纤末端与固定器的前端保持水平对齐，固定缓冲层的位置，松开夹子，如图 7-65 所示。

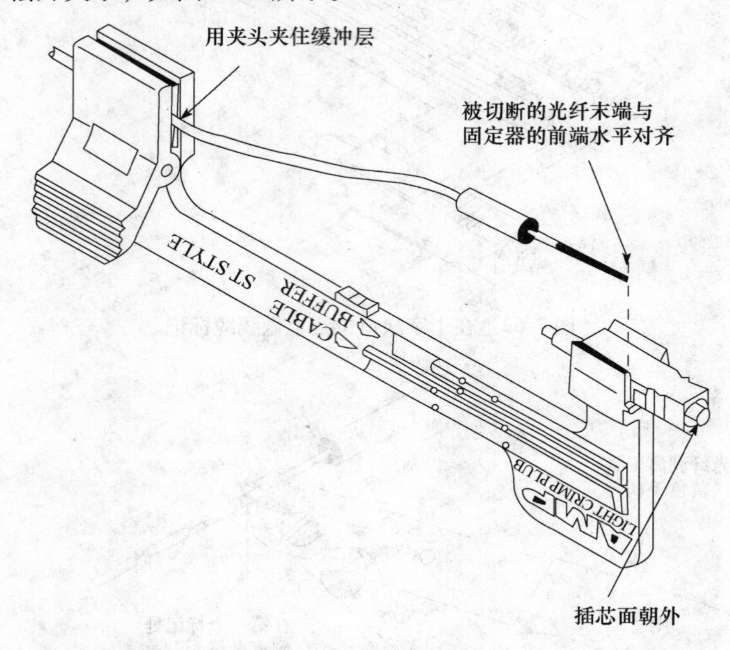

图 7-65 被切断的光纤末端与固定器的前端保持水平对齐

2）光纤末端在连接器中。小心地将光纤插入连接器的后部直到光纤完全进入到插头中不能再深入为止。确认曾经在缓冲层上留下的标记已经进入到连接器中（如果标记没有完全进入，必须重新进行切断光纤的工作）。因光纤弯曲而产生的张力将对连接器内的光纤产生一个向前的推力。如图 7-66 所示，需要注意的是保持光纤后部给予前部插头内的光纤一个向前的推力是很重要的，要确保在任何时候光纤都不会从插头中滑出。

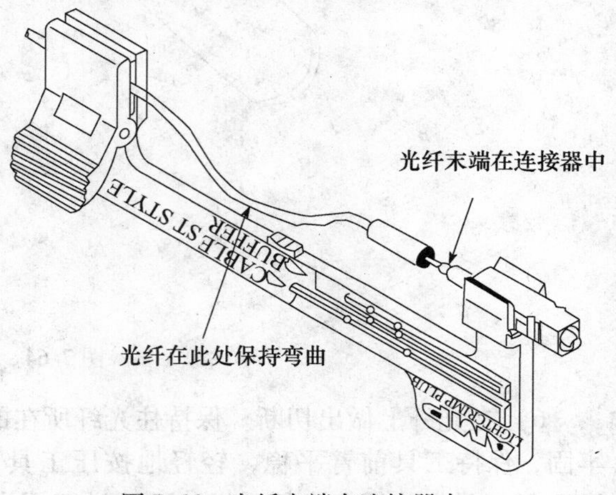

图 7-66 光纤末端在连接器中

握紧压接钳的手柄，直到钳子的棘轮变松，让手柄完全张开，慢慢地闭合钳子，直到听到两声从棘轮处发出的“咔嗒”声。

3）将光纤固定器中的连接器组件前端

放在压接钳前端的金属小孔凹陷处。将光纤固定器中的连接器组件前端放在压接钳前端的金属小孔凹陷处的上面。如图 7-67 所示，为了避免光纤受损，必须保持位置的精确和遵从箭头的指示。

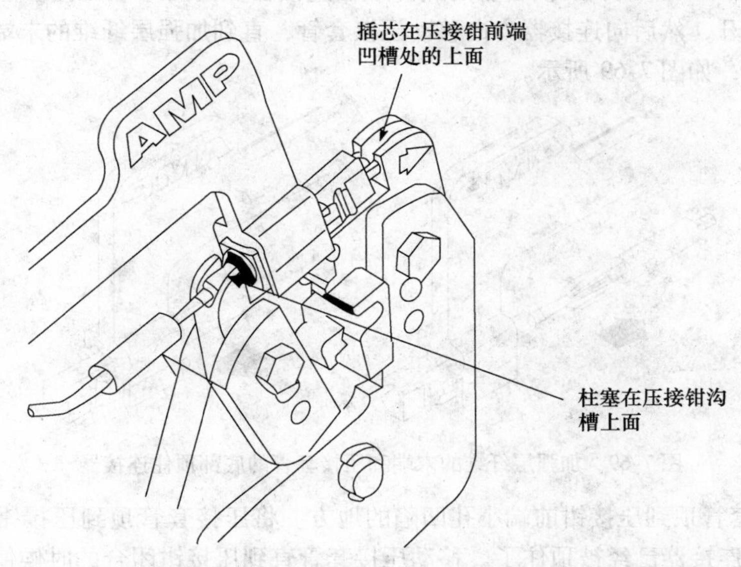

图 7-67　将光纤固定器中的连接器组件前端放在压接钳前端的金属小孔凹陷处

4）柱塞放置到压接钳前端第一个（最小的）小孔里。轻轻地朝连接器方向推动光纤，确认光纤仍然在连接器底部的位置，然后慢慢地握紧压接钳的手柄直到棘轮变松，再让手柄完全张开，从钳子上拿开连接器组件。将连接器的柱塞放置到压接钳前端第一个（最小的）小孔里，柱塞的肩部顶在钳子沟槽的边缘，朝向箭头所指的方向，如图 7-68 所示。

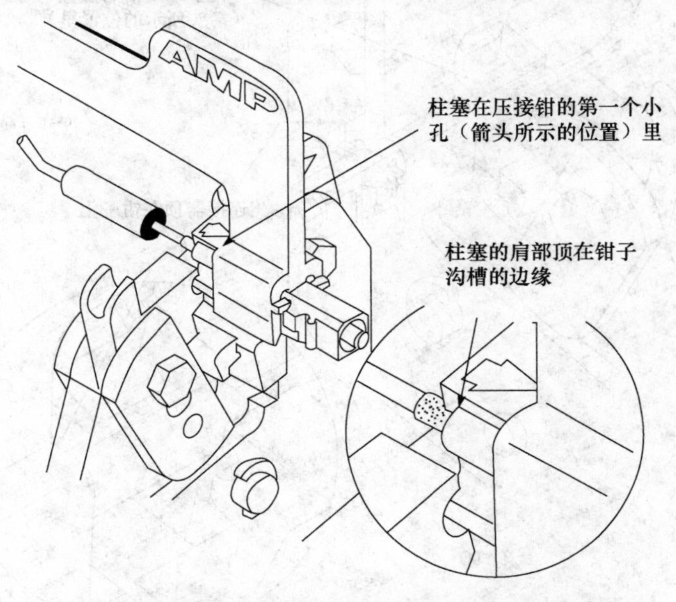

图 7-68　柱塞放置到压接钳前端第一个（最小的）小孔里

慢慢地握紧压接钳的手柄，直到钳子的棘轮变松，让手柄完全张开，再从钳子上拿开连接器组件。

5）加强层纤维的末端和压接套管的底部顶住连接器。向后移动压接套管，直到将加强层纤维完全释放开，然后向连接器方向移动压接套管，直到加强层纤维的末端和压接套管的底部顶住连接器，如图 7-69 所示。

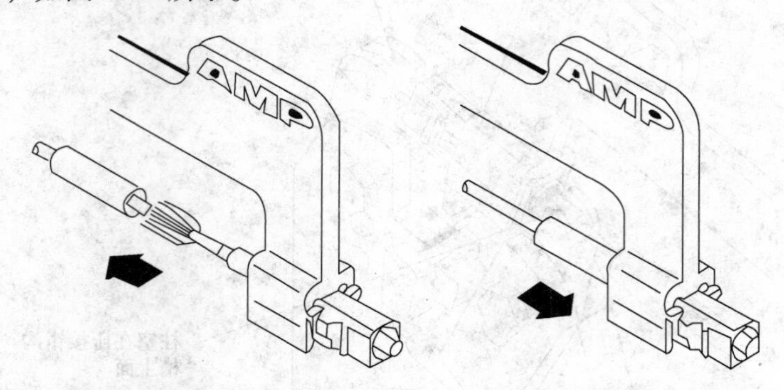

图 7-69　加强层纤维的末端和压接套管的底部顶住连接器

6）将压接套管顶到压接钳前端小孔凹陷的地方。将压接套管顶到压接钳前端小孔凹陷的地方，并确认连接器已经被顶住了。移动压接套管直到压接钳闭合的时候使其进入到小孔中，如图 7-70 所示。慢慢握紧压接钳的手柄直到钳子的棘轮变松，让手柄完全张开。

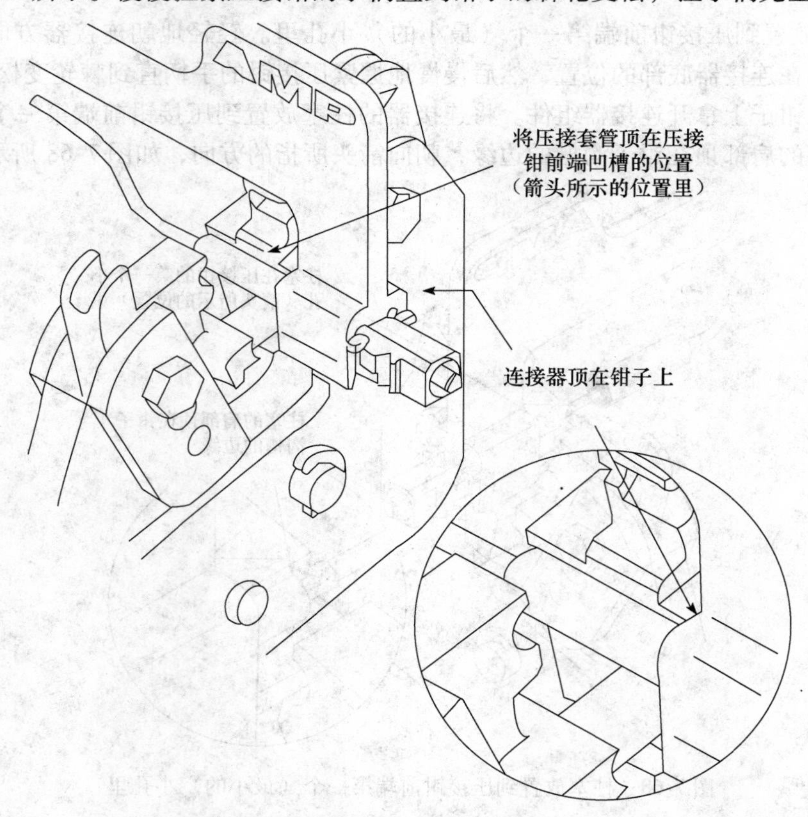

图 7-70　将压接套管顶到压接钳前端小孔凹陷的地方

7）装上防尘帽。装上防尘帽，平稳地向前推动应力释放护套使其粗的一端顶到连接器，如图 7-71 所示。从线缆固定模板上拿开连接器组件。

8）将外壳套在组件上。保持连接器外壳与连接器组件斜面的边缘水平，平稳地将外壳套在组件上直到听到发出“啪”的一声为止，如图 7-72 所示。不要用很大的力量强行将这些组件连接在一起，它们是针对这一种安装方法而特别设计的。至此，2. 5 ~3 mm 外皮单芯光光缆的端接就完成了。

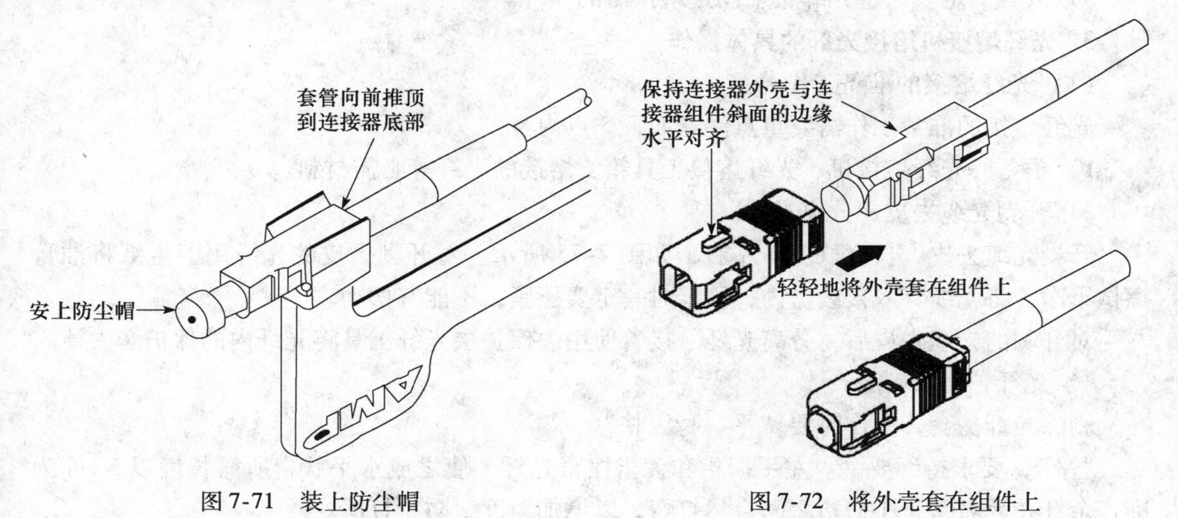

图 7-71　装上防尘帽　　　图 7-72　将外壳套在组件上

7. 2. 5　光纤熔接技术

1. 光纤熔接概述

光纤熔接（光纤接续）是一种相当成熟的技术，已被广泛应用，但熔接的基本技术未曾改变。只是在其他方面已经取得了极大进展，变得更简单、更快速、更经济。熔接机的功能就是把两根光纤准确地对准光芯，然后把它们熔接在一起，形成一根无缝的长光纤。

光纤熔接机的外观如图 7-73 所示。

光纤熔接工作不仅需要专业的光纤熔接机，还需要熔接工具。熔接工具的工具箱如图7-74 所示。

图 7-73　熔接机

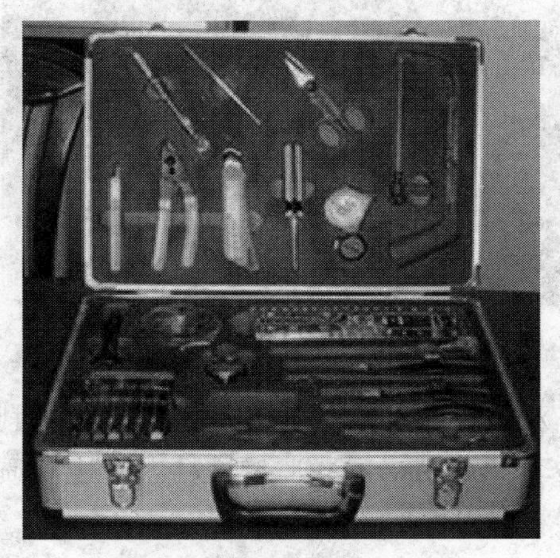

图 7-74　光纤熔接工具箱

2. 光纤熔接工作的环节

光纤熔接工作需要以下3个环节。

1）光纤熔接前的预备工作。光纤熔接前，首先要预备好光纤熔接机、光纤熔接工具箱、熔接的光纤等必需材料。

2）光纤熔接。将光纤放置在光纤熔接器中熔接。

3）放置固定。通过光纤箱来固定熔接后的光纤。

3. 光纤熔接机熔接光纤的具体操作

（1）光纤熔接的准备工作

光纤熔接的准备工作需要重点注意如下5点内容：

1）预备好光纤熔接机、光纤熔接工具箱、熔接的光纤等必需材料。

2）开剥光缆去皮，分离光纤。

开剥光缆去皮，长度取1 m左右，如图7-75所示。对开剥去皮的光缆用卫生纸将油膏擦拭干净，将光缆穿入接续盒内，固定时一定要压紧，不能有松动。

对开剥的光缆去皮后，分离光纤，接着使用去保护层光纤工具将光纤内的保护套去掉。

3）光纤护套的剥除。

剥除光纤护套，操作时要“平、稳、快”。

“平”，要求持纤要平。左手拇指和食指捏紧光纤，使之成水平状，所露长度以5 cm为准，余纤在无名指、小拇指之间自然打弯，以增加力度，防止打滑。

“稳”，要求剥纤钳要握得稳，不能打颤、晃动。

“快”，要求剥纤要快，剥纤钳应与光纤垂直，上方向内倾斜一定角度，然后用钳口轻轻卡住光纤，右手随之用力，顺光纤轴向平向外推出去，尽量一次剥覆彻底，如图7-76所示。

图7-75 光缆开剥

图7-76 剥除光纤的护套

观察光纤剥除部分的护套是否全部剥除，若有残留，应重新剥除。如有极少量不易剥除的护套，可用棉球蘸适量酒精，一边浸渍，一边逐步擦除。然后用纸巾蘸上酒精，擦拭清洁每一根光纤，如图7-77所示。

4）对光纤套热缩管。清洁完毕后，要给需要熔接的两根光纤各自套上光纤热缩管。

5）打开熔接机电源，选择合适的熔接方式，熔接机系统待机。

打开熔接机电源后，出现的“Install Program”界面提示安装程序，如图7-78所示。

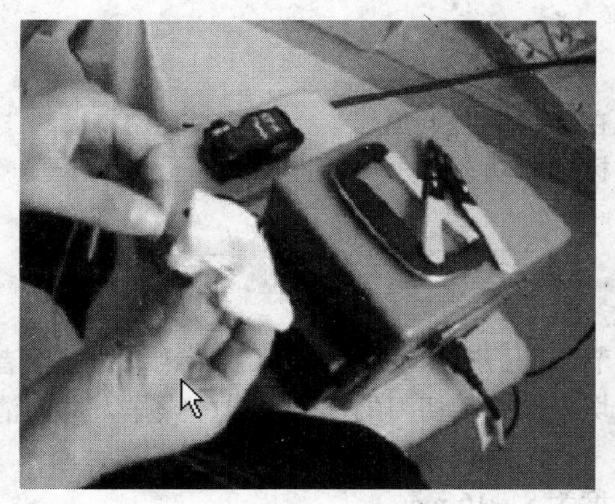

图7-77　擦拭清洁每一根光纤

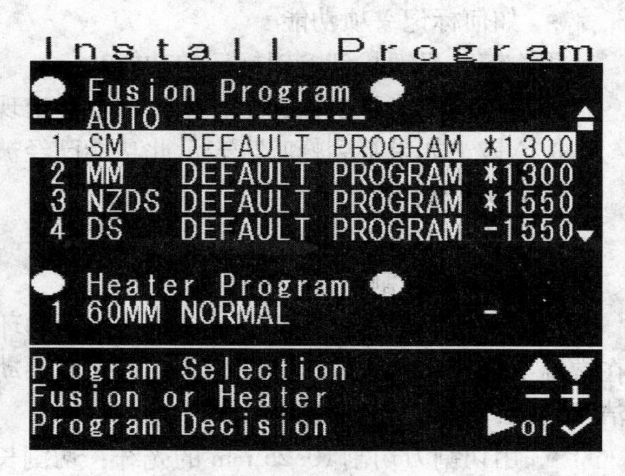

图7-78　熔接机出现的“Install Program”界面提示安装程序

操作步骤：

① 在熔接程序中按△或▽来显示画面。

② 按+或-将熔接程序切换到加热程序。然后按△或▽切换到加热程序。

③ 按►或√来确认选择。

④ 机器重置到初始状态，准备开始操作。

⑤ 一旦S176型光纤熔接机开机，电弧检查程序结束后，就会出现系统待机画面。重置操作完成后，机器发出“嘟嘟”声，同时LCD监视器上显示“READY”，如图7-79所示。

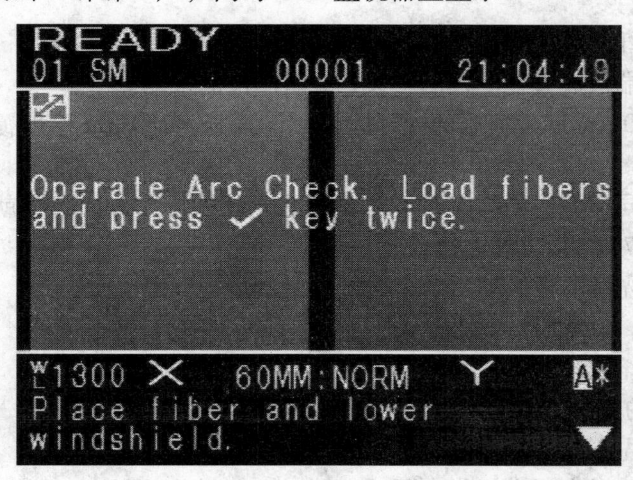

图7-79　待机画面

- 快捷键：

键是标记一项功能的快捷键，按一下就可以跳到此功能。×键也是快捷键，可以直接从当前屏幕返回系统待机画面。对一项功能做了标记后，在系统待机画面上就会出现标志。在标记一项新的功能之前要删除此功能。

- 如何删除一项功能

按住键直到在系统待机画面上出现。这需要 6 秒钟。

- 如何标记一项功能

用△键、▽键找到希望标记的功能。

如果当前功能可以被标记，▽标志就会出现在屏幕的右下角。

按△键，如果听到蜂鸣声表示此功能已经被标记成功。

（2）光纤熔接工作

光纤熔接工作需要重点注意如下 3 点内容。

1）裸纤的切割。

裸纤的切割是光纤端面制备中最为重要的环节，切刀有手动和电动两种。熟练的操作者在常温下进行快速光缆接续或抢险，宜采用手动切刀。手动切刀的操作简单，操作人员应清洁光纤后，用切割刀切割光纤。注意：

- 用切割刀切割 f0.25 mm 的光纤：切割长度为 8～16 mm。
- 用切割刀切割 f0.9 mm 的光纤：切割长度为 16 mm。
- 切割后绝不能清洁光纤。

电动切刀切割质量较高，适宜在野外严寒条件下作业，但操作较复杂，要求裸纤较长，初学者或在野外较严寒条件下作业时，宜采用电动切刀。裸纤的切割，首先清洁切刀和调整切刀位置，切刀的摆放要平稳，切割时，动作要自然、平稳、勿重、勿轻、避免断纤、斜角、毛刺及裂痕等不良端面产生。

2）放置光纤。

将切割后的光纤放在熔接机的 V 型槽中，放置时光纤端面应处于 V 型槽（V-groove）端面和电极之间。注意：

- 不要使用光纤的尖端穿过 V 型凹槽。
- 确保光纤尖端被放置在电极的中央、V 型凹槽的末端。
- 只在使用 900 μm 厚度覆层的光纤时使用端面板。250 μm 厚度覆层的光纤不使用端面板。
- 熔接两种不同类型的光纤时，不需要考虑光纤的摆放方向，也就是说每种光纤都可以摆放在 S176 熔接机的左边或者右边。
- 轻轻地盖上光纤压板，然后合上光纤压脚。
- 盖上防风罩。

3）按▶键开始熔接。

（3）取出熔接的光纤

- 取出光纤前先抬起加热器的两个夹具。
- 抬起防风罩。对光纤进行张力测试（200 g）。测试过程中，屏幕上会出现“张力测试”。
- 等到张力测试结束后，在移除已接合光纤之前会显示出“取出光纤”字样。两秒后“取出光纤”会变为“放置光纤”。同时，S176 熔接机会自动为下一次接合重设发动机。
- 取出已接合光纤，轻轻牵引光纤，将其拉紧。

注意：小心处理已接合光纤，不要将光纤扭曲。

熔接光纤要随时观察熔接中有无纤芯轴向错位，纤芯角度错误，V 型槽或者光纤压脚有灰尘，光纤端面质量差，纤芯台阶，纤芯弯曲光纤端面质量差，预放电强度低或者预放电时间短，气泡，过粗、过细，虚熔，分离等不良现象，注意 OTDR 测试仪表跟踪监测结果，及时分析产生上述不良现象的原因，建议重新熔接。

产生不良现象的原因，大体可分为光纤因素和非光纤因素。

光纤因素是指光纤自身因素主要有 4 点：

- 光纤模场直径不一致。
- 两根光纤芯径失配。
- 纤芯截面不圆。
- 纤芯与包层同心度不佳。

其中光纤模场直径不一致影响最大，单模光纤的容限标准如下：

- 模场直径：（9 ~ 10 μm） ±10%，即容限约 ±1 μm。
- 包层直径：125 ±3 μm。
- 模场同心度误差≤6%，包层不圆度≤2%。

非光纤因素即接续技术非光纤因素，主要有 6 点：

- 轴心错位：单模光纤纤芯很细，两根对接光纤轴心错位会影响接续损耗。当错位 1.2 μm 时，接续损耗达 0.5 dB。
- 轴心倾斜：当光纤断面倾斜 1°时，约产生 0.6 dB 的接续损耗，如果要求接续损耗≤0.1 dB，则单模光纤的倾角应为≤0.3°。
- 端面分离：活动连接器的连接不好，很容易产生端面分离，造成连接损耗较大。当熔接机放电电压较低时，也容易产生端面分离，此情况一般在有拉力测试功能的熔接机中可以发现。
- 端面质量：光纤端面的平整度差时也会产生损耗，甚至气泡。
- 接续点附近光纤物理变形：光缆在架设过程中的拉伸变形、接续盒中夹固光缆压力太大等，都会对接续损耗有影响，甚至熔接几次都不能改善。
- 其他因素的影响：接续人员操作水平、操作步骤、盘纤工艺水平、熔接机中电极清洁程度、熔接参数设置、工作环境清洁程度等均会影响。

不良现象原因和解决办法如表 7-3 所示。

表 7-3　不良现象原因和解决办法

现象原因	解决办法
纤芯轴向错位	V 型槽或者光纤压脚有灰尘，清洁 V 型槽和光纤压脚
纤芯角度错误	V 型槽或者光纤压脚有灰尘，清洁 V 型槽和光纤压脚
光纤端面质量差	检查光纤切割刀是否工作良好
纤芯台阶	V 型槽或者光纤压脚有灰尘，清洁 V 型槽和光纤压脚
纤芯弯曲光纤端面质量差	检查光纤切割刀是否工作良好
预放电强度低或者预放电时间短	增大预放电强度或增大预放电时间
模场直径失配放电强度太低	增大放电强度或放电时间
灰尘燃烧光纤端面质量差	检查切割刀的工作情况
在清洁光纤或者清洁放电之后灰尘依然存在	彻底地清洁光纤或者增加清洁放电时间
气泡	光纤端面质量差，检查光纤切割刀是否工作良好

（续）

现象原因	解决办法
预放电强度低或者预放电时间短	增大预放电强度或增大预放电时间
光纤分离	光纤推进量太小做马达校准实验
预放电强度太高或者预放电时间太长	降低预放电强度或减少预放电时间
过粗	光纤推进量太大，降低重叠量并做马达校准实验
过细	放电强度不合适做放电校正
放电参数不合适	调整预放电强度、预放电时间或者光纤推进量

（4）套热缩管

在确保光纤熔接质量无问题后，套热缩管。

1）将热缩管中心移至光纤熔接点，然后放入加热器中。检查：

- 要确保熔接点和热缩管都在加热器中心。
- 要确保金属加强件处于下方。
- 要确保光纤没有扭曲。

2）用右手拉紧光纤，压下接合后的光纤以使右边的加热器夹具可以压下去。

3）关闭加热器盖子。

4）加热。

- 按⩘按钮激活加热器。

LCD监视器在加热程序中会显示出加热的过程，如图7-80所示。当加热和冷却操作结束后就会听到“嘟嘟”声。

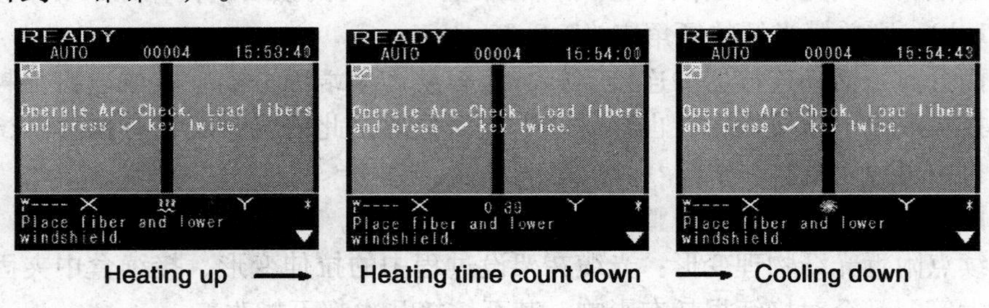

图7-80 热缩管加热过程

- 加热指示灯亮着时，按⩘按钮，加热过程就会停止，冷却过程立刻开始。再次按按钮，冷风扇也会停止。当环境温度低于-5℃时，加热时间就会自动延长30 s。
- 从加热器中移开光纤，检查热缩管以查看加热结果。

加热时，热缩管一定要放在正中间，加一定张力，防止加热过程出现气泡、固定不充分等现象，要强调的是，加热过程和光纤的熔接过程可以同时进行，加热后拿出热缩管时，不要接触加热后的部位，温度很高。

（5）整理碎光纤头

（6）放置固定

将套好光纤热缩管的光纤放到放置固定在光纤箱中。

目前，市场上最快的熔接机能在大约9~10 s内完成纤芯熔接，加热收缩保护层大约需要30~35 s，熔接的总时间减少到40~45 s左右。而4~5年前的上一代设备每次熔接需要12~15 s，加热保护层通常要用1分钟以上。

7.3 数据点与语音点互换技术

综合布线系统要求新建的信息点同时带上一个电话语音点，其模型如图 7-81 所示。

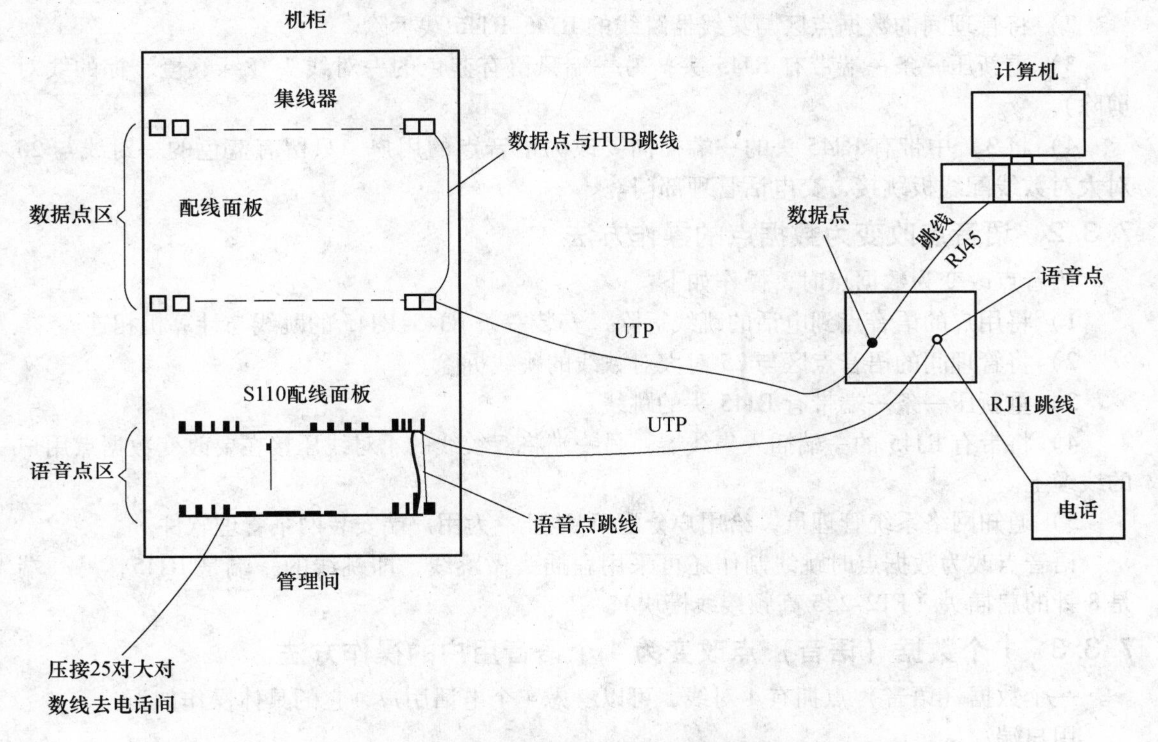

图 7-81 数据点与语音点的模型图

（1）管理间

管理间有一机柜，机柜内分为 3 部分。

1）集线器区：放置集线器。

2）数据点区：数据点区有一配线面板（12 口、24 口、48 口等）。该管理间所管理的所有用户均连接到此处。

3）语音点区：语音点区有一个 S110 配线面板，该配线区分两部分，一部分是来自语音用户的双绞线缆。另一部分是 25 对大对数线，经语音点与 25 对大对数线跳线后，25 对大对数线的另一端交付电话班使用。

（2）用户点

用户点安装两个信息模块，一个是数据点，一个是语音点。

（3）中间线路

用户点与管理间的连线，目前已要求采用同一类型的双绞线缆，便于将来数据与语音互换使用。

其中 S110 配线面板上的每一条双绞线缆的 4 对线均压接在 S110 上，但向 25 对大对数线跳接时，只跳接蓝色的一对线，其他线不跳接。

7.3.1 数据点改变为语音点的操作方法

数据点改变为语音点时，操作如下：

1）将用户点的数据点到计算机的跳线拆除，安装一条电话机接口线。

2）将管理间的数据点区与集线器跳线的 RJ45-RJ45 线拆除。

3）重新压一条一端带有 RJ45 头，另一端只留有蓝色的一对线头（绿、橙、棕的线对剪除）。

4）将3）中带有 RJ45 头的一端插向要改为语音点的用户，只留有蓝色的一对线与 25 对大对数线配线板跳接，交电话管理部门。

7.3.2 语音点改变为数据点的操作方法

语音点改变为数据点时，操作如下：

1）将用户的语音点到电话的跳线拆除，安装一条 RJ45-RJ45 的跳线与计算机相连。

2）将管理间的语音点区与25 对大对数线的跳线拆除。

3）重新压一条一端带有 RJ45 头的跳线。

4）将带有 RJ45 的一端插入集线器，另一端将双绞线的4 对线压接在要改变数据点用户的线缆上。

5）通知网络系统管理员，给用户分配 IP 地址，为用户端安装网络管理软件。

语音点改为数据点时跳线制作还可采用扁插头做跳线，即跳线的一端是 RJ45，另一端是8 针的扁插头（FT2-255 高频接线模块）。

7.3.3 1 个数据（语音）点改变为 4 个语音用户的操作方法

一个数据（语音）点拥有4 对线，可以考虑4 个电话用户，它的具体操作如下：

用户端：

1）将一个数据（语音）点与计算机（电话）跳线拆除。

2）将该数据（语音）点的模块，通过 RJ45-RJ45 跳线与 F320 转换插座。

3）将4 部电话分别通过 RJ11-RJ11 跳线插入蓝、橙、绿、棕圆点对应的插口上。

管理间端：

1）如果是数据点，建议通过 RJ45-RJ45 的跳线端接一个 F320 转换插座，然后用4 条一头安装 RJ11 的线缆分别与 F320 转换插座相连接，4 条的另一端分别跳向 45 对大对数线，并通知电话管理部门分配用户使用号码。

2）如果是语音点，操作便很简便，按蓝、橙、绿、棕4 对线分别跳向 25 对大对数线，并通知电话管理部门。

7.4 综合布线系统的标识管理

在综合布线系统设计规范中，强调了管理。要求对设备间、管理间和工作区的配线设备、线缆、信息插座等设施，按照一定的模式进行标识和记录。TIA/EIA-606 标准对布线系统各个组成部分的标识管理做了具体的要求。

布线系统中有五个部分需要标识：线缆（电信介质）、通道（走线槽/管）、空间（设备间）、端接硬件（电信介质终端）和接地。五者的标识相互联系，互为补充，而每种标识的方法及使用的材料又各有各的特点。像线缆的标识，要求在线缆的两端都进行标识，严格的话，每隔一段距离都要进行标识，而且要在维修口、接合处、牵引盒处的电缆位置进行标识。空间的标识和接地的标识要求清晰、醒目，让人一眼就能注意到。配线架和面板的标识除应清晰、简洁易懂外，还要美观。从材料上和应用的角度讲，线缆的标识，尤其是跳线的标识要求使用带有透明保护膜（带白色打印区域和透明尾部）的耐磨损、抗拉的标签材料，像乙烯基这种适合于包裹和伸展性的材料最好。这样的话，线缆的弯曲变形以及经常的磨损才不会使标签脱落和字迹模糊不清。另外，套管和热缩套管也是线缆标签的很好选择。面板和配线架的标签要使用连续的标签，材料以聚酯的为好，可以满足外露的要求。由于各厂家的配线规格不同，有六口的、四口的，所留标识的宽度也不同，选择标签时，宽度和高度都要多加注意。

在做标识管理时要注意，电缆和光缆的两端均应标明相同的编号。

7.5 实训

实训项目 32：110 配线架安装、语音大对数电缆端接实训

1. 实训目的和要求

（1）掌握机柜内 110 配线架的安装方法和使用功能。

（2）熟练掌握大对数电缆打线技能。

（3）掌握大对数电缆与 110 配线架的端接方式，并识记语音大对数电缆端接顺序。

（4）掌握网络综合布线常用工具和操作技巧。

2. 实训材料、设备和工具

（1）设备机架。

（2）机柜。

（3）110 配线架、25 对双绞线。

（4）剥线钳、压线钳、110 打线工具、5 对打线工具、110 连接模块（5 对端子）。

3. 110 配线架安装

将配线架固定到机柜合适位置。

4. 语音大对数电缆端接

语音大对数电缆端接步骤如下：

1）使 25 对线从机柜进线处进入机柜，并固定在机柜上，如图 7-82 所示。

2）从机柜进线处开始整理电缆，电缆沿机柜两侧整理至配线架处，并留出大约 25 cm 的大对数电缆，用电工刀或剪刀把大对数电缆的外皮剥去，如图 7-83 所示。把线的外皮去掉，如图 7-84 所示。用剪刀把线撕裂绳剪掉，如图 7-85 所示。使用绑扎带固定好电缆，如图 7-86 所示。使电缆穿过 110 语音配线架左右两侧的进线孔，摆放至配线架打线处。

图 7-82　把 25 对线固定在机柜上

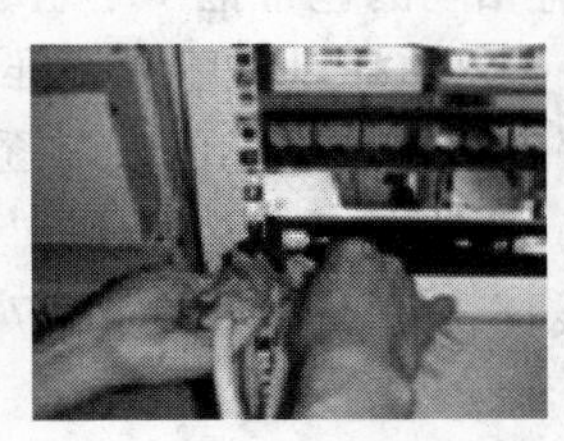

图 7-83　用刀把大对数电缆的外皮剥去

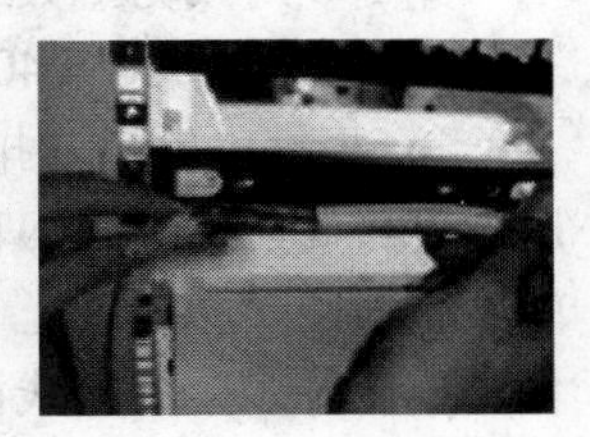

图 7-84　把线的外皮去掉

图 7-85 用剪刀把线撕裂绳剪掉

图 7-86 使用绑扎带固定好电缆

3）25 对线缆进行线序排线，先按主色排列如图 7-87 所示。按主色里的配色排列，如图 7-88 所示。排列后把线卡入相应位置，如图 7-89 所示。

图 7-87 按主色排列

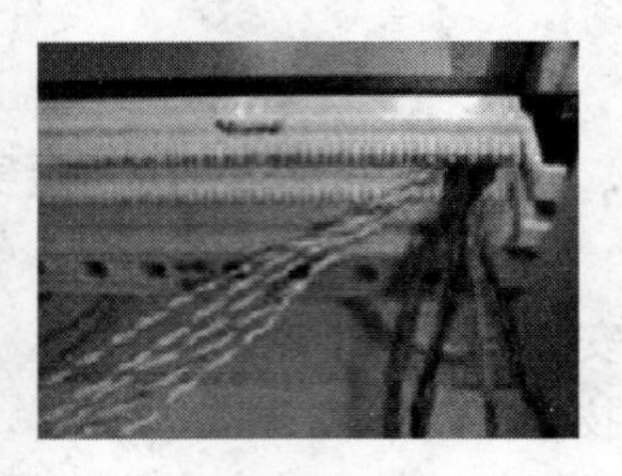

图 7-88 按主色里的配色排列

图 7-89 排列后把线卡入相应位置

标准分配原则如下：

通信电缆色谱排列：

线缆主色为：白、红、黑、黄、紫

线缆配色为：蓝、橙、绿、棕、灰

一组线缆为 25 对，以色带来分组，一共有 25 组，分别为：

①（白蓝、白橙、白绿、白棕、白灰）

②（红蓝、红橙、红绿、红棕、红灰）

③（黑蓝、黑橙、黑绿、黑棕、黑灰）

④（黄蓝、黄橙、黄绿、黄棕、黄灰）

⑤（紫蓝、紫橙、紫绿、紫棕、紫灰）

1 ~ 25 对线为第一小组，用白蓝相间的色带缠绕。

26 ~ 50 对线为第二小组，用白橙相间的色带缠绕。

51 ~ 75 对线为第三小组，用白绿相间的色带缠绕。

76 ~ 100 对线为第四小组，用白棕相间的色带缠绕。

此 100 对线为 1 大组用白蓝相间的色带把 4 小组缠绕在一起。

200 对、300 对、400 对、…、2400 对，以此类推。

4）根据电缆色谱排列顺序，将对应颜色的线对逐一压入槽内，如图 7-90 所示。然后使用 5 对打线刀打线，刀口向外，用力要垂直，听到“喀”的一声后，模块外多余的线会被剪断，如图 7-91 所示。25 对线打线后的效果图如图 7-92 所示。工具固定线对连接，同时将伸出槽位外多余的导线截断。

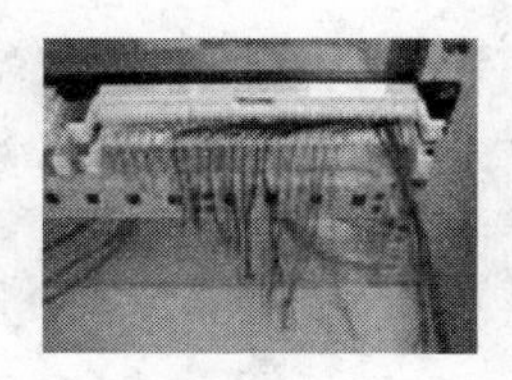

图 7-90　对应颜色的线对逐一压入槽内

图 7-91　用 5 对打线刀打线

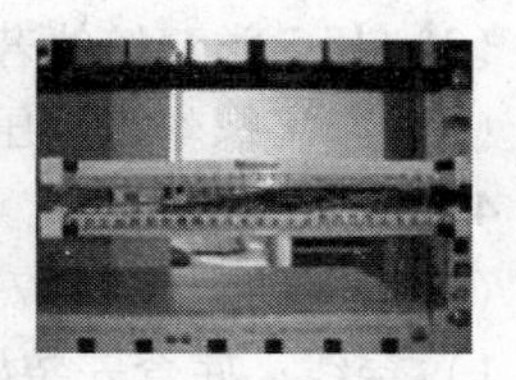

图 7-92　25 对线打线后的效果图

5）当线对逐一压入槽内后，再用 5 对打线刀把 110 连接模块（连接端子）打入 110 配线架。插入 110 连接模块，注意色标为蓝色的一边在左边，然后用多对 110 型打线工具把连接模块打入 110 配线架，如图 7-93 所示。110 连接模块如图 7-94 所示。连接模块打入 110 配线架完成后的效果图如图 7-95 所示，并贴上编号标签。这时可以开始安装语音跳线了。

图 7-93　5 对打线刀，把 110 连接模块打入 110 配线架

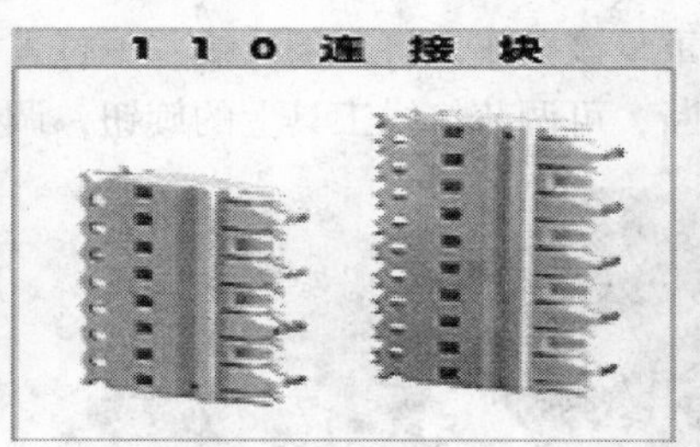

图 7-94　110 连接模块图

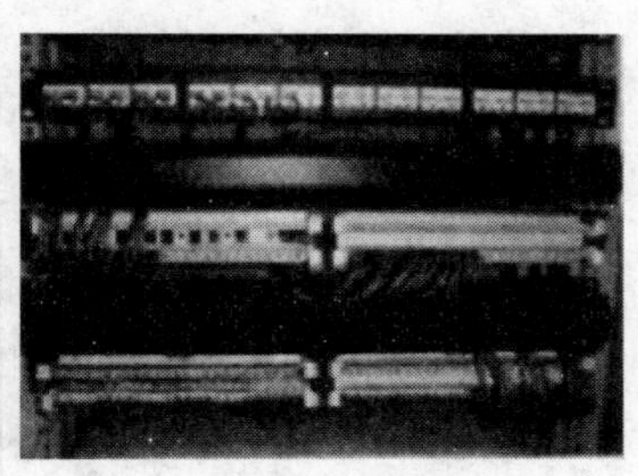

图 7-95　连接模块打入 110 配线架完成后的效果图

5. 实训报告

（1）写出 110 配线架在综合布线中的作用。

（2）写出语音大对数电缆端接线序。

（3）写出 110 配线架端接注意事项。

（4）实训体会和操作技巧。

实训项目 33：信息插座安装实训

信息模块安装分打线安装模块和免打线安装。本实训为打线安装。

1. 实训目的

（1）让学生学会按照 568A 与 568B 的色标线序压接 RJ45 信息模块，培养正确进行 RJ45 模块压接的能力。

（2）熟练掌握信息插座明装、暗装、地插安装的方法。

2. 实训要求

（1）认识 RJ45 信息模块、信息面板、信息插座底盒；学会按照 568A 与 568B 的色标排线序。

（2）认识学习单对打线工具的使用方法和安全注意事项，掌握双绞线与 RJ45 信息模块的压接方法，培养正确进行 RJ45 模块压接的能力。

（3）掌握信息插座明装、暗装、地插安装的方法。

3. 实训设备、材料和工具

（1）86 系列明装塑料底盒若干，以及 M6 螺钉。

（2）单口面板、双口面板若干，以及 RJ45 网络模块、RJ11 电话模块。

（3）超5类双绞线若干。

（4）十字螺丝刀、压线钳、剥线钳、标签。

4. 实训步骤

（1）明装信息插座安装实训

1）穿线。底盒安装好后，穿线如图7-96所示。

2）双绞线从布线底盒中拉出，用剥线钳剥除双绞线的绝缘层包皮。剪至合适的长度。

3）用剪刀把线撕裂绳剪掉，如图7-97所示。

4）分开4个线对，但线对之间不要拆开，按照信息模块上所指示的线序，稍稍用力将导线一一置入相应的线槽内，如图7-98所示。

5）将打线工具的刀口对准信息模块上的线槽和导线，垂直向下用力，听到“喀”的一声，模块外多余的线被剪断。重复该操作，将8条导线一一打入相应颜色的线槽中，如图7-99所示。如果多余的线不能被剪断，可调节打线工具上的旋钮，调整冲击压力。

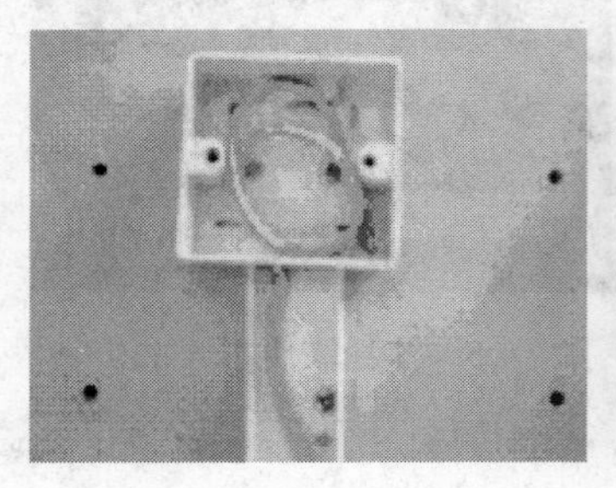

图7-96 穿线

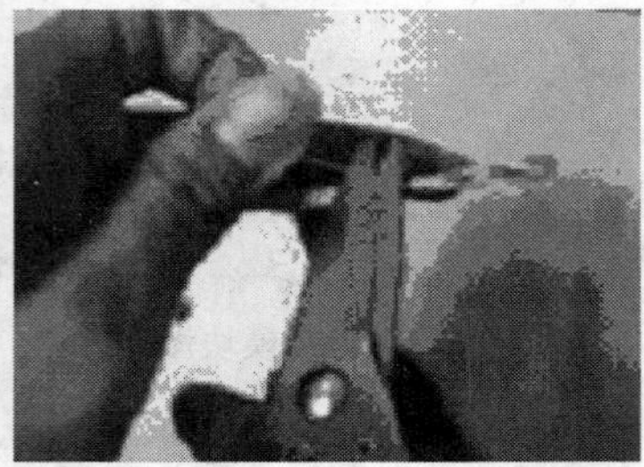

图7-97 用剪刀把线撕裂绳剪掉

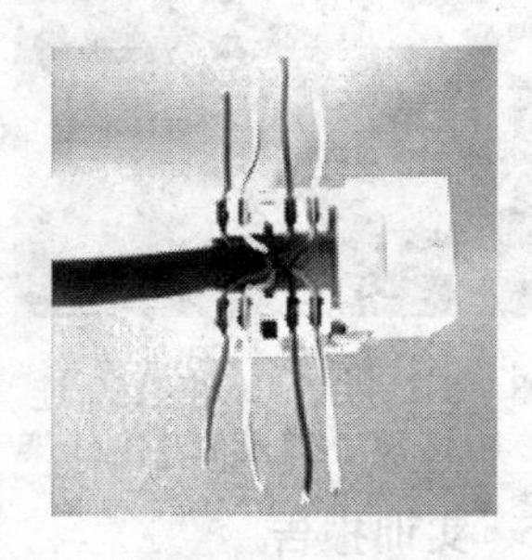

图7-98 分开4个线对置入信息模块上

6）模块压接完成后，将模块卡接在面板中。

7）安装面板。将信息面板安装在底盒上，上好螺丝，扣好外扣盖，信息插座安装完成。

8）标记。根据设计给面板做上标记。

（2）暗装信息插座安装实训安装

暗装信息插座如图7-100所示。

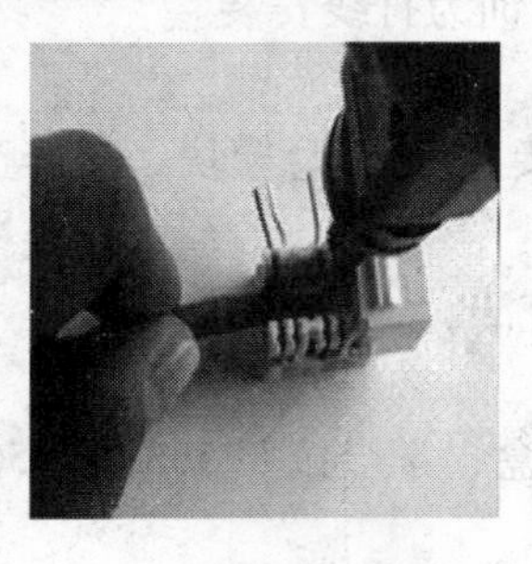

图7-99 打线

图7-100 端接模块和安装面板

暗装信息插座实训步骤同明装信息插座安装实训。

（3）地插安装信息插座实训

地插安装信息插座实训步骤同明装信息插座安装实训。

5. 实训报告

明装信息插座、暗装信息插座、地插安装信息插座的实训体会和操作技巧。

实训项目34：用户信息跳线制作实训

1. 实训目的

（1）让学生掌握RJ45水晶头即双绞线接头的制作工艺及操作规程，认识RJ45水晶头。

（2）熟悉EIA/TIA布线标准中规定的两种双绞线线序568A与568B，锻炼制作跳线的能力。

2. 实训内容和要求

（1）按照568B的线序制作一条用户信息跳线（跳线的两端是568B，BB线）。

（2）制作一条交换机端口到交换机端口的跳线（跳线的一端是568B，另一端是568A，AB线）。

（3）使用测试仪对双绞线跳线进行通断及线序测试。

（4）在测BB线时，将BB线的两端与测试器的RJ45口连接，指示灯应按1~8的顺序依次闪亮，如有不亮，则不通，如果远端灯亮顺序不对，则说明线序不对。

（5）保证端接正确，掌握操作技巧。

3. 双绞线跳线制作过程

（1）首先利用压线钳的剪线刀口剪裁出计划需要使用的双绞线长度。

（2）利用剥线刀将双绞线一端剥去外绝缘层2 cm，在剥离外绝缘层过程中防止损伤线芯绝缘层，更要防止线芯损伤或割断。把双绞线的保护层剥掉，可以利用压线钳的剪线刀口将线头剪齐。

（3）为绝缘导线解扭，使其按正确的顺序平行排列，导线6是跨过导线4和5在套管里不应有扭绞的导线。

（4）导线修整。

（5）将裸露出的双绞线用剪刀或斜口钳剪下，只剩约12 mm。

（6）水晶头的方向是金属引脚朝上、弹片朝下。另一只手捏住双绞线，用力缓缓将双绞线8条导线依序插入水晶头，并一直插到8个凹槽顶端，将双绞线放入RJ45接头的引脚内，从水晶头的顶部检查，看是否每一组线缆都紧紧地顶在水晶头的末端。

（7）用压线钳压实。

（8）重复（1）~（7）的步骤，再制作双绞线跳线另一端的RJ45接头。

请参见本章7.1.3节的内容和图。

4. 实训报告

用户信息跳线和交换机端口到交换机端口跳线制作的实训体会和操作技巧。

实训项目35：网络配线架双绞线打线实训

1. 实训目的

掌握机柜内网络配线架打线技能。

2. 实训要求

在机柜内进行网络配线架打线。

3. 实训内容

请参见本章7.1.5节的内容和图。

实训项目36：电信间（设备间）电话跳线打线实训

电信间（设备间）电话跳线打线实训时一般应注意的要点如下：

（1）按楼层顺序分配电话25对大对数双绞线配线场端口，便于安装和管理，如图7-101所示。

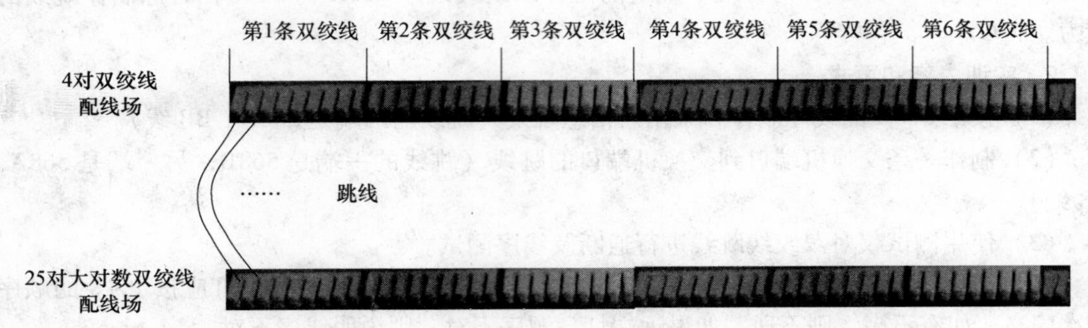

图7-101 对双绞线配线场向25对大对数双绞线配线场电话跳线示意图

（2）以表格形式写清楚电话点分布编号和大对数线S110配线架端口号。

S110配线架端口号	1	2	3	4	5	6	7	8	9	10	11	12	13	14	15	16	17	18	19	20	21	22	23	24	25
电话信息点编号	101-1	101-2	101-3	101-4	102-1	102-2	102-3	102-4	103-1	103-2	103-3	103-4	104-1	104-2	104-3	104-4	104-5	104-6	105-1	105-2	105-3	105-4	105-5	105-6	105-6

（3）用电话跳线连接。用电话跳线连接压紧压实。

实训项目37：网络交换机安装与跳线连接

1. 实训目的

（1）认识网络交换机，并了解其在综合布线中的作用。

（2）掌握网络交换机在建筑物楼宇设备机架中的安装方法。

（3）掌握配线架与网络交换机的连接方式。

2. 实训要求

（1）在设备机架上，完成网络交换机的安装，并使交换机连接电源。

（2）在设备机架上，完成配线架上线缆到网络交换机的连接工作。

3. 实训设备、材料和工具

（1）机架1套，已安装RJ45网络配线架。

（2）网络交换机1台。

（3）双绞线、水晶头、扎带若干。

（4）配套螺丝、螺母。

（5）配套十字螺丝刀。

4. 实训内容和步骤

（1）清点备件并检查外观

打开网络交换机包装箱，根据箱内《设备清单》仔细清点说明书、电源线、固定螺栓等是否齐全；仔细检查网络交换机外观是否有划痕等。购买回来的二层交换机以太接口从8

个、16 个、24 个到 48 个不等。另外在交换机正面面板上还会有一个 CONSOLE 口，方便我们管理和设置交换机。所以我们还需要检查交换机面板每个接口有无裂痕，CONSOLE 口是否存在。检查交换机后面面板是否正常，交换机的后面板都有一个电源输入接口，用于连接 100 ~ 240 V 的交流电源，另外为便于交换机接地特别在后面设置了一个接地柱，标有一个接地的符号，使整个交换机与大地直接连起来，起到保护作用，减少因静电和漏电带来的损失。我们应该检查这些部件是否完好无损。在交换机的侧面还有不少散热通风孔，这些通风孔是帮助交换机散热的，可以改善系统的温度，保证交换机正常工作，所以应该检查这些孔以保证它们没有被堵塞。交换机如图 7-102 所示。

图 7-102　网络交换机

提示：

在安装交换机时一定要保证交换机两侧有一定的空间，这样才能便于空气流通，保持通风散热。否则有可能由于交换机内部的部件过热，造成系统的不稳定。

（2）安装网络交换机

1）开箱检查完交换机外表后要进行的就是安装交换机的工作了。首先将相应的安装部件整理齐备，其中包括交换机本身，一套机架安装配件（2 个支架、4 个橡皮脚垫和 4 个螺钉），一根电源线，一个 CONSOLE 管理电缆。所有部件齐备后我们才可以安装交换机。

2）从包装箱内取出设备。

3）使用安装附件中的螺钉先将支架安装到设备的两侧，安装时要注意支架的方向正确。

4）将交换机放到机柜中，确保交换机四周有足够的空间用于空气流通。

5）用螺钉将支架的另一面固定到机柜上。要确保设备安装稳固，并与底面保持水平不倾斜。

提示：

拧取这些螺钉的时候不要过紧，否则会让交换机倾斜，也不能过于松垮，这样交换机在运行时不会稳定，工作状态下设备会抖动。

（3）连接电源与接地

将电源线插在交换机后面的电源接口，找一个接地线绑在交换机后面的接地口上，保证交换机正常接地。

完成上面几步操作后我们就可以打开交换机电源了，开启状态下查看交换机是否出现抖动现象，如果出现，请检查脚垫高低或机柜上的固定螺丝松紧情况。

（4）配置交换机

参照随机携带的操作手册和用户手册，根据实际需求对交换机进行配置。

（5）RJ45 网络配线架与网络交换机连接

RJ45 配线架与网络交换机采用网络跳线相连接，首先制作好多根标准网络跳线（大概 1 m 左右），使一端插入 RJ45 配线架接口，另一端插入到网络交换机接口。

（6）理线

使用尼龙扎带把跳线就近扎到理线架上，需遵循美观大方的原则。

（7）打标签

根据 RJ45 网络配线架端口标签，分别给网络跳线和网络交换机端口贴上相对应的标签。

注意事项：

要想保证交换设备良好的工作，有几点事项是不能忽略的。

- 电源方便

请务必确认电源是否接地，防止烧坏交换机设备。在拆装和移动交换机之前必须先断开电源线，这样防止移动时造成内部部件的损坏，毕竟在加电情况下出问题的概率会大大增加。在放置交换机时电源插座尽量不要离交换机过远，否则当出现问题时切断交换机电源会非常不方便。

- 防静电要求

超过一定容限的静电会对电路乃至整机产生严重的破坏作用。因此，应确保设备良好地接地以防止静电的破坏。人体的静电也会导致设备内部元器件和印刷电路损坏，所以当拿电路板或扩展模块时，请拿电路板或扩展模块的边缘，不要用手直接接触元器件和印刷电路，以防因人体的静电而导致元器件和印刷电路的损坏。如果有条件最好能够佩戴防静电手套。

- 通风良好

为了冷却内部电路务必确保空气流通，在交换机的两侧和后面至少保留 100 mm 的空间。不要让空气的入口和出口被阻塞，并且不要将重物放置在交换机上。

- 接地良好

因为设备的单板都是接到设备的结构上，设备安装和工作时请务必使用一条低阻抗的接地导线通过设备接地柱将设备的外壳接地，以保证安全。

- 环境良好

交换机放置的地方应该保持一定的温度与湿度，所以说空调等设备是必需的。良好的环境可以让交换机寿命更长，性能更稳定。

（8）安装网络跳线

交换机跳线 BB 线和 AB 线。网络交换机与网络配线架通过 BB 线跳线连接如图 7-103 所示。交换机与交换机通过 AB 线跳线连接。

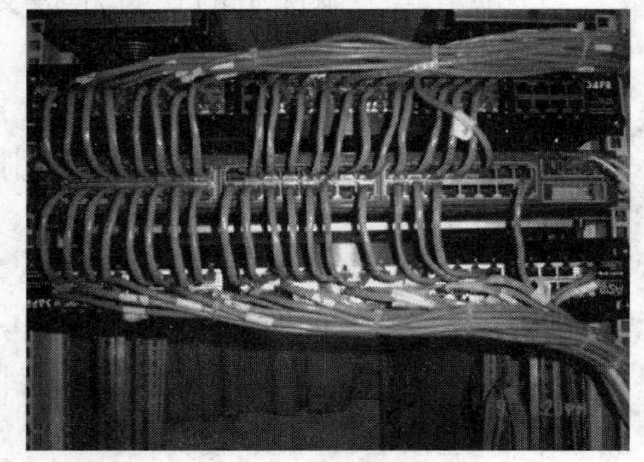

图 7-103　交换机与配线架通过跳线连接

5. 实训报告

（1）总结网络交换机安装流程和要点。

（2）总结网络交换机跳线连接方式。

（3）实训体会和操作技巧。

实训项目 38：光纤配线架安装

1. 实训目的

掌握机柜内光纤配线架的安装方法和使用功能。

2. 实训要求

完成光纤配线架的安装，掌握光纤配线架的安装方法。

3. 安装光纤配线架实训步骤

1）打开并移走光纤配线架的外壳，在配线架内安装耦合器面板，如图 7-104 所示。

2）用螺丝将光纤配线架固定在机架合适的位置上，如图 7-105 所示。

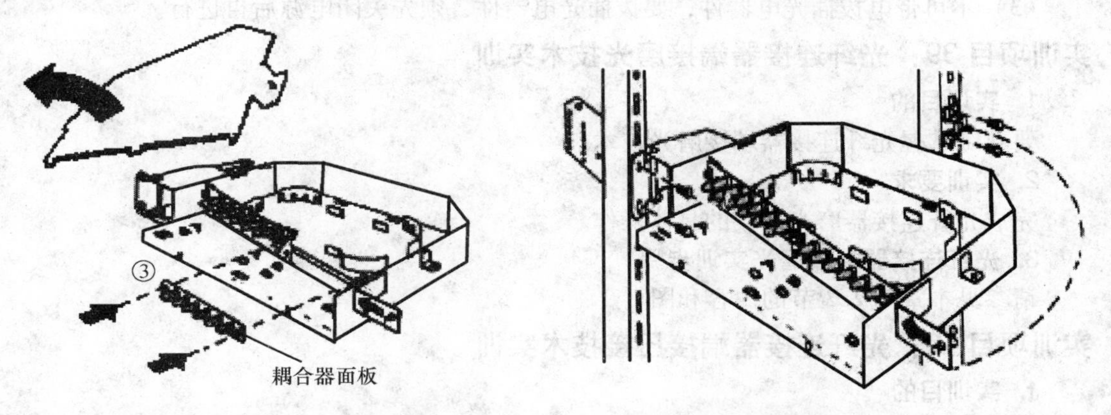

图 7-104　移走外壳并安装耦合器面板　　　图 7-105　将光纤配线架固定在机架上

3）在距光缆末端 1.2 m 处打上标志，剥除光缆的外皮并清洁干净。

4）将光缆穿放到机架式光纤配线架，并对光缆进行固定，如图 7-106 所示。

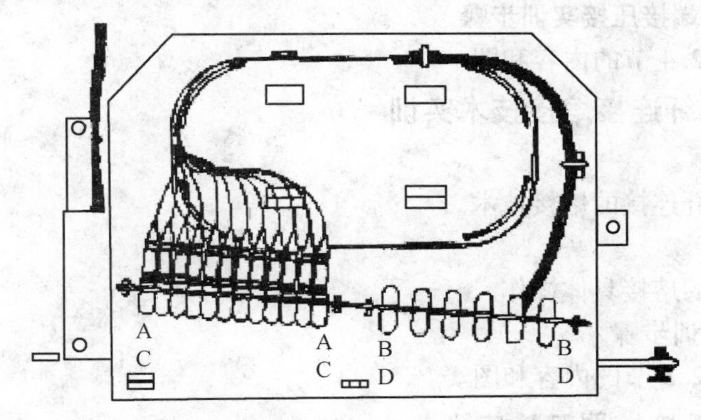

图 7-106　光缆穿放在配线架上并进行固定

5）将光缆各尾纤 ST 连接器头在光缆配线架内盘绕安装，并接插到配线架的耦合器内，如图 7-107 所示。

6）将光纤配线架的外壳盖上，在配线架上的标签区域写下光缆标记，如图 7-108 所示。

实验注意事项：

（1）光源、光跳线的插头属易损件，应轻拿轻放，使用时切忌用力过大。

（2）测量光纤弯曲损耗时，光纤在扰模器上缠绕不可拉得过紧。

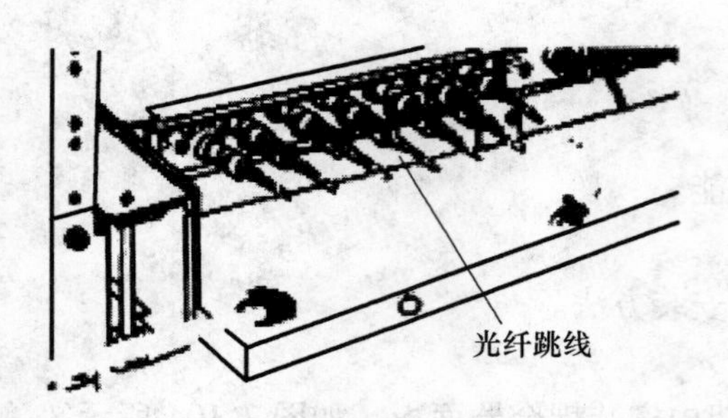

图 7-107　将光纤跳线插入耦合器内

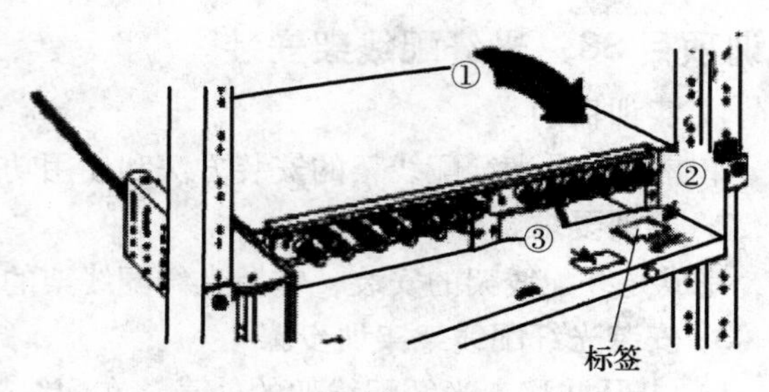

图 7-108　在配线架上的标签区域写下光缆标记

（3）不可带电拔插光电器件，要拔插光电器件，须先关闭电源后再进行。

实训项目 39：光纤连接器端接磨光技术实训

1. 实训目的

要熟练掌握光纤连接器端接磨光技术。

2. 实训要求

完成光纤连接器磨光连接的具体操作。

3. 光纤连接器端接磨光实训步骤

请参见本章 7.2.3 节的内容和图。

实训项目 40：光纤连接器端接压接技术实训

1. 实训目的

要熟练掌握光纤连接器端接压接技术。

2. 实训要求

完成光纤连接器端接压接的具体操作。

3. 光纤连接器端接压接实训步骤

请参见本章 7.2.4 节的内容和图。

实训项目 41：光纤连接熔接技术实训

1. 实训目的

要熟练掌握光纤连接的熔接技术。

2. 实训要求

完成光纤连接的熔接具体操作。

3. 光纤熔接实训步骤

请参见本章 7.2.5 节的内容和图。

实训项目 42：ST 连接器互连实训

1. 实训目的

对光纤 ST 连接器互连。

2. 实训步骤

1）清洁 ST 连接器。拿下 ST 连接器头上的黑色保护帽，用蘸有酒精的医用棉球轻轻擦拭连接器头。

2）清洁耦合器。摘下耦合器两端的红色保护帽，用蘸有酒精的杆状清洁器穿过耦合孔擦拭耦合器内部以除去其中的碎片，如图 7-109 所示。

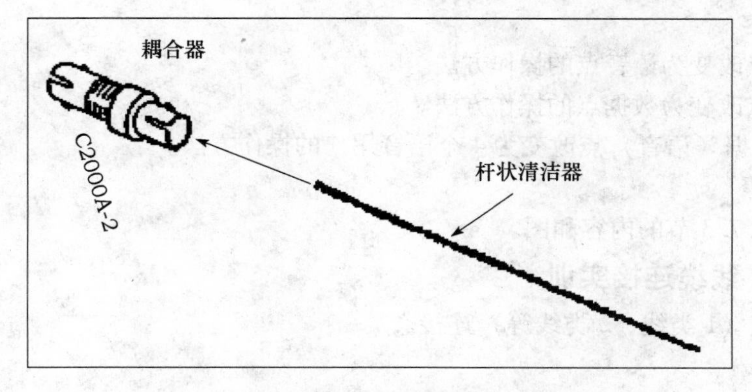

图 7-109 清洁耦合器

3）使用罐装气，吹去耦合器内部的灰尘，如图 7-110 所示。

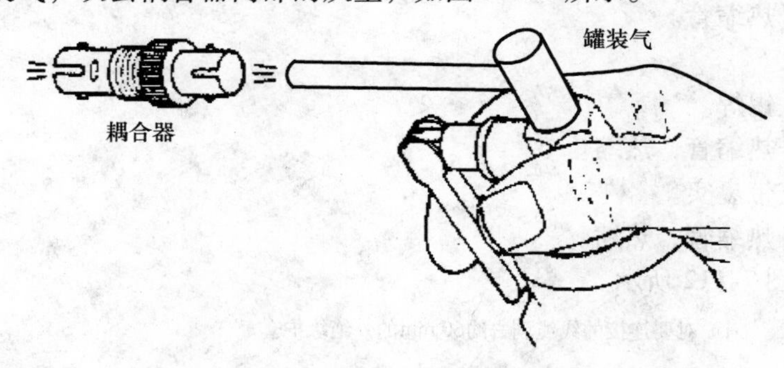

图 7-110 吹去耦合器内部灰尘

4）将 ST 连接器插到一个耦合器中。将连接器的头插入耦合器一端，耦合器上的突起对准连接器槽口，插入后扭转连接器以使其锁定，如经测试发现光能量损耗较高，则需摘下连接器并用罐装气重新净化耦合器，然后再插入 ST 连接器。在耦合器端插入 ST 连接器，要确保两个连接器的端面与耦合器中的端面接触上，如图 7-111 所示。

图 7-111 将 ST 连接器插入耦合器

注意：每次重新安装时，要用罐装气吹去耦合器的灰尘，并用蘸有酒精的棉球擦拭 ST 连接器。

5）重复以上步骤，直到所有的 ST 连接器都插入耦合器为止。

应注意，若一次来不及装上所有的 ST 连接器，则连接器头上要盖上黑色（或红色）保护帽，而耦合器空白端或另一端（有一端已插上连接器头的情况）要盖上保护帽。

实训项目 43：数据点与语音点互换实训

1. 实训目的

模拟真实应用环境，对已竣工综合布线工程数据点与语音点互换。

2. 实训内容

(1) 数据点改变为语音点的操作方法。

(2) 语音点改变为数据点的操作方法。

(3) 1个数据(语音)点改变为4个语音用户的操作方法。

3. 实训步骤

请参见本章7.3节的内容和图。

实训项目44:线缆连接实训

同类的线缆(1类线、2类线等)连接。

操作步骤:

1) 对要连接的线缆剥去约60 mm的外绝缘护套。

2) 套大一号热缩管。

3) 套小一号热缩管。

4) 线缆对绞。

5) 用电烙铁锡焊。

6) 套小一号热缩管,热缩。

7) 用绝缘胶带裹实。

8) 套大一号热缩管,热缩。

具体过程如图7-112所示。

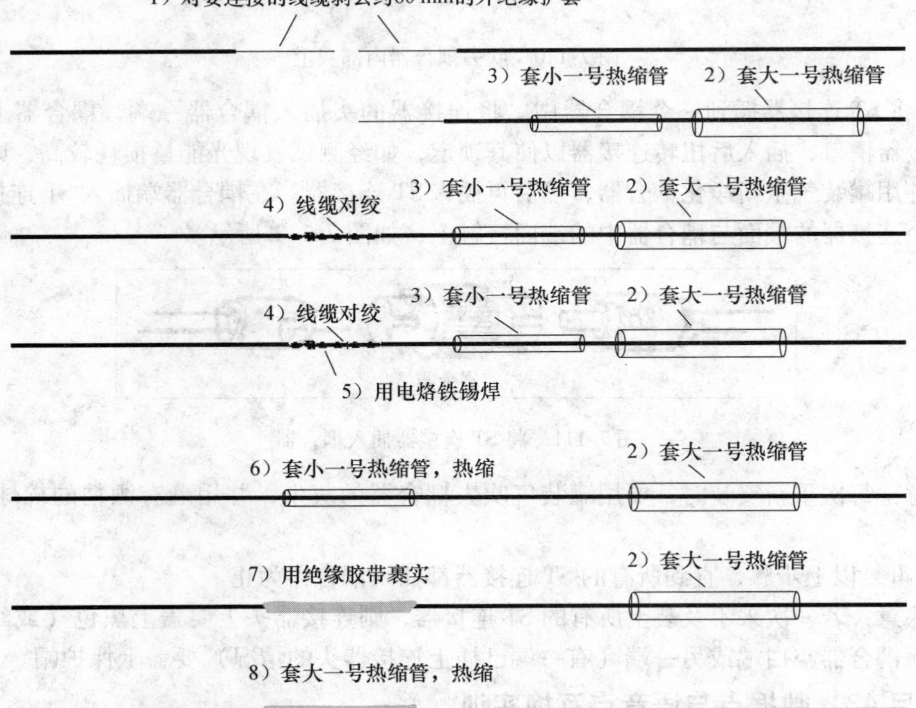

图7-112 线缆连接实训

实训项目 45：有线电视同轴电缆的连接实训

1. 有线电视同轴电缆

有线电视同轴电缆分两种：

- 有线电视同轴电缆由中心铜线、绝缘层、铝塑复合膜、金属网状屏蔽层和防护套 5 部分组成，如图 7-113a 所示。
- 有线电视同轴电缆由中心铜线、绝缘层、金属网状屏蔽层和防护套 4 部分组成，如图 7-113b 所示。

如图 7-113a 的铝塑复合膜和金属网状屏蔽层，共同完成屏蔽与外导电的作用，其中铝塑复合膜主要完成屏蔽的作用，而金属网状屏蔽层完成屏蔽与外导电双重作用；护套是减缓电缆的老化和避免损伤。有线电视同轴电缆的特性阻抗为 75 Ω。

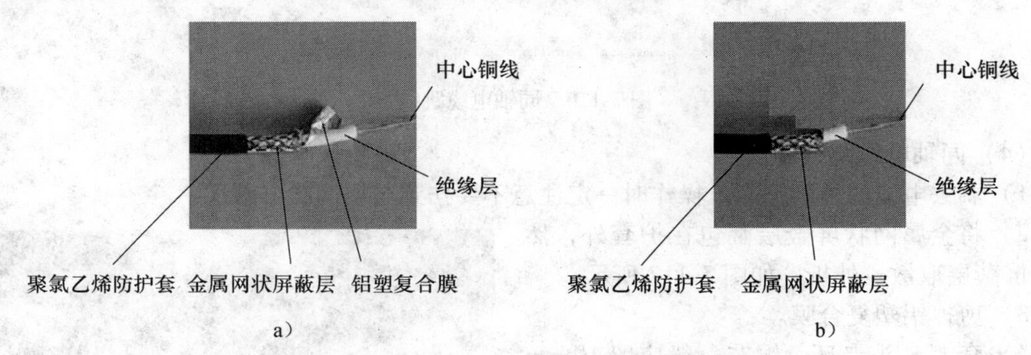

图 7-113　有线电视同轴电缆组成

2. 有线电视同轴电缆的连接

（1）同轴电缆连接器

同轴电缆与同轴电缆或同轴电缆与器件连接通常用 F 型连接器。

（2）连接方法

有线电视连接着千家万户，都是由电缆和接头连接起来的，“接头”处理得好坏，是直接影响电视网络正常运行的最主要因素之一，可以说有线电视网络工程，就是“接头”工程。

两根同轴电缆需要连接时，应使用专用的对接头（或称直通接头），不正确的连接方法如图 7-114 所示。

图 7-114　两根同轴电缆不正确的连接方法

正确的连接方法如图 7-115 所示。

（3）墙壁插座到电视机的同轴电缆跳线

同轴电缆跳线如图 7-116 所示。

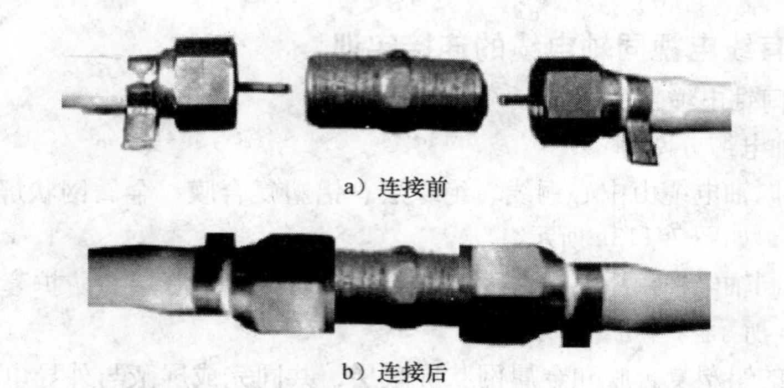

a）连接前

b）连接后

图 7-115　两根同轴电缆使用对接头正确的连接方法

图 7-116　同轴电缆跳线

（4）同轴电缆跳线制作

1）剥去电缆的外层护套。操作时一定注意不要伤到金属网状屏蔽层。

2）将金属网状屏蔽层翻包在护套外，然后将屏蔽层取散、外折，如图 7-117 所示。

3）剪掉铝塑复合膜。

4）套上 F 头卡环，铜芯一般应留 10 mm 左右，然后插入 F 头，铜芯应高出 F 头外口约 5 mm。

5）将芯线对准弹簧芯片轻轻推入（芯线长度应和插头的芯长一致）。

6）焊接。

7）接好插头，将铜芯用固定螺丝拧紧。

图 7-117　将金属网状屏蔽层翻包在护套外

实训项目 46：千兆跳线制作实训

1. 实训目的

让学生掌握千兆跳线使用的 RJ45 水晶头和操作规程，熟练制作千兆跳线的能力。

2. 实训内容和要求

千兆跳线制作也分为 BB 线（直通）和 AB 线（交叉）两种。因为千兆网络要用到 8 根线来传输，而百兆网络只用到 4 根线来传输，所以千兆交叉网线的制作与百兆不同。千兆跳线制作有不同方法：

1）使用 TIA-568B

白橙　橙　白绿　蓝　白蓝　绿　白棕　棕

2）使用 TIA568B

白橙　橙　绿　白棕　白蓝　白绿　蓝　棕

3）使用全交叉对应如下

白橙　橙　白绿　蓝　白蓝　绿　白棕　棕

1 2 3 4 5 6 7 8

白绿 绿 白橙 白棕 棕 橙 蓝 白蓝

千兆跳线制作使用全交叉的线序，如图 7-118 所示。

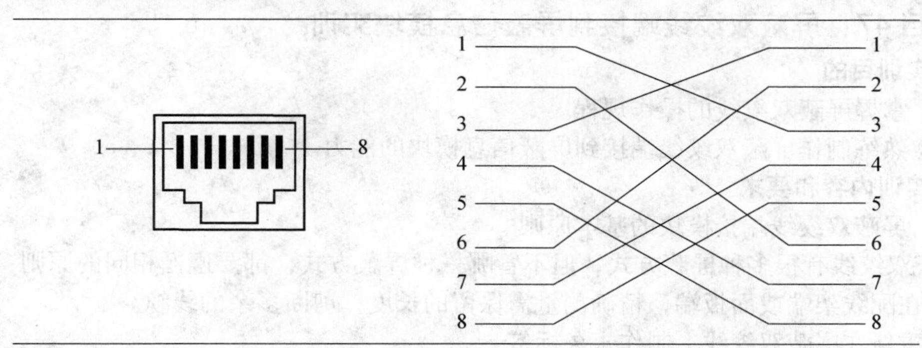

图 7-118 千兆跳线使用全交叉制作的线序

制作方法 2）在 RJ45 连接端口处抗干扰能力强。

1）按照 568B 的线序制作一条千兆用户信息跳线（跳线的两端是 568B，BB 线）。

2）使用测试仪对双绞线跳线进行通断及线序测试。

3）在测 BB 线时，将 BB 线的两端与测试器的 RJ45 口连接，指示灯应按 1 ~8 的顺序依次闪亮，如有不亮，则不通，如果远端灯亮顺序不对，则说明线序不对。

4）保证端接正确，掌握操作技巧。

3. 实验设备

（1）RJ45 压线钳

（2）双绞线剥线器

（3）千兆 RJ45 接头

（4）6 类双绞线

（5）网线测试仪

4. 千兆双绞线跳线制作过程

1）首先利用压线钳的剪线刀口剪裁出计划需要使用的双绞线长度。

2）利用剥线刀将双绞线一端剥去外绝缘层 2 cm，在剥离外绝缘层过程中防止损伤线芯绝缘层，更要防止线芯损伤或割断。把双绞线的保护层剥掉，可以利用压线钳的剪线刀口将线头剪齐。

3）为绝缘导线解扭，使其按正确的顺序平行排列，根据 TIA-568A 或 TIA-568B 的色标，将蓝、橙、绿、棕线对分别卡入相应的千兆 RJ45 接头卡槽内。

4）导线修整。

5）将裸露出的双绞线用剪刀或斜口钳剪下，只剩约 12 mm 的长度。

6）水晶头的方向是金属引脚朝上、弹片朝下。另一只手捏住双绞线，用力缓缓将双绞线 8 条导线依序插入水晶头，并一直插到 8 个凹槽顶端，将双绞线放入 RJ45 接头的引脚内，从水晶头的顶部检查，看是否每一组线缆都紧紧地顶在水晶头的末端。

7）用压线钳压实。

8）重复 1）~7）的步骤，再制作双绞线跳线另一端的 RJ45 接头。

请参见本章7.1.3节的内容和图。

5. 实训报告

制作千兆双绞线跳线的实训体会和操作技巧。

实训项目47：屏蔽双绞线端接到屏蔽信息模块实训

1. 实训目的

（1）掌握屏蔽双绞线的操作规程。

（2）熟练制作屏蔽双绞线端接到屏蔽信息模块的能力。

2. 实训内容和要求

（1）屏蔽双绞线端接模块的基本原则

屏蔽双绞线有很多种屏蔽方式，但不管哪一种屏蔽方式，都要遵循相同的原则：

1）在配线架端或面板端，精确测量需保留的长度，剪断多余的线缆。

2）重新在屏蔽双绞线上制作永久标签。

3）使用专业剥线刀剥离屏蔽双绞线的外皮，避免剥离外皮时将铜网或铝箔切断。通常在离电缆末端5 cm处进行线缆的开剥。

4）仔细处理屏蔽层。

5）仔细处理各个线对，根据TIA-568A或TIA-568B标准，将蓝、橙、绿、棕线对分别卡入相应的卡槽内。注意，整个屏蔽布线系统要使用同一种标准，不能混用。

6）剪断多余线对，将模块卡接到位。

7）处理模块的整体屏蔽。

（2）熟练制作S/FTP屏蔽双绞线端接到屏蔽信息模块

3. 实训步骤

（1）精确测量需保留的长度，剪断多余的线缆后，重新制作永久性标签。

（2）通常在离电缆末端5 cm处进行线缆的开剥，将铜网屏蔽层翻至线缆一侧，均匀地覆盖在护套外，注意，需将所有的丝网铜丝全部翻转后覆盖在护套上，不能有任何一根铜丝留在端接点附近，以免引发信号短路。用模块包装内的铜箔粘在线缆的开剥处。注意，要可靠紧固的粘住，之后，将长出铜箔的多余铜网屏蔽层剪断。

（3）将蓝、橙、绿、棕线对的铝箔保护层打开，在线缆的开剥处剪断，根据EN 50174—2002标准，各个线对的铝箔可以不接地，而外侧的铜网屏蔽层必须接地。

（4）根据TIA-568A或TIA-568B的色标，将蓝、橙、绿、棕线对分别卡入相应的卡槽内，最好不要破坏各个线对的绞合度，注意，如果为了保证色谱而被迫改变绞距时，应将芯线多绞一下，而不是让它散开。用手或专用工具将各个线对卡到位，采用偏口钳将多余的线对剪断，手动或采用专用工具将模块的其他部件安装到位。

（5）根据选购厂商的配置，将模块的屏蔽层和铜箔可靠的接触，再将模块的整体屏蔽部件可靠的安装到位。

（6）为避免线缆在铺设过程中造成的弯曲扭力对线缆和模块连接处的影响，模块安装完成后，应安装弯扭应力释放装置，将屏蔽线缆与模块紧紧固定在一起。

（7）模块安装完成，将模块安装到面板或配线架上，整理线缆。在面板端，注意不要使屏蔽线缆的弯曲半径过小，否则容易造成测试失败。

4. 德特威勒公司的屏蔽模块端接实训指导

德特威勒公司的屏蔽模块端接，要注意如下21点操作。

（1）准备工序

在端接前，应准备好工具、屏蔽模块（德特威勒公司的模块）。

（2）检查并查看准模块打线色标

模块的上盖内侧印有打线规程为 TIA-568A 的色标，应该按色标施工。

（3）制作标尺

使用多余、废弃的双绞线制作两个标准长度的标尺：总长标尺（300 mm）和护套标尺（250 mm）。标尺如图 7-119 所示。

（4）整理即将端接的双绞线

清除双绞线上的杂物。

（5）剪出端接长度

使用标尺与所端接的双绞线比对后，用剪刀贴标尺外边沿剪断所端接的双绞线。端接点上的双绞线长度至少应有 500 mm 以上（其前端的 200 mm 在端接前剪去，因为顶端的双绞线中的绞距有可能会松散）。

（6）重新制作线缆编号

双绞线在剪短时，往往将线头附近的线号一起剪去，为此需重新制作线号。

（7）剪出护套长度

使用标尺与所端接的双绞线比对后，用剥线刀切断护套层，然后拔下被切下的护套，如图 7-120 所示。

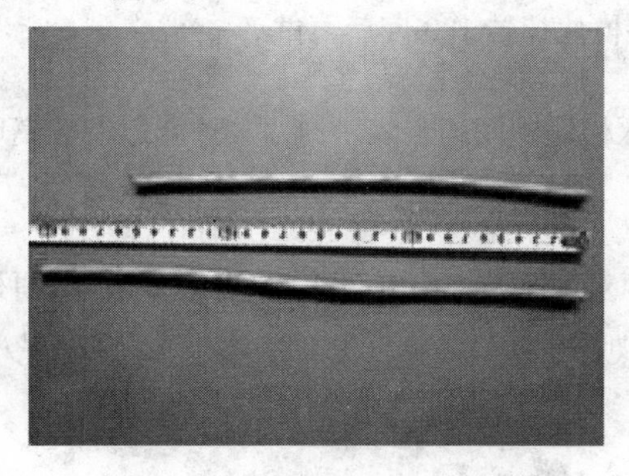

图 7-119 标尺

图 7-120 剪出护套长度

注意：取下护套时不要损伤屏蔽层。

（8）丝网屏蔽层后翻覆盖在护套外

SF/UTP 屏蔽双绞线不设接地导线（使用丝网取代），根据 EN 50174—2002 标准，铝箔可以不接地，而丝网必须接地。

将屏蔽丝网向后翻转，均匀地覆盖在护套外（目的是不给电磁波沿护套层穿入，以免引发信号短路），如图 7-121 所示。

注意：需将所有的丝网铜丝全部翻转后覆盖在护套上，不能有任何一根铜丝留在端接点附近。

（9）铝箔屏蔽层贴护套边缘剪断

S/FTP 屏蔽双绞线不设接地导线（使用丝网取代），根据 EN 50174—2002 标准，铝箔可以不接地，而丝网必须接地。

在施工时，应将剥去护套部分的铝箔屏蔽层平齐护套边缘剪断，其目的是让带护套的双绞线能够尽可能地深入模块内。铝箔屏蔽层贴护套边缘剪断如图 7-122 所示。

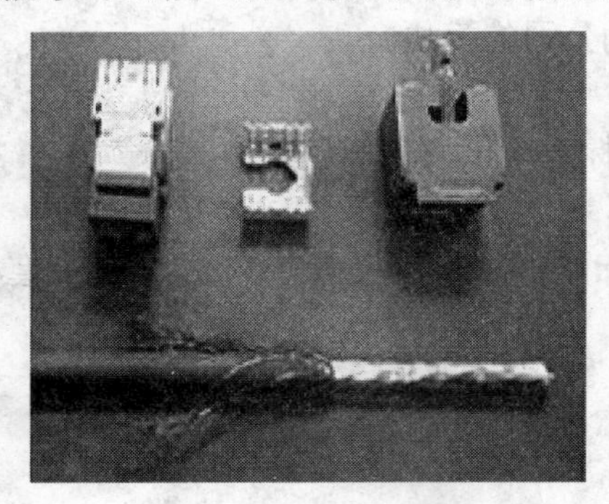

图 7-121 丝网屏蔽层后翻覆盖在护套外

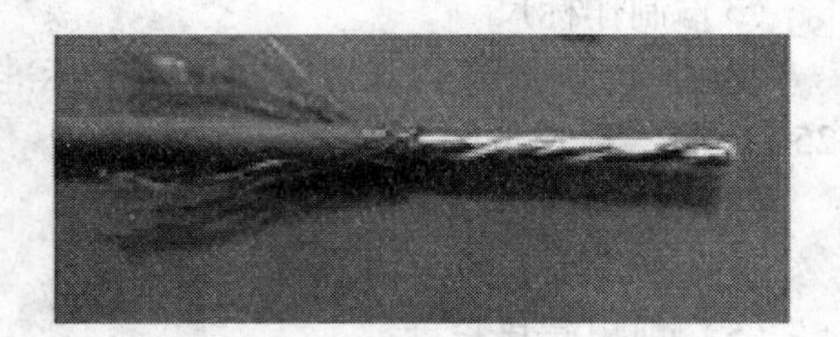

图 7-122 铝箔屏蔽层贴护套边缘剪断

(10) 将双绞线穿过屏蔽罩壳

将双绞线从屏蔽罩壳的尾部穿入，从罩壳的前端出线。在这一过程中，应注意将丝网的铜丝头部全部整理到屏蔽罩壳的尾部以外，不能有一根丝网的线头留在罩壳内，以免出现芯线短路的故障，如图 7-123 所示。

(11) 确定双绞线的芯线位置

将双绞线平放在模块中间的走线槽上方（注意，是平行于走线槽，不是垂直于走线槽），旋转双绞线，使靠近模块走线槽底的两对芯线的颜色与模块上最靠近护套的两对 IDC 色标一致（不可交叉）。如果无法做到一致，可将模块掉转 180 度后再试。

(12) 双绞线放入模块走线槽内

在确定双绞线芯线位置后，将双绞线平行放入模块中间的走线槽内，其护套边沿与模块的边沿基本对齐（可略深入模块内）。

(13) 将靠近护套边沿的两对线卡入打线槽内

由于靠近护套的两对打线槽与双绞线底部的两对线平行，因此可以将这两对线自然向外分，然后根据色谱用手压入打线槽内，如图 7-124 所示。注意，尽量不改变芯线原有的绞距。

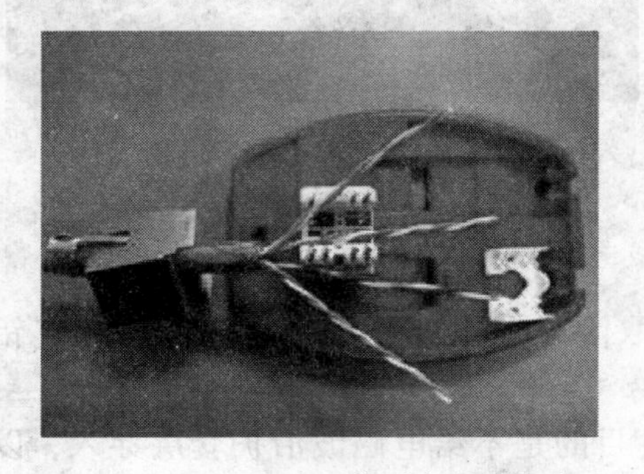

图 7-123 双绞线从屏蔽罩壳的尾部穿入

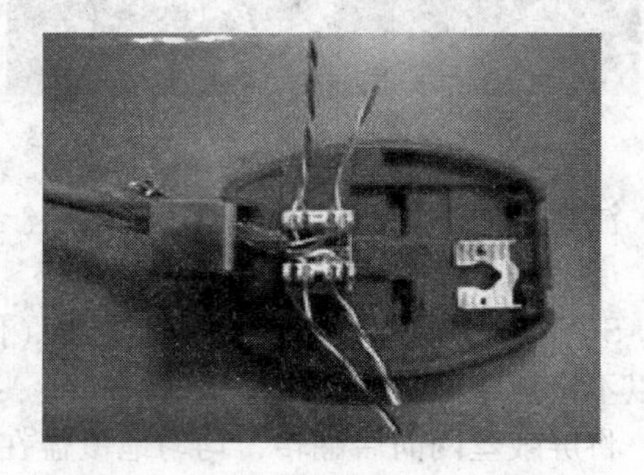

图 7-124 线对卡入打线槽内

(11)、(12)、(13) 在操作时，应注意不要让丝网的线头钻入罩壳，以免出现芯线短路的故障。

(14) 将 8 芯线全部打入打线槽内，切除外侧多余的线

将 8 芯线全部打入打线槽内，在芯线全部用手压入对应的打线槽后，使用 1 对打线工具（将附带的剪刀启用）将每根芯线打入模块的打线槽内，在听到“喀哒”声后可以认为芯线

已经打到位。此时用剪刀将芯线的外侧多余部分自动切除，如图 7-125 所示。

（15）盖上模块盖

盖上模块盖如图 7-126 所示。

图 7-125　将 8 芯线全部打入打线槽内，切除外侧多余的线

图 7-126　盖上模块盖

（16）将模块的上盖中的线槽缺口对准双绞线的护套边沿，用手指压入模块

在盖上模块盖后，将模块的上盖中的线槽缺口对准双绞线的护套边沿，用手指压入模块。此时，双绞线与模块中的走线槽方向平行。

（17）将双绞线垂直从模块后侧出线

对于屏蔽模块而言，由于罩壳的出线方向固定，要求将双绞线与模块中的走线槽方向垂直。将双绞线弯曲 90 度后从上盖中间的线槽中出线。这时，应注意从护套边沿开始折转，裸露的芯线不动，如图 7-127 所示。

（14）、（16）、（17）在操作时，应注意不要让丝网的线头钻入罩壳，以免出现芯线短路的故障。

（18）盖上屏蔽罩壳

在端接完毕后，检查屏蔽罩壳内部，不能有任何一根丝网残留在罩壳内，以免造成信号短路。将屏蔽罩壳向前推，卡入屏蔽模块的凹槽内，以尽量缩小屏蔽模块四周的缝隙。由于屏蔽模块在屏蔽壳体上采用的是薄板结构，因此屏蔽效果比不上铸造型屏蔽模块。只能是尽量缩小缝隙而已，如图 7-128 所示。

图 7-127　将双绞线垂直从模块后侧出线

图 7-128　盖上屏蔽罩壳

（19）用尼龙扎带将屏蔽双绞线固定在屏蔽罩壳尾部

在把丝网分布均匀后，将屏蔽双绞线平放在屏蔽罩壳模块尾部的“尾巴”上，使用所附的尼龙扎带（也可使用市场采购的 100 mm 尼龙扎带）穿过“尾巴”底部的小孔，将屏蔽

双绞线与模块尾部的金属片绑扎成一体。注意，在收紧尼龙扎带时应适可而止，不要让尼龙扎带收得太紧造成双绞线变形，如图 7-129 所示。

（20）剪去多余的丝网

用尼龙扎带将屏蔽双绞线固定后，用剪刀剪去多余的丝网，以免丝网刺入其他模块造成短路，如图 7-130 所示。

图 7-129 用尼龙扎带将屏蔽双绞线固定在屏蔽罩壳尾

图 7-130 剪去多余的丝网

（21）将模块插入面板或配线架内

在剪去多余的丝网后，将模块插入面板或配线架内，模块端接完毕。

实训项目 48：屏蔽 S/FTP RJ45 的端接实训指导

1. 准备工序

在端接前，应准备好工具、屏蔽 RJ45 和压线盖。屏蔽 RJ45 和压线盖（德特威勒公司的 RJ45），如图 7-131 所示。

2. 检查并看准 RJ45 打线色标，不能有错

RJ45 的上盖内侧印有打线规程为 568A 的色标，应该按色标施工。同时，应注意到，有两对线需穿孔端接，另两对线压入槽内端接。

3. 制作标尺

使用多余、废弃的双绞线制作两个标准长度的标尺：总长标尺（300 mm）和护套标尺（250 mm）。

4. 整理即将端接的双绞线

清除双绞线上的杂物。

5. 剪出端接长度

使用标尺与所端接的双绞线比对后，用剪刀贴标尺外边沿剪断所端接的双绞线。

6. 剪出护套长度

使用标尺与所端接的双绞线比对后，用剥线刀切断护套层，然后拔下被切下的护套。如图 7-132 所示。

注意：取下护套时不要损伤屏蔽层。

7. 丝网屏蔽层后翻覆盖在护套外

SF/UTP 屏蔽双绞线不设接地导线（使用丝网取代），根据 EN 50174—2002 标准，铝箔可以不接地，而丝网必须接地。

将屏蔽丝网向后翻转，均匀地覆盖在护套外（目的是不给电磁波沿护套层穿入，以免

引发信号短路)，如图 7-133 所示。

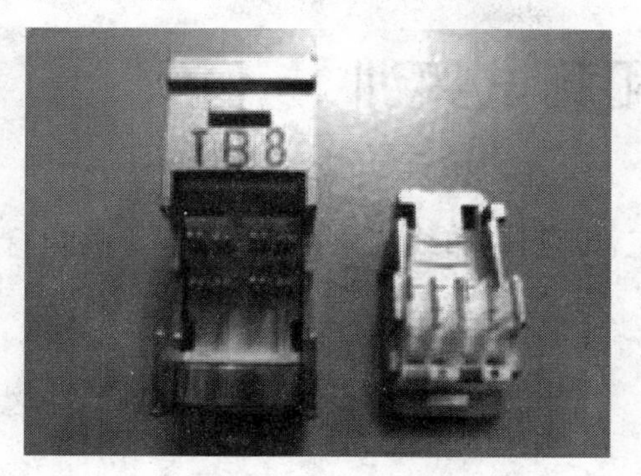

图 7-131　屏蔽 RJ45 和压线盖

图 7-132　剪出护套长度

注意：需将所有的丝网铜丝全部翻转后覆盖在护套上，不能有任何一根铜丝留在端接点附近，以免引发信号短路。

8. 铝箔屏蔽层贴护套边缘剪断

S/FTP 屏蔽双绞线不设接地导线（使用丝网取代)，根据 EN 50174-2002 标准，铝箔可以不接地，而丝网必须接地。

在施工时，应将剥去护套部分的铝箔屏蔽层平齐护套边缘剪断，其目的是让带护套的双绞线能够尽可能地深入模块内。铝箔屏蔽层贴护套边缘剪断如图 7-134 所示。

图 7-133　丝网屏蔽层后翻覆盖在护套外

图 7-134　铝箔屏蔽层贴护套边缘剪断

9. 穿入线对盖盖

将双绞线平放在 RJ45 上方，然后将双绞线推至 RJ45 深处。

在双绞线的 4 芯线全部放到位后，将压线盖盖上，用力压盖，当听到“喀哒”声响时，上盖已经被固定。

本章小结

本章阐述布线压接技术；光缆光纤连接技术；光纤连接器端接磨光技术；光纤连接器端接压接式技术；光纤熔接技术；光纤连接安装技术；数据点与语音点互换技术；综合布线系统的标识管理以及 17 个实训项目。通过本章学习后应动手做跳线、信息插座安装、光纤 ST 头连接器端接磨光和压接，光纤的熔接和屏蔽双绞线端接，增加感性认识和动手能力。

要求学生掌握本章的内容和 17 个实训项目的操作方法，有助于今后的学习和工作。

第 8 章　测试和测试实训

为了提高布线工程的施工质量，确保系统的正常运行，布线工程的施工必须严格执行有关的标准、规范的规定。

8.1　布线工程测试概述

8.1.1　布线工程测试内容

布线工程测试内容主要包括：

1）工作间到电信间的连通状况测试。

2）主干线连通状况测试。

3）双绞线测试。

4）大对数电缆测试。

5）跳线测试。

6）光纤测试。

7）信息传输速率、衰减、距离、接线图、近端串扰等。

8.1.2　测试有关标准

为了满足用户的需要，EIA（美国的电子工业协会）制定了 EIA-586 和 TSB-67 标准，它适用于已安装好的双绞线连接网络，并提供一个用于“认证”双绞线电缆是否达到电缆所要求的标准。由于确定了电缆布线满足新的标准，用户就可以确信他们现在的布线系统能否支持未来的高速网络。随着 TSB-67 的最后通过（1995 年 10 月已正式通过），它对电缆测试仪的生产商提出了更严格的要求。

对网络电缆和不同标准所要求的测试参数如表 8-1 ~ 表 8-3 所示。

表 8-1　网络电缆类型及对应的标准

电缆类型	网络类型	标　准
UTP	令牌环 4 Mbps	IEEE 802.5 for 4 Mbps
UTP	令牌环 16 Mbps	IEEE 802.5 for 16 Mbps
UTP	以太网	IEEE 802.3 for 10Base-T
Foam	以太网	IEEE 802.3 for 10 Base2
RG58	以太网	IEEE 802.3 for 10Base5
UTP	快速以太网	IEEE 802.12
UTP	快速以太网	IEEE 802.3 for 10Base-T
UTP	快速以太网	IEEE 802.3 for 100Base-T4
UTP	3、4、5 类电缆现场认证	TIA 568，TSB-67

表 8-2　不同标准所要求的测试参数

测试标准	接线图	电阻	长度	特性阻抗	近端串扰	衰减
EIA/TIA568A，TSB-67	*		*		*	
10Base-T	*		*	*	*	*
10Base2		*	*	*		
10Base5		*	*	*		
IEEE 802. 5 for 4 Mbps	*		*	*	*	*
IEEE 802. 5 for 16 Mbps	*		*	*		*
100Base-T	*		*	*	*	*
IEEE 802. 12 100Base-VG	*		*	*	*	*

表 8-3　电缆级别与应用的标准

级别	频率量程	应　用	级别	频率量程	应　用
3	1 ~ 16 MHz	IEEE 802. 5 Mbps 令牌环	4	1 ~ 20 MHz	IEEE 802. 5 16 Mbps
		IEEE 802. 3 for 10Base-T	5	1 ~ 100 MHz	IEEE 802. 3 100Base-T 快速以太网
		IEEE 802. 12 100Base-VG			ATM 155 Mbps
		IEEE 802. 3 for 10Base-T4 以太网	6	250 MHz	1000Base-T 以太网
		ATM 51. 84/25. 92/12. 96 Mbps	7 *	600 MHz	10 000Base-T 以太网

但是，随着局域网络发展的需要，标准也会不断更新内容，读者应注意这方面的信息。

8. 1. 3　TSB-67 测试的主要内容

TSB-67 包含了验证 TIA/568 标准定义的 UTP 布线中的电缆与连接硬件的规范。对 UTP 链路测试的主要内容如下。

1. 接线图

这一测试是确认链路的连接。这不是一个简单的逻辑连接测试，而是要确认链路一端的每一个针与另一端相应的针连接，而不是连在任何其他导体或屏幕上。此外，Wire Map（接线图）测试要确认链路缆线的线对正确，而且不能产生任何串绕（Split Pair）。保持线对正确绞接是非常重要的测试项目。

2. 链路长度

每一个链路长度都应记录在管理系统中（参见 TIA/EIA 606 标准）。链路的长度可以用电子长度测量来估算，电子长度测量是基于链路的传输延迟和电缆的额定传播速率（Nominal Velocity of Propagation，NVP）值而实现的。NVP 表示电信号在电缆中传输速度与光在真空中传输速度之比值。当测量了一个信号在链路往返一次的时间后，就得知电缆的 NVP 值，从而计算出链路的电子长度。这里要进一步说明，处理 NVP 的不确定性时，实际上至少有 10% 的误差。为了正确解决这一问题，必须以一已知长度的典型电缆来校验 NVP 值。永久链路的最大长度是 90 m，外加 4 m 的测试仪，专用电缆区 94 m，信道（Channel）的最大长度是 100 m。

计入电缆厂商所规定的 NVP 值的最大误差和长度测量的 TDR（Time Domain Reflectometry，时域反射）技术的误差，测量长度的误差极限如下：

$$\text{信道 } 100\ \text{m} + 15\% \times 100\ \text{m} = 115\ \text{m}$$

$$\text{永久链路 } 94\ \text{m} + 15\% \times 94\ \text{m} = 108.1\ \text{m}$$

如果长度超过指标，则信号损耗较大。

对线缆长度的测量方法有两种规格：永久链路和 Channel。Channel 也称为 User Link。

NVP 的计算公式如下：

$$\text{NVP} = (2 \times L)/(T \times c)$$

其中：L——电缆长度；

T——信号传送与接收之间的时间差；

c——真空状态下的光速（300 000 000 m/s）。

一般 UTP 的 NVP 值为 72%，但不同厂家的产品会稍有差别。

3. 衰减

衰减是一个的信号损失度量，是指信号在一定长度的线缆中的损耗。衰减与线缆的长度有关，随着长度增加，信号衰减也随之增加，衰减也是用“dB”作为单位，同时，衰减随频率而变化，所以应测量应用范围内全部频率上的衰减。比如，测量 5 类线缆的 Channel 的衰减，要从 1 ~ 100 MHz 以最大步长为 1 MHz 来进行。对于 3 类线缆测试频率范围是 1 ~ 16 MHz，4 类线缆频率测试范围是 1 ~ 20 MHz。

TSB-67 定义了一个链路衰减的公式。TSB-67 还附加了一个永久链路和 Channel 的衰减允许值表。该表定义了在 20℃时的允许值。随着温度的增加衰减也增加：对于 3 类线缆每增加 1℃，衰减增加 1.5%，对于 4 类和 5 类线缆每增加 1℃，衰减增加 0.4%，当电缆安装在金属管道内时，链路的衰减增加 2% ~ 3%。

现场测试设备应测量出安装的每一对线的衰减最严重情况，并且通过将衰减最大值与衰减允许值比较后，给出合格（Pass）或不合格（Fail）的结论。

- 如果合格，则给出处于可用频宽内（5 类线缆是 1 ~ 100 MHz）的最大衰减值。
- 如果不合格，则给出不合格时的衰减值、测试允许值及所在点的频率。早期的 TSB-67 版本所列的是最差情况的百分比限值。

如果测量结果接近测试极限，测试仪不能确定是 Pass 或是 Fail，则此结果用 Pass 表示，若结果处于测试极限的错误侧，则只记上 Fail。

Pass/Fail 的测试极限是按链路的最大允许长度（Channel 是 100 m，永久链路是 94 m）设定的，而不是按长度分摊。然而，若测量出的值大于链路实际长度的预定极限，则报告中前者往往带有星号，以作为对用户警告。请注意，分摊极限与被测量长度有关，由于 NVP 值的不确定性，所以是很不精确的。

衰减步长一般最大为 1 MHz。

4. 近端串扰 NEXT 损耗（Near-End Crosstalk Loss）

NEXT 损耗是测量一条 UTP 链路中从一对线到另一对线的信号耦合，是对性能评估的最主要的标准，是信号传送与接收同时进行的时候产生干扰的信号。对于 UTP 链路这是一个关键的性能指标，也是最难精确测量的一个指标，尤其是随着信号频率的增加其测量难度就更大。TSB-67 中定义对于 5 类线缆链路必须在 1 ~ 100 MHz 的频宽内测试。同衰减测试一样，3 类链路是 1 ~ 16 MHz，4 类是 1 ~ 20 MHz。

NEXT 测量的最大频率步长如表 8-4 所示。

表 8-4 NEXT 测量的最大频率步长

频率（MHz）	最大步长（kHz）
1 ~31.15	150
31.25 ~100	250

在一条 UTP 的链路上，NEXT 损耗的测试需要在每一对线之间进行。也就是说，对于典型的 4 对 UTP 来说要有 6 对线关系的组合，即测试 6 次。

串扰分近端串扰和远端串扰（FEXT），测试仪主要是测量 NEXT，由于线路损耗，FEXT 的量值影响较小。

NEXT 并不表示在近端点所产生的串扰值，它只是表示在所端点所测量的串扰数值。该量值会随电缆长度的增长而衰减而变小。同时发送端的信号也衰减，对其他线对的串扰也相对变小。实验证明，只有在 40 m 内测得的 NEXT 是较真实的，如果另一端是远于 40 m 的信息插座，它会产生一定程度的串扰，但测试器可能没法测试到该串扰值。基于这个理由，对 NEXT 最好在两个端点都要进行测量。现在的测试仪都有能在一端同时进行两端的 NEXT 的测量。

NEXT 测试的参照表如表 8-5 和表 8-6 所示。

表 8-5 20℃时各类线缆在各频率下的衰减极限

频率（MHz）	20℃时最大衰减									
	信道（100 m）					永久链路（90 m）				
	3 类	4 类	5 类	5e	6 类	3 类	4 类	5 类	5e	6 类
1	4.2	2.6	2.5	2.5	2.1	3.2	2.2	2.1	2.1	1.9
4	7.3	4.8	4.5	4.5	4.0	6.1	4.3	4.0	4.0	3.5
8	10.2	6.7	6.3	6.3	5.7	8.8	6	5.7	5.7	5.0
10	11.5	7.5	7.0	7.0	6.3	10	6.8	6.3	6.3	5.6
16	14.9	9.9	9.2	9.2	8.0	13.2	8.8	8.2	8.2	7.1
20		11	10.3	10.3	9.0		9.9	9.2	9.2	7.9
22			11.4	11.4	10.1			10.3	10.3	8.9
31.25			12.8	12.8	11.4			11.5	11.5	10.0
62.5			18.5	18.5	16.5			16.7	16.7	14.4
100			24.0	24.0	21.3			21.6	21.6	18.5
200					31.5					27.1
250					36.0					30.7

表 8-6 特定频率下的 NEXT 测试极限

频率（MHz）	20℃时最小 NEXT									
	信道（100 m）					永久链路（90 m）				
	3 类	4 类	5 类	5e	6 类	3 类	4 类	5 类	5e	6 类
1	39.1	53.3	60.0	60.0	65.0	40.1	54.7	60.0	60.0	65.0
4	29.3	43.3	50.6	53.6	63	30.7	45.1	51.8	54.8	64.1
8	24.3	38.2	45.6	48.6	58.2	25.9	40.2	47.1	50.0	59.4
10	22.7	36.6	44.0	47.0	56.6	24.3	38.6	45.5	48.5	57.8

（续）

频率（MHz）	20℃时最小 NEXT									
	信道（100 m）					永久链路（90 m）				
	3类	4类	5类	5e	6类	3类	4类	5类	5e	6类
16	19.3	33.1	40.6	43.6	53.2	21.0	35.3	42.3	45.2	54.6
20		31.4	39.0	42.0	51.6		33.7	40.7	43.7	53.1
25.0			37.4	40.4	52.0			39.1	42.1	51.5
31.25			35.7	38.7	48.4			37.6	40.6	50.0
62.5			30.6	33.6	43.4			32.7	35.7	45.1
100.0			27.1	30.1	39.8			29.3	32.3	41.8
200					34.8					36.9
250					33.1					35.3

上面所述是测试的主要内容，但某些型号的测试仪还给出直流环路电阻、特性阻抗、衰减串扰比。

1）直流环路电阻。直流环路电阻会消耗一部分信号能量并转变成热量，它是指一对电线电阻的和，ISO 11801 规定不得大于19.2 Ω。每对间的差异不能太大（小于0.1 Ω），否则表示接触不良，必须检查连接点。

2）特性阻抗。与环路直流电阻不同，特性阻抗包括电阻及频率 1 ~ 100 MHz 间的电感抗及电容抗，它与一对电线之间的距离及绝缘体的电气特性有关。各种电缆有不同的特性阻抗，对双绞电缆而言，则有 100 Ω、120 Ω 及 150 Ω 几种。

上述内容一般用于测试用3类、4类、5类线的重要参数。

8.1.4 超5类、6类线测试有关标准

作为超5类、6类线的测试参数主要有以下内容。

1）接线图。该步骤检查电缆的接线方式是否符合规范。错误的接线方式有开路（或称断路）、短路、反向、交错、分岔线对及其他错误。

2）连线长度。局域网拓扑对连线的长度有一定的规定，因为如果长度超过了规定的指标，信号的衰减就会很大。连线长度的测量是依照 TDR（时间域反射测量学）原理来进行的，但测试仪所设定的 NVP（额定传播速率）值会影响所测长度的精确度，因此在测量连线长度之前，应该用不短于 15 m 的电缆样本做一次 NVP 校验。

3）衰减量。信号在电缆上传输时，其强度会随传播距离的增加而逐渐变小。衰减量与长度及频率有着直接关系。

4）近端串扰。当信号在一个线对上传输时，会同时将一小部分信号感应到其他线对上，这种信号感应就是串扰。串扰分为 NEXT（近端串扰）与 FEXT（远端串扰），但 TSB-67 只要求进行 NEXT 的测量。NEXT 串扰信号并不仅仅在近端点才会产生，但是在近端点所测量的串扰信号会随着信号的衰减而变小，从而在远端处对其他线对的串扰也会相应变小。实验证明在 40 m 内所测量到的 NEXT 值是比较准确的，而超过 40 m 处链路中产生的串扰信号可能就无法测量到，因此，TSB-67 规范要求在链路两端都要进行对 NEXT 值的测量。

5）SRL。SRL（Structural Return Loss）是衡量线缆阻抗一致性的标准，阻抗的变化引起反射（Return Reflection）、噪音（Noise）的形线是由于一部分信号的能量被反射到发送端，

SRL 是测量能量的变化的标准，由于线缆结构变化而导致阻抗变化，使得信号的能量发生变化，TIA/EIA-568A 要求在 100 MHz 下 SRL 为 16 dB。

6）等效式远端串扰。等效式远端串扰（Equal Level Fext，ELFEXT）与衰减的差值以 dB 为单位，是信噪比的另一种表示方式，即两个以上的信号朝同一方向传输时的情况。

7）综合远端串扰（Power Sum ELFEXT）。

8）回波损耗（Return Loss）。回波损耗是关心某一频率范围内反射信号的功率，与特性组抗有关，具体表现为：

- 电缆制造过程中的结构变化。
- 连接器。
- 安装。

这 3 种因素是影响回波损耗数值的主要因素。

9）特性阻抗。特性阻抗（Characteristic Impedance）是线缆对通过的信号的阻碍能力。它是受直流电阻、电容和电感的影响，要求在整条电缆中必须保持是一个常数。

10）衰减串扰比（ACR）。衰减串扰比（Attenuation-to-crosstalk Ratio，ACR）是同一频率下近端串扰 NEXT 和衰减的差值，用公式可表示为：

$$ACR = 衰减的信号 - 近端串扰的噪音$$

ACR 不属于 TIA/ETA-568A 标准的内容，但它对于表示信号和噪声串扰之间的关系有着重要的价值。实际上，ACR 是系统 SNR（信噪比）衡量的唯一衡量标准是决定网络正常运行的一个因素，ACR 包括衰减和串扰，它还是系统性能的标志。

对 ACR 有些什么要求呢？国际标准 ISO/IEC11801 规定在 100 MHz 下，ACR 为 4 dB，T568A 对于连接的 ACR 要求是在 100 MHz 下，为 7.7 dB。在信道上，ACR 值越大，SNR 越好，从而对于减少误码率（BER）也是有好处的。SNR 越低，BER 就越高，使网络由于错误而重新传输，大大降低了网络的性能。

表 8-7 列出了 6 类布线系统的 100 m 信道的参数极限值。

表 8-7　6 类系统性能参数极限值

频率（MHz）	衰减（dB）	NEXT（dB）	PS NEXT（dB）	ELFEXT（dB）	PS NEXT（dB）	回波损耗（dB）	ACR（dB）	PS ACR（dB）
1.0	2.2	72.7	70.3	63.2	60.2	19.0	70.5	68.1
4.0	4.1	63.0	60.5	51.2	48.2	19.0	58.9	56.5
10.0	6.4	56.6	54.0	43.2	40.2	19.0	50.1	47.5
16.0	8.2	53.2	50.6	39.1	36.1	19.0	45.0	42.4
20.0	9.2	51.6	49.0	37.2	34.2	19.0	42.4	39.8
31.25	8.6	48.4	45.7	33.3	30.3	17.1	367.8	34.1
62.5	16.8	43.4	40.6	27.3	24.3	14.1	26.6	23.8
100.0	21.6	39.9	37.1	23.2	20.2	12.0	18.3	15.4
125.0	24.5	38.3	35.4	21.3	18.3	8.0	13.8	10.9
155.52	27.6	36.7	33.8	19.4	16.4	10.1	9.0	6.1
175.0	29.5	35.8	32.9	18.4	15.4	9.6	6.3	3.4
200.0	31.7	34.8	31.9	17.2	14.2	9.0	3.1	0.2
250.0	35.9	33.1	30.2	15.3	12.3	8.0	1.0	0.1

8.2 电缆的两种测试

局域网的安装是从电缆开始的，电缆是网络最基础的部分。据统计，大约50%的网络故障与电缆有关。所以电缆本身的质量以及电缆安装的质量都直接影响网络能否健康地运行。此外，很多布线系统是在建筑施工中进行的，电缆通过管道、地板或地毯铺设到各个房间。当网络运行时发现故障是电缆引起时，此时就很难或根本不可能再对电缆进行修复。即使修复，其代价也相当昂贵，所以最好的办法就是把电缆故障消灭在安装之中。目前使用最广泛的电缆是同轴电缆和非屏蔽双绞线（通常叫做UTP）。根据所能传送信号的速度，UTP又分为3、4、5、5e、6类。那么如何检测安装的电缆是否合格，它能否支持将来的高速网络，用户的投资是否能得到保护就成为关键问题。这也就是电缆测试的重要性，电缆测试一般可分为两个部分：电缆的验证测试和电缆的认证测试。

8.2.1 电缆的验证测试

电缆的验证测试是测试电缆的基本安装情况。例如电缆有无开路或短路，UTP电缆的两端是按照有关标准正确连接，同轴电缆的终端匹配电阻是否连接良好，电缆的走向如何等。这里要特别指出的一个特殊错误是串绕。所谓串绕就是将原来的两对线分别拆开而又重新组成新的绕对。因为这种故障的端与端连通性是好的，所以用万用表是查不出来的，只有用专线的电缆测试仪才能检查出来。串绕故障不易发现，是因为当网络低速度运行或流量很低时其表现不明显，而当网络繁忙或高速运行时其影响极大，这是因为串绕会引起很大的近端串扰（NEXT）。电缆的验证测试要求测试仪器使用方便、快速。

8.2.2 电缆的认证测试

所谓电缆的认证测试是指电缆除了正确的连接以外，还要满足有关的标准，即安装好的电缆的电气参数（例如衰减、NEXT等）是否达到有关规定所要求的指标。这类标准有TIA、IEC等。关于UTP5类线的现场测试指标已于1995年10月正式公布，这就是TIA568A TSB-67标准。该标准对UTP5类线的现场连接和具体指标都作了规定，同时对现场使用的测试器也作了相应的规定。

认证测试是线缆可信度测试中最严格的。认证测试仪在预设的频率范围内进行许多种测试，并将结果同TIA或ISO标准中的极限值相比较。这些测试结果可以判断链路是否满足某类或某级（如超5类、6类、7级）的要求。对于网络用户和网络安装公司或电缆安装公司，都应对安装的电缆进行测试，并出具可供认证的测试报告。

8.3 网络听证与故障诊断

网络只要使用就会有故障，除了电缆、网卡、集线器、服务器、路由器以及其他网络设备可能出现故障以外，网络还要经常调整和变更，例如增减站点、增加设备、网络重新布局直至增加网段等。网络管理人员应对网络有清楚的了解，有各种备案的数据，一旦出现故障能立即定位排除。

8.3.1 网络听证

网络听证就是对健康运行的网络进行测试和记录，建立一个基准，以便当网络发生异常时可以进行参数比较，也就是知道什么是正常或异常。这样做既可以防止某些重大故障的发生又可以帮助迅速定位故障。网络听证包括对健康网络的备案和统计，例如，网络有多少站点，每个站点的物理地址（MAC）是什么，IP地址是什么，站点的连接情况等。对于大型网络还包括网段的很多信息，如路由器和服务器的有关信息。这些资料都应有文件记录以供查询。网络的统计信息有网络使用率、碰撞的分布等。这些信息是对网络健康状况的基本了解。以上这些信息总是在变化之中，所以要经常不断地进行更新。

8.3.2 故障诊断

根据统计，大约72%的网络故障发生在OSI七层协议的下三层。据有关资料统计，网络发生故障具体分布为：

- 应用层3%。
- 表示层7%。
- 会话层8%。
- 传输层10%。
- 网络层12%。
- 数据链路层25%。
- 物理层35%。

引起故障的原因包括电缆、网卡、交换机、集线器、服务器以及路由器等问题。另外3%左右的故障发生在应用层，应用层的故障主要是设置问题。网络故障造成的损失是相当大的，有些用户，例如银行、证券、交通管理、民航等，对网络健康运行的要求相当严格，当面对网络故障时，用户要求尽快找出问题所在。一些用户希望使用网管软件或网络协议分析仪解决故障，但事与愿违。这是因为，这些工具需要使用人员对网络协议有较深入的了解，仪器的使用难度大，需要设置协议过滤和进行解码分析等。此外，这些工具使用一般网卡，对某些故障不能不做出反应。Fluke公司的网络测试仪采用专门设计的网卡，具有很多专用测试步骤，不需编程解码，一般技术人员可迅速利用该仪器解决网络问题，并且其仪器为电池供电，用户可以携带到任何地方使用。网络测试仪还有电缆测试的选件，网络的常见故障都可用该仪器迅速诊断。

8.3.3 综合布线工程电气测试要求

1. 国家标准的规定

为了提高布线工程的施工质量，确保系统的正常运行，布线工程的施工必须严格执行有关的标准、规范的规定。

1）综合布线工程电气测试包括电缆系统电气性能测试及光纤系统性能测试。

2）电缆系统电气性能测试项目应根据布线信道或链路的设计等级和布线系统的类别要求制定。

3）各项测试结果应有详细记录，作为竣工资料的一部分。测试记录内容和形式宜符合表8-8和表8-9的要求。

表8-8 综合布线系统工程电缆（链路/信道）性能指标测试记录

工程项目名称											
序号	编号			内容							备注
				电缆系统							
	地址号	缆线号	设备号	长度	接线图	衰减	近端串音	……	电缆屏蔽层连通情况	其他项目	
测试日期、人员及测试仪表型号测试仪表精度											
处理情况											

表8-9 综合布线系统工程光纤（链路/信道）性能指标测试记录

工程项目名称												
序号	编号			电缆系统								备注
				多模				单模				
				850 nm		1300 nm		1310 nm		1550 nm		
	地址号	缆线号	设备号	衰减（插入损耗）	长度	衰减（插入损耗）	长度	衰减（插入损耗）	长度	衰减（插入损耗）	长度	
测试日期、人员及测试仪表型号测试仪表精度												
处理情况												

4）对绞电缆和光纤布线系统的现场测试仪要求如下：

- 应能测试信道与链路的性能指标。
- 应具有针对不同布线系统等级的相应精度，应考虑测试仪的功能、电源、使用方法等因素。
- 测试仪精度应定期检测，每次现场测试前仪表厂家应出示测试仪的精度有效期限证明。

5）电缆布线系统测试：

- 3类和5类布线系统按照水平链路和信道进行测试。

- 5e 类和 6 类布线系统按照永久链路和信道进行测试。

永久链路连接适用于测试固定链路（水平电缆及相关连接器件）性能。

信道连接在永久链路连接模型的基础上，包括工作区和电信间的设备电缆和跳线在内的整体信道性能。

2. 国家标准制定的电气性能主要测试内容

1）电气性能主要测试内容：

- 连接图。
- 长度。
- 衰减。
- 近端串扰（串音）。
- 近端串扰（串音）功率和。
- 衰减串扰（串音）比。
- 衰减串扰（串音）比功率和。
- 等电平远端串扰（串音）。
- 等电平远端串扰（串音）功率和。
- 回波损耗。
- 传播时延。
- 传播时延偏差。
- 插入损耗。
- 直流环路电阻。
- 设计中特殊规定的测试内容。
- 屏蔽层的导通。

2）接线图的测试。

接线图主要测试水平电缆终接在工作区或电信间配线设备的 8 位模块式通用插座的安装连接是否正确。正确的线对组合为：1/2、3/6、4/5、7/8，分为非屏蔽和屏蔽两类，对于非 RJ45 的连接方式按相关规定要求列出结果。

3）布线链路及信道缆线长度应在测试连接图所要求的极限长度范围之内。

4）3 类和 5 类水平链路及信道测试项目及性能指标应符合表 8-10 和表 8-11 的要求（测试条件为环境温度 20℃）。

表 8-10　3 类水平链路及信道性能指标

频率（MHz）	基本链路性能指标		信道性能指标	
	近端串音（dB）	衰减（dB）	近端串音（dB）	衰减（dB）
1.00	40.1	3.2	39.1	4.2
4.00	30.7	6.1	29.3	7.3
8.00	25.9	8.8	24.3	10.2
10.00	24.3	10.0	22.7	11.5
16.00	21.0	13.2	19.3	14.9
长度（m）	94	100		

表8-11 5类水平链路及信道性能指标

频率（MHz）	基本链路性能指标		信道性能指标	
	近端串音（dB）	衰减（dB）	近端串音（dB）	衰减（dB）
1.00	60.0	2.1	60.0	2.5
4.00	51.8	4.0	50.6	4.5
8.00	47.1	5.7	45.6	6.3
10.00	45.5	6.3	44.0	7.0
16.00	42.3	8.2	40.6	9.2
20.00	40.7	9.2	39.0	10.3
25.00	39.1	10.3	37.4	11.4
31.25	37.6	11.5	35.7	12.8
62.50	32.7	16.7	30.6	18.5
100.00	29.3	21.6	27.1	24.0
长度（m）	94	100		

注：基本链路长度为94 m，包括90 m水平缆线及4 m测试仪表的测试电缆长度，在基本链路中不包括CP点。

5）5e类、6类和7类信道测试项目。

- 回波损耗（RL）：只在布线系统中的C、D、E、F级采用，信道的每一线对和布线的两端均应符合回波损耗值的要求。
- 插入损耗（IL）：布线系统信道每一线对的插入损耗值均应符合插入的要求。
- 近端串音（NEXT）：在布线系统信道的两端，线对与线对之间的近端串音值均应符合近端串音的要求。
- 近端串音功率和（PS NEXT）：只应用于布线系统的D、E、F级，信道的每一线对和布线的两端均应符合PS NEXT值要求。
- 线对与线对之间的衰减串音比（ACR）：只应用于布线系统的D、E、F级，信道的每一线对和布线的两端均应符合ACR值要求。
- ACR功率和（PS ACR）：为近端串音功率和与插入损耗之间的差值，信道的每一线对和布线的两端均应符合要求。
- 线对与线对之间等电平远端串音（ELFEXT）：为远端串音与插入损耗之间的差值，只应用于布线系统的D、E、F级。
- 等电平远端串音功率和（PS ELFEXT）：布线系统信道每一线对的PS ELFEXT数值应符合规定。
- 直流（D.C.）环路电阻：布线系统信道每一线对的直流环路电阻应符合的规定。
- 传播时延：布线系统信道每一线对的传播时延应符合规定。
- 传播时延偏差：布线系统信道所有线对间的传播时延偏差应符合规定。

6）5e类、6类和7类永久链路或CP链路测试项目及性能指标应符合以下要求：

- 回波损耗（RL）：布线系统永久链路或CP链路每一线对和布线两端的回波损耗值应符合规定。
- 插入损耗（IL）：布线系统永久链路或CP链路每一线对的插入损耗值应符合规定。
- 近端串音（NEXT）：布线系统永久链路或CP链路每一线对和布线两端的近端串音值应符合规定。
- 近端串音功率和（PS NEXT）：只应用于布线系统的D、E、F级，布线系统永久链路或CP链路每一线对和布线两端的近端串音功率和值应符合规定。

- 线对与线对之间的衰减串音比（ACR）：只应用于布线系统的 D、E、F 级，布线系统永久链路或 CP 链路每一线对和布线两端的 ACR 值应符合规定。
- ACR 功率和（PS ACR）：布线系统永久链路或 CP 链路每一线对和布线两端的 PS ACR 值。
- 线对与线对之间等电平远端串音（ELFEXT）：只应用于布线系统的 D、E、F 级。布线系统永久链路或 CP 链路每一线对的等电平远端串音值应符合规定。
- 等电平远端串音功率和（PS ELFEXT）：布线系统永久链路或 CP 链路每一线对的 PS ELFEXT 值应符合规定。
- 直流（DC）环路电阻：布线系统永久链路或 CP 链路每一线对的直流环路电阻应符合规定。
- 传播时延：布线系统永久链路或 CP 链路每一线对的传播时延应符合规定。
- 传播时延偏差：布线系统永久链路或 CP 链路所有线对间的传播时延偏差应符合规定。

3. 国家标准制定的光纤测试的主要测试内容

光纤测试主要内容：衰减和长度。测试前应对所有的光连接器件进行清洗，并将测试接收器校准至零位。测试应包括以下内容：

- 在施工前进行器材检验时，一般检查光纤的连通性，必要时宜采用光纤损耗测试仪（稳定光源和光功率计组合）对光纤链路的插入损耗和光纤长度进行测试。
- 对光纤链路（包括光纤、连接器件和熔接点）的衰减进行测试，同时测试光跳线的衰减值可作为设备连接光缆的衰减参考值，整个光纤信道的衰减值应符合设计要求。
- 布线系统所采用光纤的性能指标及光纤信道指标应符合设计要求。不同类型的光缆在标称的波长每公里的最大衰减值应符合表 8-12 的规定。

表 8-12　光缆衰减

最大光缆衰减（dB/km）				
项目	OM1、OM2、OM3 多模		OS1 单模	
波长	850 nm	1300 nm	1310 nm	1550 nm
衰减	3.5	1.5	1.0	1.0

- 光缆布线信道在规定的传输窗口测量出的最大光衰减（介入损耗）应不超过表 8-13 的规定，该指标已包括接头与连接插座的衰减在内。

表 8-13　光缆信道衰减范围

最大信道衰减（dB）				
级　别	单　模		多　模	
	1310 nm	1550 nm	850 nm	1300 nm
OF-300	1.80	1.80	2.55	1.95
OF-500	2.00	2.00	3.25	2.25
OF-2000	3.50	3.50	8.50	4.50

注：每个连接处的衰减值最大为 1.5 dB。

光纤链路的插入损耗极限值可用以下公式计算：

- 光纤链路损耗 = 光纤损耗 + 连接器件损耗 + 光纤连接点损耗
- 光纤损耗 = 光纤损耗系数（dB/km）× 光纤长度（km）

- 连接器件损耗 = 连接器件损耗/个 × 连接器件个数
- 光纤连接点损耗 = 光纤连接点损耗/个 × 光纤连接点个数

光纤链路损耗参考值如表 8-14 所示。

表 8-14 光纤链路损耗参考值

种类	工作波长（nm）	衰减系数（dB/km）	种类	工作波长（nm）	衰减系数（dB/km）
多模光纤	850	3.5	单模室内光纤	1310	1.0
多模光纤	1300	1.5	单模室内光纤	1550	1.0
单模室外光纤	1310	0.5	连接器件衰减	0.75 dB	
单模室外光纤	1550	0.5	光纤连接点衰减	0.3 dB	

8.3.4 电缆的认证测试的操作方法

电缆的认证测试分永久链路（基本链路）和信道两种测试方法。目前，北美地区主张基本链路测试的用户达 95%，而欧洲主张信道测试的用户也达到了 95%，我国网络工程界倾向于北美的观点，基本上采用永久链路（基本链路）的测试方法。

永久链路测试如图 8-1 所示。

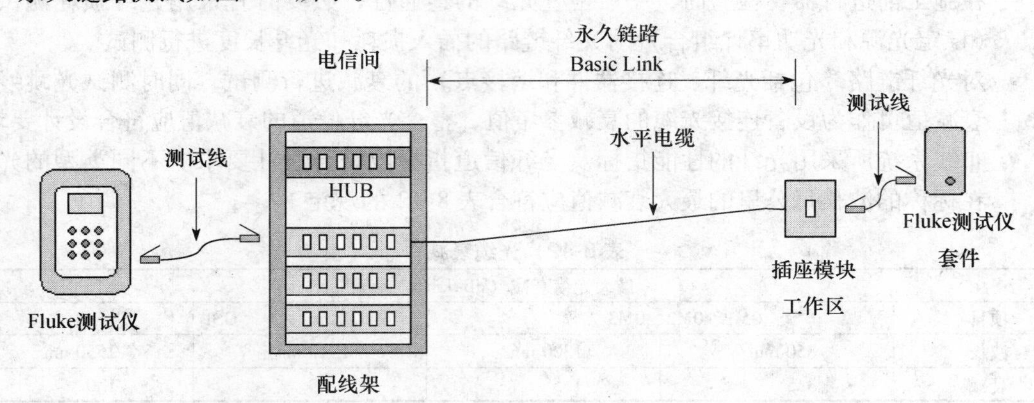

图 8-1 永久链路测试

信道测试如图 8-2 所示。

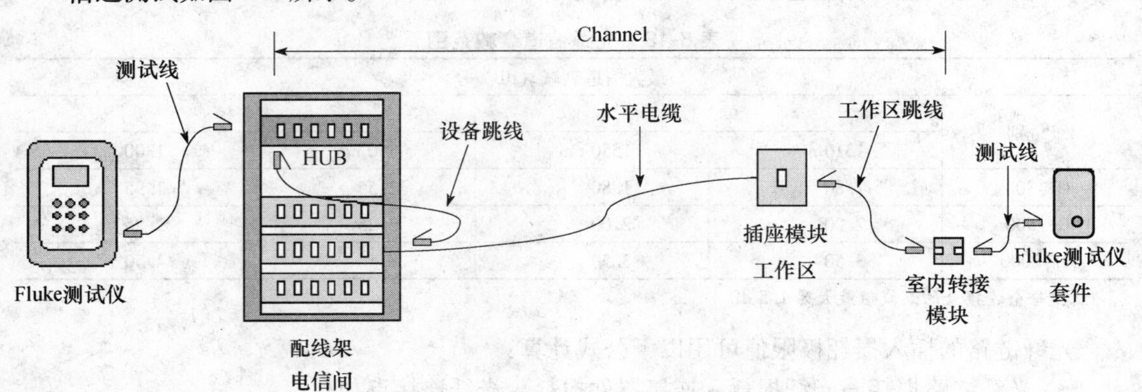

图 8-2 信道测试

进行电缆的认证测试需要测试仪和操作技术人员，测试操作如图 8-3 所示。

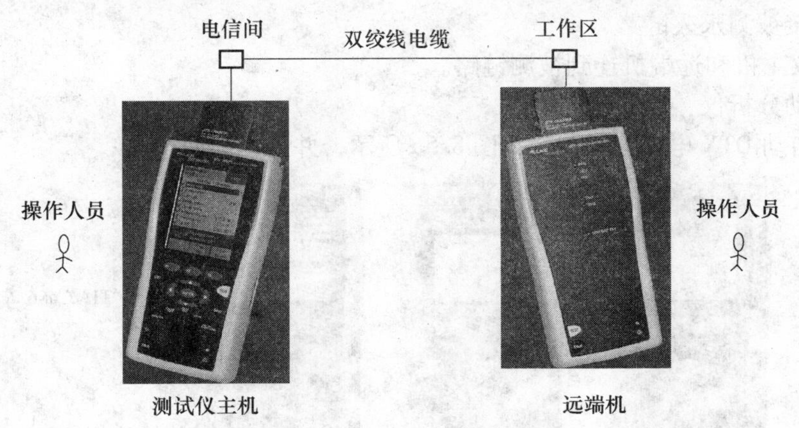

图 8-3 电缆认证测试的操作

主机操作人员使用操作测试仪要重点注意以下内容：

1）打开测试仪，看测试仪是否工作。

2）对测试校准，弄清是测试 568A 还是 568B。

3）将测试仪连接到双绞线电缆的端口。

4）测试双绞线电缆。

5）储存测试结果。

远端机操作人员把测试仪副件连接到双绞线电缆的端口中。

8.4 用 Fluke DTX 电缆分析仪认证测试一条电缆（UTP）

1. 测试仪主机和远端机

Fluke DTX 电缆分析仪分测试仪主机和远端机，如图 8-4 所示。

图 8-4 Fluke DTX 电缆分析仪分测试仪主机和远端机

2. 测试步骤

（1）连接被测永久链路

将测试仪主机和远端机连到被测链路。

（2）启动分析仪

按绿键启动 DTX 电缆分析仪，如图 8-5a 所示，并选择界面。

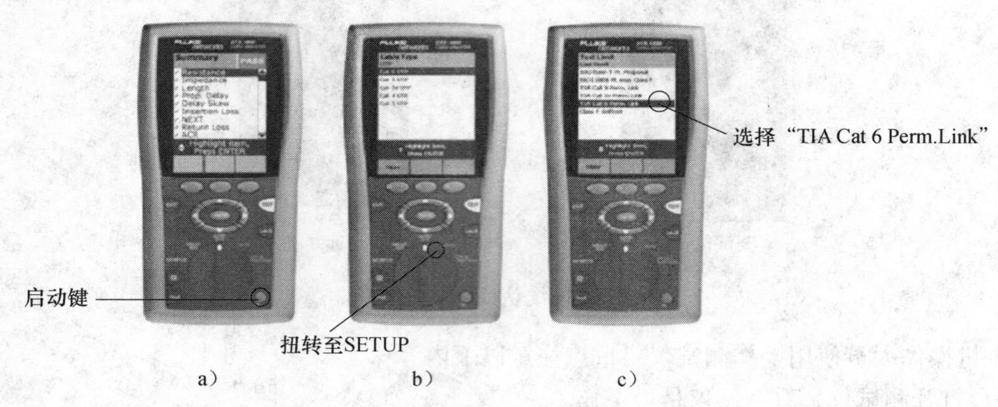

图 8-5 选择双绞线、测试类型和标准

（3）选择双绞线、测试类型和标准

1）将旋钮转至 SETUP，如图 8-5b 所示。

2）选择“Twisted Pair”;

3）选择“Cable Type”;

4）选择“UTP”;

5）选择“Cat 6 UTP”;

6）选择“Test Limit”;

7）选择“TIA Cat 6 Perm. Link”，如图 8-5c 所示。

（4）自动测试

按 TEST 键，启动自动测试，最快 9 秒钟完成一条正确链路的测试。

（5）为测试结果命名

在 DTX 系列测试仪中为测试结果命名。测试结果名称可以是：

1）通过 LinkWare 预先下载。

2）手动输入。

3）自动递增。

4）自动序列，如图 8-6 所示。

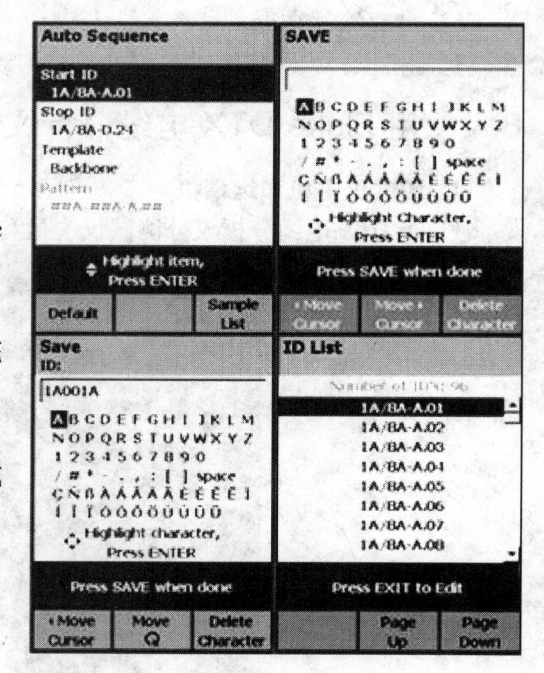

图 8-6 测试结果命名

（6）保存测试结果

测试通过后，按 SAVE 键保存测试结果，结果可保存于内部存储器和 MMC 多媒体卡。

（7）故障诊断

测试中出现“失败”时，要进行相应的故障诊断测试。按故障信息键（F1 键）直观显示故障信息并提示解决方法，再启动 HDTDR 和 HDTDX 功能，扫描定位故障。查找故障后，排除故障，重新进行自动测试，直至指标全部通过为止。

（8）结果送管理软件 LinkWare

当所有要测的信息点测试完成后，将移动存储卡上的结果送到安装在计算机上的管理软件 LinkWare 中进行管理分析。LinkWare 软件有几种形式提供用户测试报告，如图 8-7 所示为其中的一种。

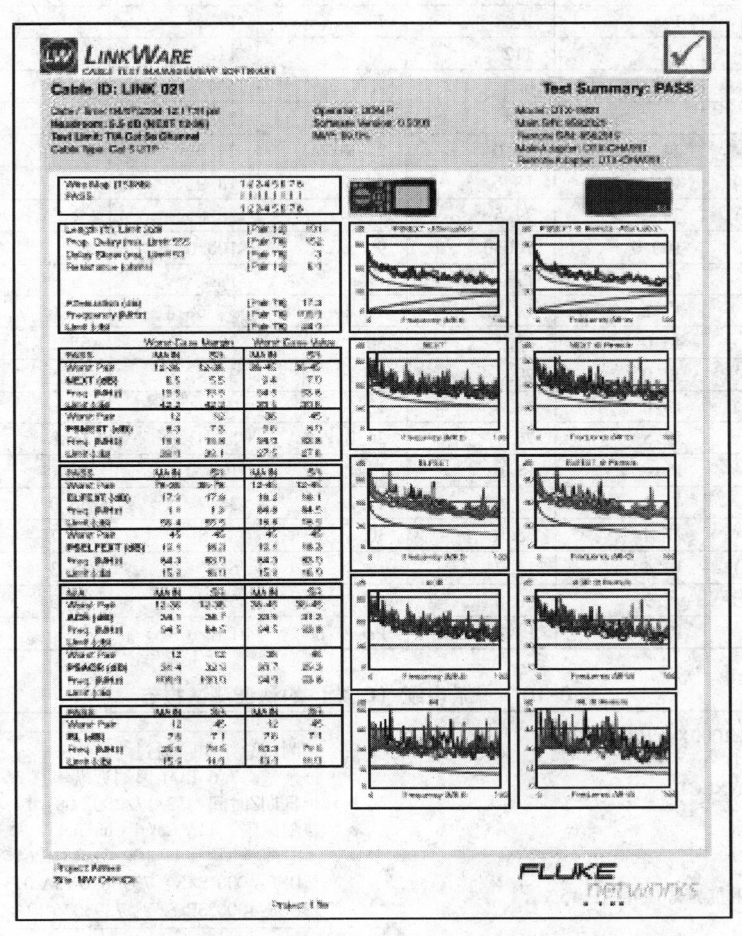

图 8-7　测试结果报告

（9）打印输出

可从 LinkWare 打印输出，也可通过串口将测试主机直接连打印机打印输出。

8.5　一条电缆（UTP）的认证测试报告

一条电缆（5 类、超 5 类、6 类线）经测试仪测试后，将向用户提供一份认证测试报告。5 类测试报告的内容如表 8-15 所示。6 类测试报告的内容如表 8-16 所示。

表8-15 一条电缆（UTP 5）的认证测试报告

接线图	结果	RJ45 PIN：12345678S |||||||| RJ45 PIN：12345678				
线对	1，2	3，6	4，5	7，8		
特性阻抗（ohms）	107	109	110	110		
极限（ohms）	80～120	80～120	80～120	80～120		
结果	Pass	Pass	Pass	Pass		
电缆长度（m）	23.7	23.1	23.3	23.1		
极限（m）	100	100	100	100		
结果	Pass	Pass	Pass	Pass		
合适延迟（ns）	115	112	113	112		
阻抗（ohms）	5.1	6.3	7.7	6.4		
衰减（dB）	5.0	5.4	5.4	5.1		
极限（dB）	24.0	24.0	23.9	24.0		
安全系统（dB）	19.0	18.6	18.5	18.9		
安全系统（%）	79.2	77.5	77.4	78.8		
频率（MHz）	100.0	100.0	99.1	100.0		
结果	Pass	Pass	Pass	Pass		
线对组	1，2～3，6	1，2～4，5	1，2～7，8	3，6～4，5	3，6～7，8	4，5～7，8
近端串扰（dB）	45.0	43.5	50.7	39.1	55.1	46.5
极限（dB）	32.0	29.1	37.1	31.8	39.5	31.1
安全系数（dB）	13.0	14.4	13.6	7.3	15.6	15.4
频率（MHz）	52.5	76.7	26.2	53.8	18.8	58.4
结果	Pass	Pass	Pass	Pass	Pass	Pass
远端串扰（dB）	41.8	51.6	47.2	38.7	56.0	47.4
极限（dB）	27.4	35.9	30.8	31.8	40.7	31.2
安全系数（dB）	14.4	15.7	16.4	6.9	15.3	16.2
频率（MHz）	96.9	30.8	61.5	53.7	16.0	58.1
结果	Pass	Pass	Pass	Pass	Pass	Pass

表8-16 一条电缆（6类）的认证测试报告

电缆识别名：ELITE1000X-CHANNEL
CAT 6 PATCH CORD
地点：4 POINT CONNECT
操作人员：LEE
测试限版本：5.11
软件版本：3.902
NVP：68.3%　　阻抗异常临界值：15%
屏蔽测试：不适用

测试总结果：通过
余量：7.6 dB（远端近端串扰36～78）
日期/时间：12/17/2002 08：14：50 pm
测试限：TIA Cat 6 Channel
电缆类型：UTP 100 Ohm Cat 6
DSP-4000 S/N：7393076 LIA 013
DSP-4000 SR S/N：7393076 LIA 012

接线图	通过		结果				RJ45 PIN：12345678S |||||||| RJ45 PIN：12345678							
线对	长度（ft）	极限值	传输时延（ns）	极限值	时延偏离（ns）	极限值	电阻值（Ω）	极限值	特性阻抗（Ω）	极限值	异常点（ft）	衰减结果（dB）	频率（MHz）	极限值（dB）
12	321	328	478	555	21	50						6.8	250.0	36.0
36	309	328	460	555	3	50						8.0	247.5	35.8
45	318	328	473	555	16	50						7.5	249.5	36.0
78	307	328	457	555	0	50						8.9	250.0	36.0

（续）

线对	主机结果						远端结果					
	最差余量			最差值			最差余量			最差值		
	结果（dB）	频率（MHz）	极限值（dB）	结果（dB）	频率（MHz）	极限值（dB）	结果（dB）	频率（MHz）	极限值（dB）	结果（dB）	频率（MHz）	极限值（dB）
RL												
12	6.6	13.8	18.3	9.6	141.5	10.5	5.5	3.3	19.0	10.9	234.0	8.3
36	7.5	3.4	19.0	10.0	249.5	8.0	6.0	3.4	19.0	9.0	233.5	8.3
45	7.2	3.3	19.0	10.1	242.0	8.2	6.6	3.3	19.0	10.9	241.5	8.2
78	8.8	6.6	19.0	13.6	247.5	8.1	6.0	3.4	19.0	13.3	189.5	9.2
PSNEXT												
12	11.5	4.6	59.6	13.8	233.0	30.7	10.2	196.0	32.0	10.7	249.5	30.2
36	9.8	229.5	30.8	9.8	229.5	30.8	7.8	226.0	30.9	7.8	226.0	30.9
45	9.2	232.0	30.7	9.2	232.0	30.7	7.6	250.0	30.1	7.6	250.0	30.1
78	9.9	4.6	59.6	11.8	250.0	30.1	8.0	235.0	30.6	8.0	235.0	30.6
PSACR												
12	12.0	4.6	55.4	20.8	238.0	-4.5	12.5	4.6	55.4	17.6	249.5	-5.8
36	11.0	12.0	45.8	17.9	229.5	-3.5	10.8	12.0	45.8	15.9	226.0	-3.0
45	11.6	2.8	58.7	16.4	232.5	-3.8	11.9	17.6	41.5	15.1	249.5	-5.8
78	10.6	4.6	55.4	20.6	250.0	-5.8	9.0	4.6	55.4	16.4	235.0	-4.1
NEXT												
12-36	13.1	9.0	57.4	16.6	203.0	34.7	10.4	191.5	35.1	10.4	191.5	35.1
12-45	11.2	32.4	48.2	11.8	233.0	33.7	8.5	249.5	33.1	8.5	249.5	33.1
12-78	10.9	4.6	62.1	16.3	250.0	33.1	10.3	4.6	62.1	14.3	237.0	33.6
36-45	8.4	232.0	33.7	8.4	232.0	33.7	8.8	226.5	33.9	8.8	226.5	33.9
36-78	8.8	12.0	55.3	10.1	229.0	33.8	7.6	210.5	34.5	7.9	226.0	33.9
45-78	10.3	20.2	51.6	11.1	236.0	33.6	7.7	246.0	33.3	7.7	246.0	33.3
ACR												
12-36	14.1	8.9	51.5	23.8	202.5	3.0	13.3	8.9	51.5	19.2	213.5	1.6
12-45	12.9	32.4	36.6	18.9	233.0	-0.9	12.9	32.2	36.7	15.9	249.5	-2.8
12-78	11.6	4.6	57.9	25.2	250.0	-2.9	11.0	4.6	57.9	23.0	237.0	-1.4

从表8-15中可以看到下列几组重要的数据：

（1）接线图（Wire Map Pass）

RJ45 PIN：1 2 3 4 5 6 7 8 S

| | | | | | | |

RJ45 PIN：1 2 3 4 5 6 7 8

表明接线正确。

（2）线对（Pair）：1，2，3，6，4，5，7，8

- 特性阻抗（Impedance（Ω））
- 电缆长度（Length（m））

- 合适延迟（Prop Delay（ns））
- 阻抗（Resistance（Ω））
- 衰减（Attenuation（dB））

它们下面的Pass表示成功（在限定值范围内），如果超过限定值则Fail，表示失败，不能通过测试。

（3）线对组（Pairs）

- 近端串扰（NEXT（dB））
- 远端串扰（FEXT@ Remote（dB））

当它的对应的结果为Pass（成功）时，结果符合标准。当测试超5类、6类线时应选择DSP4000测试仪。

8.6 双绞线测试错误的解决方法

对双绞线进行测试时，接线正确的连线图要求端到端相应的针连接是：1对1、2对2、3对3、4对4、5对5、6对6、7对7、8对8。

如果接错，便有开路、短路、反向、交错和串对5种情况出现。可能产生的问题有：近端串扰未通过、衰减未通过、接线图未通过、长度未通过，现分别叙述如下。

8.6.1 近端串扰未通过

近端串扰未通过（Fail）的原因可能有：

1）近端连接点有问题。

2）远端连接点短路。

3）串对。

4）外部噪声。

5）链路线缆和接插件性能问题或不是同一类产品。

6）线缆的端接质量问题。

8.6.2 衰减未通过

衰减未通过（Fail）的原因可能有：

1）长度过长。

2）温度过高。

3）连接点问题。

4）链路线缆和接插件性能问题或不是同一类产品。

5）线缆的端接质量问题。

8.6.3 接线图未通过

接线图未通过（Fail）的原因可能有：

1）两端的接头有断路、短路、交叉、破裂、开路。

2）跨接错误（某些网络需要发送端和接收端跨接，当为这些网络构筑测试链路时，由于设备线路的跨接，测试接线图会出现交叉）。

正常的接线图如图 8-8 所示。

接线图开路如图 8-9 所示。

图 8-8　接线图正常

图 8-9　接线图开路

接线图交叉如图 8-10 所示。

接线图跨接错误如图 8-11 所示。

图 8-10　接线图交叉

图 8-11　接线图跨接错误

接线图短路如图 8-12 所示。

接线图断路如图 8-13 所示。

图 8-12　接线图短路

图 8-13　接线图断路

8.6.4 长度未通过

长度未通过（Fail）的原因可能有：

1）NVP设置不正确，可用已知的好线确定并重新校准NVP。

2）实际长度过长。

3）开路或短路。

4）设备连线及跨接线的总长度过长。

8.6.5 测试仪问题

1）测试仪不启动，可更换电池或充电。

2）测试仪不能工作或不能进行远端校准，应确保两台测试仪都能启动，并有足够的电池或更换测试线。

3）测试仪设置为不正确的电缆类型，应重新设置测试仪的参数、类别、阻抗及标称的传播速度。

4）测试仪设置为不正确的链路结构，按要求重新设置为基本链路或通路链路。

5）测试仪不能储存自动测试结果，确认所选的测试结果名字是唯一的，或检查可用内存的容量。

6）测试仪不能打印储存的自动测试结果，应确定打印机和测试仪的接口参数，设置成一样，或确认测试结果已被选为打印输出。

8.6.6 DTX的故障诊断

综合布线存在的故障包括接线图错误、电缆长度问题、衰减过大、近端串音过高和回波损耗过高等。超5类和6类标准对近端串音和回波损耗的链路性能要求非常严格，即使所有元件都达到规定的指标且施工工艺也可达到满意的水平，链路测试失败也是非常可能的。为了保证工程的合格，故障需要及时解决，因此对故障的定位技术和定位的准确度提出了较高的要求，诊断能力可以节省大量的故障诊断时间。DTX电缆认证分析仪采用两种先进的分析技术——高精度时域反射分析（HDTDR）和高精度时域串扰分析（HDTDX）对故障进行定位分析。

1. 高精度时域反射分析

高精度时域反射（High Definition Time Domain Reflectometry，HDTDR）分析，主要用于测量长度、传输时延（环路）、时延差（环路）和回波损耗等参数，并针对有阻抗变化的故障进行精确的定位，用于与时间相关的故障诊断。

该技术通过在被测试线对中发送测试信号，同时监测信号在该线对的反射相位和强度来确定故障的类型，通过信号发生反射的时间和信号在电缆中传输的速度可以精确地报告故障的具体位置。测试端发出测试脉冲信号，当信号在传输过程中遇到阻抗变化就会产生反射，不同的物理状态所导致的阻抗变化是不同的，而不同的阻抗变化对信号的反射状态也是不同的。当远端开路时，信号反射并且相位未发生变化，而当远端为短路时，反射信号的相位发生了变化，如果远端有信号终结器，则没有信号反射。测试仪就是根据反射信号的相位变化和时延来判断故障类型和距离的。

2. 高精度时域串扰分析

高精度时域串扰（High Definition Time Domain Crosstalk，HDTDX）分析，通过在一个线

对上发出信号的同时，在另一个线对上观测信号的情况来测量串扰相关的参数以及故障诊断，以往对近端串音的测试仅能提供串扰发生的频域结果，即只能知道串扰发生在哪个频点，并不能报告串扰发生的物理位置，这样的结果远远不能满足现场解决串扰故障的需求。由于是在时域进行测试，因此根据串扰发生的时间和信号的传输速度可以精确地定位串扰发生的物理位置。这是目前唯一能够对近端串音进行精确定位并且不存在测试死区的技术。

3. 故障诊断步骤

在布线系统中两个主要的“性能故障”分别是：近端串音（NEXT）和回波损耗（RL）。下面介绍这两类故障的分析方法。

（1）使用 HDTDX 诊断 NEXT

1）当线缆测试不通过时，先按“故障信息键”（F1 键），如图 8-14 所示，此时将直观显示故障信息并提示解决方法。

2）评估 NEXT 的影响，按 EXIT 键返回摘要屏幕。

3）选择“HDTDX Analyzer”，HDTDX 显示更多线缆和连接器的 NEXT 详细信息。如图 8-15所示。图 8-15 左图故障是 58.4 m 集合点端接不良导致 NEXT 不合格，右图故障是线缆质量差，或是使用了低级别的线缆造成整个链路 NEXT 不合格。

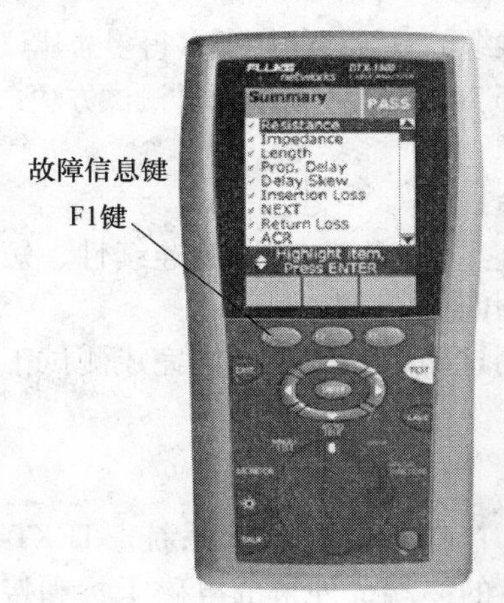

图 8-14 按“故障信息键”（F1 键）获取故障信息

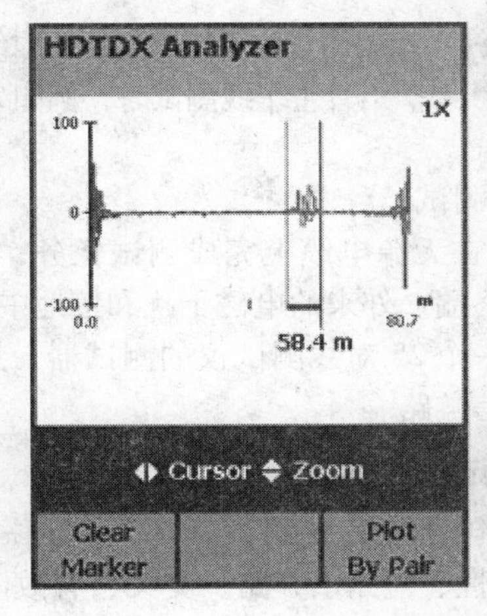

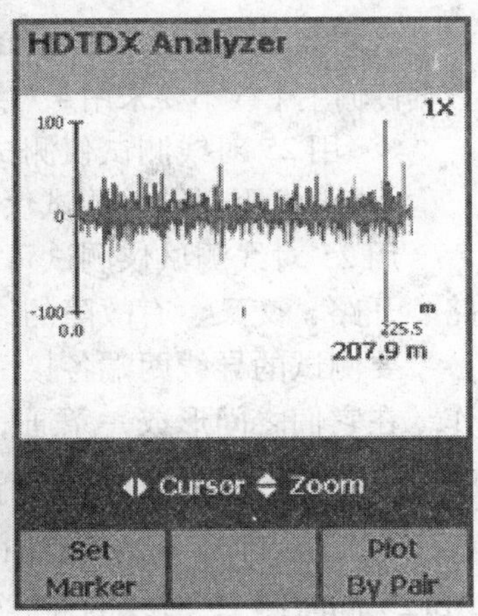

图 8-15 HDTDX 分析 NEXT 故障结果

（2）使用 HDTDR 诊断 RL

1）当线缆测试不通过时，先按“故障信息键”（F1 键），如图 8-14 所示，此时将直观显示故障信息并提示解决方法。

2）评估 RL 的影响，按 EXIT 键返回摘要屏幕。

3）选择“HDTDR Analyzer”，HDTDR 显示更多线缆和连接器的 RL 详细信息。如图 8-16 所示为 70.6 m 处 RL 异常。

8.6.7 手持式测试仪的使用问题

手持式测试仪的主要功能是测试电缆的连通性，验证“线缆连接是否正确”，不能进行电缆的认证测试。

手持式测试仪如图 8-17 所示。

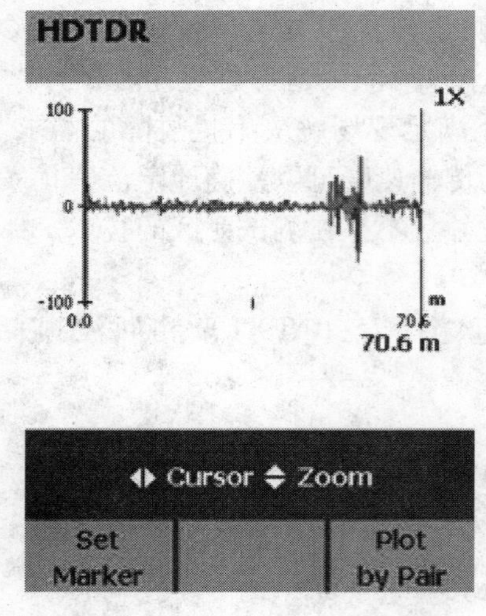

图8-16　70.6 m处RL异常

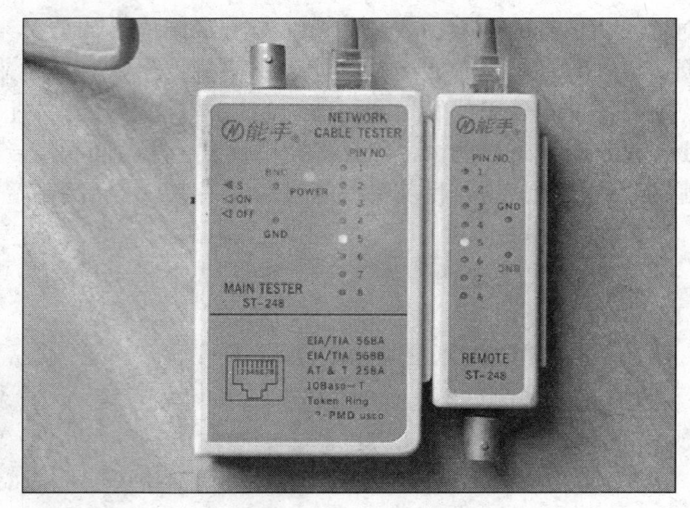

图8-17　手持式测试仪

8.7　大对数电缆测试

大对数电缆多用于综合布线系统的语音主干线，它比4对线缆的双绞线使用要多得多。建议数据传输主干线不要采用4对线缆。语音主干线测试时，例如25对线缆，一般有两种测试方法：

- 用25对线测试仪测试。
- 分组用双绞线测试仪测试。

用25对线测试仪测试可在无源电缆上完成测试任务，它同时测25对线的连续性、短路、开路、交叉、有故障的终端、外来的电磁干扰和接地中出现的问题。

要测试的导线两端各接一个25对线测试仪的测试器。用这两个测试器共同完成测试工作，在它们之间形成一条通信链路。

8.7.1　TEXT-ALL25测试仪简介

TEXT-ALL25可在无源电缆上完成测试任务。它是一个自动化的测试系统。TEXT-ALL25同时测25对线的连续性、短路、开路、交叉、有故障的终端、外来的电磁干扰和接地中出现的问题。

要测试的导线两端各接一个TEXT-ALL25测试器。用这两个测试器共同完成测试工作，在它们之间形成一条通信链路，如图8-18所示。

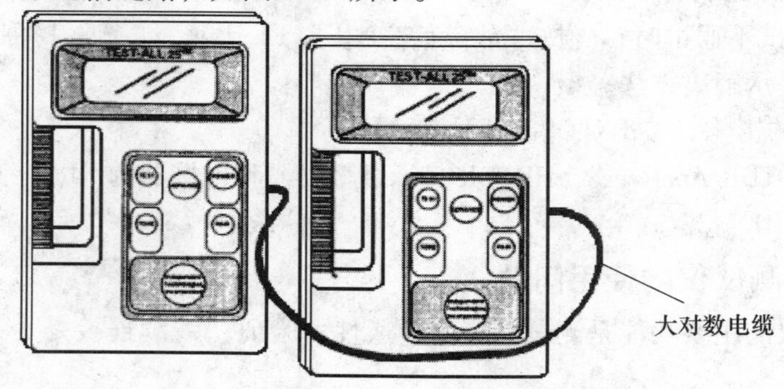

图8-18　使用TEXT-ALL25两端测试

8.7.2 操作说明

TEXT-ALL25 测试器使用了一个大屏幕的彩色液晶显示屏，如图 8-19 所示。它能显示用户工作方式以及测试的结果。

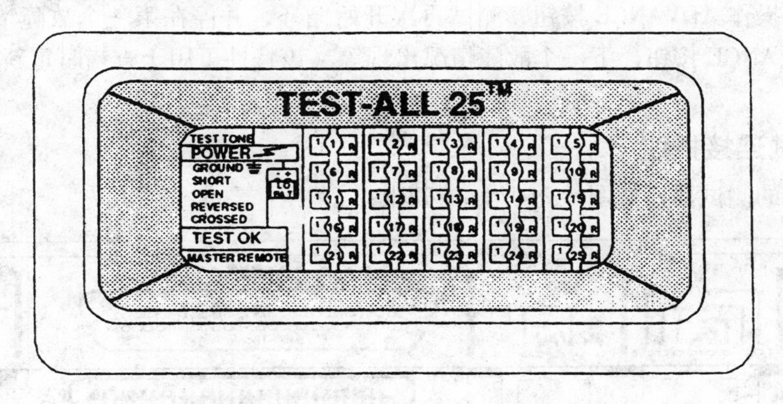

图 8-19 TEXT-ALL25 液晶显示屏

液晶显示屏从 1~25 计数指示电缆对，在每个数字的左边有一个绿色符号表示电缆对正常，而在每个数字的右边有一个红色符号表示电缆对的坏路。

在该测试器面板上有 5 个控制按钮，在其右边板上有 5 个连接插座。

控制按钮开关如图 8-20 所示。

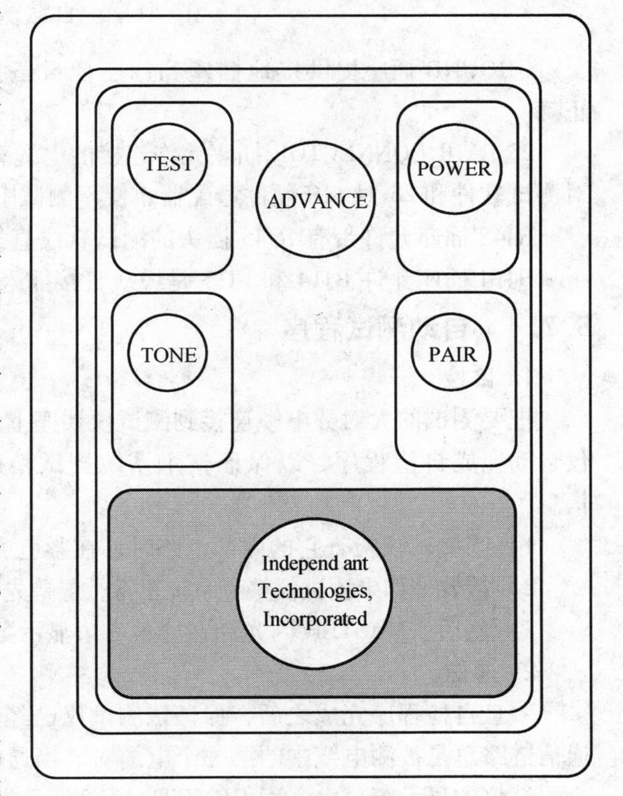

图 8-20 控制按钮开关

POWER——在测试仪右上角有一个电源开关。当整个测试系统安装完毕，打开测试器电源开关，该仪器就开始进行自动测试（为了进行自动测试总是先要连接电缆，然后打开测试器的电源，这样可以防止测试仪将测出的电缆故障作为测试设备内部故障来显示）。

PAIR——绿色开关置于测试仪的右下角，使用户可以选择一次测试 25 对、……4 对、3 对、2 对、1 对。测试仪一打开电源总是工作在 25 对方式，除非用户选择另一种方式。

TONE——使测试仪具有声波功能。当 TONE 按钮处于工作状态时，TONE 出现在显示屏上。一个光源照亮了线对的绿色或红色字符。在线对需要时 TONE 能使用推进式按钮。

TEST——开始顺序测试。在双端测试中，TEXT-ALL25 测试仪有一个可操作的测试

(test) 按钮，这是最基本的装置（控制器），而另一个装置作为远程装置需要重新调整。

ADVANCE——用于选择发出声音的缆对，或选择用户所希望查看的故障指示。当测试程度完成时，同时显示所有发现的故障。当发现的故障是在一个以上时，闪光显示的部分较难看懂。通过操作 ADVANCE 按钮，测试再次开始循环，并停在第一个故障情况的显示上，再次推动 ADVANCE 按钮，下一个故障情况出现等（该特性可用于查错时重新测试的多故障情况）。

8.7.3 测试连接插座

测试仪上的测试插座如图 8-21 所示。其中：

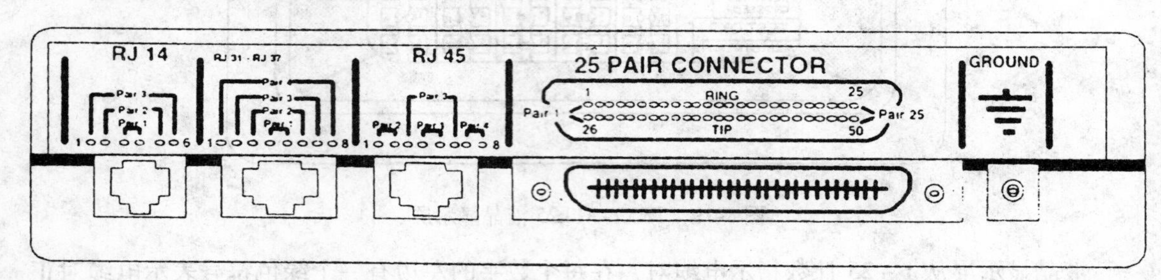

图 8-21 TEXT-ALL25 测试仪上的测试插座

GROUND 插座提供接地插座和用于使设备接地正确，这样做的目的是保证测试结果正确。

25 PAIR CONNECTOR 插座允许连接的电缆直接插入测试仪中进行测试。它也可应用 25 对测试软件和 25 对 110 硬件适配器，便于测试中访问 110 系统。

RJ45 插座允许带有 RJ45 插头的测试软线直接插入测试仪中进行测试。

RJ14 插座允许 RJ14 和 FJ11 是缆线直接插入 TEXT-ALL25 进行测试。

8.7.4 自动测试程序

1. 自检

把要测试的大对数电缆连接到测试仪插座上，打开 TEXT-ALL25 测试仪电源开关。测试仪自动完成自检程序，以保证整个系统测试精确。下面是操作者在显示屏上能观察到的信息：

1）当测试仪检查它的内部电路时，在彩色屏幕上显示文字、数字和符号，大约 1 s。

2）接着，如果测试仪整个系统正常，屏幕先变黑，然后明显地显示 TEXT OK，大约 1 s。

3）然后，MASTER 闪光和在屏幕右边显示数字，表示该测试器已经准备好，可以使用。

2. 通信

一旦自检程序完成之后，保证该测试仪已经连到一个电路上，并着手进行与远端通信。通信链路总是被测电缆中的第一个电缆对。当通信链路已经成功建立，MASTER 照亮在第一个测试仪的显示窗口上，而 REMOTE 照亮在远端的第二个测试仪上。

在使用另一个测试仪不能正常通信的情况下，MASTER 闪烁，指标不能通信，要进行再次尝试，TEST 按钮必须再次压入。

3. 电源故障测试

TEXT-ALL25 照亮 POWER FAULT 完成电源故障测试时，能检查通交流或直流电的所有 50 根导线。如果所测电压（交流或直流）等于或高于 15 V，该电压在两端测试仪的显示屏上照亮后显示出来，并终止测试程序（当指出有电源故障而且确实存在的电源故障时，常常需要重新测试。因为有时电缆上的静电会造成电源故障指示错误，但请注意，接地导体良好，可以防止测试时因静电产生电压指示差错）。

4. 接地故障测试

屏幕显示 GROUND FAULT，表示正在进行接地测试。该测试表示在两端的测试仪上连接一根外部接地导线。

首先测试地线的连续性。包括地线已连到两个测试仪上，电缆的两端及其地电位。不同电平的电压常常在于大楼地线上形成噪声，从而影响传输质量，该地线连续性测试是为了检查地线连接的正确性。

已接地的导线用 TEXT-ALL25 测试和完成端到端的地线性能测试时，可能造成噪声或电缆故障（测试参考值为 75 000 Ω 或小于地线与导线之间的阻值，均被认为是存在接地故障）。

5. 连续性测试

下面的测试是完成端到端线对的测试。

Shorts（短路）——所测试的导线与其他导体短路（6000 Ω 或小于导线之间的电阻，称为短路）。

Open（开路）——测试的导线为开路的导线（测试仪之间端到端大于 2600 Ω，称为开路导线）。

Reversed（反接）——为了测试端到端线对的正确性，当进行连续性测试时，要保证每一个被测导线连接到其他测试仪上。

Crossed（交叉）——为了测试所有的导线是否端到端正确的连接，还应检查所测电缆组中是否有与其他导线交叉连接的情况（这就是常说的易位）。

当所有测试令人满意地完成，而且测试过程中没有发现任何故障，这时屏幕上出现照亮的 TEST OK。

大对数线的测试也可以用测试双绞线的测试仪来分组测试，每 4 对一组，当测到第 25 对时，向前错位 3 对线。这种测试方法是较为常用的。

8.8 光缆测试技术

8.8.1 光纤测试技术综述

1. 简述

由于在光缆系统的实施过程中，涉及光缆的铺设，光缆的弯曲半径，光纤的熔接、跳线，更由于设计方法及物理布线结构的不同，导致两个网络设备间的光纤路径上光信号的传输衰减有很大不同，为了确保通信畅通，就需要对光纤进行测试。无论是布线施工人员，还是网络维护人员，都有必要掌握光纤链路测试的技能。

在光纤的应用中，光纤本身的种类很多，但光纤及其系统的基本测试方法，大体上都是一样的，所使用的设备也基本相同。对光纤或光纤系统，其基本的测试内容有：连续性和衰减/损耗。测量光纤输入功率和输出功率，分析光纤的衰减/损耗，确定光纤连续性和发生光损耗的部位等。

光信号沿光纤传输时，光功率的损失即为光纤的衰减，衰减A以分贝（dB）为单位。

$$A = 10\lg P1/P2 \ (dB)$$

P1和P2分别是输入端和输出端的光功率。

光纤衰减常数的标准为：在1310 mm波长上，衰减平均值应小于等于0.36 dB/km，衰减最大值应小于等于0.4 dB/km；在1550 mm波长上，衰减平均值应小于等于0.22 dB/km，衰减最大值应小于等于0.25 dB/km；光纤接续时，其双向平均接头损耗不得大于0.08 dB。

进行光纤的各种参数测量之前，必须做好光纤与测试仪器之间的连接。目前，有各种各样的接头可用，但如果选用的接头不合适，就会造成损耗，或者造成光学反射。例如，在接头处，光纤不能太长，即使长出接头端面1 μm，也会因压缩接头而使之损坏。反过来，若光纤太短，则又会产生气隙，影响光纤之前的耦合。因此，应该在进行光纤连接之前，仔细地平整及清洁端面，并使之适配。

目前，绝大多数的光纤系统都采用标准类型的光纤、发射器和接收器。如纤芯为62.5 μm的多模光纤和标准发光二极管LED光源，工作在850 nm的光波上。这样就可以大大地减少测量中的不确定性。而且，即使是用不同厂家的设备，也可以很容易地将光纤与仪器进行连接，可靠性和重复性也很好。

2. 测试仪器精确度

光纤测试仪由两个装置组成：一个是光源，它接到光纤的一端发送测试信号；另一个光功率计，它接到光纤的另一端，测量发来的测试信号。测试仪器的动态范围是指仪器能够检测的最大和最小信号之间的差值，通常为60 dB。高性能仪器的动态范围可达100 dB甚至更高。在这一动态范围内功率测量的精确度通常被称为动态精确度或线性精度。

功率测量设备有一些共同的缺陷：高功率电平时，光检测器呈现饱和状态，因而增加输入功率并不能改变所显示的功率值；低功率电平时，只有在信号达到最小阈值电平时，光检测器才能检测到信号。

在高功率和低功率之间，功率计内的放大电路会产生三个问题。常见的问题是偏移误差，它使仪器恒定地读出一个稍高或稍低的功率值。大多数情况下，最值得注意的问题是量程的不连续，当放大器切换增益量程时，它使功率显示值发生跳变。无论是在手动，还是在经常遇到的自动（自动量程）状态下，典型的切换增量为10 dB。一个较少见的误差是斜率误差，它导致仪器在某种输入电平上读数值偏高，而在另一些点上却偏低。

3. 测量仪器校准

为了使测量的结果更准确，首先应该对功率计进行校准。但是，即使是经过了校准的功率计也有大约±5%（0.2 dB）的不确定性。这就是说，用两台同样的功率计去测量系统中同一点的功率，也可能会相差10%。

其次，为确保光纤中的光有效地耦合到功率计中去，最好是在测试中采用发射电缆和接收电缆。但必须使每一种电缆的损耗低于0.5 dB，这时，还必须使全部光都照射到检测器的接收面上，又不使检测器过载。光纤表面应充分地平整清洁，使散射和吸收降到最低。

值得注意的是，如果进行功率测量时所使用的光源与校准时所用的光谱不相同，也会产生测量误差。

4. 光纤的连续性

光纤的连续性是对光纤的基本要求，因此对光纤的连续性进行测试是基本的测量之一。

进行连续性测量时，通常是把红色激光，发光二极管（LED）或者其他可见光注入光纤，并在光纤的末端监视光的输出。如果在光纤中有断裂或其他的不连续点，在光纤输出端的光功率就会下降或者根本没有光输出。

通常在购买电缆时，人们用四节电池的电筒从光纤一端照射，从光纤的另一端察看是否有光源，如有，则说明这光纤是连续的，中间没有断裂，如光线弱时，则要用测试仪来测试。

光通过光纤传输后，功率的衰减大小也能表示出光纤的传导性能。如果光纤的衰减太大，则系统也不能正常工作。光功率计和光源是进行光纤传输特性测量的一般设备。

5. 光缆布线系统测试

光缆布线系统的测试是工程验收的必要步骤，也是工程承包者向业主兑现合同的最后工序，只有通过了系统测试，才能表示布线系统的完成。

布线系统测试可以从多个方面考虑，设备的连通性是最基本的要求，跳线系统是否有效可以很方便地测试出来，通信线路的指标数据测试相对比较困难，一般都借助于专业工具进行，1995 年 9 月通过的 TSB-76 中对双绞线的测试作了明确的规定，2004 年 2 月颁布的 TIA/ TSB-140 测试标准，旨在说明正确的光纤测试步骤。该标准建议了两级测试，分别为：

Tier 1（一级），使用光缆损耗测试设备（OLTS）来测试光缆的损耗和长度，并依靠 OLTS 或者可视故障定位仪（VFL）验证极性。

Tier 2（二级），包括一级的测试参数，还包括对已安装的光缆链路的 OTDR 追踪。布线系统测试应参照此标准进行。

光缆布线系统测试要重点注意如下 3 点内容：

（1）光纤测试方法有 4 种

通常我们在具体的工程中对光缆的测试方法有：连通性测试、端－端损耗测试、收发功率测试和反射损耗测试 4 种，现简述如下。

1）连通性测试：连通性测试是最简单的测试方法，只需在光纤一端导入光线（如手电光），在光纤的另外一端看看是否有光闪即可。连通性测试的目的是确定光纤中是否存在断点。在购买光缆时都采用这种方法。

2）端－端的损耗测试：端－端的损耗测试方法是使用一台功率测量仪和一个光源，先将被测光纤的某个位置作为参考点，测试出参考功率值，然后再进行端－端测试并记录下信号增益值，两者之间即为实际端到端的损耗值。用该值与 FDDI 标准值相比就可确定这段光缆的连接是否有效。图 8-22 所示为端－端测试示意图。

3）收发功率测试：收发功率测试 EIA 的 FOTP-95 标准中定义的光功率测试，它确定了通过光纤传输的信号的强度，是光纤损失测试的基础。测试时把光功率计放在光纤的一端，把光源放在光纤的另一端，如图 8-22 所示。

收发功率测试是测定布线系统光纤链路的有效方法，使用的设备主要是光纤功率测试仪和一段跳接线。在实际应用情况中，链路的两端可能相距很远，但只要测得发送端和接收端的光功率，即可判定光纤链路的状况。具体操作过程如下：

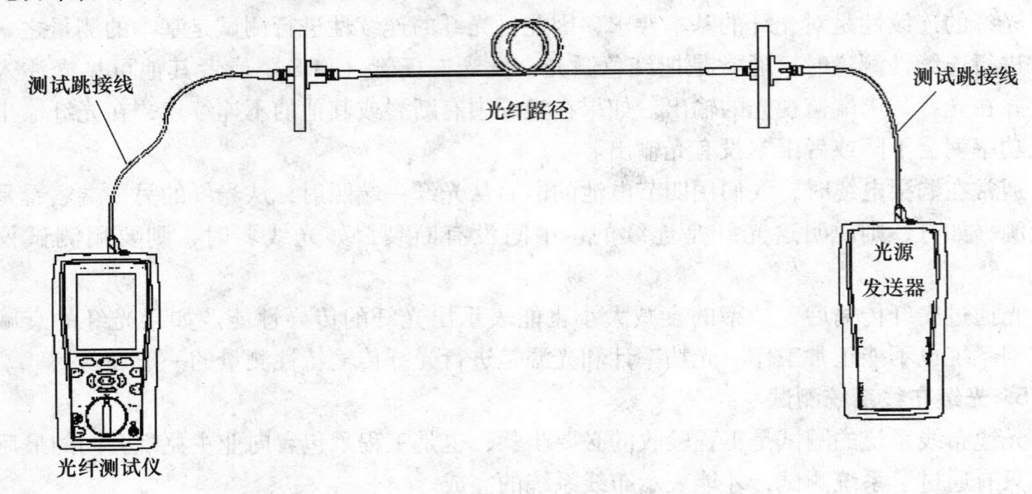

图 8-22 端 - 端的损耗测试示意图

- 在发送端将测试光纤取下，用跳接线取而代之，跳接线一端为原来的发送器，另一端为光功率测试仪，使光源发送器工作，即可在光功率测试仪上测得发送端的光功率值。

光功率值代表了光纤通信链路的衰减。衰减是光纤通信链路的一个重要的传输参数，它的单位是分贝（dB）。

收发功率测试实际上就是衰减的测试，它测试的是信号在通过光纤后的减弱。测试过程首先应设置一个测试参照基准，对照它来度量信号在安装的光纤路径上的损失。设置一个测试参照基准如图 8-23 所示。

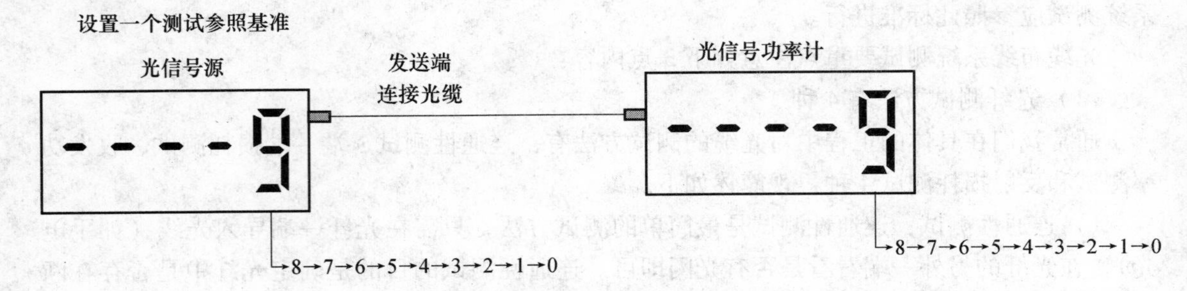

图 8-23 设置一个测试参照基准图

光功率损失代表光纤链路的衰减。光功率损失测试实际上就是衰减的测试。

测试过程首先应将光源和光功率计分别连接到参照测试光纤的两端，以参照测试光纤作为一个基准，对照它来度量信号在安装的光纤路径上的损失。

4）反射损耗测试：反射损耗测试是光纤线路检修非常有效的手段。它使用光纤时间区域反射仪（Optical Time Domain Reflectometer，OTDR）来完成测试工作，基本原理就是利用导入光与反射光的时间差来测定距离，如此可以准确判定故障的位置。

OTDR 简称光时域计，它是通过被测光纤中产生的背向散射信号来工作的，所以又叫做背向散射仪，主要用来测量光纤长度、光纤故障点、光纤衰耗以及光纤接头损耗等。

（2）光纤连接、链路损耗估算

连接损耗是采用光纤传输媒体时必须考虑的问题，连接光纤的任何设备都可能使光波功率产生不同程度的损耗，光波在光纤中传播时自身也会产生一定的损耗。光纤连接要求任意两个端结点间总的连接损耗应控制在一定范围内，如多模光纤的连接损耗应不超过 11 dB。因此，有效地计算光纤的连接损耗是网络布线时面临的一个非常重要的课题。

一般情况下，端－端（End-to-end）之间的连接损耗包括下列几个方面的内容：

- 结点至配线架之间的连接损耗，如各种连接器。
- 光纤自身的衰减。
- 光纤与光纤互连所产生的损耗，如光纤熔接或机械连接部分。
- 为将来预留的损耗富余量，包括检修连接、热偏差、安全性方面的考虑以及发送装置的老化所带来的影响等。

对于各个主要连接部件所生产的光波损耗值，我们用表 8-17 表示如下。

表 8-17　光纤连接部件损耗值

连接部件	说　明	损　耗	单　位
多模光纤	导入波长：850 nm	3.5～4.0	dB/km
多模光纤	导入波长：1300 nm	1.0～1.5	dB/km
单模光纤	导入波长：1310 nm	1.0～2.0	dB/km
连接器		>1.0	dB/个
光旁路开关	在未加电的情况下	2.5	dB/个
拼接点	熔接或机械连接	0.3（近似值）	dB/个

不同尺寸的光纤耦合器件组合在一起也会产生损耗，而这种损耗是随着发送功率的不同而异。表 8-18 给出了 FDDI 标准中定义的各种发送功率下不同尺寸光纤的耦合所产生的损耗指标。从表中可以看出，相同尺寸光纤的耦合不会产生损耗。

表 8-18　光纤耦合损耗

接收光纤	发送光纤				
	50 μm	51 μm	62.5 μm	85 μm	100 μm
	NA＝0.20	NA＝0.22	NA＝0.275	NA＝0.26	NA＝0.29
50 μm，NA＝0.20	0.0	0.4	2.2	3.8	5.7
51 μm，NA＝0.22	0.0	0.0	1.6	3.2	4.9
62.5 μm，NA＝0.275	0.0	0.0	0.0	1.0	2.3
85 μm，NA＝0.26	0.0	0.0	0.1	0.0	0.8
100 μm，NA＝0.29	0.0	0.0	0.0	0.0	0.0

表中的 NA（Numerical Aperture）表示数值孔径，是光纤对光的接收程度的度量单位，是衡量光纤集光能力的参数。准确定义为：

$$NA = n \cdot \sin\theta$$

计算连接损耗的公式为：

$$M = G - L$$

其中，M 是剩余功率的临界值（Margin），在光纤通信工程中表示损耗的余量，称作富余度或边际，必须保证 $M>0$，才能使系统正常运行。

G 表示信号增益值（Gain），其计算公式为：

$$G = Pt - Pr$$

Pt 代有 PMD 指定的发送功率，Pr 是接收装置的灵敏度，它们在 PMD 中都作了具体的定义。表 8-19 给出光纤 PMD 标准中 Pt 和 Pr 的指标。由于单模光纤分为Ⅰ级和Ⅱ级，相互连接时产生的损耗各不相同，如表 8-20 给出了单模光纤的光功率损耗值。光纤链路损耗的原因如图 8-24 所示。

表 8-19　光纤 PMD 中定义的收发功率

PMD 标准	发送方输出功率（dB·m）	接收方输入功率（dB·m）
多模光纤	−16 ~ −10	−27 ~ −10
单模光纤，Ⅰ级	−20 ~ −14	−31 ~ −14
单模光纤，Ⅱ级	−4 ~ 0	−37 ~ −15

表 8-20　单模光纤的光功率损耗值

发送方输出	接收方输入	光功率损耗		发送方输出	接收方输入	光功率损耗	
		最小（dB·m）	最大（dB·m）			最小（dB·m）	最大（dB·m）
Ⅰ级	Ⅰ级	0	11	Ⅱ级	Ⅰ级	14	27
Ⅰ级	Ⅱ级	1	17	Ⅱ级	Ⅱ级	15	33

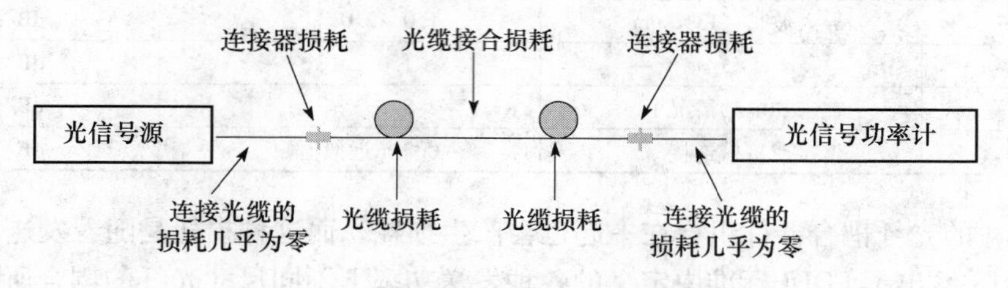

图 8-24　光纤链路损耗的原因

关于光纤链路有两个基本参数：带宽和功率损耗。光纤 PMD 标准规定：光纤的距离为 2 km，模态带宽至少为 500 MHz/1300 μm。在规划和施工时要选择合适的符合标准的光纤。链路损耗是指端口到端口之间光功率的衰减，包括链路上所有器件的损耗。光纤链路在光信号发送器、接收器、光旁路开关、接头、终端处及光纤上都可能产生损耗。光纤 PMD 标准给出两结点间允许的最大损耗值。多模光纤的最大损耗值为11 dB，而单模光纤分为两类收发器，类型Ⅰ收发器允许最大损耗值为 11 dB，类型Ⅱ收发器允许损耗值小于 33 dB，大于 14 dB，如表 8-20所示。链路损耗值是两结点间所有部件损耗值之和，包括下列主要因素：

- 光纤结点到光纤的连接（如 ST、MIC 连接器）。
- 光纤损耗。
- 无源部件（如光旁路开关）。
- 安全、温度变化、收发器老化、计划整修的接头等。

在光纤网络的设计和规划中，要估算链路的损耗值，检查是否符合光纤 PMD 标准。如果不符合光纤 PMD 的规定标准，就得重新考虑布线方案，如使用单模光纤类型Ⅱ收发器，在连接处增加有源部件，移去光旁路开关，甚至改变网络的物理拓扑结构，然后重新计算链路的损耗值直到满足标准为止。在计算链路损耗值时，并不需要计算每条链路的损耗值，只要计算出最坏情况下的链路损耗即可。最坏情况链路就是光纤最长、连接器和接头的个数最多以及光旁路开关的个数最多等造成光功率损耗值最大的链路。当然，如果计算并记录所有链路的损耗值，对于将来的故障诊断和故障排除是非常有用的。在网络设计中计算链路损耗值是必要的。如果在安装完成后才发现有错误，代价可能很大，需要增加或替换器件，甚至需要重新设计和安装。由于计算时都采用估计值，且影响网络工作的因素又很多，即使链路损耗计算值满足要求，也不能完全保证安装后的网络一定是成功的。

链路损耗值（L）的基本计算公式为：

$$L = I_c \times L_c + N_{con} \times L_{con} + (N_s + N_r) \times L_s + N_{pc} \times L_{pc} + N_m \times L_m + P_d + M_a + M_s + M_t$$

其中：

I_c：光纤的长度（单位：km）

L_c：单位长度的损耗（1.5～2.5 dB·km）

N_{con}：连接器的数目

L_{con}：每个连接器的损耗（约0.5 dB）

N_s：安装接头的数目

N_r：计划整修接头的数目

L_s：每个接头的损耗（约0.5 dB）

N_{pc}：无源部件的数目（如光旁路开关）

L_{pc}：每个无源部件的损耗（约2.5 dB）

N_m：不匹配耦合的数目

L_m：每个不匹配耦合的损耗

P_d：色散损耗（厂家说明）

M_a：信号源老化损耗（1～3 dB）

M_s：安全损耗（1～3 dB）

M_t：温度变化损耗（1 dB）

假设设计一幢大楼内的光纤网络，要求两站之间最大光纤的（MMF 1300 μm）长度是1.5 km（损耗为1.2 dB/km），连接三个机械接头（损耗为0.5 dB/接头）和六个连接器（损耗为0.5 dB/连接器），其他的链路长度为14 km，且包含有一个熔接接头（损耗为0.3 dB/接头）。假设没有不匹配耦合，安全边界损耗值为1 dB，信号源老化损耗值为1 dB，两个机械接头计划将来整修。根据链路损耗值计算公式计算如下：

1）光纤长度 = 1.5 km

单位长度损耗（dB/km）= 1.2

总损耗 = 1.5 × 1.2 = 1.8 dB

2）连接器数目 = 6

损耗/连接器 = 0.5 dB

总损耗 = 6 × 0.5 = 3 dB

3）安装接头数目 = 3

计划整修接头数目 = 2

损耗/接头 = 0.5 dB

总损耗 = (3 + 2) × 0.5 = 2.5 dB

4）旁路开关个数＝0

总损耗＝0

5）不匹配耦合数目＝0

总损耗＝0

6）色散损耗＝0

7）信号源老化损耗＝1 dB

8）安全临界损耗＝1 dB

9）温差损耗＝1 dB

所以，整个链路的损耗值为：

$$L = 1.8 + 3 + 2.5 + 0 + 0 + 0 + 1 + 1 + 1 = 10.3(\mathrm{dB})$$

这个值小于MMF的最大损耗值11 dB，说明从链路损耗这个角度考虑，此设计方案可以接受。

一个光旁路开关的功率损耗是2.5 dB。光纤标准建议：在带有光旁路开关的链路上，任意相邻两通信站点之间的光纤长度不要超过400 m(2.5 dB/km)。在这个限定值内，即使有4个连续的站点处于旁路状态，这4个站的两边结点仍可以通信，因为任意两个结点间的连接损耗仍能满足损耗不大于11 dB($4 \times 2.5 + 0.4 \times 2.5 = 11$ dB）的边界条件。当然，这样的计算是在假定没有其他损耗源的情况下进行的。

在大楼布线系统中，采用62.5/125 μm的光纤时，它的工作波长为850 nm、1300 nm双波长窗口，在长距离时要注意下面的情况：

在850 nm下满足工作带宽160 MHz/km。

在1300 nm下满足工作带宽550 MHz/km。

在保证工作带宽下传输衰减是光纤链路最重要的技术参数。

$$A_{光} = \alpha L = 10\log10(P_1/P_2)$$

α：衰减系数。

L：光纤长度。

P_1：光信号发生器在光纤链路始端注入光纤光功率。

P_2：光信号接收器在光纤链路末端接收到的光功率经光纤链路衰减后的光信号量。

$$A(总) = L_c + L_s + L_f + L_m$$

各环节衰减分配

L_c(连接器衰减)：≤0.5 dB×2

L_s(连接器衰减)：≤0.3 dB×2

L_f(光纤衰减)：850 nm≤3.5 dB/km

1300 nm≤1.2 dB/km

L_m(余量)：由用户选定。

楼宇内光纤长度不超过500 m时A(总）应为：850 nm时≤3.5 dB，1300 nm时≤2.2 dB。

（3）光缆链路的关键物理参数

1）衰减。

- 衰减是光在光沿光纤传输过程中光功率的减少。
- 对光纤网络总衰减的计算：光纤损耗（LOSS）是指光纤输出端的功率Power out与

发射到光纤时的功率 Power in 的比值。

- 损耗是同光纤的长度成正比的，所以总衰减不仅表明了光纤损耗本身，还反映了光纤的长度。
- 光缆损耗因子（α）：为反映光纤衰减的特性。

2）回波损耗。

- 反射损耗又称为回波损耗，它是指在光纤连接处，后向反射光相对输入光的比率的分贝数，回波损耗越大越好，以减少反射光对光源和系统的影响。

3）插入损耗。

- 插入损耗是指光纤中的光信号通过活动连接器之后，其输出光功率相对输入光功率的比率的分贝数。
- 插入损耗越小越好。

衰减还要注意以下事项：

- 对于不同的光纤链路，单模或多模，相应地，要选用单模或多模仪表。
- 测试时，所选择的光源和波长，最好与实际使用中的光源和波长一致，否则测试结果就会失去参考价值。
- 设置好参考值后，千万注意不要在仪表光源的输出口断开，一旦断开，要求重新设置基准，否则测试结果可能不准确，甚至出现负值。
- 光源需要预热十分钟左右才能稳定，设置参考值要在光源稳定后才能进行。如果环境变化较大，如从室内到室外，温度变化大，要重设置参考值。

8.8.2 光纤测试仪的组成

目前，测试综合布线系统中光纤传输系统的性能常用 AT&T 公司生产的 938 系列光纤测试仪。下面我们侧重介绍怎样使用该测试仪来测试光缆传输系统。

938A 光纤测试仪由下列部分组成，如图 8-25所示。

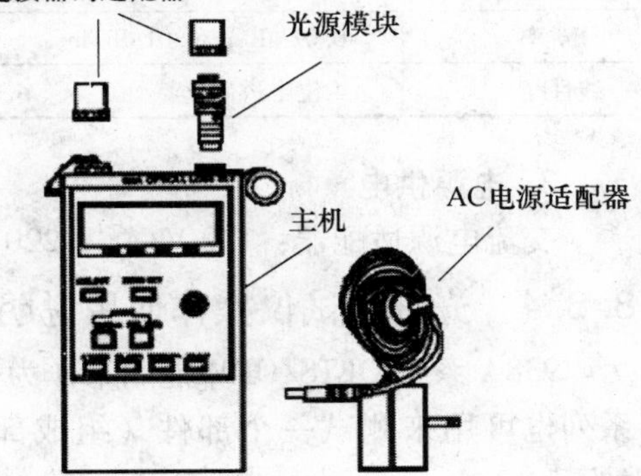

图 8-25 938A 光损耗测试仪

1. 主机

它包含一个检波器、光源模块（OSM）接口、发送和接收电路及供电电源。主机可独立地作为功率计使用，不要求光源模块。

2. 光源模块

它包含有发光二极管（LED），在 660、7800、820、850、870、1300、1550 nm 波长上作为测量光衰减/损耗的光源，每个模块在其相应的波长上发出能量。

3. 光连接器的适配器

它允许连接一个 Biconic、ST、SC 或其他光缆连接器至 938 主机，对每一个端口（输入和输出）要求一个适配器，安装连接器的适配器时不需要工具。

4. AC 电源适配器

当由 AC 电源给主机供电时，AC 适配器不对主机中的可充电电池进行充电。如果使用的是可充电电池，而必须由外部 AC 电源对充电电池进行充电。

8.8.3 938 系列测试仪的技术参数

目前，工程中使用的光纤测试仪主要是 938 系列测试仪，它的技术参数如下。

1. 发送器

发送器的技术参数如表 8-21 所示。

表 8-21 发送器的技术参数

发送器	标准模块最大标称波长（nm）	频宽（nm）	输出功率（dB·m）	输出稳定性（常温下超过 8 h）（dB）
9G	660 ±10	≤20	≥ −20	≤ ±0.5
9H	780 ±10	≤30	≥ −20	≤ ±0.5
9B	820 ±10	≤50	≥ −25	≤ ±0.5
9C	850 ±10	≤50	≥ −25	≤ ±0.5
9D	875 ±10	≤50	≥ −25	≤ ±0.5
9E	1300 ±20	≤150	≥ −30	≤ ±0.5
9F	1550 ±20	≤150	≥ −30	≤ ±0.5

2. 接收器

接收器的技术参数如表 8-22 所示。

表 8-22 接收器的技术参数

接收器类型	938A 砷镓铟	938C 硅
标准校准波长	850 nm、875 nm、1300 nm、1550 nm	660 nm、780 nm、820 nm、850 nm
测量范围	+3 dB·m ~ −60 dB·m，2 mW ~1 nW	
精确度	+5%	
分辨率	0.01 dB·m/0.01 dB·m	
线性	4 位十进制比特	

3. 电源供电

交流电源适配器：120 V/AC，220 V/AC。

8.8.4 光纤测试仪操作使用说明

938A 系列 OLTS/OPM 能用来作为一个光能量功率仪，用来测试一个光信号的能级。该系列也可用来测试一个部件（组成部分）或一条光纤通路的损耗/衰减。操作步骤一般如下。

1. 初始的校准（调整）

为了获得准确的测试结果，保持光界面的清洁，可用一个蘸有酒精（乙醇）的棉球来擦拭界面，并用罐气将界面吹干，然后按下列步骤进行：

1）将电源开关 POWER 置于 ON 的位置，并等待如图 8-26 所示的两个 LCK（液晶显示）画面出现。

2）选择波长，通过重复地按 SELECT 按钮，以使指示器移到所选的波长上，如图 8-27 所示。

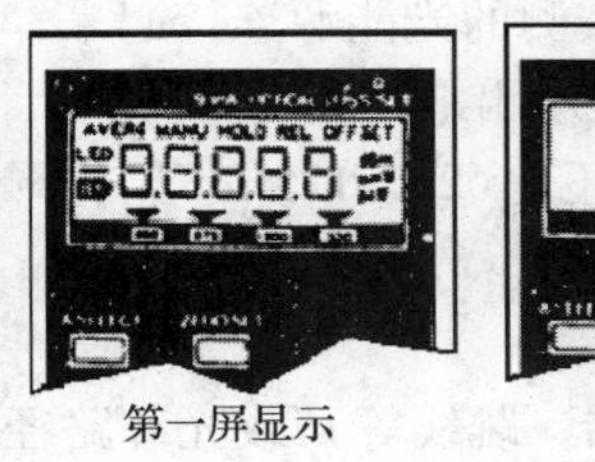

第一屏显示

第二屏显示

图 8-26 初始调零

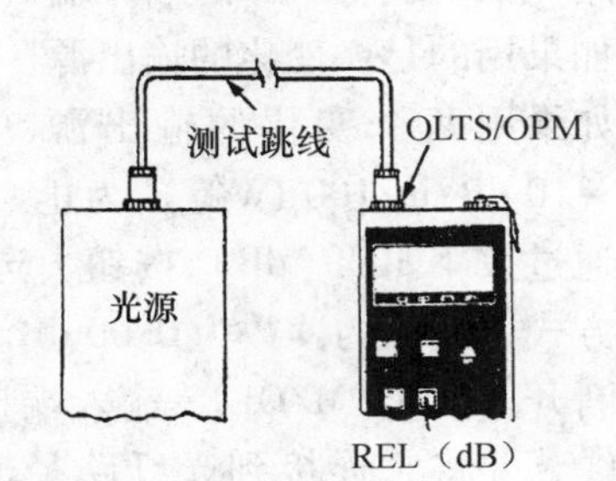

波长选择

图 8-27 波长选择

为了方便起见，插入的光源是颜色编码的，与938A 主机面板上“波长终点颜色”相匹配。

3）检波器偏差调零，将防尘盖加到输入端口上并拧紧，这时按下“ZERO EST”按钮，调零的顺序由 -9 开始，到 -0 结尾。

4）当调零序列（-9 到 -0）完成后，将输入端口上的防尘盖取下，再将合适的连接器适配器加上，如图 8-28 所示。

2. 光源模块的安装与卸下

（1）安装

将要安装的光源模块上的键与主要 938A 中对应的槽对准，然后将模块压进 938A 主机直到完全吻合，并且掩没在主机体内，如图 8-29 所示。

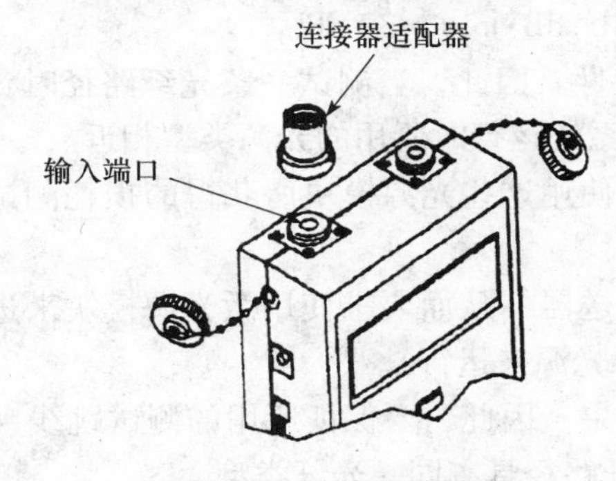

图 8-28 连接适配器

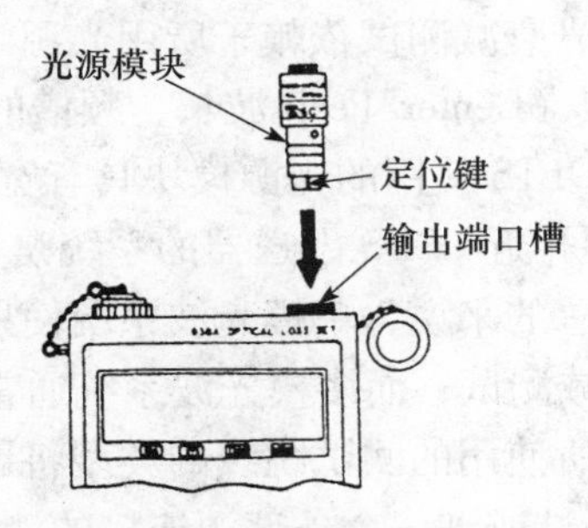

图 8-29 光源模块的安装

（2）卸下

用拇指向下拉位于设备后面的排出锁闩，以卸下光源模块。这时，一定要确认防尘盖是否去掉了，如图 8-30 所示。

3. 能级测试

能级测试见图 8-31。按下列步骤完成：

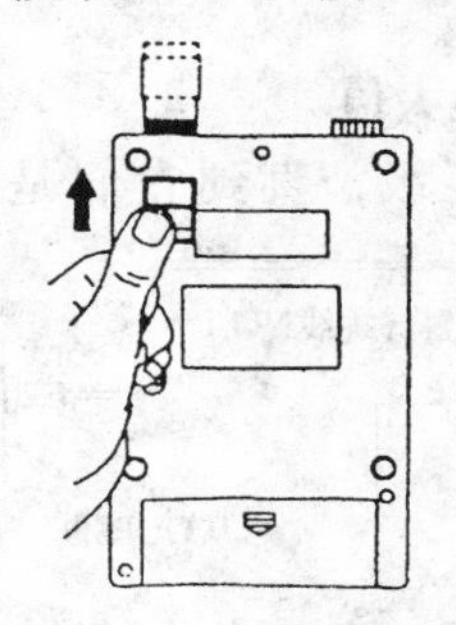

图 8-30 光源模块的卸下

图 8-31 能级及光纤损耗（衰减）测试

在初始调整完成后，用一条测试跳线将 OPM 的输入端口与被测的光能源连接起来，根据所选择的 W/dB·m 按钮不同，检测到的能级将以 W 或 dB·m 显示出来（W Watts）。

请注意：所用的测试跳线类型（单模还是多模，50/125 μm 还是 62.5/125 μm）将影响测试，确定并选择合适的跳线类型。

4. 损耗/衰减测试

OLTS/OPM 可用来测试光纤及其元件/部件（衰减器、分离器、跳线等）或光纤路径的衰减/损耗。

1）通常用输入功率与输出功率的比值来定义损耗。

计算公式如下：

$$\text{损耗(dB)} = 10\log[\text{输出功率(W)}/\text{输出功率(W)}] \tag{1}$$

如果能级在 dB·m 中测试，则有：

$$\text{dB·m} = 10\log\ [\text{功率电平 (W)}/1\ \text{mW}]$$

则损耗/衰减计算可简化如下：

$$\text{损耗(dB)} = \text{输出功率(dB·m)} - \text{输出功率(dB·m)} \tag{2}$$

假设 10 mW（+10 dB·m）光功率被输进光纤的一端，而在此光纤的输出端测出的是 10 μW（-20 dB·m），那么利用公式（1）和（2）可计算出路径的损耗如下：

$$\text{损耗 (dB)} = -20\ \text{dB·m} - (+10)\text{dB·m} = -30\ \text{dB}$$

2）光衰减测试依赖于所用光源（发送器）的特性。因此，当测试一条光纤路径时，光源的类型（Center/Peak 波长，频谱的宽度等）要与系统运行时所用的光源类型相近。

3）OLTS 使用的光源模块具有宽频谱的 LEDS，使用这些光源模块所获得的损耗测试值对于使用相近 LEDS 发送器的系统是有效的。

4）总的来说，单模光波系统使用基于激光的发送器（从而要求使用激光源模块来进行损耗/衰减测试，而多模光波系统通常设计成由 LED 光源来运行）。

5）所使用的测试跳线的类型将影响衰减测试结果。因此，要保证所用的测试跳线（对于参考测试或到一个外部源连接的测试）与被测光纤路径具有同一光纤类型。

测试单模和多模光纤的损耗/衰减测试，使用外部光源。

6）任一稳定的光源输出波长若在 OLTS/OPM 接收器的检波范围之内（938C：400 nm 到 1100 nm；938A：800 nm 到 16 000 nm），都可用来测试光纤链路的损耗/衰减。测试一条光纤链路的步骤如下：

- 完成测试仪初始调整工作。
- 用测试跳线将 938 的输入端口与光能源连接起来。
- 如果用的是一变化的输出源，则将输出能级调到其最大值。
- 如果用两个变化的输出源，调整两个源的输出能级，直到它们是等同的（如 -10 dB·m/100μW等）为止。
- 通过按下 REL(dB) 按钮，选择 REL(dB) 方式，显示的读数为 0.00 dB。
- 断开（从 OPM/OLTS 输入端口上）测试跳线，并将它连接到光纤路径上，如图 8-32 所示。

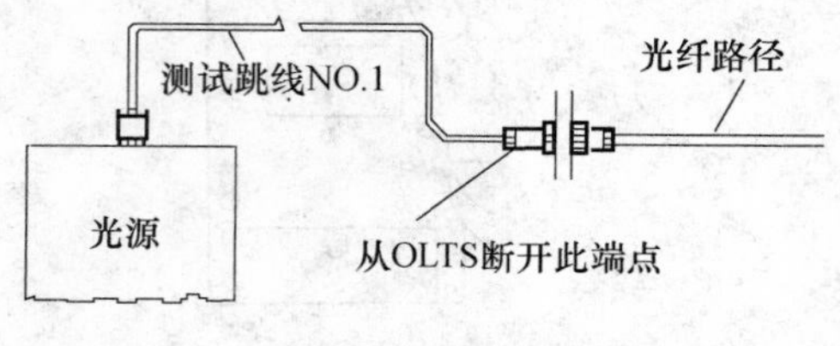

图 8-32 光源连到光纤路径上

需要注意：

- 不要从光源上断开测试跳线，这将影响测试结果。还有，不要关 OPM/PLTS 的电源，否则会在按 REL(dB) 按钮时将存于存储器中的值清除掉。
- 在光纤路径相反的一端。连接另一条测试跳线（跳线应是同一类型的 10/125 μm，50/125 μm）到 OLTS/OPM 的输入端口，且此跳线的另一端连到被测的光纤路径，该光纤跳线的损耗将以 dB 显示。
- 为了消除测试中产生的方向偏差，要求在两个方向上测试光纤路径，然后取损耗的平均值作为结果，如图 8-33 所示。

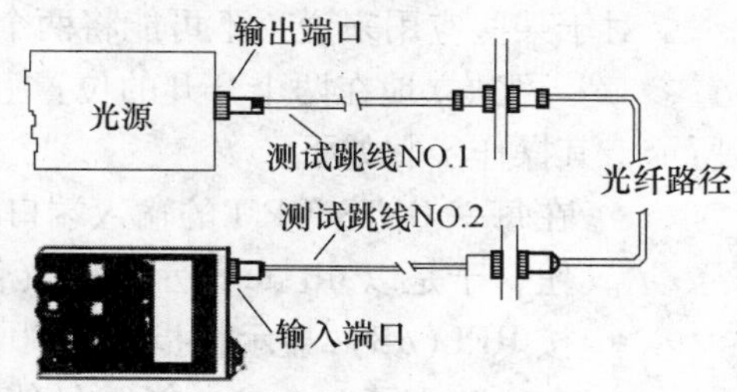

图 8-33　光纤路径测试

- 如果使用的是两个固定的输出光源，则在两个方向上测出的损耗可能不同，该偏差将正比于发射功率的偏差（从光源耦合到测试跳线的功率），所引起的差异及连接器/光纤偏差将引起一个光源耦合到特定光纤的功率多于或少于另一个光源的，从而取两个方向上的平均值，来消除这个偏差。多模损耗/衰减测试通常使用内部光源。

938 OLTS/OPM 可以用来测试一条多模光纤路径的损耗。建立过程如下：

- 使用 938 OLTS/OPM 时源开关置于 OFF 位置，在要求的波长上安装一个光源模块，光源模块是按颜色编码的，并与 OLTS/OPM 面板上波长标签相对应。
- 将源开关置于 LED ON 位置，完成初始调整。
- 通过使用 inter-set（相互设定）或 inner-set（内部设定）两种方法中的一种来获得一个参考能级。
- 当两个 OLTS/OPM 物理上处在同一位置时，可使用“相互设置参考”过程，这是一种比较好的方法，利用这种技术，可以消除测试期间的偏差。
- 按下列步骤完成“相互设置参考（inter set reference）”，如图 8-34 所示。

图 8-34　相互参考设置

将 OLTS/OPM“A”输出端口与 OLTS“B”的输入端口之间用一条测试跳线连接起来，类似用同一类型的另一条跳线将 OLTS/OPM“B”的输出端口与 OLTS/OPM“A”的输入端口连接起来，按每个设备上的 REL(dB) 按钮，两设备上的显示将指示 0.00 dB。

7）内部设置参考。

对于某些应用来说，不可能将两个测试设备放在一起来获取一个参考能级，“内部一设置参考”可独立地在两个分开的位置上进行一系列步骤便完成“内部设置参考”，如图 8-35 所示，其操作步骤如下：

- 在每一 OLTS/OPM 的输入端口和输出端口之间连上一条测试跳线，按下 W/dB·m 按钮，于是以 dB·m 显示能级（例如：-23.4 dB·m）记录下来这个能级。
- 按 REL(dB) 显示将指示 0.00 dB 进行损耗测试。
- 一旦建立了一个参考能级（使用介绍的两种方法：“相互设置参考”和“内部设置参考”之一）就将 OLTS/OPM 输入端口处的测试跳线断开。

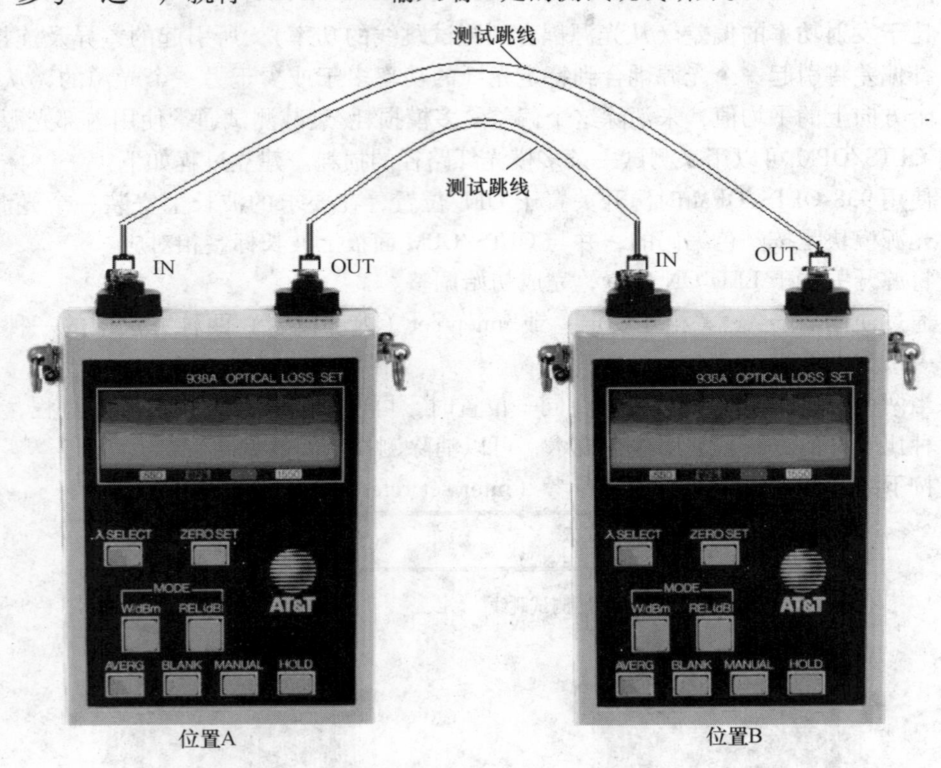

图 8-35 内部参考设置

需要注意的是，不要从设备的输出端口上断开测试跳线，这将影响测试结果，还有不要将 OLTS/OPM 的电源关掉，否则会在按 REL(dB) 按钮时将存于存储器中的值清除掉。

- 在 OLTS/OPM 的每一输入端口连接上另外的两条同一类型的测试跳线，并在两个方向上测试光测试光纤路径的损耗。

首先，从设备“A”输出发送通过光纤到设备“B”的输入，然后，从设备“B”的输出发送通过光纤到设备“A”的输入，在接收的设备上以 dB 为单位显示出每个方向中的损耗，如图 8-36 所示。

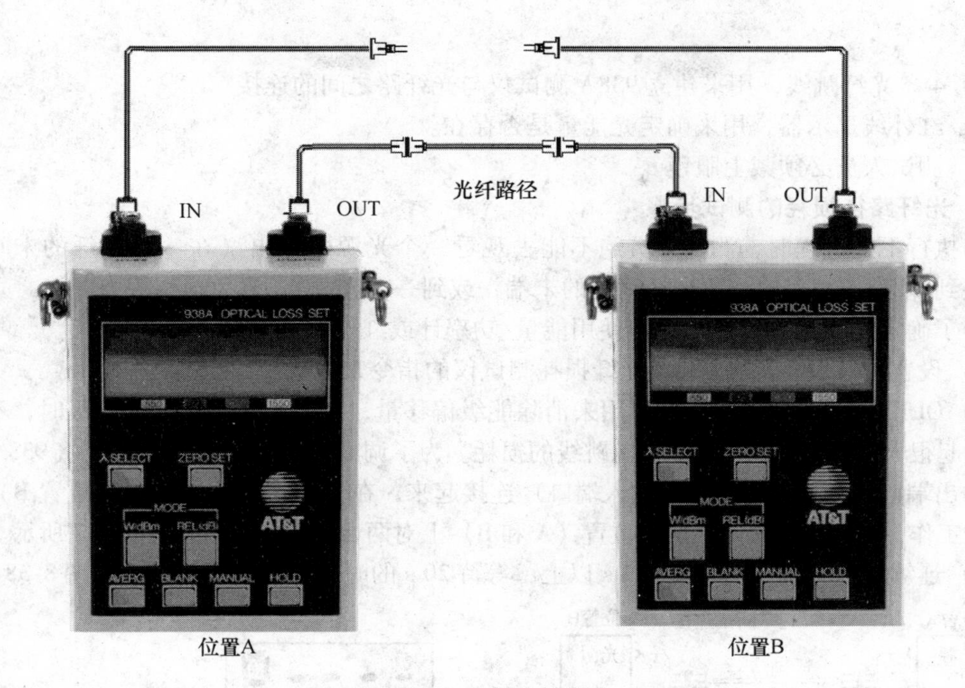

图 8-36 光纤路径测试

- 如果使用的是“内部设置参考”的方法，则要从接收测试设备上记录的参考能级中减去在发送设备（在光纤路径另一端的 OLTS/OPM）上记录的参考能级。

例如，如果发送的 OLTS/OPM 在 REL(dB) 按钮按下之后显示的是 -25.6 dB·m，且接收的 OLTS/OPM 显示的是 -31.8 dB·m，那么差值如下：

$$-31.8-(-25.6\ \text{dB·m})=-6.2\ \text{dB·m}$$

将这个数值加到在接收测试设备上的测出的所有的损耗值中去。

从光纤路径相反一端的 OLTS/OPM 测出的所有损耗值中减去这个数值，这将消去任何由测试设置产生的方向性的测试偏差。

请注意，如果使用的是“相互设置参考”方法，则不要求进行这种计算。

- 为了消除测试仪中的任何方向性的偏差，按下列公式计算平均损耗。

平均损耗 =（一个方向的损耗 + 相反方向的损耗）/2

8.8.5 光纤测试步骤

测试光纤的目的，是要知道光纤信号在光纤路径上的传输损耗。

光信号是由光纤路径一端的 LED 光源所产生的（对于 LGBC 多模光缆，或室外单模光缆是由激光光源产生的），这个光信号在它从光纤路径的一端传输到另一端时，要经历一定量的损耗。这个损耗来自光纤本身的长度和传导性能，来自连接器的数目和接续的多少。当光纤损耗超过某个限度值后，表明此条光纤路径是有缺陷的。对光纤路径进行测试有助于找出问题。下面给出如何用 938 系列光纤测试仪来进行光纤路径测试的步骤。

1. 测试光纤路径所需的硬件

1）两个 938A 光纤损耗测试仪（OLTS），用来测试光纤传输损耗。

2）为了使在两个地点进行测试的操作员之间进行通话，需要有无线对讲机（至少要有电话）。

3）4条光纤跳线，用来建立938A测试仪与光纤路之间的连接。

4）红外线显示器，用来确定光能量是否存在。

5）测试人员必须戴上眼镜。

2. 光纤路径损耗的测试步骤

当执行下列过程时，测试人员绝不能去观看一个光源的输出（在一条光纤的末端，或在连接到OLTS-938A的一条光纤路径的末端，或到一个光源），以免损伤视力。

为了确定光能量是否存在，应使用能量/功率计或红外线显示器。

1）设置测试设备。按938A光纤损耗测试仪的指令来设置。

2）OLTS（938A）调零。调零用来消除能级偏移量，当测试非常低的光能级时，不调零则会引起很大的误差、调零还能消除跳线的损耗。为了调零，在位置A用一跳线将938A的光源（输出端口）和检波器插座（输入端口）连接起来，在光纤路径的另一端（位置B）完成同样的工作，测试人员必须在两个位置（A和B）上对两台938A调零，如图8-37所示。

3）连续按住ZERO SET按钮1 s以上，等待20 s的时间来完成自校准，如图8-38所示。

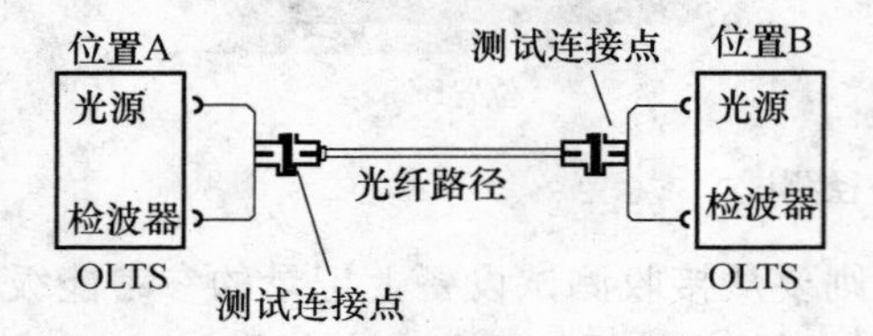

图8-37 对两台938A进行调零

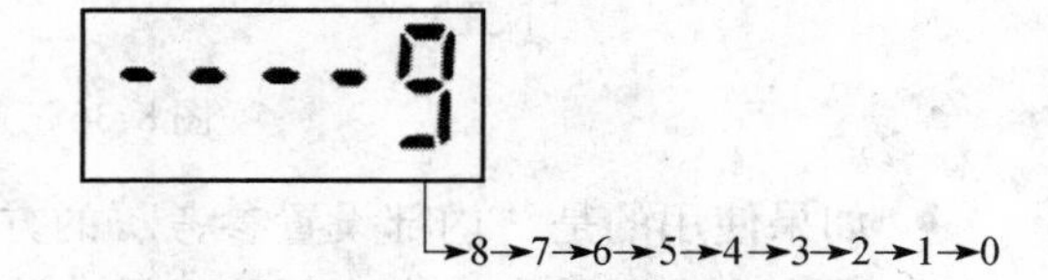

图8-38 938A调零

4）测试光纤路径中的损耗（位置A到位置B方向上的损耗），如图8-39所示。

- 在位置A的938A上从检波器插座（IN端口）处断开跳线S1，并把S1连接到被测的光纤路径上。
- 在位置B的938A上从检波器插座（IN端口）处断开路线S2。
- 在位置B的938检波器插座（输入端口）与被测光纤通路的位置B末端之间用另一条光纤跳线连接。
- 在位置B处的938A测试A到B方向上的损耗。

5）测试光纤的路径中的损耗（位置B到位置A方向上的损耗），如图8-40所示。

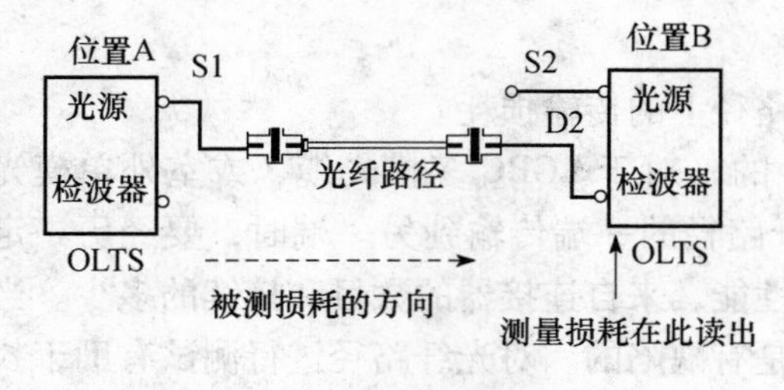

图8-39 在位置B测试的损耗

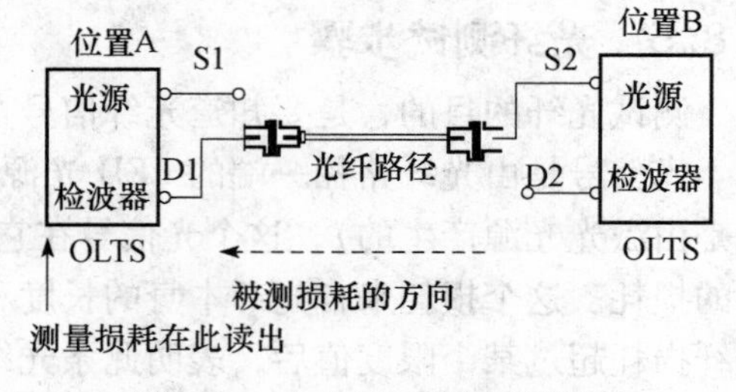

图8-40 在位置A测试的损耗

- 在位置B的光纤路径处将跳线D2断开。
- 将跳线S2（位置B处的）连接到光纤路径上。
- 从位置A处将跳线S1从纤路径上断开。

- 有另一条跳线 D1 将位置 A 处 938 检波器插座（IN 端口）与位置 A 处的光纤路径连接起来。
- 在位置 A 处的 938A 上测试出 B 到 A 方向上的损耗。

6）计算光纤路径上的传输损耗。

计算光纤路径上的传输损耗，然后将数据认真地记录下来。

计算时采用下列公式：

平均损耗 =［损耗(A 到 B 方向) + 损耗(B 到 A 方向)］/2

7）记录所有的数据。

当一条光纤路建立好后，测试的是光纤路径的初始损耗，要认真地将安装系统时所测试的初始损耗记录在案。

以后在某条光纤路径工作不正常时要进行测试，这时的测试值要与最初测试的损耗值比较。若高于最初测试损耗值，则表明存在问题，可能是测试设备的问题，也可能是光纤路径的问题。

8）重新测试。

如果测出的数据高于最初记录的损耗值，那么要对所有的光纤连接器进行清洗。另外，测试人员还要检查对设备的操作是否正确，还要检查测试跳线连接条件。光纤测试连接如图 8-41所示。

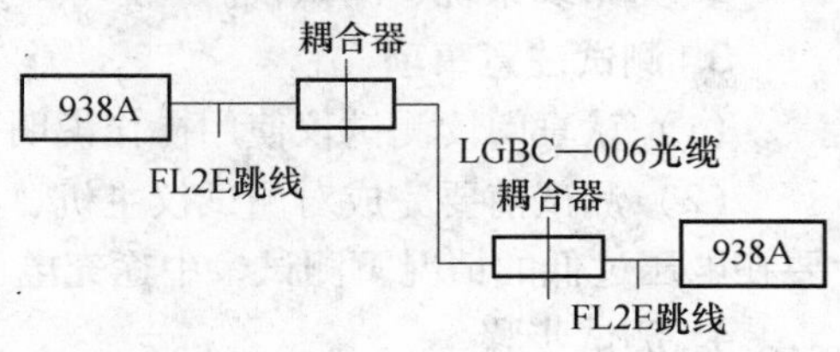

图 8-41　光纤测试连接

如果重复出现较高的损耗值，那么就要检查光纤路径上有没有不合适的接续，损坏的连接器，被压住/挟住的光纤等。

测试数据记录单如表 8-23 所示。

表 8-23　光纤损耗测试数据单

光纤号 NO.	波长（nm）	在 X 位置的损耗读数 Lx(dB)	在 Y 位置的损耗读数 Ly(dB)	总损耗为（Lx + Ly)/2(dB)
1				
2				
⋮				
N				

光纤测试过程中，可能遇到下列问题：

1）用手电对一端光纤头照光时，另一端的光纤头光线微弱，是什么原因？

用手电继续检查其他光纤时，如发现的确有某个光纤头光线微弱，则说明光纤头制作过程中有操作问题。用测试仪测量其值（dB），如超标，应重新制作该头。

2）跳线连接时出现指示灯不亮或指示灯发红是什么原因？

- 检查一下跳线接口是否接反了，正确的端接是 O→I、I→O，交叉跳接。
- ST 是否与耦合器扣牢，防止光纤头间出现不对接现象。

3）使用光纤测试仪测试时，如果测量值大于 4.0 dB 时怎么处理？

- 检查光纤头是否符合制作要求。
- 检查光纤头是否与耦合器正确连接。
- 检查光纤头是否有灰尘（用酒精纸擦拭光纤头，等酒精挥发干后再测）。

视情况分别处理（重新制作或不需要重新制作）。

8.9 实训

实训项目49：永久链路超5类双绞线认证测试实训

1. 实训目的

（1）掌握使用 Fluke 测试仪测试超5类双绞线电缆。

（2）掌握5e类布线系统的测试标准。

（3）掌握网络永久链路测试使用方法。

（4）掌握超5类双绞线认证测试的测试报告的内容。

2. 实训材料、设备和工具

5e类布线系统、测试仪。

3. 测试注意事项

（1）认真阅读测试仪使用操作说明书，正确使用仪表。

（2）测试前要完成对测试仪主机、辅机的充电工作并观察充电是否达到80%以上。不要在电压过低的情况下测试，中途充电可能造成已测试的数据丢失。

4. 测试步骤

（1）连接被测链路

将测试仪主机和远端机连上超5类双绞线永久链路。

（2）按 Fluke 测试仪绿键启动 DTX，并选择中文或中英文界面。

（3）选择超5类双绞线、测试类型和标准。

1）将旋钮转至 SETUP。

2）选择“Twisted Pair”。

3）选择“Cable Type”。

4）选择“UTP”。

5）选择“Cat 5e UTP”。

6）选择“Test Limit”。

7）选择“TIA Cat 5e Perm. Link”。

（4）按 TEST 键，启动自动测试，最快9 s完成一条正确链路的测试。

（5）在 DTX 系列测试仪中为测试结果命名。

（6）保存测试结果。测试通过后，按 SAVE 键保存测试结果，结果可保存于内部存储器和 MMC 多媒体卡上。

（7）打印测试报告。

实训项目50：信道链路超5类双绞线认证测试实训

1. 实训目的

（1）掌握使用 Fluke 测试仪测试超5类双绞线电缆。

（2）掌握5e类布线系统的测试标准。

（3）掌握网络信道链路测试使用方法。

（4）掌握超5类双绞线认证测试的测试报告的内容。

2. 实训材料、设备和工具

5e类布线系统、测试仪。

3. 测试注意事项

（1）认真阅读测试仪使用操作说明书，正确使用仪表。

（2）测试前要完成对测试仪主机、辅机的充电工作并观察充电是否达到80%以上。不要在电压过低的情况下测试，中途充电可能造成已测试的数据丢失。

4. 测试步骤

（1）连接被测链路

将测试仪主机和远端机连上超5类双绞线信道链路。

（2）按Fluke测试仪绿键启动DTX，并选择中文或中英文界面。

（3）选择超5类双绞线、测试类型和标准。

1）将旋钮转至SETUP。

2）选择“Twisted Pair”。

3）选择“Cable Type”。

4）选择“UTP”。

5）选择“Cat 5e UTP”。

6）选择“Test Limit”。

7）选择“TIA Cat 5e Perm. Link”。

（4）按TEST键，启动自动测试，最快9 s完成一条正确链路的测试。

（5）在DTX系列测试仪中为测试结果命名。

（6）保存测试结果。测试通过后，按SAVE键保存测试结果，结果可保存于内部存储器和MMC多媒体卡上。

（7）打印测试报告。

实训项目51：永久链路6类双绞线认证测试实训

1. 实训目的

（1）掌握使用Fluke测试仪测试6类双绞线电缆。

（2）掌握6类布线系统的测试标准。

（3）掌握网络永久链路测试使用方法。

（4）掌握6类双绞线认证测试的测试报告的内容。

2. 实训材料、设备和工具

6类布线系统、测试仪。

3. 测试注意事项

（1）认真阅读测试仪使用操作说明书，正确使用仪表。

（2）测试前要完成对测试仪主机、辅机的充电工作并观察充电是否达到80%以上。不要在电压过低的情况下测试，中途充电可能造成已测试的数据丢失。

4. 测试步骤

（1）连接被测链路

将测试仪主机和远端机连上6类双绞线永久链路。

（2）按 Fluke 测试仪绿键启动 DTX，并选择中文或中英文界面。

（3）选择6类双绞线、测试类型和标准。

1）将旋钮转至 SETUP。

2）选择“Twisted Pair”。

3）选择“Cable Type”。

4）选择“UTP”。

5）选择“Cat 6 UTP”。

6）选择“Test Limit”。

7）选择“TIA Cat 6 Perm. Link”。

（4）按 TEST 键，启动自动测试，最快9 s完成一条正确链路的测试。

（5）在 DTX 系列测试仪中为测试结果命名。

（6）保存测试结果。测试通过后，按 SAVE 键保存测试结果，结果可保存于内部存储器和 MMC 多媒体卡上。

（7）打印测试报告。

实训项目52：信道链路6类双绞线认证测试实训

1. 实训目的

（1）掌握使用 Fluke 测试仪测试6类双绞线电缆。

（2）掌握6类布线系统的测试标准。

（3）掌握网络永久链路测试使用方法。

（4）掌握6类双绞线认证测试的测试报告的内容。

2. 实训材料、设备和工具

6类布线系统、测试仪。

3. 测试注意事项

（1）认真阅读测试仪使用操作说明书，正确使用仪表。

（2）测试前要完成对测试仪主机、辅机的充电工作并观察充电是否达到80%以上。不要在电压过低的情况下测试，中途充电可能造成已测试的数据丢失。

4. 测试步骤

（1）连接被测链路

将测试仪主机和远端机连上6类双绞线信道链路。

（2）按 Fluke 测试仪绿键启动 DTX，并选择中文或中英文界面。

（3）选择6类双绞线、测试类型和标准。

1）将旋钮转至 SETUP。

2）选择“Twisted Pair”。

3）选择“Cable Type”。

4）选择“UTP”。

5）选择“Cat 6 UTP”。

6）选择“Test Limit”。

7）选择“TIA Cat 6 Perm. Link”。

（4）按 TEST 键，启动自动测试，最快9 s完成一条正确链路的测试。

（5）在 DTX 系列测试仪中为测试结果命名。

（6）保存测试结果。测试通过后，按 SAVE 键保存测试结果，结果可保存于内部存储器和 MMC 多媒体卡上。

（7）打印测试报告。

实训项目 53：性能故障诊断实训

1. 实训目的

（1）当双绞线电缆测试出现的各种故障时，进行性能故障诊断实训。

（2）性能故障诊断主要是：近端串音（NEXT）和回波损耗（RL）。

2. 性能故障诊断实训步骤

（1）使用 HDTDX 诊断近端串音（NEXT）

1）当线缆测试不通过时，先按“故障信息键”（F1 键），此时将直观显示故障信息并提示解决方法。

2）评估 NEXT 的影响，按 EXIT 键返回摘要屏幕。

3）选择“HDTDX Analyzer”，HDTDX 显示更多线缆和连接器的 NEXT 详细信息。

（2）使用 HDTDR 诊断回波损耗（RL）

1）当线缆测试不通过时，先按“故障信息键”（F1 键），此时将直观显示故障信息并提示解决方法。

2）评估 RL 的影响，按 EXIT 键返回摘要屏幕。

3）选择“HDTDR Analyzer”，HDTDR 显示更多线缆和连接器的 RL 详细信息。

实训项目 54：大对数电缆布线测试实训

1. 实训目的

大对数电缆多用于综合布线系统的语音主干线。测试大对数电缆布线。

2. 实训设备和工具

大对数电缆布线系统，TEXT-ALL25 测试仪。

没有 TEXT-ALL25 测试仪时，使用双绞线测试仪分组测试大对数电缆。分组测试，每 4 对一组，当测到第 25 对时，向前错位 3 对线。

3. 测试步骤

（1）TEXT-ALL25 测试仪测试大对数电缆步骤

使用 TEXT-ALL25 测试仪进行大对数电缆测试过程中，主要有下列测试程序：

1）自检

2）通信

3）电源故障测试

4）接地故障测试

5）连续性测试

- Shorts（短路）
- Open（开路）
- Reversed（反接）
- Crossed（交叉）

(2) 使用双绞线测试仪分组测试大对数电缆步骤

1) 对大对数电缆分组。

大对数电缆每4对一组，分7组，第7组（第25对和向前错位3对线），如图8-42所示。

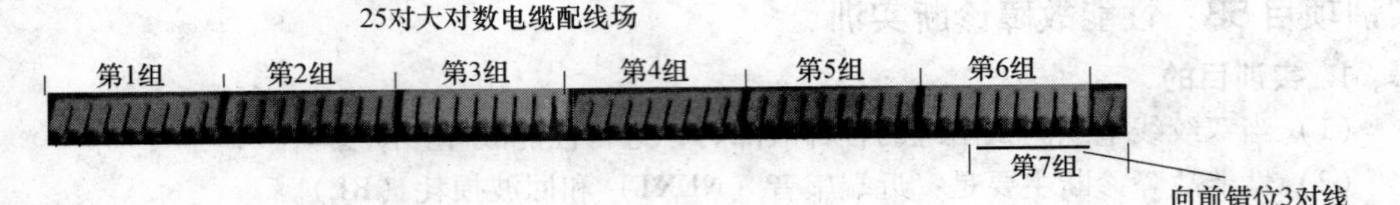

图8-42 大对数电缆分组

2) 双绞线测试仪使用鸭嘴－RJ45跳线。

没有TEXT-ALL25测试仪时，使用双绞线测试仪分组测试大对数电缆，如图8-43所示。分组测试，每4对一组，当测到第25对时，向前错位3对线。

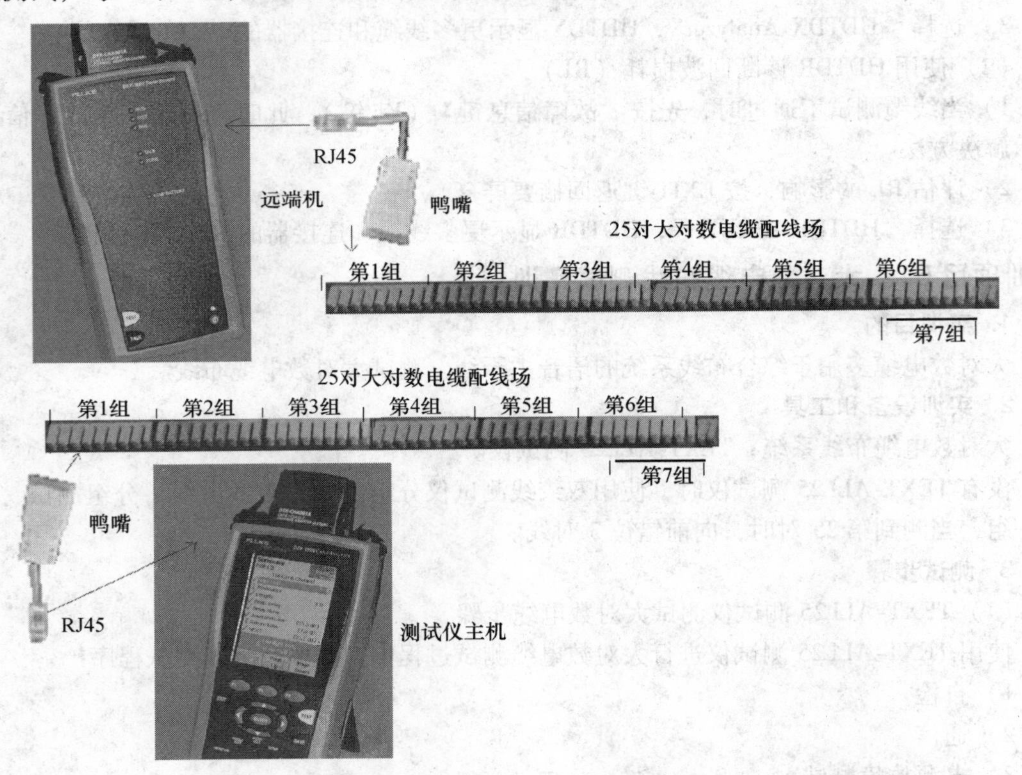

图8-43 双绞线测试仪分组测试大对数电缆

3) 测试方法同于双绞线测试。

实训项目55：光纤测试实训

1. 实训目的

测试光纤的目的，是要知道光信号在光纤链路上的传输损耗。光信号从光纤链路的一端传输到另一端的损耗来自光纤本身的长度和传导性能，来自连接器的数目和接续的多少。

2. 实训设备和工具

光纤测试仪。

3. 实训步骤

(1) 938A 测试仪测试光纤

使用938A 测试仪测试光纤请参见本章 8.8.5 节的内容和图进行测试。

(2) Fluke DSP-4000 测试仪测试光纤

1) 使用 Fluke DSP-4000 系列的线缆测试仪，要安装相应的光纤选配件。

2) 完成“相互设置参考”如图 8-44 所示。

图 8-44 完成“相互设置参考”

3) 设置光纤测试

光纤路径测试如图 8-45 所示。

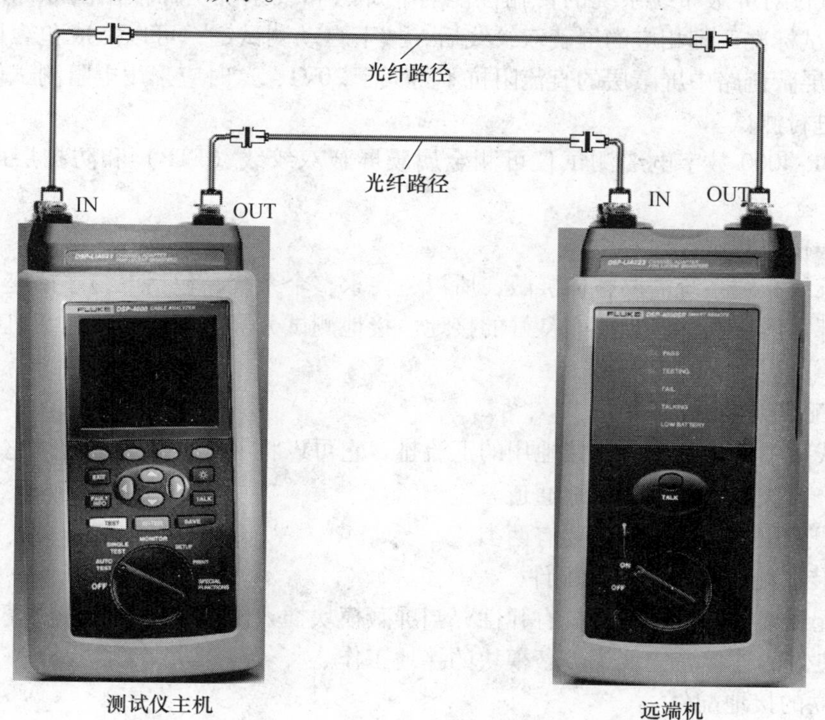

图 8-45 光纤路径测试

4) 测试步骤

① 连接被测链路

将测试仪主机和远端机连上光纤链路。

② 按 Fluke 测试仪绿键启动 DTX，并选择中文或中英文界面。

③ 选择光纤、测试类型和标准。

- 将旋钮转至 SETUP。
- 设置光纤测试，如图 8-46 所示。

④ 按 TEST 键，启动自动测试。

⑤ 在测试仪中为测试结果命名。

⑥ 保存测试结果。测试通过后，按 SAVE 键保存测试结果，结果可保存于内部存储器和 MMC 多媒体卡上。

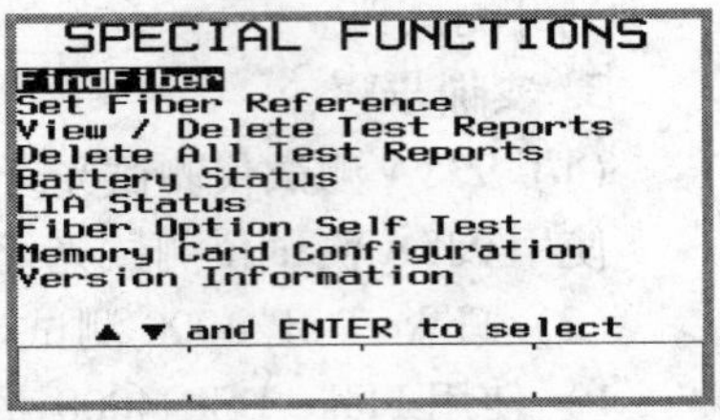

图 8-46　设置光纤测试

⑦ 打印测试报告。

实训项目 56：屏蔽双绞线布线系统测试实训指导

目前，在国际标准中尚未制定出屏蔽系统的测试（认证测试）指标，因此，屏蔽双绞线布线系统的测试需要有屏蔽布线施工经验，最大限度地确保屏蔽双绞线性能满足技术的需求。中、大型布线系统集成公司也没有完整的测试方案。作者对屏蔽双绞线的测试体会介绍如下。

屏蔽双绞线布线系统的测试需要分 3 步：

第一步：现场测试

使用测试仪对屏蔽布线系统的传输性能与非屏蔽布线系统一样依据国际标准进行测试（将测试仪测试标准调到相应的屏蔽双绞线后，按下自动测试键，可以完成包含屏蔽在内的全部测试）。屏蔽链路中屏蔽层的直流阻抗不得大于 20 Ω，这时应采用电阻测试仪器（如万用电表等）进行测试。

Fluke DSP-4000 数字电缆测试仪可测金属膜屏蔽双绞线（FTP）和防护层屏蔽双绞线（STP）。

第二步：接地测试

屏蔽双绞线布线系统需要整体屏蔽，所以，要求整个系统，包括电缆、插座、水晶头和配线架等全部是屏蔽器件，且要有良好的接地。接地测试分屏蔽配线架接地、机柜接地、系统接地。

1. 屏蔽配线架接地

屏蔽配线架中的接地配件是接地用的汇流排，它可以将屏蔽模块全部通过它连接到统一的接地体上，形成配线架中的接地通道。

屏蔽配线架用的接地配件主要有两类：

（1）安装在配线架内的接地配件

安装在配线架内的接地配件具有弹性，当屏蔽模块插入配线架后，其金属壳体自动与接地配件形成良好的连接，完成了屏蔽模块的接地工作。

（2）独立的接地配件

独立的接地配件，当屏蔽模块插入配线架后，将接地配件中的搭接线插在屏蔽模块的接地接口上，形成屏蔽模块的接地连接。

配线架的屏蔽接地可以采用以下方式：

1）每个屏蔽配线架通过各自接地导线连接到机柜的汇流铜排上，形成星形接地结构。

2）机柜底部安装接地铜排，并使用独立的接地导线将接地铜排连接到电信间的接地铜排上，使各个机柜之间的接地形成星形接地结构。

3）接地导线的截面积应大于6 mm^2。

每个配线架对地的接地电阻小于1 Ω。

2. 机柜接地

在电信间机柜接地线也应以星形结构连接到电信间的接地桩上。目前，综合布线系统常用的接地方案是在弱电机房、弱电间、电信间中建立独立的弱电接地导线，该导线在建筑物的总接地桩上与其他接地导线共地，形成建筑物内的联合接地体。

每个机柜的接地电阻小于1 Ω。

3. 系统接地

为了保证屏蔽系统的安全、可靠运行，要求一点接地≤1 Ω，系统联合接地电阻≤4Ω。屏蔽系统接地应保持独立，与其他接地网的距离应在5 m以上，防止交流电源干扰和各类无线发射台的变频或超变频信号干扰。

第三步：质量检查

在工地上，进行工程质量检查。检查的内容主要有如下3点：

1）观看屏蔽双绞线的屏蔽层是否与屏蔽模块的屏蔽壳体呈360度的全方位连接，没有给电磁波侵入的缝隙。

2）铝箔屏蔽双绞线的接地导线应向后弯曲，在双绞线与屏蔽模块绑扎时，与屏蔽模块的绑扎用金属片紧密接触（也可以将接地导线缠绕在绑扎用金属片上）。

3）观察屏蔽壳体是否盖严实。

本章小结

本章阐述了综合布线系统测试的相关基础知识、常用测试仪使用方法、双绞线测试技术、大对数电缆测试技术、光纤测试技术等内容。

要求学生掌握本章的测试内容和8个实训项目的操作方法，增加感性认识和动手能力。为网络运行提供可靠的传输平台。

第9章　综合布线系统工程的验收实训

对布线工程的验收是施工方向用户方移交的正式手续，也是用户对工程施工工作的认可，检查工程施工是否符合设计要求和有关施工规范。用户要确认工程是否达到了原来的设计目标，质量是否符合要求，有没有不符合原设计的有关施工规范的地方。验收是分两部分进行的，第一部分是物理验收；第二部分是文档验收。本章从4个方面叙述网络综合布线系统工程验收的具体要求和使用的主要表据。

9.1　综合布线系统验收要点

9.1.1　环境检查

环境检查包括对进线间、电信间、设备间、工作区的建筑和环境条件进行检查，检查内容如下：

1）进线间、电信间、设备间、工作区土建工程应已全部竣工。房屋地面应平整、光洁，门的高度和宽度应不妨碍设备和器材的搬运，门锁和钥匙齐全。

2）房屋预埋地槽、暗管及孔洞和竖井的位置、数量、尺寸均应符合设计要求。

3）铺设活动地板的场所，活动地板防静电措施的接地应符合设计要求。

4）电信间、设备间应提供220 V单相带地电源插座。

5）电信间、设备间应提供可靠的接地装置，设置接地体时，接地电阻值及接地装置应符合设计要求。

6）电信间、设备间的面积、通风及环境温、湿度应符合设计要求。

7）建筑物进线间及入口设施的检查。

建筑物进线间及入口设施的检查应包括下列内容：

- 引入管道与其他设施如电气、水、煤气、下水道等的位置间距应符合设计要求。
- 引入缆线采用的铺设方法应符合设计要求。
- 管线入口部位的处理应符合设计要求，并应采取排水及防止气、水、虫等进入的措施。
- 进线间的位置、面积、高度、照明、电源、接地、防火、防水等应符合设计要求。
- 有关设施的安装方式应符合设计文件规定的抗震要求。

9.1.2　器材验收

1. 器材验收一般要求

器材验收要注意如下4点内容：

1）工程所用缆线器材型号、规格、数量、质量在施工前应进行检查，无出厂检验证明材料或与设计不符者不得在工程中使用。

2）经检验的器材应做好记录，对不合格的器件应单独存放，以备核查与处理。

3）工程中使用的缆线、器材应与订货合同或封存的产品在规格、型号、等级上相符。

4）备品、备件及各类资料应齐全。

2. 器材、管材与铁件的验收要求

器材、管材与铁件的验收要注意如下11点内容：

1）各种器材的材质、规格、型号应符合设计文件的规定，表面应光滑、平整，不得变形、断裂。预埋金属线槽、过线盒、接线盒及桥架表面涂覆或镀层均匀、完整，不得变形、损坏。

2）管材采用钢管、硬质聚氯乙烯管时，其管身应光滑、无伤痕，管孔无变形，孔径、壁厚应符合设计要求。

3）管道采用水泥管块时，应按通信管道工程施工及验收中的相关规定进行检验。

4）各种铁件的材质、规格均应符合质量标准，不得有歪斜、扭曲、毛刺、断裂或破损。

5）金属管槽应根据工程环境要求做镀锌或其他防腐处理。塑料管槽必须采用阻燃管槽，外壁应具有阻燃标记。

6）室外管道应按通信管道工程验收的相关规定进行检验。

7）铁件的表面处理和镀层应均匀、完整，表面光滑，无脱落、气泡等缺陷。

8）工程所用缆线和器材的品牌、型号、规格、数量、质量应在施工前进行检查，应符合设计要求并具备相应的质量文件或证书，无出厂检验证明材料、质量文件或与设计不符者不得在工程中使用。

9）进口设备和材料应具有产地证明和商检证明。

10）经检验的器材应做好记录，对不合格的器件应单独存放，以备核查与处理。

11）工程中使用的缆线、器材应与订货合同或封存的产品在规格、型号、等级上相符。

3. 缆线的验收要求

缆线的验收要注意如下7点内容：

1）工程中使用的对绞电缆和光缆型号、规格应符合设计的规定和合同要求。

2）电缆所附标志、标签内容应齐全、清晰。

3）电缆外护套需完整无损，电缆应附有出厂质量检验合格证。如用户要求，应附有本批量电缆的技术指标。

4）电缆的电气性能抽验应从本批量电缆中的任意三盘中各截出100 m，加上工程中所选用的接插件进行抽样测试，并作测试记录。

5）光缆开盘后应先检查光缆外表有无损伤，光缆端头封装是否良好。

6）综合布线系统工程采用光缆时，应检查光缆合格证及检验测试数据，在必要时，可测试光纤衰减和光纤长度，测试要求如下：

- 衰减测试：宜采用光纤测试仪进行测试。测试结果如超出标准或与出厂测试数值相差太大，应用光功率计测试，并加以比较，断定是测试误差还是光纤本身衰减过大。
- 长度测试：要求对每根光纤进行测试，测试结果应一致。如果在同一盘光缆中，光纤长度差异较大，则应从另一端进行测试或做通光检查以判定是否有断纤现象存在。

7）光纤接插软线（光跳线）检验应符合下列规定：

- 光纤接插软线，两端的活动连接器（活接头）端面应配有合适的保护盖帽。
- 每根光纤接插软线中光纤的类型应有明显的标记，选用应符合设计要求。

4. 接插件的验收

接插件的验收要注意如下3点内容：

1）配线模块和信息插座及其他接插件的部件应完整，检查塑料材质是否满足设计要求。

2）保证单元过压、过流保护各项指标应符合有关规定。

3）光纤插座的连接器型号、数量、位置应与设计相符。

5. 配线设备的验收

配线设备的验收要注意如下3点内容：

1）光、电缆交接设备的型号、规格应符合设计要求。

2）光、电缆交接设备的编排及标志名称与设计相符。各类标志名称应统一，标志位置应正确、清晰。

3）对绞电缆电气性能、机械特性、光缆传输性能及接插件的具体技术指标和要求应符合设计要求。

9.1.3 设备安装验收

1. 机柜、机架安装验收要求

1）机柜、机架安装完毕后，垂直偏差应不大于3 mm。机柜、机架安装位置应符合设计要求。

2）机柜、机架上的各种零件不得脱落和损坏，漆面如有脱落应予以补漆，各种标志应完整、清晰。

3）机柜、机架的安装应牢固，如有抗震要求时，应按施工图的抗震设计进行加固。

2. 各类配线部件安装验收要求

1）各部件应完整，安装就位，标志齐全。

2）安装螺丝必须拧紧，面板应保持在一个平面上。

3. 8位模块式通用插座安装验收要求

1）8位模块式通用插座安装在活动地板或地面上，应固定在接线盒内，插座面板采用直立和水平等形式。接线盒盖可开启，并应具有防水、防尘、抗压功能。接线盒盖应与地面平齐。

2）8位模块式通用插座、多用户信息插座或集合点配线模块的安装位置应符合设计要求。

3）8位模块式通用插座底座盒的固定方法按施工现场条件而定，宜采用预置扩张螺钉固定等方式。

4）固定螺丝需拧紧，不应产生松动现象。

5）各种插座面板应有标识，以颜色、图形、文字表示所接终端设备类型。

4. 电缆桥架及线槽安装验收要求

1）桥架及线槽的安装位置应符合施工图规定，左右偏差不应超过50 mm。

2）桥架及线槽水平度每米偏差不应超过2 mm。

3）垂直桥架及线槽应与地面保持垂直，并无倾斜现象，垂直度偏差不应超过2 mm。

4）线槽截断处及两线槽拼接处应平滑、无毛刺。

5）吊架和支架安装应保持垂直，整齐、牢固，无歪斜现象。

6）金属桥架及线槽节与节间应接触良好，安装牢固。

安装机柜、机架、配线设备屏蔽层及金属钢管、线槽使用的接地体应符合设计要求，就近接地，并应保持良好的电气连接。

5. 文档验收

文档验收主要是检查乙方是否按协议或合同规定的要求交付所需要的文档。

1）记录应包括管道、缆线、连接器件及连接位置、接地等内容，各部分记录中应包括相应的标识符、类型、状态、位置等信息。

2）报告应包括管道、安装场地、缆线、接地系统等内容，各部分报告中应包括相应的记录。

3）图纸。

综合布线系统工程检验项目及内容见表9-1所示。

表9-1　综合布线系统工程检验项目及内容

阶　段	验收项目	验收内容	验收方式
一、施工前检查	1. 环境要求	1）土建施工情况：地面、墙面、门、电源插座及接地装置 2）土建工艺：机房面积、预留孔洞 3）施工电源 4）地板铺设 5）建筑物入口设施检查	施工前检查
	2. 设备材料检验	1）外观检查 2）型号、规格、数量 3）电缆电气性能测试 4）光纤特性测试 5）测试仪表和工具的检验	施工前检查
	3. 安全、防火要求	1）消防器材 2）危险物的堆放 3）预留孔洞防火措施	施工前检查
二、设备安装	1. 电信间、设备间、设备机柜、机架	1）规格、外观 2）安装垂直、水平度 3）油漆不得脱落，标志完整齐全 4）各种螺丝必须紧固 5）抗震加固措施 6）接地措施	随工检验
	2. 配线部件及8位模块式通用插座	1）规格、位置、质量 2）各种螺丝必须拧紧 3）标志齐全 4）安装符合工艺要求 5）屏蔽层可靠连接	随工检验
三、电、光缆布放（楼内）	1. 电缆桥架及线槽布放	1）安装位置正确 2）安装符合工艺要求 3）符合布放缆线工艺要求 4）接地	随工检验
	2. 缆线暗敷（包括暗管、线槽、地板等方式）	1）缆线规格、路由、位置 2）符合布放线缆工艺要求 3）接地	随工检验

（续）

阶　段	验收项目	验收内容	验收方式
四、电、光缆布放（楼间）	1. 架空缆线	1）吊线规格、架设位置、装设规格 2）吊线垂度 3）缆线规格 4）卡、挂间隔 5）缆线的引入符合工艺要求	随工检验
	2. 管道缆线	1）使用管孔孔位 2）缆线规格 3）缆线走向 4）缆线的防护设施的设置质量	隐蔽工程签证
	3. 埋式缆线	1）缆线规格 2）铺设位置、深度 3）缆线的防护设施的设置质量 4）回土夯实质量	隐蔽工程签证
	4. 隧道缆线	1）缆线规格 2）安装位置、路由 3）土建设计符合工艺要求	隐蔽工程签证
	5. 其他	1）通信线路与其他设施的间距 2）进线室安装、施工质量	随工检验或隐蔽工程签证
五、缆线终接	1. 8位模块式通用插座	符合工艺要求	随工检验
	2. 配线部件	符合工艺要求	
	3. 光纤插座	符合工艺要求	
	4. 各类跳线	符合工艺要求	
六、系统测试	1. 工程电气性能测试	1）连接图 2）长度 3）衰减 4）近端串音（两端都应测试） 5）近端串音功率和 6）衰减串音比 7）衰减串音比功率和 8）等电平远端串音 9）等电平远端串音功率和 10）回波损耗 11）传播时延 12）传播时延偏差 13）插入损耗 14）直流环路电阻 15）设计中特殊规定的测试内容 16）屏蔽层的导通	竣工检验
	2. 光纤特性测试	1）衰减 2）长度	竣工检验
七、管理系统	1. 管理系统级别	符合设计要求	竣工检验
	2. 标识符与标签设置	1）专用标识符类型及组成 2）标签设置 3）标签材质及色标	
	3. 记录和报告	1）记录信息 2）报告 3）工程图纸	
八、工程总验收	1. 竣工技术文件	清点、交接技术文件	竣工检验
	2. 工程验收评价	考核工程质量，确定验收结果	

9.2 现场（物理）验收

甲方、乙方共同组成一个验收小组，对已竣工的工程进行验收。作为网络综合布线系统，在物理上主要验收的点有以下几个。

（1）工作区子系统验收

对于众多的工作区不可能逐一验收，而是由甲方抽样挑选工作间。

验收的重点：

1）线槽走向、布线是否美观大方，符合规范。

2）信息座是否按规范进行安装。

3）信息座安装是否做到一样高、平、牢固。

4）信息面板是否都固定牢靠。

5）标志是否齐全。

（2）水平干线子系统验收

水平干线子系统验收主要验收点有：

1）槽的安装是否符合规范。

2）槽与槽，槽与槽盖是否接合良好。

3）托架、吊杆是否安装牢靠。

4）水平干线与垂直干线、工作区交接处是否出现裸线，有没有按规范去做。

5）水平干线槽内的线缆有没有固定。

6）接地是否正确。

（3）垂直干线子系统验收

垂直干线子系统的验收除了类似于水平干线子系统的验收内容外，还要检查楼层与楼层之间的洞口是否封闭，以防火灾出现时，成为一个隐患点；线缆是否按间隔要求固定；拐弯线缆是否留有弧度。

（4）电信间、设备间子系统验收

电信间、设备间子系统验收，主要检查设备安装是否规范、整洁。验收不一定要等工程结束时才进行，往往有的内容是随时验收的，作者把网络布线系统的物理验收归纳如下。

1. 施工过程中甲方需要检查的事项

（1）环境要求

1）地面、墙面、天花板内、电源插座、信息模块座、接地装置等要素的设计与要求。

2）设备间、电信间的设计。

3）竖井、线槽、打洞位置的要求。

4）施工队伍以及施工设备。

5）活动地板的铺设。

（2）施工材料的检查

1）双绞线、光缆是否按方案规定的要求购买。

2）塑料槽管、金属槽是否按方案规定的要求购买。

3）机房设备（如机柜、集线器、接线面板）是否按方案规定的要求购买。

4）信息模块、座、盖是否按方案规定的要求购买。

（3）安全、防火要求

1）器材是否靠近火源。

2）器材堆放是否安全防盗。

3）发生火情时能否及时提供消防设施。

2. 检查设备安装

（1）机柜与配线面板的安装

1）在机柜安装时要检查机柜安装的位置是否正确；规定、型号、外观是否符合要求。

2）跳线制作是否规范，配线面板的接线是否美观、整洁。

（2）信息模块的安装

1）信息插座安装的位置是否规范。

2）信息插座、盖安装是否平、直、正。

3）信息插座、盖是否用螺丝拧紧。

4）标志是否齐全。

3. 双绞线电缆和光缆安装

（1）桥架和线槽安装

1）位置是否正确。

2）安装是否符合要求。

3）接地是否正确。

（2）线缆布放

1）线缆规格、路由是否正确。

2）对线缆的标号是否正确。

3）线缆拐弯处是否符合规范。

4）竖井的线槽、线固定是否牢靠。

5）是否存在裸线。

6）竖井层与楼层之间是否采取了防火措施。

4. 室外光缆的布线

（1）架空布线

1）架设竖杆位置是否正确。

2）吊线规格、垂度、高度是否符合要求。

3）卡挂钩的间隔是否符合要求。

（2）管道布线

1）管孔位置是否合适。

2）线缆规格。

3）线缆走向路由。

4）防护设施。

（3）挖沟布线（直埋）

1）光缆规格。

2）铺设位置、深度。

3）是否加了防护铁管。

4）回填土复原是否夯实。

（4）隧道线缆布线

1）线缆规格。

2）安装位置、路由。

3）设计是否符合规范。

5. 线缆终端安装

1）信息插座安装是否符合规范。

2）配线架压线是否符合规范。

3）光纤头制作是否符合要求。

4）光纤插座是否符合规范。

5）各类路线是否符合规范。

上述5点均应在施工过程中由甲方和督导人员随工检查。发现不合格的地方，做到随时返工，如果完工后再检查，出现问题就不好处理了。

9.3 文档与系统测试验收

文档验收主要是检查乙方是否按协议或合同规定的要求，交付所需要的文档。系统测试验收就是由甲方组织的专家组，对信息点进行有选择的测试，检验测试结果。

对于测试的内容主要有以下几个。

（1）电缆的性能测试

1）5类线要求：接线图、长度、衰减、近端串扰要符合规范。

2）超5类线要求：接线图、长度、衰减、近端串扰、时延、时延差要符合规范。

3）6类线要求：接线图、长度、衰减、近端串扰、时延、时延差、综合近端串扰、回波损耗、等效远端串扰、综合远端串扰要符合规范。

（2）光纤的性能测试

1）类型（单模/多模、根数等）是否正确。

2）衰减。

3）反射。

（3）系统接地要求小于4 Ω

布线工程竣工技术资料的内容主要有：

1）安装工程量。

2）工程说明。

3）设备、器材明细表。

4）竣工图纸。

5）测试记录和布线工程使用的主要表据。

6）工程变更、检查记录及施工过程中，需更改设计或采取相关措施，建设、设计、施工等单位之间的双方洽商记录。

7）随工验收记录。

8）隐蔽工程签证。

9）工程决算。

竣工技术文件要保证质量，做到内容齐全、数据准确。

布线工程图纸技术资料的内容主要有：

1）网络拓扑图。

2）综合布线逻辑图。

3）信息点分布图。

4）配线架与信息点对照表。

5）配线架与交换机端口对照表。

6）交换机与设备间的连接表。

7）大对数电缆与110配线架对照表。

8）光纤配线表等文档。

有关网络综合布线系统工程验收使用的主要表据请参见华章网站。

9.4 乙方要为鉴定会准备的材料

一般乙方为鉴定会准备的材料有：

1）网络综合布线工程建设报告。

2）网络综合布线工程测试报告。

3）网络综合布线工程资料审查报告。

4）网络综合布线工程用户意见报告。

5）网络综合布线工程验收报告。

为了方便读者学习，作者对上述报告提供一个完整的样例，供读者参考使用。

9.5 鉴定会材料样例

样例1：某医院计算机网络布线工程建设报告

1）工程概况。

2）工程设计与实施。

3）工程特点。

4）工程文档。

5）结束语。

在某医院领导的大力支持下，该医院医学信息科与某网络系统集成公司的工程技术人员经过几个月的通力合作，完成了该医院计算机网络布线工程的施工建设，提请领导和专家进行检查验收。现将网络布线工程实施的情况作简要汇报。

一、工程概况

某医院计算机网络布线工程由某网络系统集成公司承接并具体实施。该工程于××××年9月，经某医院主持召开的专家评审会评审并通过了《某医院计算机网络系统工程方案》。

××××年9月，某网络系统集成公司按合同要求开始进行工程实施。

××××年12月中旬完成结构化布线工程。

××××年12月20日至××××年12月30日，完成所有用户点和各种线路的测试。

二、工程设计与实施

1. 设计目标

某医院计算机网络布线工程是为该院的办公自动化、医疗、教学与研究以及院内各单位资源信息共享而建立的基础设施。

2. 设计指导思想

由于计算机与通信技术发展较快，本工程本着先进、实用、易扩充的指导思想，既要选用先进成熟的技术，又要满足当前管理的实际需要，采用了快速以太网技术，既能满足一般用户 10 Mbps 传输速率的需要，也能满足 100 Mbps 用户的需求，当要升级到宽带高速网络时，便可向千兆位以太网转移，以较低的投资取得较好的收益。

3. 楼宇结构化布线的设计与实施

某医院计算机网络布线工程涉及 6 幢楼，它们是门诊楼、科技楼、住院处（包括住院处附楼）、综合楼、传染病研究所和儿科楼。计算机网络管理中心设在科技楼 3 层的计算机中心机房。网络管理中心与楼宇连接介质采用如下技术：

网络管理中心到综合楼：光纤

网络管理中心到传染病研究所：光纤

网络管理中心到住院处：光纤

网络管理中心到儿科楼：光纤

网络管理中心到门诊楼：5 类双绞线连接集线器

网络管理中心到科技楼：5 类双绞线连接集线器

4. 设计要求

1）根据楼宇与网络管理中心的物理位置，所有入网点到本楼（本楼层）的集线器距离不超过 100 m。

2）网络的物理布线采用星形结构，便于提高可靠性和传输效率。

3）结构化布线的所有设备（配线架、双绞线等）均采用 5 类标准，以满足 10 Mbps 用户的需求以及向 100 Mbps、1000 Mbps 转移。

4）入网点用户的线路走阻燃 PVC 管或金属桥架，在环境不便于 PVC 管或金属桥架施工的地方用金属蛇皮管与 PVC 管或金属架相衔接。

5. 实施

（1）楼宇物理布线结构

楼宇间计算机网络布线系统结构如图 9-1 所示。

（2）建立用户结点数

某医院网络布线共建立了 339 个用户点，具体如下：

门诊楼：93 个用户点

科技楼：73 个用户点

住院处：130 个用户点

综合楼：26 个用户点

传染病研究所：9 个用户点

儿科楼：8 个用户点

（3）已安装 RJ45 插座数

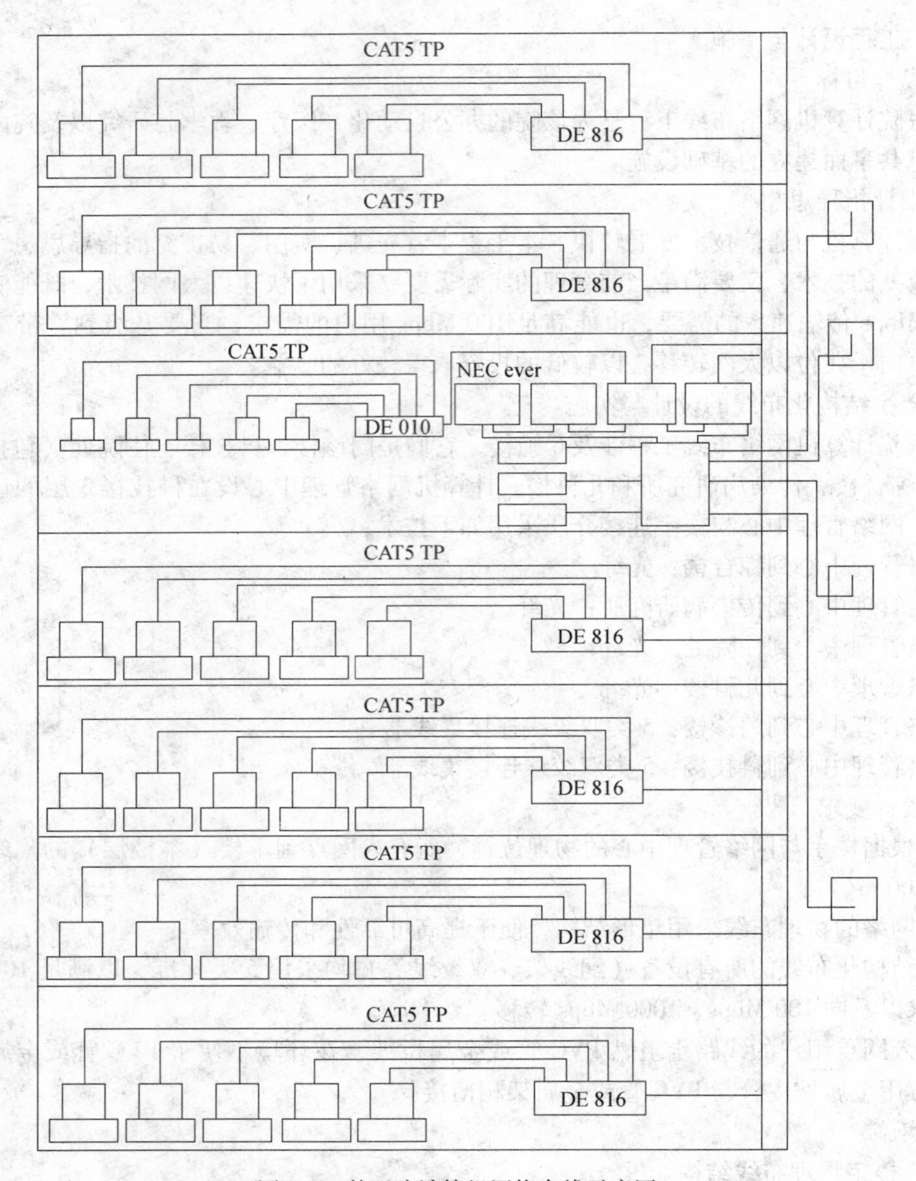

图9-1　某医院计算机网络布线示意图

在339个用户点中，除住院处9层的917、922房间因故未能安装RJ45插座外，其他各房间均已安装到位。

6. 布线的质量与测试

1）布线时依据方案确定线路，对于承重墙或难以实施的地方，均与院方及时沟通，确定线路走向和选用的器材。

2）在穿线工序时，做到穿线后由监工确认是否符合标准后再盖槽和盖天花板，保证质量达到设计要求。

3）用户点的质量测试。

对于入网的用户点和有关线路均进行质量测试。

7. 入网用户点

入网的用户点均用 Datacom 公司的 LANCATV 5 类电缆测试仪进行线路测试，并对集线器与集线器间的线路测试，结果全部合格。测试结果报告请见附录（略）。

三、工程特点

某医院网络布线工程具有下列特点：

1）本网络系统是先进的，具有良好的可扩充性和可管理性。

2）支持多种网络设备和网络结构。

3）不仅能够支持 3 Com 公司的高性能以太网交换机和管理的智能集线器实现的快速以太网交换机为主干的网络，在需要开展宽带应用时，只要升级相应的设备，便可转移到千兆位以太网。

四、工程文档

某网络系统集成公司向某医院提供下列文档：

1）某医院计算机网络系统一期工程技术方案。

2）某医院计算机网络结构化布线系统设计图。

3）某医院计算机网络结构化布线系统工程施工报告。

4）某医院计算机网络结构化布线系统测试报告。

5）某医院计算机网络结构化布线系统工程物理施工图。

6）某医院计算机网络结构化布线系统工程设备连接报告。

7）某医院计算机网络结构化布线系统工程物品清单。

五、结束语

在某医院计算机网络布线工程交付验收之时，我们感谢院领导和有关部门的支持和大力帮助，感谢医院计算中心的同志给予的大力协助和密切配合。为协同工程施工，医院的同志放弃了许多节假日，在多个夜晚加班加点地工作，让我们非常感激。在此，还要感谢设备厂商给我们的支持和协助。

谢谢大家！

某网络系统集成公司
××××年 7 月

样例 2：某医院计算机网络结构化布线工程测试报告

某医院网络结构化布线系统工程，于××××年 5 月立项，××××年 9 月与某网络系统集成公司签订合同。××××年 10 月开始施工，至××××年 12 月底完成合同中规定的门诊楼、科技楼、住院楼、综合楼、传染病研究所大楼套房的结构化布线。××××年 12 月至××××年 1 月中旬某网络系统集成公司对上述布线工程进行了自测试。××××年 2 月，某网络系统集成公司和某医院组成测试小组进行测试。

测试内容包括材料选用、施工质量、每个信息点的技术参数。现将测试结果报告如下：

1. 线材检验

经我们检验，所用线材为 AT&T 非屏蔽 5 类双绞线，符合 EIA/TIA—568 国际标准对 5 类电缆的特性要求；信息插座为 AMP 8 位/8 路模块化插座；有 EIA/TIA—568 电缆标记，符合 SYSTIMAAX SCS 的标准；光纤电缆为 8 芯光缆，符合 Bellcore、OFNR、100Base - FX、EIA/TIA—568、IEEE 802 和 ICE 标准。

2. 桥架和线槽查验

经我们检查，金属桥架牢固，办公室内明线槽美观稳固。施工过程中没有损坏楼房的整体结构，走线位置合理，整体工程质量上乘。

3. 信息点参数测试

信息点技术参数测试是整个工程的关键测试内容。我们采用美国产 LANCATV 5 网络电缆测试仪对所有信息点、电缆进行了全面测试，包括对 TDR 测量线缆物理长度、接线图、近端串扰、衰减串扰比（ACK）、电缆电阻、脉冲噪声、通信量及特征阻抗的测试。测试结果表明所有信息点都在合格范围内，详见测试记录。

综合上述，某医院网络布线工程完全符合设计要求，可交付使用。

××××年3月由几家公司单位组成的工程验收测试小组，认真地阅读了某医院计算中心和某网络系统集成公司联合测试组的某医院网络结构化布线工程测试报告，并用 Microtest Penta Scannet 100 MHz 测试仪抽样测试了20个信息点，其结果完全符合上述联合测试小组的测试结果。

附件一：工程联合测试小组名单

附件二：测试记录（略）

附件三：抽样测试结果记录（略）

特此报告

工程验收测试小组签字（×××、×××、……、×××）

××××年4月

附件一　工程联合测试小组人员名单

某医院网络工程结构化布线系统测试组名单

姓　名	单　位	职　称	签　字
×××	×××	×××	
×××	×××	×××	
×××	×××	×××	
×××	×××	×××	

样例3：某医院网络工程布线系统资料审查报告

某网络系统集成公司在完成某医院网络工程布线之后，为医院提供了如下工程技术资料：

1）某医院计算机网络系统布线工程方案。

2）某医院计算机网络工程施工报告。

3）某医院网络布络工程测试报告。

4）某医院网络结构化布线方案之一。

5）某医院网络布线方案之二。

6）某医院楼宇间站点位置图和接线表。

7）某医院计算中心主跳线柜接线表和主配线柜端口/位置对照表。

8）某医院网络结构化布线系统测试结果。

某网络系统集成公司提供的上述资料，为工程的验收以及今后的使用和管理提供了使用条件，经审查，资料翔实齐全。

资料审查组

××××年4月

某医院网络工程结构化布线资料审查组名单

姓 名	单 位	职 称	签 字
×××	×××	×××	
×××	×××	×××	
×××	×××	×××	
×××	×××	×××	

样例4：某医院网络工程结构化布线系统用户试用意见

某医院计算机网络工程结构化布线施工完成并经测试后，我们对其进行了试验和试用。通过试用，得到如下初步结论：

1）该系统设计合理，性能可靠。

2）该系统体现了结构化布线的优点，使支持的网络拓扑结构与布线系统无关，网络拓扑结构可方便、灵活地进行调整而无需改变布线结构。

3）该结构化布线系统为医院内的局域网，为实现虚拟网（VLAN）提供了良好的基础。

4）布线系统上进行了高、低速数据混合传输试验，该系统表现了很好的传输性能。

综合上述，该布线系统实用安全，可以满足某医院计算机网络系统的使用要求。

某医院信息中心
××××年3月

样例5：某医院计算机网络综合布线系统工程验收报告

今天，召开某医院计算机网络综合布线系统工程验收会，验收小组由某网络系统集成公司和该医院的专家组成，验收小组和与会代表听取了某医院计算机网络结构化布线系统工程的方案设计和施工报告、测试报告、资料审查报告和用户试用情况报告，实地考察了该医院计算中心主机房和布线系统的部分现场。验收小组经过认真讨论，一致认为：

（1）工程系统规模较大

某医院计算机网络工程综合布线工程是一个较大的工程项目，具有5幢楼宇，339个用户结点。该工程按照国际标准EIA/TIA—568设计，参照AT&T结构化布线系统技术标准施工，是一个标准化、实用性强、技术先进、扩充性好、灵活性大和开放性好的信息通信平台，既能满足目前的需求，又兼顾未来发展需要，工程总体规模覆盖了门诊楼、科技楼、住院楼、综合楼、传染病研究所大楼。

（2）工程技术先进，设计合理

该系统按照EIA/TIA—568国际标准设计，工程采用一级集中式管理模式，水平线缆选用符合国际标准的AT&T非屏蔽5类双绞线，主干线选用8芯光缆，信息插座选用AMP8位/8路模块化插座，符合Bellcore、OFNR、FDDI、EIA/TIL568、IEEE 802和ICEA标准。某医院网络布线采用金属线槽、PVC管和塑料线槽规范布线，除室内明线槽外，其余均在天花板吊顶内，布局合理。

（3）施工质量达到设计标准

在工程实施中，由某医院计算中心和某网络系统集成公司联合组成了工程指挥组，协调工程施工组、布线工程组和工程监测组，双方人员一起进行协调，监督工程施工质量，由于措施得当，保障了工程的质量和进度。工程实施完全按照设计的标准完成，做到了布局合理，施工质量高，对所有的信息点、电缆进行了自动化测试，测试的各项指标全部达到合格标准。

（4）文档资料齐全

某网络系统集成公司为某医院提供了翔实的文档资料。这些文档资料为工程的验收、计算机网络的管理和维护，提供了必不可少的依据。

综合上述，某医院计算机网络工程的方案设计合理、技术先进、工程实施规范、质量好，布线系统具有较好的实用性、扩展性，各项技术指标全部达到设计要求，是“金卫工程”的一个良好开端。验收小组一致同意通过布线工程验收。

某医院计算机网络结构化布线工程验收小组

组　长：×××

副组长：×××

××××年4月

某医院计算机网络结构化布线工程验收小组名单

姓　名	单　位	职　称	签　字
×××	×××	×××	×××
×××	×××	×××	×××
×××	×××	×××	×××
×××	×××	×××	×××
×××	×××	×××	×××

9.6 鉴定会后资料归档

在验收、鉴定会结束后，将乙方所交付的文档材料，验收、鉴定会上所使用的材料一起交给甲方的有关部门存档。

9.7 验收案例

由老师带领监理员、项目经理、布线工程师对工程施工质量进行现场验收，对技术文档进行审核验收。

1. 现场验收

（1）工作区子系统验收

1）线槽走向、布线是否美观大方，符合规范。

2）信息座是否按规范进行安装。

3）信息座安装是否做到一样高、平、牢固。

4）信息面板是否都固定牢靠。

5）标志是否齐全。

（2）水平干线子系统验收

1）槽安装是否符合规范。

2）槽与槽，槽与槽盖是否接合良好。

3）托架、吊杆是否安装牢靠。

4）水平干线与垂直干线、工作区交接处是否出现裸线，有没有按规范去做。

5）水平干线槽内的线缆有没有固定。

6）接地是否正确。

(3) 垂直干线子系统验收

垂直干线子系统的验收除了类似于水平干线子系统的验收内容外，要检查楼层与楼层之间的洞口是否封闭，以防火灾出现时，成为一个隐患点。线缆是否按间隔要求固定。拐弯线缆是否留有弧度。

(4) 管理间、设备间子系统验收

1) 检查机柜安装的位置是否正确，规格、型号、外观是否符合要求。

2) 跳线制作是否规范，配线面板的接线是否美观、整洁。

(5) 线缆布放验收

1) 线缆规格、路由是否正确。

2) 对线缆的标号是否正确。

3) 线缆拐弯处是否符合规范。

4) 竖井的线槽、线固定是否牢靠。

5) 是否存在裸线。

6) 竖井层与楼层之间是否采取了防火措施。

(6) 架空布线验收

1) 架设竖杆位置是否正确。

2) 吊线规格、垂度、高度是否符合要求。

3) 卡挂钩的间隔是否符合要求。

(7) 管道布线验收

1) 使用管孔、管孔位置是否合适。

2) 线缆规格。

3) 线缆走向路由。

4) 防护设施。

(8) 电气测试验收

按第 8 章中认证测试要求进行。

2. 技术文档验收

1) Fluke 的 UTP 认证测试报告（电子文档即可)。

2) 网络拓扑图。

3) 综合布线拓扑图。

4) 信息点分布图。

5) 管线路由图。

6) 机柜布局图及配线架上信息点分布图。

9.8 实训

实训项目 57：综合布线系统现场验收的实训

1. 目的与要求

通过现场验收的训练，要求掌握现场验收的内容和过程。

2. 现场验收的方法

由老师带领监理员、项目经理、布线工程师对工程施工质量进行现场验收。

3. 现场验收的步骤

(1) 工作区子系统验收

1) 线槽走向、布线是否美观大方，符合规范。

2) 信息座是否按规范进行安装。

3) 信息座安装是否做到一样高、平、牢固。

4) 信息面板是否都固定牢靠。

5) 标志是否齐全。

(2) 水平干线子系统（配线子系统）验收

1) 桥架及线槽的安装位置应符合施工图规定，左右偏差不应超过50 mm。

2) 桥架及线槽水平度每米偏差不应超过2 mm。

3) 垂直桥架及线槽应与地面保持垂直，并无倾斜现象，垂直度偏差不应超过3 mm。

4) 线槽截断处及两线槽拼接处应平滑、无毛刺。

5) 吊架和支架安装应保持垂直，整齐牢固，无歪斜现象。

6) 金属桥架及线槽节与节间应接触良好，安装牢固。

7) 槽与槽，槽与槽盖是否接合良好。

8) 水平干线与垂直干线、工作区交接处是否出现裸线，有没有按规范去做。

9) 水平干线槽内的线缆有没有固定。

10) 接地是否正确。

(3) 垂直干线子系统验收

垂直干线子系统的验收除了类似于水平干线子系统的验收内容外，还要检查楼层与楼层之间的洞口是否封闭，以防火灾出现时，成为一个隐患点。线缆是否按间隔要求固定。拐弯线缆是否留有弧度。

(4) 电信间、设备间子系统验收

电信间、设备间子系统验收，主要检查设备安装是否规范整洁。

1) 竖井、线槽、打洞位置是否符合要求。

2) 进线处线缆是否出现裸线。

3) 检查机柜安装的位置是否正确，规格、型号、外观是否符合要求。

4) 跳线制作是否规范，配线面板的接线是否美观、整洁。

5) 机柜内的线缆的标志是否齐全。

(5) 进线间子系统验收

1) 主干电缆、光缆，公用网和专用网电缆、光缆及天线馈线等室外缆线进入进线间时，应在进线间成端转换成室内电缆、光缆，在缆线的终端处应设置入口设施，并在外线侧配置必要的防雷电保护装置。

2) 进线间应设置管道入口。

3) 进线间应防止渗水，宜设有抽排水装置。

4) 进线间应与布线系统垂直竖井沟通。

5) 进线间应采用相应防火级别的防火门，门向外开，宽度不小于1000 mm。

6) 进线间应设置防有害气体措施和通风装置。

7) 与进线间无关的管道不宜通过。

8）进线间入口管道口所有布放缆线和空闲的管孔应采取防火材料封堵，做好防水处理。

（6）管道布线验收

1）使用管孔、管孔位置是否合适。

2）线缆规格。

3）线缆走向路由。

4）防护设施。

（7）架空布线验收

1）架设竖杆位置是否正确。

2）吊线规格、垂度、高度是否符合要求。

3）卡挂钩的间隔是否符合要求。

实训项目58：综合布线系统文档的实训

1. 目的与要求

通过文档验收的训练，要求掌握文档验收的内容和过程；熟悉网络综合布线工程中需要提交的技术文档的要求；学会书写和绘制网络拓扑图、综合布线逻辑图、信息点分布图、配线架与信息点对照表、配线架与交换机端口对照表、交换机与设备间的连接表和光纤配线表等文档。

2. 文档验收的方法

由老师带领监理员、项目经理、布线工程师对工程施工技术文档进行审核验收。

3. 现场验收的步骤

对于测试文档进行审核的内容主要有以下几点。

（1）电缆的性能认证测试报告（电子文档即可）

1）5类线要求：接线图、长度、衰减、近端串扰要符合规范。

2）超5类线要求：接线图、长度、衰减、近端串扰、时延、时延差要符合规范。

3）6类线要求：接线图、长度、衰减、近端串扰、时延、时延差、综合近端串扰、回波损耗、等效远端串扰、综合远端串扰要符合规范。

（2）光纤的性能认证测试报告（电子文档即可）

1）类型（单模/多模）、根数等是否正确。

2）衰减。

3）反射。

对布线工程竣工技术资料进行审核的内容主要有：

1）安装工程量。

2）工程说明。

3）设备、器材明细表。

4）竣工图纸。

5）测试记录和布线工程使用的主要表格。

6）工程变更、检查记录、双方洽商记录。

7）随工验收记录。

8）隐蔽工程签证。

9）工程决算。

竣工技术文件要保证质量，做到内容齐全，数据准确。

对布线工程图表进行审核的内容主要有：

1）网络拓扑图

2）综合布线逻辑图

3）信息点分布图

4）配线架与信息点对照表

5）配线架与交换机端口对照表

6）交换机与设备间的连接表

7）大对数电缆与110 配线架对照表

8）光纤配线表等文档

本章小结

本章阐述了综合布线系统验收要点；现场（物理）验收；文档与系统测试验收；网络综合布线系统工程验收使用的主要表格；乙方要为鉴定会准备的材料；鉴定会材料样例；鉴定会后资料归档等内容。

要求学生掌握本章的内容和两个实训项目的操作方法，增加感性认识。

参 考 文 献

[1] 黎连业，陈光辉，黎照，等. 网络综合布线系统与施工技术 [M]. 4版. 北京：机械工业出版社，2011.
[2] 中华人民共和国信息产业部. GB 50311—2007 综合布线系统工程设计规范 [S]. 北京：中国计划出版社，2007.
[3] 中华人民共和国信息产业部. GB 50312—2007 综合布线系统工程验收规范 [S]. 北京：中国计划出版社，2007.

高等院校计算机专业人才能力培养规划教材

计算机网络技术教程
自顶向下分析与设计方法

作者：吴功宜 吴英 编著
书号：978-7-111-28297-6
定价：33.00元

计算机网络技术教程
例题解析与同步练习

作者：吴功宜 吴英 编著
书号：978-7-111-27675-3
定价：25.00元

计算机网络应用软件
编程技术

作者：吴功宜 吴英 编著
书号：978-7-111-30756-3
定价：23.00元

网络管理技术教程

作者：吴英 杨凯 刘博 编著
书号：978-7-111-34187-1
定价：33.00

高等院校计算机专业人才能力培养规划教材

数据结构实用教程（C语言版）

作者：郭纯一 韩英杰 编著
书号：978-7-111-37418-3
定价：29.00元

数字逻辑 第2版

作者：周德仿 胡家宝 主编
书号：978-7-111-37112-0
定价：29.00元

操作系统原理

作者：孟庆昌　等编著
书号：978-7-111-30623-8
定价：29.00元

Java EE企业级架构开发技术与案例教程

作者：杨树林 胡洁萍 编著
书号：978-7-111-32468-3
定价：35.00元

计算机网络技术教程 自顶向下分析与设计方法

作者：吴功宜 吴英 编著
书号：978-7-111-28297-6
定价：33.00元

网络管理技术教程

作者：吴英 杨凯 刘博 编著
书号：978-7-111-34187-1
定价：33.00

C语言程序设计

作者：王立柱 编著
书号：978-7-111-34972-3
定价：29.00元

数据结构：C语言描述

作者：殷人昆 编著
书号：978-7-111-34971-6
定价：35.00元

教师服务登记表

尊敬的老师：

您好！感谢您购买我们出版的____教材。

机械工业出版社华章公司为了进一步加强与高校教师的联系与沟通，更好地为高校教师服务，特制此表，请您填妥后发回给我们，我们将定期向您寄送华章公司最新的图书出版信息！感谢合作！

个人资料（请用正楷完整填写）

教师姓名		□先生 □女士	出生年月		职务		职称：□教授 □副教授 □讲师 □助教 □其他
学校			学院			系别	
联系电话	办公： 宅电： 移动：			联系地址及邮编			
				E-mail			
学历		毕业院校		国外进修及讲学经历			
研究领域							

主讲课程	现用教材名	作者及出版社	共同授课教师	教材满意度
课程： □专 □本 □研 人数： 学期：□春□秋				□满意 □一般 □不满意 □希望更换
课程： □专 □本 □研 人数： 学期：□春□秋				□满意 □一般 □不满意 □希望更换
样书申请				
已出版著作		已出版译作		
是否愿意从事翻译/著作工作 □是 □否	方向			
意见和建议				

填妥后请选择以下任何一种方式将此表返回：（如方便请赐名片）

地 址：北京市西城区百万庄南街1号 华章公司营销中心 邮编：100037

电 话：(010) 68353079 88378995 传真：(010)68995260

E-mail:hzedu@hzbook.com marketing@hzbook.com 图书详情可登录http://www.hzbook.com网站查询